农业部"十一·五"规划教材

畜产品加工

● 孔保华 于海龙 主编

中国农业科学技术出版社

图书在版编目（CIP）数据

畜产品加工/孔保华，于海龙主编 . —北京：中国农业科学技术出版社，2008.8
ISBN 978 - 7 - 80233 - 596 - 7

Ⅰ. 畜…　Ⅱ.①孔…②于…　Ⅲ.①农产品 - 加工②畜产品 - 加工　Ⅳ. S37

中国版本图书馆 CIP 数据核字（2008）第 085790 号

责任编辑　　崔改泵
责任校对　　贾晓红　康苗苗

出 版 者　中国农业科学技术出版社
　　　　　北京市中关村南大街 12 号　邮编：100081
电　　话　（010）82109704（发行部）（010）82106632（编辑室）
　　　　　（010）82109703（读者服务部）
传　　真　（010）82106624
网　　址　http://www.castp.cn
经 销 者　新华书店北京发行所
印 刷 者　北京华正印刷有限公司
开　　本　787×1092 mm　1/16
印　　张　20.25
字　　数　475 千字
版　　次　2012 年 1 月第 1 版第 2 次印刷
定　　价　33.00 元

前　言

畜产品加工业是一门古老而年轻的行业，它有着数千年的历史，却依然在现代人民的生活中占据着非常重要的位置。我国的畜产品加工业虽然历史悠久，但是其现代化加工尚处于初级阶段，有着大量的新技术需要引进、创新；有着众多的原材料需要处理、加工；有着广阔的市场等待开拓、发展。从 20 世纪 90 年代开始，我国畜产品加工业进入了高速发展的黄金时代，随着人民生活水平的提高，畜产品的消费数量和质量也随之不断提高。在进入新世纪后，随着加工业与世界接轨，要求畜产品加工人才掌握良好的理论知识、熟练的操作技能来胜任行业的需求。

本书的编撰正是在这种大的社会背景下，以满足学生学习和工作的需要，培养高级技能工人为目的，适应产业发展的实际需要，培养生产、服务、管理第一线需要的实用人才；将理论与生产实践系统结合，以理论为依据，以社会需求为导向，以实践操作为根本来实施的。在编写过程中力求理论简单化，操作简洁、实用化，便于学生的学习和实际的操作应用。

本书内容主要包括肉、乳、蛋的加工。绪论由孔保华、于海龙编写，肉品加工部分由孔保华、车云波、李艳青、林琳、王玉田、岳喜庆、陈洪生、杜阿楠、黄丽编写；乳品部分由马俪珍、刘会平、毛学英、孙卫青、杨华、朱迎春编写；蛋品部分由于海龙、马春丽、张慧芸编写。全书由孔保华统编。

本书面向的读者为食品加工及相关专业的本科学生与畜产品加工行业有关的高职高专学生，也可作为生产技术人员的参考资料。希望学生通过对本书的学习，能掌握畜产品加工原理、工艺、技术，了解畜产品加工趋势，对畜产品加工行业有较深见解，通过理论和实训的学习能够掌握从事一线的技术工作所必需的各项知识。

本书在编写过程中得到了中国农业科学技术出版社的大力支持，在此表示衷心的感谢。此外，感谢各位编写人员付出的辛苦和汗水。

由于编者水平有限，书中不足之处在所难免，敬请各位同学、读者、专家批评指正，以便我们及时改正。

编　者

2008 年 5 月

1

目　录

1

第三篇　蛋制品加工

绪 论

畜产品加工是以养殖动物资源为原料，根据其理化特性和消费者的需求进行加工利用的一门实用科学。畜产品加工行业是包含了肉、乳、蛋及其副产品加工的多项产品加工形成的庞大产业，畜产品加工行业在整个社会加工业中占有非常重要的地位。在近些年来的发展尤其迅猛，成为我国经济增长的新兴热点之一。对国民经济的发展，人民生活条件的改善起到重要作用。

一、畜产品加工的重要意义

（一）发展畜产品加工能显著提高社会经济效益

首先，畜产品加工能显著提高养殖部门的经济效益。迄今为止，我国畜牧养殖业的生产、畜产品加工与销售的各个环节，仍然存在着部门分管、各自为政的局面，带有计划经济模式遗留的痕迹。想要提高畜产品养殖的经济效益，改变原料供应的地位，就必须开展畜产品加工，只有使生产、加工、销售联合经营走产业化道路，才能使初级畜产品通过加工增值，提高畜牧业生产的经济效益，使生产者有抵御市场风险、贮运风险和疫病风险的能力。

其次，畜产品的加工能促进畜产品贮存和运输的进步。初级畜产品都是鲜活易腐产品，容易死伤甚至腐烂变质，不耐贮存，不便运输。畜牧业产品只有通过加工才能克服以上困难，减少损失，达到产销的合理及平衡。

畜产品加工能促使畜牧业生产市场化、产业化。只有通过高标准、严要求的畜产品加工，才能生产出符合卫生质量标准的畜产品。而畜产品的原料来源合理化、标准化也是与畜产品规模化加工相辅相成的。只有畜牧业能够提供符合市场要求，规模相对合理，质量达到标准的原料，才能将生产和加工更好的联系起来，共同发展，携手进步，以达到产值最大化的目的。

（二）畜产品加工的进步能改善人民生活

现代化的畜产品加工可满足人们快节奏生活的需要。伴随着人们工作和生活节奏的加快，人们对于食品的质量、营养要求更高了，畜产品加工的进步可以给人们提供质量更高、营养更好的食品。众所周知，在20世纪80年代以前，我国的畜产品加工数量少，质量相对低，这导致大部分畜牧业产品以鲜食形式出现在人们的餐桌上。当时由于缺乏完善的鲜食产品的检验手段，不能保证产品的质量，而畜产品加工行业还处于蒙昧阶段，无法大量地提供色香味俱佳的产品供人们食用。而且即使有一些产品可以供给市场，但是由于受经济条件的限制，高品质的畜产品进入寻常百姓家在当时只能是一个梦想。20世纪90年代以来一些大型畜产品加工工厂的崛起，产值达亿元以上的畜产品加工企业如雨后春笋般出现于中华大地，使得人们食用经过加工过的高品质畜产品成为现实，既满足了人们营养的需要，也满足了人们快节奏生活的需求。

畜产品加工的发展能节省大量的人力物力。食品工业的持续发展，尤其是畜产品加工的发展，能够为人们提供极其丰富的日常餐饮食品，一方面节省了人们在厨房烹制食品的时间，另一方面食品加工的进步，高效设备的投入使用，使得生产效率大大提高。自动化、半自动化机械的使用，新材料、新方法的应用，使得现代化畜产品加工的效率可提高数倍甚至更高。以往需要几天甚至几个月，耗费人力甚多才能生产出的产品，现在只要少数人用较短的时间就可以完成整个生产的过程。这样大大提高了生产效率，节约了人力物力，也节省了大量的能源。

畜产品加工能为人们提供多种风味独特、种类繁多的营养食品。随着社会的发展，人们的文化水平不断提高，对于消费的需求也更多的趋向于多元化，优质化。现在的畜产品加工要求从业人员不仅能提供给消费者传统的畜禽加工产品，更要求在此基础上引入西方消费产品、消费理念以及中西合璧产品的研制，这才是对畜产品加工的更高要求和对从业人员的更重要的考验。在近年的消费中我们也不难看出这个趋势：传统的肉灌制品、酱卤制品、奶制品、蛋制品的消费需求都呈上升趋势；而西方畜产品加工形式的引入也逐渐的从无到有，从小到大，有的甚至在很大程度上成为消费的主流或者是下一步重点发展的对象，例如西式火腿、培根、酸奶、奶酪以及分蛋制品。

（三）畜产品加工的发展促进国民经济的增长

畜产品加工能增加畜牧业产品的产值。众所周知，自新中国成立以来我国的畜产品加工行业都处于一个较低的发展水平。大部分的肉、乳、蛋产品都是以鲜食为主，比如鲜肉的煎炒烹炸，鲜奶的煮制、干制，蛋的煮、炒，都是消费者直接加工，而非以方便食品或者熟制品的形式存在。2000 年我国肉、乳、蛋产品工业生产总值仅有 936.55 亿元，到 2004 年就达到 2 376.17亿元。畜产品加工能提高就业。随着畜产品加工行业的发展，各个相应部门逐步壮大，从业人员也呈逐年上升趋势，尤其在一些原料加工领域，还属于劳动密集型产业，对从业人员的需求更为迫切。虽然从现代化的发展角度来看，是要求人员逐步减少而自动化程度增加，但是对于急速发展的畜产品行业而言，无论对技术人员还是对普通劳动者的数量要求都是呈较强的上升趋势。

畜产品加工能缩小国内外差距，部分产品出口，还可积累外汇资金。我国的畜产品加工业近年来呈快速发展趋势，一些大型企业的加工水平也达到了国际先进水平。例如肉品企业中的双汇、雨润、金锣；乳制品中的光明、三元、完达山等企业的加工水平和加工能力可达到一流水平，已有部分制品远销海外。

二、畜产品加工现状

随着近些年人民生活条件的不断改善，消费水平逐渐提高，对畜产品的加工要求也越来越高，无论是肉、乳还是蛋，整体的消费量都在呈上升趋势。

（一）肉制品加工现状

肉类制品加工业是 20 世纪 50 年代发展起来的新兴产业，在国计民生中占有重要地位，对促进畜禽生产、发展农村经济、繁荣稳定城乡市场、满足人民生活需要、保证经济建设与改革的顺利进行发挥着重要作用。经过五十多年的建设与发展，我国肉类供给已经告别短缺时代，形成了以消费为主导型的买方市场格局，并且还有一部分肉类出口到日本、俄罗斯、东南亚等国家和地区。2004 年至 2006 年，中国肉类食品行业规模以上（年销售额在 500 万元以上）企业的发展出现了一个明显的变化，就是屠宰加工企业的资本投入、销售收入和利润额增长快于肉制品及副产品加工企业。数据显示：2006 年屠宰及肉类加工企业资产总值达到 1 302 亿元，比 2003 年增长了 60%，屠宰及肉类加工企业销售总收入达到 2 701 亿元，比 2003 年增长了 1.27 倍。2006 年屠宰及肉类加工企业利润总额达到 105 亿元，比 2003 年增长了 2 倍。

我国肉的产量在近十年翻了一番，总产量从 1996 年的 4 458.4 万 t 增长到 2006 年的 8 051.4 万 t。其中猪肉的产量从 1996 年的 3 158 万 t 增长到 2006 年的 5 197 万 t，牛肉的产量从 355.7 万 t 增长到 750 万 t，羊肉产量十年间从 181 万 t 增长到 469.7 万 t。相比之下，牛羊肉所占的比重虽不大，但是增长势头较为迅猛。

近几年肉类加工经历了从冷冻肉到热鲜肉再到冷却肉的发展轨迹。速冻方便肉类食品发展迅速，成为许多肉类食品厂新的经济增长点；传统肉制品逐步走向现代化，传统的作坊制作向现代化工厂挺进；西式肉制品发展势头强劲；利用肉制品腌制、干燥成熟和杀菌防腐处理等高新技术，开发出低温肉制品、保健肉制品。

（二）乳制品加工现状

改革开放以来，中国奶业发展迅猛，奶业成为我国食品工业中发展最快、成长性最好的产业之一。在 1978 年至 1998 年的 20 年间，全国奶类总产量增长了 7.7 倍，鲜奶产量由不到 100 万 t 增长到 745.4 万 t，年平均递增率为 11.6%，其年递增速度与我国的国民经济发展速度基本相一致。据联合国粮农组织的最新统计资料显示，1995 年到 2005 年这 10 年间，中国全脂鲜牛奶产量年均增长率高达 13.0%，远远高于世界平均增长率。到 2005 年产量达 2 864.8 万 t，2006 年产量为 3 302.5 万 t，2007 年超过 3 500 万 t。液体乳及乳制品产值 2000 年为 195.45 亿元，这一数值在 2003 年增长为 521.82 亿元，2004 年达到 702.74 亿元。

近年我国乳品尤其液态奶的加工增长迅速，产品种类也呈多样化趋势，尤其最近两年，乳品加工西方化的趋势愈演愈烈。奶制品的消费已经由 20 世纪 80 年代前的乳粉占统治地位发展成 90 年代末 21 世纪初的液态奶、发酵奶占领头羊的局面。随着人们思想意识的开放以及国内外交流的增多，对于花样乳产品的需求也呈上升趋势，炼乳、奶酪的加工量逐年走高，酸奶的加工也由原来品种单一转变为形式多样，种类繁多。另外，需要强调的一点是无论是我国还是世界，原料乳的来源都是以牛乳占绝大部分（约 90% 以上），少部分为羊乳或者其他哺乳动物的乳。

（三）蛋制品加工现状

禽蛋具有营养高、易消化吸收等特点，与肉品、乳品一样成为人们喜爱的高档营养食品。我国蛋品加工具有 600 余年的历史，蛋类供给以鸡蛋为主，约占 84%，鸭蛋、鹅蛋分占 12% 和 4%。近年略有少量鹌鹑蛋、鸽蛋消费。我国禽蛋总产自 1985 年以来一直雄居世界榜首，统计显示，我国 1996 年禽蛋产量为 1 965.2 万 t，到 2006 年产量达到 2 945.6 万 t，人均占有量为 20kg。

我国禽蛋生产年产值约为 1 200 多亿元，其中商品值约 500 多亿元。目前，我国再制蛋加工 1 000 多亿枚，折合鲜蛋 8 万 t 左右，仅占商品蛋总量的 0.8%，加上深加工消化的蛋品，其消化量也不足商品量的 2%，而发达国家蛋制品加工量占到其鲜蛋总量的 15% ~20%。根据统计数据，我国 2000 年蛋制品加工生产总值为 12.99 亿元，2004 年为 21.07 亿元。为此，当前我国加大了对禽蛋的生产加工技术的研究，如开展脱铅代铅皮蛋、钾型皮蛋、保健鲜蛋、新型蛋品饮料、调味再制蛋、蛋液制品、蛋品罐头、鲜蛋保鲜贮藏、禽蛋中有效物质的分离和提取、蛋品质量检测方法与蛋品加工机械、禽蛋加工技术等方面的研究。

（四）副产品加工现状

畜禽副产品加工是指对除作肉或肉食制品部分外毛、皮、骨、内脏、各种腺体、血、粪等大量的具有较高价值的副产物的加工。其加工所得产物主要用于生化制药、工业原料、饲料、食品工业、纺织工业等方面。

1. 皮革加工现状　皮革工业是我国的传统产业之一，经过几十年的发展，我国皮革工业已经从简单的作坊式生产逐渐形成门类齐全、技术工艺比较先进、生产规模不断壮大的完整工业体系。我国是世界皮革加工和销售中心，也是世界公认的皮革生产大国，我国的猪皮、羊皮原料资源居世界第一，牛皮资源居世界第三。每年轻革产量 4 亿多平方米，居世界第一；鞋类产量为 50 多亿双，占世界鞋类总产量的 20% 以上；成衣产量 7 000 多万件；皮具综合产量也居世界首位。

皮革行业作为轻工业类的一个大行业，也是我国出口的优势行业，近些年始终保持了较为强劲的发展势头。据统计 2005 年 500 万元以上非国有企业有 5 800 多家，从业人员 200 多万人，工业总产值 3 185 亿元，产品销售收入 3 014 亿元。

2. 毛绒加工现状　毛绒工业是我国纺织工业重要的组成部分。目前我国有一定规模的毛纺企业 1 000 余家，山羊绒生产加工企业 2 600 余家，羽绒生产加工企业 2 000 余家，其他毛绒纤维加工企业也有数千家，企业规模有大有小，加工生产水平及其产品质量也参差不齐。

我国毛绒纤维主要生产于内蒙古、山东、西藏、河北、新疆等省区，羽绒主要产于四川成都和重庆、湖北洪湖、福建长乐、江苏扬州、安徽六安等地。据统计，2003 年我国山羊绒年产量约 1 万 t，羽绒年产量约 10 万 t。山羊绒、羽绒的产量和质量均居世界第一，每年纤维及其制品出口量中山羊绒可达 1 000 多 t，羽绒制品达 2 500 万件，其他毛绒纤维如骆驼绒、牦牛绒、马海毛、西宁毛、兔毛等毛绒纤维也有着资源和质量上的优势。

3. 其他畜副产品的加工　当前，随着生化分离、酶工程、生物发酵、高压、高真空等高新技术的发展，我国开始利用畜骨生产骨全粉、富钙香肠、调味汤料、骨髓乳粉；利用禽蛋残留蛋清、蛋壳内膜和蛋壳生产溶菌酶、治疗支气管炎的内服药、蛋壳粉；利用猪、牛、羊的血液、内脏提取"SOD"、血红素、凝血酶、胆固醇、脑磷脂。

三、我国畜产品加工的不足

（一）肉制品加工率低下

虽然近年来我国肉制品加工发展迅猛，从 20 世纪 90 年代的"火腿肠"到现在的高温、低温肉制品充斥市场，冷却肉的销售已遍布县以上城市，但是我国肉制品加工的总体落后还是一个不可争议的事实。国内的肉品食用还是绝大多数以鲜食为主，尤其在农村地区。我国肉制品的加工率为4%～5%，而发达国家肉类加工率为60%～70%，这体现出我国整体食品消费水平偏低，肉制品加工的规模局限性和地域性也是十分的明显的。普遍存在南方好于北方，东部好于西部的现象。

目前我国肉品进出口处于贸易顺差状态，但是一个不容忽视的事实就是我国出口到国外的产品大多是作为原料出口，价格相对较低；而进口食品多为高端产品，价格相对较高。据海关统计，2007年我国牛肉出口2.8万t，价值7 932万美元；同年，牛肉进口3 639t，价值1 416万美元，依此来推，出口牛肉的平均价格为2.83美元/kg，进口牛肉的平均价格为3.89美元/kg。

（二）乳品消费水平低，地区之间差异大

虽然近年来我国乳品，尤其液态奶的加工增长迅猛，但是当前我国人均乳制品消费水平却非常低。世界人均104kg/年，发达国家达到320kg/年，我国1992年人均奶类占有量6kg/年，2000年达到近12kg/年，2005年人均占有量为21.7kg/年，虽增长迅速，但仍只为世界平均水平的五分之一。当前，我国乳品企业主要存在着规模偏小，奶源质量参差不齐；乳制品质量标准体系不健全，缺乏有效的监测体系；盲目生产，缺乏宏观指导等问题。

针对上述问题，我国乳制品加工行业在扩大乳品企业规模，加强技术装备，开发新产品，筛选优良酸奶菌种，研究奶制品的贮藏保鲜技术，健全乳制品质量标准体系，加强有效监测等方面开展了卓有成效的工作。

此外，城镇居民和农村居民的乳制品消费量相差悬殊，城镇居民的乳制品消费量一直高于农村居民，1995年至2005年城镇居民的人均乳品消费量是同年农村消费量的5～13倍。另外由于民族的差异，也导致乳品消费的不平衡。再者，近几年城镇居民的乳制品消费增长缓慢，也是乳制品加工行业面临的问题。

（三）安全观念有待加强

近年来，畜产品安全问题对人们的身体健康产生极大危害的事件频频发生，从"大头娃娃奶粉"到"瘦肉精"再到"苏丹红"等事件的发生，我们可以看出，我们国家的畜产品加工业安全观念不强，监管也不严。

随着市场经济的发展和人民生活水平的提高，当前人们对畜产品的消费数量日益渐长。为满足人们对畜产品的需求，提高饲养效率，防治动物疾病，提高食品感官质量和降低成本，一些不良兽药和饲料添加剂被广泛用于畜产品的生产过程中，从而引起了我国畜产品安全系数的下降。

解决这些问题的方法是：加快立法工作，建立检测、监控体系，加强动物疫病的防治工作；规范兽药、饲料、饲料添加剂的生产和使用；加强生产及加工过程的管理，实现畜产品生产的标准化、绿色化；改变传统的生产经营模式，加强政府职能部门的宏观引导，提高畜牧业生产经营的组织化程度，把千家万户联合起来，进一步完善公司加农户的产业化经营模式；建立健康的市场秩序，加大打击假冒绿色食品的力度，加强企业自身畜产品的质量建设，提高畜产品的安全性，促进畜产品健康发展；实施绿色品牌战略，通过创绿色品牌来提升产品质量的档次，为百姓提供优质的产品。

四、畜产品加工趋势

（一）肉制品加工发展趋势

1. 生产将持续增长，结构更趋合理 随着经济的进一步发展，人民生活水平的提高以及购买力的增强，我国肉类制品的生产和消费总量都将实现持续增长。肉类市场需求呈多样化发展趋势，消费结构将进一步调整优化。猪肉在肉类总量中的比重将会继续下降，牛、羊肉、禽肉的比重将快速上升。

2. 冷却肉前景看好 冷却肉又称冷鲜肉、冰鲜肉，是指动物屠宰后，经卫生检验合格的动物胴体迅速冷却到4℃以下，并在此温度下对动物胴体进行加工贮运和销售的肉类，它具有营养、卫生、安全、鲜嫩的特点。由于它比热鲜肉、冷冻肉具有更多的优越性，因而得到消费者的青睐并成为肉制品消费的热点。双汇、雨润、金锣、北大荒等集团采用先进的屠宰、分割设备，生产冷却肉，并取得了良好的效果。

3. 传统肉制品加工转向工厂化生产 我国传统的肉制品历史悠久，品种丰富多彩，是我国饮食文化的重要组成部分。它与西式肉制品相比，具有色、香、味、形俱佳的特点，深受大众欢迎。近年来，随着科技投入的加大，设备的更新，传统技艺与现代化技术的结合，肉制品工厂化生产正在迅速替代老作坊式生产。

4. 中式为主，中西式并举 中国传统肉制品由于具有鲜明的民族特色和文化内涵，长期为东方民族习惯食用。因此，在肉制品加工方面应以中式制品为主；同时，随着人民消费趋势的多元化，也应适当发展西式低温肉制品。

5. "三低一高"肉制品正成为发展主流 近几年消费者越来越追求有多种营养功能的保健肉类制品，我国"三低一高"——低脂肪、低盐、低糖、高蛋白肉制品的开发受到了人们的喜爱。

（二）乳制品加工发展趋势

从1995年到2005年，短短十年的时间里，乳制品行业的发展表现出明显的上升趋势：液态奶的增长趋势明显，平均年发展增速超过10%，乳制品市场完成了以前由奶粉一统天下到现在液态奶占据主导地位的变革；发酵乳制品市场里酸乳已经为大众所接受；奶酪制品将成为新兴的热点；奶粉制品市场竞争激烈，竞争越来越趋向集中化，且主要在当地几大品牌之间展开，奶粉类制品中除了婴儿奶粉外逐年呈现下降的趋势。

（三）蛋制品加工发展趋势

1. 发展绿色健康蛋 随着人们生活水平的提高和养禽业的科技创新，一方面高能量、高脂肪食品引起的"富贵病"如冠心病、动脉硬化等的发病率不断上升，使消费者倾向于胆固醇含量低的保健食品；另一方面，普通禽蛋的生产、销售减缓，生产者不得不寻求更适合消费者口味和保健作用的绿色健康禽蛋的开发和生产，以求促进消费，开拓新的发展途径。

2. 禽蛋产品向多元化方向发展 在我国禽蛋消费以鲜蛋为主，占90%以上。而国外如美国、日本的蛋制品消费分别占禽蛋的30%和50%。禽蛋产量连年大幅增长，而消费增长缓慢，蛋品加工能力不足，花色品种少，缺乏外销渠道是我国蛋市场的现状。以多元化的产品开拓国内外蛋制品市场，用深加工来提高蛋品利用率，增大附加值，将是一项有效的措施。

3. 打造名牌产品，加强特种蛋禽的养殖　国外开发特种蛋的比例为 20% ~ 30%，而我国基本上是生产普通鸡蛋。我国有许多特色鸡种，如草鸡、乌鸡、绿壳蛋鸡等，它们所产的蛋风味独特、营养丰富，深受国内外消费者喜爱，因此养殖业者应加快特种禽蛋的开发，打造名牌产品。

4. 与国际市场接轨，提高国产禽蛋在国际市场上的竞争力与市场占有率　加强对饲料、兽药生产的监测，提供无药残、无污染的饲料和优质药品；加大生产中的科技投入，推广良种化工程，提高鸡场的生产水平，形成一批能向国外产品挑战的名牌产品，以增加国产禽蛋在国际市场上的竞争力与市场占有率。

（四）畜禽副产品发展趋势

血液、脏器、乳清、皮、毛、骨等畜禽副产品将进一步向制药、饲料、食品、皮革、纺织等方向进行更深、更广的加工，其综合利用的附加值将进一步提高。

第一篇　肉制品加工

第一篇　肉制品加工

第一章

畜禽的屠宰加工及
胴体分级分割利用

学习目标：掌握畜禽屠宰、检验、分级、分割的工艺操作要点和基本要求，认识畜禽屠宰、分级、分割和检验的重要性。

第一节 屠宰加工工艺

肉用畜禽经过击晕、刺杀放血、剖腹、取内脏等一系列处理过程，最后加工成胴体（即肉尸，商品学称作白条肉）的过程叫做屠宰加工，它是进行进一步深加工的前处理，因而也叫初步加工。优质肉品的获得，除了原料本身因素外，很大程度上决定于屠宰加工的条件和方法。

一、屠宰前的饲养管理

1. 屠宰前检验 运到屠宰场的牲畜，在未卸车之前，由兽医检验人员向押运员索阅牲畜检疫证件，核对牲畜头数，了解途中病亡等情况。经检查核对认为正常后，允许将牲畜卸下车并赶入预检圈休息，一般要测量体温和视检皮肤、口、鼻、蹄、肛门、阴道等部位，确定没有传染病后方可屠宰。

2. 屠宰前休息 运到屠宰场的牲畜，到达后不宜马上进行宰杀，须在指定的圈舍中休息。宰前休息目的是消除牲畜在运输途中造成的疲劳，消除应激反应，减少肌肉组织中毛细血管的充血现象，提高肉的商品价值。

3. 屠宰前断食和安静 屠畜在宰前需要断食，一般牛、羊宰前断食24h，猪12h，家禽18~24h。在断食后，应供给充足的饮水，使畜禽进行正常的生理机能活动，调节体温，促使粪便排泄。在屠宰前2~4h应停止给水，这样可以使放血完全，获得高质量的屠宰产品。

屠宰场的圈舍（保管圈、饲养圈等）应保持清洁卫生，候宰圈要保持安静，靠近屠宰间。

二、屠宰工艺

（一）猪的屠宰加工（图1-1）

1. 淋浴 生猪宰杀前必须进行水洗或淋浴，目的是洗去猪体上的污垢，以减少猪体表面的病菌及污物和提高肉品质量。生猪在淋浴或水洗时，由于水压的关系，对生猪产生一种突然的刺激，从而引起生猪机体的应激性反应，表现为精神异常兴奋，心跳加快，呼吸增强，肌肉紧张，体温上升。为此在淋浴后要让生猪休息5~10min再进行麻电刺杀为好。

另外，生猪淋浴后，体表带有一定的水分，增加了导电性能，这就更有利于麻电操作。

淋浴的水温应根据季节的变化适当加以调整，冬季一般应保持在38℃左右，夏季一般在20℃左右，淋浴的时间在3～5min。每次淋浴的生猪数量应以麻电宰杀的速度来决定。要求淋浴后休息5～10min，但最长时间不应超过15min，然后进行麻电操作。

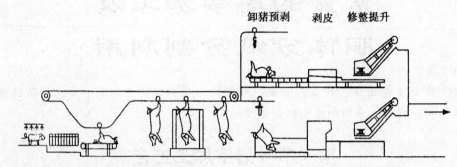

冲淋 限位致昏 套脚提升 刺杀放血 清洗猪身 头部检验 落猪浸烫 刨毛 刮毛修整提升

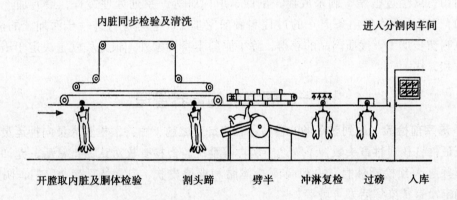

开膛取内脏及胴体检验 割头蹄 劈半 冲淋复检 过磅 入库

图1－1 猪屠宰加工示意图

2. 击晕 应用物理的或化学的方法，使家畜在宰杀前短时间内处于昏迷状态，谓之致昏，也叫击晕。击晕的目的是使屠畜暂时失去知觉，因为屠宰时牲畜精神上受到刺激，容易引起内脏血管收缩，血液剧烈地流集于肌肉内，致使放血不完全，从而降低了肉的质量；同时还可减少宰杀时屠畜嚎叫、拼命挣扎消耗过多的糖元，使宰后肉尸保持较低pH值；此外，击晕还可以保持环境安静减轻工人的体力劳动和增加操作的安全性。击晕的主要方法有电击法、锤击法及CO_2麻醉法。

（1）电击晕

①麻电设备：有手握式麻电器和光电麻电机两种。手握式麻电器由调压器、导线等组成（图1－2）。其中电极一端长于另一端1/5，两端各接一根导线，电极上附有海绵，可吸存少量盐水溶液以增强导电性能。

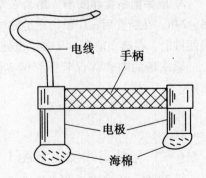

图1－2 猪手持式麻电器模式图

②麻电操作：将麻电器电极的一端揿在猪眼与耳根交界处，另一端揿在肩胛骨附近（这两个区域俗称太阳穴和前夹心）进行麻醉。麻电效果与电流强度、电压大小、频率高低以及作用时间都有很大关系。一般来说，麻电电压为 75～80V 时即可达到电麻醉目的，这种电麻的电流为 0.5A，频率为 50～60Hz，一般 2～3s 即可达到麻醉要求。

③低压高频电击晕方法：图 1-3 为荷兰 Stork 公司生产的米达斯电击晕机，它改进了电击晕的方法，频率为 800Hz，固定电流 1.2～2.8A，电压 150～300V，3 个击晕电极（头-头-心脏），见图 1-4。

图 1-3　荷兰 Stork 公司生产的米达斯电击晕机

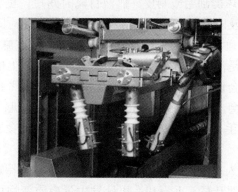

图 1-4　米达斯电击晕机 3 个击晕电极（头-头-心脏）

（2）CO_2 麻醉　CO_2 麻醉法是将猪赶入 CO_2 麻醉室，猪吸入一定浓度的 CO_2 后，意识即完全消失，然后通过传送带吊起刺杀放血。CO_2 麻醉使猪在安静状态下进入昏迷，肌糖元消耗少，肌肉处于弛缓状态，因此可避免内出血。实验证明吸入的 CO_2 对血液、肉质及其他脏器影响较小。

3. 刺杀放血　致昏后的生猪通过套脚提升上自动轨道生产线、即进入刺杀放血工作。刺杀部位即进刀的部位是：纵向位置是在猪的颈部正中线及食道的左侧 2cm 处，横向位置是颈部第一对肋骨水平线下 3.5～4.5cm 处，这个纵与横的交叉点就是进刀放血的部位。在刺杀持刀时，将刀刃向上，斜面要求 15°～20°，按其刺杀部位，准确的刺入颈部并用刀往上捅，以切断颈部血管。

刺杀放血通常有空心刀刺杀放血和卧式刺杀放血两种方式。在卧式放血平台进行刺杀放血，便于刺杀，易于收集血液，而且可以减少对后腿的拉伤。图 1-5 为刺杀后在放血平台上进行的卧式放血。

一般情况下，刺杀后的生猪全身血液在
6～10min 基本流尽。如放血不完全，则产
血量少，胴体皮肤发红，严重放血不完全
时，还会造成"红膘肉"。造成放血不完全
的原因主要有以几点：

（1）生猪为病猪或体温偏高，由于生猪
机体受病理的影响，机体脱水，血液的浓度
增高，致使宰杀放血时血流缓慢，造成出血
不全。

（2）宰前未能给生猪适当的休息和饮
水，生猪机体内水分减少，血液循环缓慢，
心力减弱，于是在刺杀后血液排出缓慢，机体内血液不能完全排出。

刀刺

图 1-5 卧式刺杀放血

（3）由于麻电时间过长和电压过高，致使生猪衰竭而死亡，宰杀时血液外流受阻而引
起放血不全，或者将猪麻电致死或刺伤心脏，使心脏停止跳动，血液不能进行循环，使血
液无法完全排出体外。

（4）刺杀时进刀部位选择不准，未能切断颈部动脉而引起放血不全。

（5）刺杀后马上进行热烫刮毛或剥皮，血液自流时间短，也会出现放血不全。猪的肉
尸随着血液排出体外，应及时进入"热烫"刮毛工序，其相距时间应控制在 10min 左右。

4. 洗猪 生猪麻电放血后，须经过洗猪这一工序。虽然在麻电放血前已进行过淋浴，
但因麻电前淋浴时生猪还是活的机体，不可能彻底清洗掉猪体上的污垢，所以应该有洗猪
工序。如能使用温水，还会促使猪体残余血液的排出，这不但可提高产品质量，而且还能
减少沙门氏菌属的污染机会。目前国内使用的大都是立式洗猪机，操作方便，节省人力。

5. 浸烫脱毛 浸烫脱毛是带皮猪屠宰加工中重要环节，浸烫脱毛好坏与白条肉质量有
直接关系。

（1）浸烫 猪宰后浸入一定温度（60℃以上）的水中，保持适当的时间，使表皮、真
皮、毛囊和毛根部位的温度升高，毛囊和毛根处发生蛋白质变性而收缩，从而促使毛根与
毛囊分离。浸烫水温及时间与季节、气候、猪的品种、月龄有关，一般浸烫水温为 62～
63℃，时间为 3～5min。

（2）刮毛 刮毛分手工热烫脱毛和机器脱毛两种。刮毛机常见的有三种类型：立式三
滚轴刮毛机、卧式四轴滚动刮毛机和拉式刮毛机。

为进一步将屠体的毛以及表皮黑污刮得干净，需进一步将屠体在温水池内刮毛或松香
拔毛，以保证白条肉的卫生品质及产品质量。使用烫池的不足之处是不符合卫生要求，烫
池的水不洁净，易造成猪体的污染。为解决这一问题，已研制了一种吊挂式的烫洗法，是
较理想的脱毛方法。吊挂式烫洗法是使处于吊挂状态的屠体进入隧道，以热喷淋方式达到
猪的浸烫目的，同时还免除了一道摘钩操作程序，保证流水线速度。目前这种方法已在欧
洲一些先进国家的大屠宰场（厂）使用。

从烫洗隧道出来后的猪体直接进入打毛隧道。屠体进入打毛隧道后，橡皮棒打毛片自
上而下，自下而上地进行运动，将毛打掉。在打毛过程中，有一装置向屠体不断喷淋 37℃
的温水，将打下的毛冲洗掉。隧道的进出口配备有小的打毛爪，以打掉屠体前后腿和颈部

的毛。该法最大优点不单是与烫洗隧道连为一体，构成打毛、烫洗连续化，更重要的是避免了交叉污染。与热水烫洗、打毛隧道相配合的还有燎毛装置，目的是除去残留下来的绒毛和对体表进行消毒，燎毛包括干燥、燎毛、刮黑、刷光四道工序。

6. 剥皮 白条肉有带皮与不带皮之分，不带皮白条肉更易污染，操作时需特别注意卫生。

（1）洗猪 猪体在剥皮前，必须用净水洗去周身污垢，以免在剥皮时污染生猪体表而影响肉品品质。

（2）机器剥皮

①人工预剥：人工预剥是为了解决剥皮机不能剥到的皮肤。预剥时，操作人员站立在猪体的左右两侧，使猪仰卧，按程序首先沿胸腹中线（即两排乳头的中间）挑开胸腹部皮层，然后分别挑开四肢内侧皮层。

②机器剥皮：目前国内使用的剥皮机主要是立式滚筒剥皮机。无论哪一种剥皮机都需先进行人工预剥。

③割小皮、去浮毛：剥皮后的肉体，必须再次进行整修，以便把肉体上的小皮全部割除。

7. 剖腹取内脏 剖腹取内脏主要包括编号，割肥腮，挑胸，剖腹，刁门圈，拉直肠，割膀胱，取胃、肠、脾、胰、肝、心、肺，割肾脏、割尾巴、割头、劈半等内容。

8. 肉尸修整 肉尸修整包括修割与整理两部分。修割就是把残留在肉尸上的毛、灰、血污等以及对人体有害的腺体和病变组织修割掉，以确保人身健康。主要包括割前后爪、摘除三腺、割乳（奶）头、撕板油、割血污肉、割槽头等。整理则是根据加工规格要求或合同的需要而进行必要的操作。

（二）牛羊的屠宰加工（图1-6）

1. 致昏 致昏主要有锤击致昏和电麻致昏两种。锤击致昏法是将牛鼻绳牢系在铁栏上，用铁锤猛击前额（左角至右眼、右角至左眼的交叉点），将其击昏。电击致昏法是用带电金属棒直接与牛体接触，将其击昏。此法操作方便，安全可靠，适宜于较大规模的机械化屠宰厂进行倒挂式屠宰。

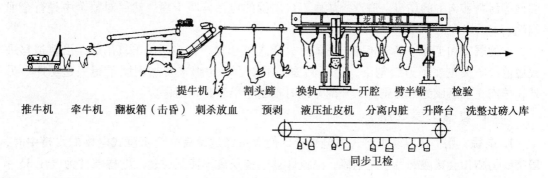

图1-6 牛屠宰加工示意图

2. 放血 牛被致昏后，立即进行宰杀放血。用钢绳系牢处于昏迷状态的牛的右后腿，用提升机提起并转挂到轨道滑轮钩上，滑轮沿轨道前进，将牛运往放血池，进行戳刀放血。在距离胸骨前 15～20cm 的颈部，以大约 15°角刺 20～30cm 深，切断颈部大血管，并将刀口扩大，立即将刀抽出，使血液尽快流出。

3. 剥皮、剖腹、整理

（1）割牛头、剥头皮　牛被宰杀放净血后，将牛头从颈椎第一关节前割下。剥头皮时，以牛角根到牛嘴角为一直线，用刀挑开，把皮剥下，同时割下牛耳，取出牛舌，保留唇、鼻。然后，由卫生检验人员对其进行检验。

（2）剥前蹄、截前蹄　沿蹄甲下方中线把皮挑开，然后分左右把蹄皮剥离（不割掉）。最后从蹄骨上前节处把牛蹄截下。

（3）剥后蹄、截后蹄　在高轨操作台上的工人同时剥、截后蹄，剥蹄方法同前蹄，但应使蹄骨上部胫骨端的大筋露出，以便着钩吊挂。

（4）剥臀皮　由两人操作，先从剥开的后蹄皮继续剥至臀部两侧及腋下附近，将皮剥离，然后用刀将直肠周围的肌肉划开，使肛门口缩入腔内。

（5）剥腹、胸、肩部　腹、胸、肩各部的剥皮都由两人分左右操作，先从腹部中线把皮挑开，顺序把皮剥离。至此，已完成除腰背部以外的剥皮工作。

（6）机器拉皮　牛的四肢、臀部、胸、腹、前颈等部位的皮剥完后，遂将吊挂的牛体顺轨道推到拉皮机前，牛背向机器，将两只前肘交叉叠好，以钢丝绳套紧，绳的另一端扣在柱脚的铁齿上，再将剥好的两只前腿皮用链条一端拴牢，另一端挂在拉皮机的挂钩上。开动机器，牛皮受到向上的拉力，就被慢慢拉下。拉皮时，操作人员应以刀相辅，做到皮张完整，无破裂，皮上不带膘肉。

（7）摘取内脏　摘取内脏包括剥离食道、气管，锯胸骨，开腔（剖腹）等工序。

（8）取肾脏、截牛尾　肾脏在牛的腹腔内部，被脂肪包裹，划开脏器膜即可取出。截牛尾时，由于牛尾巴已在拉皮时一起拉下，只需要尾部关节用刀截下即可。

（9）劈半、截牛　摘取内脏之后，要把整个牛体分成四体。先用电锯沿后部盆骨正中开始分锯，把牛体从盆骨、腰椎、胸椎、颈椎正中锯成左右两片。再分别从第 12、13 肋骨之间横向截断，这样整个牛体被分成四大部分，即四分体。

（10）修割整理　修割整理一般在劈半后进行，主要是把肉体上的毛、血、零星皮块、粪便等污物和肉上的伤痕、斑点、放血刀口周围的血污修割干净。然后对整个牛进行全面刷洗。

羊的屠宰加工和牛基本相同。吊羊时只需人工套腿，直接用吊羊机吊起，沿轨道移进放血池。羊头也在下刀后割下，但不剥皮，不取舌。对绵羊要加剥肥羊尾一道工序。另外，羊肉完工后成为带骨胴体，开剖整理时不必劈半分截和剔骨。

（三）家禽的屠宰加工

1. 电昏　用一个自动水溶式的电昏器，使禽头经过设有一个沉浸式电棒的水槽中时，屠宰线的脚扣会接触到另一个电棒，电流即通过整只禽体使其昏迷。电昏条件为电压 35～50V，电流 0.5A 以下，时间（家禽通过电昏槽时间）鸡为 8s 以下，鸭为 10s 左右。

2. 刺杀放血　美国农业部建议电昏与宰杀作业之间间隔：夏天为 12～15s，冬天则需增加到 18s。宰杀可以采用人工作业或机械作业，通常有三种方式：

（1）口腔放血　电麻后的禽只，双脚向上挂在脚钩上。操作人员用手拉开下嘴壳，将刀伸入口腔，在靠近头骨底部，切断颌静脉。待血液自口腔流出时，立即抽回刀沿上颚斜刺入延脑，破坏神经中枢，使缩毛肌松弛。

（2）切颈放血　用刀切断三管（气管、食管、血管），目前国内通常采用此法。

（3）动脉放血　切断禽只颈动脉和颈静脉，但不能伤及颈椎骨或切断气管。

放血时间鸡为 90～120s，鸭 120～150s，但冬天的放血时间比夏天要长约 5～10s。工厂使用集血槽收集血液，其长度一般能够使禽放血约150s的长度为宜。

3. 烫毛　水温和时间依禽体大小、性别、重量、生长期以及不同加工用途而调节。

4. 脱毛　机械拔毛主要利用橡胶束的拍打与摩擦作用脱除羽毛。

5. 去绒毛　禽体烫拔毛后，尚残留有绒毛，其去除方法有三种·钳、松香揾毛、火焰喷射机烧。

6. 清洗、去头、切脚

（1）清洗　屠体脱毛后，在去内脏之前须充分清洗，一般采用加压冷水（或加氯水）冲洗。

（2）去头　去头装置是一个"V"型沟槽，倒吊的禽头经过凹槽内，自动从喉头部切割处被拉断而与屠体分离。

（3）切爪　目前大型工厂均采用自动机械从胫部关节切下禽爪。

7. 取内脏　取内脏前须再挂钩。活禽从挂钩到切除爪为止称为屠宰去毛作业，必须与取内脏区完全隔开，此处原挂钩转回活禽作业区，而将禽只重新悬挂在另一条清洁的挂钩系统上。取内脏可分为四个步骤：切去尾脂腺；切开腹腔，切割长度要适中，以免粪便溢出污染屠体；切除肛门；扒出内脏，有人工抽出法和机械抽出法。

8. 检验、修整、包装　掏出内脏后，经检验、修整、包装后入库贮藏。库温 –24℃情况下，经 12～24h 使肉温下降至 –12℃，即可贮藏。

三、宰后的检验及处理

（一）宰后检验的方法

宰后检验通常是以感官检验为主，即在自然光线（室内以日光灯为宜）的条件下，检验人员借助于检验工具，按照规定的检验部位，用视觉、触觉、嗅觉等由表及里地进行检查，在必要时，则应进行实验室诊断。具体方法如下：

1. 观察　首先对皮肤、肌肉、脂肪、内脏等的暴露部分进行观察，以了解其外表色泽、形态大小等是否正常，这是宰后检验的重要一环。

2. 剖检　除了上述暴露部分的观察以外，还必须按《肉品卫生检验试行规程》的规定要求，剖检若干部位的淋巴腺、脏器组织、肌肉、脂肪等，以观察其组织性状、色泽变化等是否正常，从而作出正确的判处。

3. 触检　在判断肌肉组织或脏器软硬、轻重时，有时在表面不显任何病变，如不以手触摸，则往往不能发觉的内部病变。

4. 嗅检　嗅检是辅助观察、剖检、触检方法而采取的一种必要方法。检验时，可以按其异味轻重的程度做适当的处理。

5. 实验室诊断　在肉品宰后检验过程中，有些疾病往往不是单凭上述各项检验方法所能发现，必须借助于实验室诊断，才能正确判处。

（二）屠体的各部位检验

对于带皮宰杀猪的检验有以下几项：

1. 头部检验 在猪放血后，浸烫前（或剥皮前），必须先剖检颔下淋巴结，以检出猪是否患有慢性局部炭疽。牛的头部检验除普通的口腔及咽喉黏膜检查外，还应检查舌根纵剖面，并切开检查内外咬肌。

2. 皮肤检验 肉尸在剖腹前，必须由检验人员仔细检查全身皮肤，发现体表有传染病症状的及时标记处理。皮肤检验应注意观察在四肢、腋下、耳根、后股、腹部等处有无点、斑状或弥漫性的发红或出血症状。

3. 内脏检查

（1）肺脏检查 观察外表色泽，大小及触检其弹性，必要时切开检查，并剖检支气管淋巴结及纵隔淋巴结，同时切开肺叶，检查是否有住肉孢子虫、肺丝虫等寄生虫。

（2）心脏检查 检验心包、心肌、心内外膜、心实质是否有急性传染性的出血现象，心肌是否有囊尾蚴，对猪应特别注意二尖瓣，查看是否有菜花状的猪丹毒症。

（3）肝脏检查 检查颜色、硬度、形状、弹性，并剖检肝门淋巴结及肝实质，检察是否有硬化及石灰变性以及寄生的肝蛭。

（4）肠胃检查 切开检查胃淋巴结及肠系膜淋巴结，并观察胃肠浆膜。

（5）脾脏检查 有无肿胀，弹性如何，必要时切开检查。

（6）肾脏检查 观察色泽，大小，并触检弹性是否正常，必要时纵剖检查（须连在肉尸上一同检查）。

（7）乳房检查（牛羊） 触检并切开检查，查看乳房淋巴结有无病变。

（8）检查子宫、睾丸、膀胱等

4. 寄生虫检验

（1）旋毛虫检验 取出腹腔脏器后，在每头猪的膈膜肌脚处各取一小块肉样（每块重约 10g），与肉尸编记同一号码，以撕膜与显微镜镜检相结合进行检验。

（2）囊尾蚴 主要检查部位猪为咬肌、深腰肌和膈肌，其他可检部为心肌、肩胛外侧肌和股部内侧肌等；牛为咬肌、舌肌、深腰肌和膈肌；羊为膈肌、心肌。

（3）住肉包子虫 猪镜检横膈膜肌脚（与旋毛虫一同检查）；黄牛仔细检视腰肌、腹斜肌及其他肌肉；水牛检视食道、腹斜肌及其他肌肉。

5. 肉尸检验（包括初、复验） 一般应在肉尸劈半后进行初验。首先观察皮肤、脂肪、胸膜、腹膜、脊椎等的色泽有否异状，然后剖检每片肉的乳房淋巴结是否正常，并剖检大小腰肌有否囊虫寄生。再检验肾脏，观察其色泽、大小等是否正常，必要时纵剖检查髓质和肾盂。

（三）检后处理

1. 正常肉 胴体和内脏经检验确认来自健康牲畜，在肉联厂或屠宰厂加盖"兽医验讫"印后即可出场销售。

2. 无害处理 患有一般传染病、轻寄生虫或病理损伤的胴体和内脏，根据病损性质和程度，经过冷冻、高温或腌制等无害处理后，使传染性毒性消失或寄生虫全部死亡，可以有条件的食用。

3. 炼工业油　患有严重传染病、寄生虫病、中毒和严重病理损伤的胴体和内脏，不能食用，可以炼制工业油。

4. 销毁　患有炭疽病、鼻疽、牛瘟等《肉片卫生检验规程》所列的烈性传染病的胴体和内脏，必须用焚烧、深埋等方法予以销毁。

第二节　肉的分级

肉在批发零售时，根据其质量差异，划分不同等级，按等论价。分级的方法和标准，每个国家和各个地区都不尽相同，一般都依据肌肉发育程度、皮下脂肪状况、胴体重量及其他肉质情况来决定，不同家畜肉的要求也不同。

一、猪胴体分级

目前我国对猪肉的分级是按整个胴体肌肉的发达程度及脂肪的厚薄进行。猪肉胴体的等级标准各国不一，但基本上都是以肥膘厚度结合每片胴体重量进行分级定等。肥膘厚度以每片猪肉第六、第七肋骨中间平行至第六胸椎棘突前下方脂肪层的厚度为依据。根据国家标准，我国把带皮或无皮鲜或冻片猪肉分为三个等级。分别见表1-1、表1-2。

表1-1　带皮鲜片猪肉的分级标准

等级	一级	二级	三级
脂肪层厚度（cm）	1.0~2.5	1.0~3.0	>3.0 或 <1.0
片肉重量（kg）	≥23	不限	不限

表1-2　无皮鲜片猪肉的分级标准

等级	一级	二级	三级
脂肪层厚度（cm）	1.0~2.5	1.0~3.0	>3.0 或 <1.0
片肉重量（kg）	≥21	不限	不限

在猪肉的分级中应注意区别术语：片猪肉，指将宰后的整只猪胴体沿脊椎中线纵向锯（或劈）成两分体的猪肉；鲜片猪肉，指将宰后的猪肉经过晾肉但不经过冷却工艺的猪肉；冷却片猪肉，指片猪肉经过冷却工艺过程，其后腿肌肉深层中心温度不高于4℃，不低于0℃的猪肉；冻片猪肉，指片猪肉经过冻结工艺过程，其后腿肌肉深层中心温度不高于-15℃的猪肉。

二、牛胴体的分级

本标准以胴体评定为核心，向前延伸包括活牛的等级评定方法和标准，向后延伸包括牛肉的分割。在此仅介绍胴体等级的评定方法。

1. 标准中引用的定义

（1）**优质牛肉**　肥育牛按规范工艺屠宰、加工，品质达到标准中优质二级以上（包括优二级）的牛肉叫做优质牛肉。

（2）**成熟**　又叫"排酸"，指牛被宰杀后，其胴体或分割肉在1.5℃以上（通常在1～4℃左右）无污染环境内放置一定时间，使肉的pH值上升，酸度下降，嫩度和风味得到改善的过程。

（3）**分割牛肉**　按照市场要求将牛胴体分割成不同的肉块。

（4）**生理成熟度**　反映牛的年龄。评定是根据胴体的脊椎骨（主要是最末三根胸椎）脊突末端软骨的骨化程度来判断，骨化程度越高，牛的年龄越大。

2. 牛胴体等级评定

（1）**评定指标及方法**　胴体冷却后，在充足的光线下，在第12～13根胸椎间眼肌横切面处对下列指标进行评定。

①大理石纹：对照大理石纹图片确定眼肌横切面处的大理石纹等级。共有四个标准图片，分为丰富（1级）、较丰富（2级）、一般（3级）和很少（4级）。两级之间设半级，例如界于2级和3级之间为2.5级。

②生理成熟度：以骨化程度为依据，根据脊椎骨末端软骨的骨化程度表判断，分为A、B、C、D、E5个等级，A级最年轻，E级在72月龄以上，详见表1－3；同时结合肋骨的形状、眼肌的颜色和质地对生理成熟度作微调。

表1－3　我国牛胴体不同生理成熟度的骨化程度

脊椎部位 成熟度	A 24月龄以下	B 24～36月龄	C 36～48月龄	D 48～72月龄	E 72月龄以上
荐椎	未愈合	开始愈合	愈合但有轮廓	完全愈合	完全愈合
腰椎	未骨化	一点骨化	部分骨化	近完全骨化	完全骨化
胸椎	未骨化	未骨化	一点骨化	大部分骨化	完全骨化

③颜色：对照肉色等级图片判断眼肌切面处颜色的等级。分为6个等级，1级最浅，6级最深，其中3级和4级为最佳肉色。

④热胴体重的测定：宰后剥皮、去头、蹄、内脏以后称出热胴体重。

⑤眼肌面积的测定：在第12～13胸椎间的眼肌切面处用方格网直接测出眼肌的面积。具体方法见图1－7。

⑥背膘厚度的测定：在第12～13胸椎间的眼肌切面处，从靠近脊柱一侧算起，在眼肌长度的四分之三处垂直于外表面测量背膘的厚度。具体测定方法见图1－8。

（2）**胴体的等级标准**

①质量级：反映肉的品质状况，主要由大理石纹和生理成熟度决定，并参考肉的颜色进行微调。本标准中牛胴体质量与大理石纹和生理成熟度关系见表1－4。

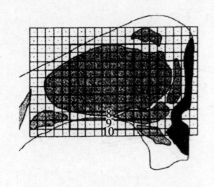

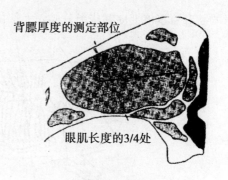

背膘厚度的测定部位

眼肌长度的3/4处

图 1-7　眼肌面积测定方法示意图　　　　　　图 1-8　背膘厚度测量方法示意图

表 1-4　我国牛胴体质量等级与大理石纹与生理成熟度的关系

大理石纹	生理成熟度				
	24月龄以下	24～36月龄	36～48月龄	48～72月龄	72月龄以下
1					
1.5	特级				
2		优一级			
2.5			优二级		
3				普通牛肉	
3.5					
4					

注：（1）优二级以上牛肉为优质牛肉；（2）特级和优一级牛肉必须是阉牛和青年公牛；（3）8岁以上的牛不得评为优质牛肉

具体评定方法是：先根据大理石纹和生理成熟度确定等级，然后对照颜色进行调整。当等级由大理石纹和生理成熟度两个指标确定以后，若肉的颜色过深或过浅（颜色等级中以③、④级为最好），则要对原来的等级进行调整，一般来说要在原来等级的基础上降一级。

②产量级：反映牛胴体中主要切块的产率。初步选定由体重、眼肌面积和背膘厚度测算出出肉率，出肉率越高等级越高。眼肌面积与出肉率成正比，眼肌面积越大，出肉率越高；背膘厚度与出肉率成反比。

第三节　肉的分割工艺

一、猪胴体的分割方法

我国供市场零售的猪胴体分成下列几个部分：臀腿部、背腰部、肩颈部、肋腹部、前后肘子、前颈部及修整下来的腹肋部。供内、外销的猪胴体分成下列几部分：颈背肌肉、前腿肌肉、脊背大排、臀腿肌肉四个部分。

市销零售带皮鲜猪肉分成六大部位三个等级，如图1-9所示。

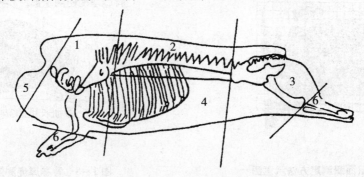

图1-9 我国猪胴体部位分割图
1. 肩颈肉 2. 背腰肉 3. 臀腿肉 4. 肋腹肉 5. 前颈肉 6. 肘子肉

一等肉：臀腿部，背腰部；

二等肉：肩颈部；

三等肉：肋腹部，前后肘子；

等外肉：前颈部及修整下来的腹肋部。

1. 肩颈部（俗称胛心、前槽、前臀肩） 前端从胴体第1、2颈椎切去颈脖肉，后端从第4、5胸椎间或5、6肋骨中间与背线成直角切断，下端如作西式火腿则从腕关节截断，如作其他制品则从肘关节截断并剔出椎骨、肩胛骨、臂骨、胸骨和肋骨。

2. 臀腿部（俗称后腿、后丘、后臀肩） 从最后腰椎与荐椎结合部和背线成直角垂直切断，下端则根据不同用途进行分割，如作分割肉、鲜肉出售，从膝关节切断，剔出腰椎、荐椎、髋骨、股骨、去尾，如作火腿则保留小腿、后蹄。

3. 背腰部（俗称通脊、大排、横排） 前去肩颈部，后去臀腿部，取胴体中段下端从脊椎骨下方4~6cm处平行切断，上部为背腰部。

4. 肋腹部（俗称软肋、五花、腰排） 与背腰部分离的下部即是，切去奶脯。

5. 前臂和小腿部（前、后肘子，蹄膀） 前臂为上端从肘关节，下端从腕关节切断；小腿为上端从膝关节，下端从跗关节切断。

6. 前颈部（俗称脖头、血脖） 从寰椎前或第1、2颈椎处切断，肌肉群有头前斜肌、头后斜肌、小直肌等。该部肌肉少，结缔组织及脂肪多，一般利用为制馅及灌肠充添料。

二、牛胴体的分割方法

本分割方法是在总结了国内不同分割方法的基础上，考虑到与国际接轨而制定的。首先是标准牛胴体的生产过程：主要包括活牛屠宰后放血、剥皮、去头蹄、内脏等步骤；其次是将标准的牛胴体二分体大体上分成臀腿肉、腹部肉、腰部肉、胸部肉、肋部肉、肩颈肉、前腿肉、后腿肉共八个部分（图1-10）。在此基础上再进一步的分割，最终将牛胴体分割成牛柳、西冷、眼肉、上脑、胸肉、腱子肉、腰肉、臀肉、膝圆、大米龙、小米龙、腹肉、嫩肩肉等十三块肉（图1-11）。

1. 牛柳 又称里脊，即腰大肌。分割时先剥去周围的脂肪，沿耻骨前下方将里脊剔出，然后由里脊头向里脊尾逐个剥离腰横突，取下完整的里脊。

2. 西冷　又称外脊，主要是背最长肌。分割时首先沿最后腰椎切下，然后沿眼肌腹壁侧（离眼肌 5～8cm）切下。再在第 12～13 胸肋处切断胸椎，逐个剥离胸、腰椎。

3. 眼肉　主要包括背阔肌、肋背最长肌、肋间肌等。其一端与外脊相连，另一端在第 5～6 胸椎处，分割时先剥离胸椎，抽出筋腱，在眼肌腹侧距离为 8～10cm 处切下。

4. 上脑　主要包括背最长肌、斜方肌等。其一端与眼肉相连，另一端在最后颈椎处。分割时剥离胸椎，去除筋腱，在眼肌腹侧距离为 6～8cm 处切下。

5. 嫩肩肉　主要是三角肌。分割时循眼肉横切面的前端继续向前分割，可得一圆锥形的肉块，便是嫩肩肉。

6. 胸肉　主要包括胸升肌和胸横肌等。在剑状软骨处随胸肉的自然走向剥离，修去部分脂肪即成一块完整的胸肉。

7. 腱子肉　腱子分为前、后两部分，

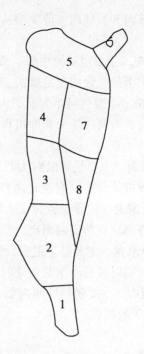

图 1-10　我国牛胴体部位分割图

1. 后腿肉　2. 臀腿肉　3. 后腰肉　4. 肋部肉
5. 肩颈肉　6. 前腿肉　7. 胸部肉　8. 腹部肉

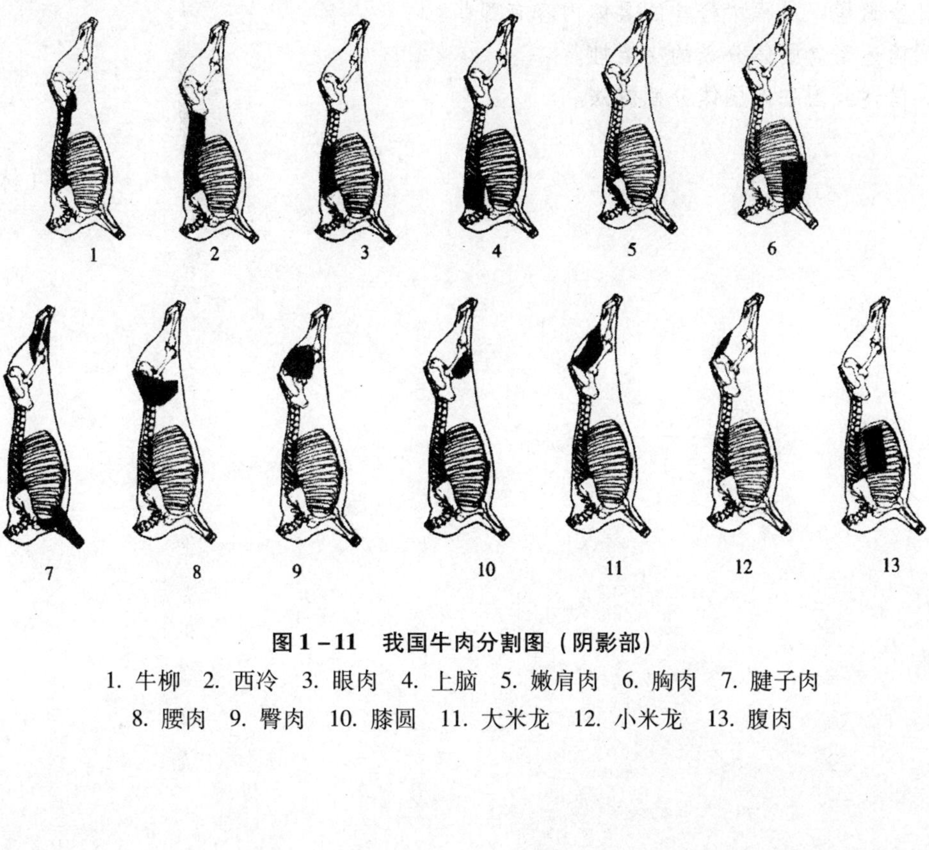

图 1-11　我国牛肉分割图（阴影部）

1. 牛柳　2. 西冷　3. 眼肉　4. 上脑　5. 嫩肩肉　6. 胸肉　7. 腱子肉
8. 腰肉　9. 臀肉　10. 膝圆　11. 大米龙　12. 小米龙　13. 腹肉

主要是前肢肉和后肢肉。前牛腱从尺骨端下刀，剥离骨头，后牛腱从胫骨上端下切，剥离骨头取下。

8. 腰肉　主要包括臀中肌、臀深肌、股阔筋膜张肌。在臀肉、大米龙、小米龙、膝圆取出后，剩下的一块肉便是腰肉。

9. 臀肉　主要包括半膜肌、内收肌、腹膜肌等。分割时把大米龙、小米龙剥离后便可见到一块肉，沿其边缘分割即可得到臀肉。也可先沿着被切开的盆骨外缘，再沿本肉块边缘分割。

10. 膝圆　主要是臀股四头肌。当大米龙、小米龙、臀肉取下后，能见到一块长圆形肉块，沿此肉块周边（自然走向）分割，很容易得到一块完整的膝圆肉。

11. 大米龙　主要是臀股二头肌。与小米龙紧接相连，故剥离小米龙后大米龙就完全暴露，顺该肉块自然走向剥离，便可得到一块完整的四方形肉块即为大米龙。

12. 小米龙　主要是半腱肌，位于臀部。当牛后腱子取下后，小米龙肉块处于最明显的位置。分割时可按小米龙肉块的自然走向剥离。

13. 腹肉　主要包括肋间内肌、肋间外肌等，也即肋排，分无骨肋排和带骨肋排。一般包括 4～7 根肋骨。

思考题

1. 简述猪屠宰加工的主要工艺流程。
2. 简述畜禽屠宰电击晕的作用。
3. 造成猪刺杀放血不完全的原因有哪些？
4. 畜禽屠宰过程中检验的具体内容有哪些？
5. 简述畜禽胴体分级的必要性。
6. 简述我国牛肉胴体分割方法。

（林　琳）

第二章

肉的形态结构及理化特性

学习目标： 掌握肌肉组织的结构和特点；掌握肉的化学成分；掌握肌肉颜色变化机理及影响肉色的因素；掌握保水性和嫩度的概念及影响因素；了解肉组织的一般结构特点及其与肉品质的关系；了解肉风味物质的组成。

第一节 肉的形态学

肉（胴体）主要由肌肉组织、脂肪组织、结缔组织和骨骼组织四大部分组成。这些组织的构造、性质及其含量直接影响到肉品质量、加工用途和商品价值，它依据屠宰动物的种类、品种、性别、年龄和营养状况等因素不同而有很大差异。牛、猪、羊胴体各组织占总重量的百分比例列于表2-1。

表2-1 肉的各种组织占胴体重量的百分比 （%）

组织名称	牛肉	猪肉	羊肉
肌肉组织	57~62	39~58	49~56
脂肪组织	3~16	15~45	4~18
骨骼组织	17~29	10~18	7~11
结缔组织	9~12	6~8	20~35
血　液	0.8~1	0.6~0.8	0.8~1

一、肌肉组织

肌肉组织为胴体的主要组成部分，因此了解肌肉的结构、组成和功能对于掌握肌肉在宰后的变化、肉的食用品质及利用特性等都具有重要意义。

肌肉组织（muscle tissue）在组织学上可分为三类，即骨骼肌、平滑肌和心肌。骨骼肌因以各种构形附着于骨骼而得名，但也有些附着于韧带、筋膜、软骨和皮肤而间接附着于骨骼。骨骼肌与心肌因其在显微镜下观察有明暗相间的条纹，因而又被称为横纹肌（图2-1）。

由于骨骼肌的收缩受中枢神经系统的控制，所以又叫随意肌，而心肌

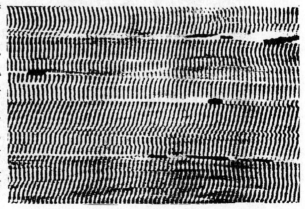

图2-1 肌肉纤维的显微结构

与平滑肌称为非随意肌。与肉品加工有关的主要是骨骼肌，所以本章将侧重介绍骨骼肌的构造。下面提到的"肌肉"也指骨骼肌而言。

（一）肌肉的宏观构造

家畜体上大约有600块以上形状、大小各异的肌肉，但其基本构造是一样的（图2-2、图2-3）。肌肉的基本构造单位是肌纤维，肌纤维与肌纤维之间被一层很薄的结缔组织膜围绕隔开，此膜叫肌内膜（endomysium）；每50～150条肌纤维聚集成束，称为肌束（muscle bundle）；外包一层结缔组织鞘膜称为肌周膜（perimysium）或肌束膜，这样形成的小肌束也叫初级肌束；由数十条初级肌束集结在一起并由较厚的结缔组织膜包围就形成次级肌束（又叫二级肌束）；由许多二级肌束集结在一起即形成肌肉块，外面包有一层较厚的结缔组织称为肌外膜（epimysium）。这些分布在肌肉中的结缔组织膜即起着支架的作用，又起着保护作用，血管、神经通过三层膜穿行其中，伸入到肌纤维的表面，以提供营

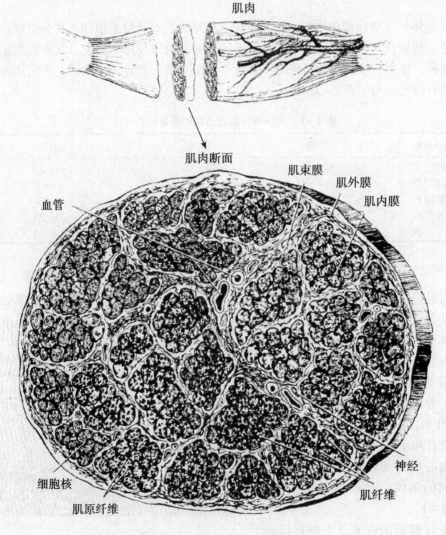

图2-2　骨骼肌的结构及横断面 I

养和传导神经冲动。此外，还有脂肪沉积其中，使肌肉断面呈现大理石样纹理。

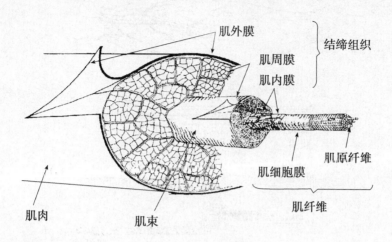

图 2-3　骨骼肌纵断面 II

（二）肌肉的微观结构

1. 肌纤维（muscle fiber）　和其他组织一样，肌肉组织也是由细胞构成的，但肌细胞是一种相当特殊化的细胞，呈长线状、不分枝、两端逐渐尖细，因此也叫肌纤维（图 2-4）。肌纤维直径为 $10 \sim 100 \mu m$，长度为 $1 \sim 40 mm$，最长可达 $100 mm$。

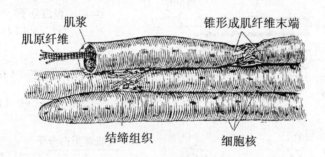

图 2-4　肌纤维的结构

2. 肌膜（sarolemma）　肌纤维本身具有的膜叫肌膜，它是由蛋白质和脂质组成的，具有很好的韧性，因而可承受肌纤维的伸长和收缩。肌膜的构造、组成和性质相当于体内其他细胞膜。

3. 肌原纤维（myofibrils）　肌原纤维是肌细胞独特的器官，也是肌纤维的主要成分，约占肌纤维固形成分的 $60\% \sim 70\%$，是肌肉的伸缩装置。肌原纤维在电镜下呈长的圆筒状结构，其直径约 $1 \sim 2 \mu m$，其长轴与肌纤维的长轴相平行并浸润于肌浆中。肌原纤维的构造见图 2-5。

肌原纤维的横切面可见大小不同的点有序排列。这些点实际上是肌原丝（myofilament），又称肌微丝。肌原丝可分为粗肌原丝（thick-myofilament，简称粗丝）和细肌原丝（thin-myofilament，简称细丝）。粗丝互相并行整齐地相互平行排列着横过整个肌原纤维，由于粗丝和细丝的排列在某一区域形成重叠，从而形成了在显微镜下观察时所见的明暗相

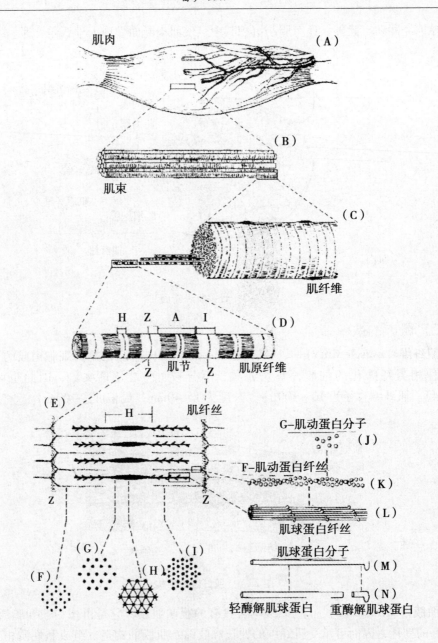

图 2-5 肌肉的宏观及微观结构

（A）肌肉 （B）肌束 （C）肌纤维 （D）肌原纤维 （E）肌节
（F）细丝及横切面排列 （G）、（H）粗丝及横切面排列 （I）粗丝和细丝横切面排列
（J）肌动蛋白蛋白个分子 （K）肌动蛋白纤丝 （L）肌球蛋白纤丝 （M）、（N）肌球蛋白分子

间的条纹，即横纹。我们将光线较暗的区域称之为暗带（A-带），而将光线较亮的区域称之为明带（I-带）。I带的中央有一条暗线，称之为Z线，Z线将I带从中间分为左右两半；A带的中央也有一条暗线称M线，将A带分为左右两半。在M线附近有一颜色较浅的区域，称为H区。

从肌原纤维的构成上看，它是由许多重复的单元组成的。我们把两个相邻Z线间的肌原纤维单位称为肌节（Sarcomere），它包括一个完整的 A 带和两个位于 A 带两边的半 I 带（图 2 - 6）。肌节是肌原纤维的重复构造单位，也是肌肉收缩、松弛交替发生的基本单位。肌节的长度是不恒定的，它取决于肌肉所处的状态。当肌肉收缩时，肌节变短；松弛时，肌节变长。

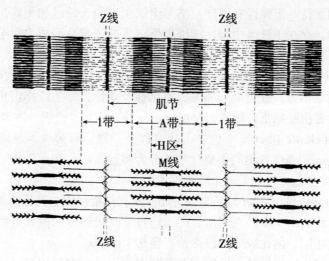

图 2 - 6　肌节的结构

I 带主要由细丝构成，每条细丝从 Z 线上伸出，插入粗丝间一定距离。在细丝与粗丝交错穿插的区域，粗丝上的横突（6 条）分别与 6 条细丝相对。因此，从肌原纤维的横断面上看（图 2 - 5），I 带只有细丝，呈六角形分布，在 A 带，由于两种微丝交错穿插，所以可以看到以一条粗丝为中心，有六条细丝呈六角形包绕在周围。而 A 带的 H 区则只有粗丝呈三角形排列。

4. 肌浆（sarcoplasm）　　肌纤维的细胞质称为肌浆，填充于肌原纤维间和核的周围，是细胞内的胶体物质，含水分 75% ~ 80%。肌浆内富含肌红蛋白、肌糖元及其代谢产物、无机盐类等。

5. 肌细胞核　骨骼肌纤维为多核，但因其长度变化大，所以每条肌纤维所含核的数目不定，一条几厘米长的肌纤维可能有数百个核。核呈椭圆形，位于肌纤维的边缘，紧贴在肌纤维膜下，呈有规则的分布，核长约 5μm。

二、脂肪组织

脂肪组织（adipose tissue）是胴体中仅次于肌肉组织的第二个重要组成部分，具有较高的食用价值，对于改善肉质、提高风味均有影响。脂肪在肉中的含量变动较大，决定于动物种类、品种、年龄、性别及肥育程度。

脂肪的构造单位是脂肪细胞，脂肪细胞借助于疏松结缔组织单个或成群的连在一起。细胞中心充满脂肪滴，细胞核被挤到周边。脂肪细胞是动物体内最大的细胞，直径为 30 ~ 120μm，最大者可达 250μm，脂肪细胞愈大，里面的脂肪滴愈多，因而出油率也高。

脂肪在体内的蓄积依动物种类、品种、年龄、肥育程度不同而异。脂肪蓄积在肌束内最为理想，这样的肉呈大理石样，肉质较好。脂肪在活体组织内起着保护组织器官和提供能量的作用，在肉中脂肪是风味的前体物质之一。

三、结缔组织

结缔组织（connective tissue）是肉的次要成分，在动物体内对各器官组织起到支持和连接作用，使肌肉保持一定弹性和硬度。结缔组织由细胞、纤维和无定形的基质组成。其细胞为成纤维细胞，存在于纤维中间；纤维由蛋白质分子聚合而成，可分胶原纤维、弹性纤维和网状纤维三种。

1. 胶原纤维（collagenous fiber）　　呈白色，故称白纤维，分散存在于基质内。胶原纤维长度不定，粗细不等，直径 $1\sim12\mu m$，有韧性及弹性，每条纤维由更细的原胶原纤维组成。胶原纤维主要由胶原蛋白组成，是肌腱、皮肤、软骨等组织的主要成分。

2. 弹性纤维（elastic fiber）　　色黄，故又称黄纤维。有弹性，纤维粗细不同且有分支，直径 $0.2\sim12\mu m$。弹性纤维的主要化学成分为弹性蛋白，在血管壁、项韧带等组织中含量较高。

3. 网状纤维（reticular fiber）　　主要分布于疏松结缔组织与其他组织的交界处，如在上皮组织的膜中、脂肪组织中、毛细血管周围均可见到极细致的网状纤维。网状纤维与胶原纤维的化学本质相同，但比胶原纤维细，直径 $0.2\sim1\mu m$。

结缔组织的含量决定于年龄、性别、营养状况及运动状况等因素。老龄、公畜、消瘦及使役的动物结缔组织含量高，同一动物不同部位也不同。结缔组织为非全价蛋白，不易消化吸收，增加肉的硬度，食用价值低，可以利用其加工胶冻类食品。

四、骨组织

骨组织是肉的次要成分，食用价值和商品价值较低，在运输和贮藏时要消耗一定能源。成年动物骨骼的含量比较恒定，变动幅度较小。猪骨约占胴体重的10%～18%，牛占17%～29%，羊占7%～11%，兔占12%～15%，鸡占8%～17%。骨由骨膜、骨质和骨髓构成，骨膜是由结缔组织包围在骨骼表面的一层硬膜，里面有神经、血管。

第二节　肉的化学成分

肉的化学成分主要是指肌肉组织中各种化学物质的组成，包括水分、蛋白质、脂类、碳水化合物、含氮浸出物及少量的矿物质和维生素等。哺乳动物骨骼肌的化学组成见表2－2。

一、水分

水分在肉中占绝大部分，可以把肉看作是一个复杂的胶体分散体系，水为溶媒，其他成分为溶质以不同形式分散在溶媒中。水在肉体内分布是不均匀的，其中肌肉含水量约为70%～80%，皮肤为60%～70%，骨骼12%～15%，肉中水分含量多少及存在状态影响肉的加工质量及贮藏性能。

研究表明，肉中的水分并非像纯水那样以游离的状态存在，其存在的形式大致可以分为三种：

1. 结合水 是指与蛋白质分子表面借助极性基因与水分子的静电引力而紧密结合的水分子层，它的冰点很低（－40℃），无溶剂特性，不易受肌肉蛋白质结构和电荷变化的影响，甚至在施加严重外力条件下，也不能改变其与蛋白质分子紧密结合的状态。结合水约占肌肉总水分的5%。

2. 不易流动水 肌肉中大部分水分（80%）是以不易流动水状态存在于纤丝（myofilament）、肌原纤维及膜之间。它能溶解盐及其他物质，并在0℃或稍低时结冰。这部分水量取决于肌原纤维蛋白质凝胶的网状结构变化，通常我们度量的肌肉系水力及其变化主要指这部分水。

3. 自由水 指存在于细胞外间隙中能自由流动的水，约占总水分的15%。

表2－2 哺乳动物骨骼肌的化学组成 （%）

化学物质	含量	化学物质	含量
水分（65~80）	75.0	磷脂	1.0
蛋白质（16~22）	18.5	脑苷脂（cerebrosides）	0.5
肌原纤维蛋白	9.5	胆固醇	0.5
肌球蛋白	5.0	非蛋白含氮物	1.5
肌动蛋白	2.0	肌酸与磷酸肌酸	0.5
原肌球蛋白	0.8	核苷酸类（ATP、ADP等）	0.3
肌原蛋白	0.8	游离氨基酸	
M－蛋白	0.4	肽（anserine、carnosine 等）	0.3
C－蛋白	0.2	其他物质（IMP、NAD、NADP、尿素等）	0.1
α－肌动蛋白素	0.2	碳水化合物（0.5~1.5）	1.0
β－肌动蛋白素	0.1	糖元（0.5~1.3）	0.8
肌浆蛋白	6.0	葡萄糖	0.1
可溶性肌浆蛋白和酶类	5.5	代谢中间产物（乳酸等）	0.1
肌红蛋白	0.3	无机成分	1.0
血红蛋白	0.1	钾	0.3
细胞色素和呈味蛋白	0.1	总磷	0.2
基质蛋白	3.0	硫	0.2
胶原蛋白	1.5	氯	0.1
网状蛋白	0.1	钠	0.1
弹性蛋白	1.4	其他（镁、钙、铁、铜、锌、锰等）	0.1
其他不可溶蛋白			
脂类（1.5~13.0）	3.0		
中性脂类（0.5~1.5）	1.5		

二、蛋白质

肌肉中除水分外主要成分是蛋白质，约占18%~20%，占肉中固形物的80%，肌肉中的蛋白质按照其所存在于肌肉组织上位置的不同，可分为三类，即：肌原纤维蛋白质（myofibrillar proteins）、肌浆蛋白质（sarcoplasmic proteins）、肉基质蛋白质（stroma proteins）。

（一）肌原纤维蛋白质

肌原纤维蛋白质是构成肌原纤维的蛋白质，通常利用离子强度 0.5 以上的高浓度盐溶液抽出，但被抽提出后即可溶于低离子强度的盐溶液中。属于这类蛋白质的有肌球蛋白、肌动蛋白、原肌球蛋白、肌原蛋白、α - 肌动蛋白素、M - 蛋白等，见表 2 - 3。

表 2 - 3   肌原纤维蛋白质的种类和含量（%）

名称	含量	名称	含量
肌球蛋白	45	γ - 肌动蛋白素	<1
肌动蛋白	20	肌酸激酶	<1
原肌球蛋白	5	55 000 dalton 蛋白	<1
肌原蛋白	5	F - 蛋白	<1
connectin（titan）	6	I - 蛋白	<1
N - line	3	filament	<1
C - 蛋白	2	desmin	<1
M - 蛋白	2	vimentin	<1
α - 肌动蛋白素	2	synemin	<1
β - 肌动蛋白素	<1		

1. 肌球蛋白（myosin）   肌球蛋白是肌肉中含量最高也是最重要的蛋白质，约占肌肉总蛋白质的三分之一，占肌原纤维蛋白质的 50% ~ 55%，肌球蛋白是粗丝的主要成分，构成肌节的 A 带。肌球蛋白的分子量为 470 000 ~ 510 000，它由两条很长的肽链相互盘旋构成，这两条肽链称为重链，分子量为 194 000，两条肽链各形成一盘旋的头部，在尾部有数条轻链（图 2 - 7）。因此，肌球蛋白的形状很像"豆芽"，全长为 140nm，其中头部 20nm，尾部 120nm；头部的直径为 5nm，尾部直径 2nm。

肌肉中的肌球蛋白可以用高离子强度的缓冲液如 0.3mol/L KCl/0.15 mol/L 磷酸盐缓冲液抽提出来。肌球蛋白不溶于水或微溶于水，属球蛋白性质，在中性盐溶液中可溶解，等电点 5.4，在 50 ~ 55℃发生凝固，易形成黏性凝胶，在饱和的 NaCl 或（NH_4）$_2SO_4$ 溶液中可盐析沉淀。肌球蛋白的头部有 ATP 酶活性，可以分解 ATP，并可与肌动蛋白结合形成肌动球蛋白，与肌肉的收缩直接有关。

2. 肌动蛋白（actin）   肌动蛋白约占肌原纤维蛋白质的 20%，是构成细丝的主要成分。肌动蛋白只有一条多肽链构成，其分子量为 41 800 ~ 61 000。肌动蛋白单独存在时，为一球形的蛋白质分子结构，称 G-actin，直径为 5.5nm。当 G-actin 在有磷酸盐和少量 ATP 存在的时候，即可形成相互连接的纤维状结构，大约需 300 ~ 400 个 G-actin 形成一个纤维状结构；二条纤维状结构的肌动蛋白相互扭合成的聚合物称为 F - 肌动蛋白（F-actin）。F - 肌动蛋白每 13 ~ 14 个球体形成一段双股扭合体，在中间的沟槽里"躺着原肌球蛋白"。原肌球蛋白呈细长条形，其长度相当于 7 个 G-actin，在每条原肌球蛋白上还结合着一个肌原蛋白，其结构见图 2 - 8。

肌动蛋白的性质属于白蛋白类，它能溶于水及稀的盐溶液中，在半饱和的（NH_4）$_2SO_4$ 溶液中可盐析沉淀，等电点 4.7，F-actin 在有 KI 和 ATP 存在时又会解离成 G-actin。即：

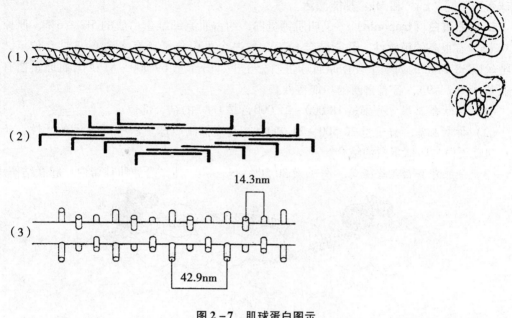

图 2 − 7　肌球蛋白图示

（1）一个肌球蛋白分子　　（2）在一条粗丝中的肌球蛋白　　（3）一条粗丝

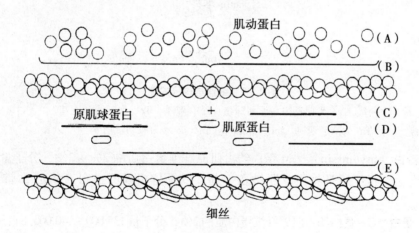

图 2 − 8　细丝的结构

肌动蛋白的作用是与原肌球蛋白及肌原蛋白结合成细丝，在肌肉收缩过程中与肌球蛋白的横突形成交联（横桥），共同参与肌肉的收缩过程。

3. 原肌球蛋白（tropomyosin）　　原肌球蛋白约占肌原纤维蛋白质的 4% ~ 5%，形状为杆状分子，长 45nm，直径 2nm。位于 F-actin 双股螺旋结构的每一沟槽内，构成细丝的支架。每 1 分子的原肌球蛋白结合 7 分子的肌动蛋白和 1 分子的肌原蛋白，分子量 65 000 ~ 80 000。

4. 肌动球蛋白（actomyosin）　　肌动球蛋白是肌动蛋白与肌球蛋白的复合物，肌动球蛋白的黏度很高，具有明显的流动双折射现象，由于其聚合度不同，因而分子量不定。肌动蛋白与肌球蛋白的结合比例大约在 $1:2.5 \sim 1:4$。肌动球蛋白也具有 ATP 酶活性，但与肌球蛋白不同，Ca^{2+} 和 Mg^{2+} 都能激活。

5. 肌原蛋白（troponin） 又叫肌钙蛋白，约占肌原纤维蛋白质的 $5\% \sim 6\%$，肌原蛋白对 Ca^{2+} 有很高的敏感性，并能结合 Ca^{2+}，每一个蛋白分子具有 4 个 Ca^{2+} 结合位点，沿着细丝以 38.5nm 的周期结合在原肌球蛋白分子上，分子量 69 000 ~ 81 000，肌原蛋白有三个亚基（图 2 – 9），各有自己的功能特性。

（1）钙结合亚基 分子量 18 000 ~ 21 000，是 Ca^{2+} 的结合部位。

（2）抑制亚基 分子量 20 500 ~ 24 000，能高度抑制肌球蛋白中 ATP 酶的活性，从而阻止肌动蛋白与肌球蛋白的结合。

（3）原肌球蛋白结合亚基 分子量 30 500 ~ 37 000，能结合原肌球蛋白，起联结作用。

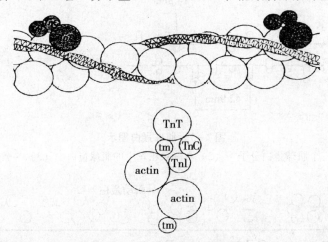

图 2 – 9　细丝结构模式图

注：TnT 为肌钙蛋白原肌球蛋白结合亚基，TnC 为钙结合亚基，

TnI 为抑制亚基，tm 为原肌球蛋白，actin 为肌动蛋白。

6. M 蛋白（myomesin） M 蛋白约占肌原纤维蛋白质的 $2\% \sim 3\%$，分子量 160 000，存在于 M 线上，其作用是将粗丝联结在一起，以维持粗丝的排列（稳定 A 带的格子结构）。

7. C – 蛋白 C – 蛋白约占肌原纤维蛋白质的 2%，分子量 135 000 ~ 140 000。它是粗丝的一个组成部分，为一条多肽链，按 42.9 ~ 43.0nm 的周期结合在粗丝上，每一个周期明显地结合着 2 个 C – 蛋白分子。C – 蛋白的功能是维持粗丝的稳定，并具有调节横桥的功能。

8. α – 肌动蛋白素（α-actinin） 它为 Z 线上的主要蛋白质，约占肌原纤维蛋白质的 2%，分子量为 190 000 ~ 210 000，由二条肽链组成，每条肽链的分子量为 95 000。α – 肌动蛋白素是 Z 线上 Z-filament 之主要成分，起着固定邻近细丝的作用。

9. β – 肌动蛋白素（β-actinin） β – 肌动蛋白素和 F – 肌动蛋白结合在一起，分子量 62 000 ~ 71 000，位于细丝的自由端上，有阻止 G – 肌动蛋白连接起来的作用，因而可能与控制细丝的长度有关。

10. γ – 肌动蛋白素（γ-actinin） 分子量 70 000 ~ 80 000，γ – 肌动蛋白素在试管中与 F – 肌动蛋白结合，并阻止 G – 肌动蛋白聚合成 F – 肌动蛋白。

11. I-蛋白(I-protein) 存在于 A 带，I-蛋白在肌动球蛋白缺乏 Ca^{2+} 时，会阻止 Mg^{2+} 激活 ATP 酶的活性，但若 Ca^{2+} 存在，则不会如此，因此，I-蛋白可以阻止休止状态的肌肉水解 ATP。

12. 联结蛋白(connectin) 最初由 Maruyama 和他的同事发现，分子量 700 000 ~ 1 000 000,位于 Z 线以外的整个肌节，起联结作用。

13. 肌间蛋白（desmin） 分子量 55 000，位于 Z-line 周围，连接邻近的细丝排列成极高度精确的构造。desmin 的分解与宰后肌肉嫩度的变化密切有关。

肌肉中尚存在其他多种蛋白质如 N-line protein, Eu-actinin, F-protein, Fil-amin, 55 000 dalton protein, vimenfin 和 synemin 等，但某些蛋白质的结构和功能尚不完全明了。

（二）肌浆蛋白质

1. 肌溶蛋白（Myogen） 肌溶蛋白属清蛋白类的单纯蛋白质，存在于肌原纤维间，易溶于水，不稳定，易发生变性沉淀。其沉淀部分叫肌溶蛋白 B（Myogenfibrin），约占肌浆蛋白质的 3%，分子量为 80 000 ~ 90 000，等电点 pH 为 6.3，凝固温度为 52℃，加饱和的 $(NH_4)_2SO_4$ 或醋酸可被析出；可溶性的不沉淀部分叫肌溶蛋白 A，也叫肌白蛋白（Myoaibumin）。约占肌浆蛋白的 1%，分子量为 150 000，易溶于水和中性盐溶液，等电点 pH 为 3.3，具有酶的性质。

2. 肌红蛋白（myoglobin，Mb） 肌红蛋白是一种复合性的色素蛋白质，由一分子的珠蛋白和一个亚铁血色素结合而成，为肌肉呈现红色的主要成分，分子量为 34 000，等电点为 6.78，含量约占肌浆蛋白质的 0.2% ~ 2%。

3. 肌浆酶 肌浆中除上述可溶性蛋白质及少量球蛋白-X 外，还存在大量可溶性肌浆酶，其中解糖酶占三分之二以上。主要的肌浆酶见表 2-4。

4. 肌粒蛋白 主要为三羧基循环酶及脂肪氧化酶系统，这些蛋白质定位于线粒体中，在离子强度 0.2 以上的盐溶液中溶解，离子强度在 0.2 以下则呈不稳定的悬浮液。另外一种重要的蛋白质是 ATP 酶，是合成 ATP 的部位，定位于线粒体的内膜上。

5. 肌质网蛋白 肌质网蛋白是肌质网的主要成分，由五种蛋白质组成。有一种含量最多，约占 70%，分子量为 102 000，是 ATP 酶活性及传递 Ca^{2+} 的部位。另一种为螯钙素，分子量为 44 000，能结合大量的 Ca^{2+}，但亲和性较低。

（三）肉基质蛋白质

肉基质蛋白质为结缔组织蛋白质，是构成肌内膜、肌束膜、肌外膜和腱的主要成分，包括胶原蛋白、弹性蛋白、网状蛋白及黏蛋

表 2-4 肌肉中肌浆酶蛋白的含量

肌浆酶	含量（mg/g）
磷酸化酶	2.0
淀粉-1，6-糖苷酶	0.1
葡萄糖磷酸变位酶	0.6
葡萄糖磷酸异构酶	0.8
果糖磷酸激酶	0.35
缩醛酶（二磷酸果糖酶）	6.5
磷酸丙糖异构酶	2.0
甘油-3-磷酸脱氢酶	0.3
磷酸甘油激酶	0.8
磷酸甘油醛脱氢酶	11.0
磷酸甘油变位酶	0.8
烯醇化酶	2.4
丙酮酸激酶	3.2
乳酸脱氢酶	3.2
肌酸激酶	5.0
一磷酸腺苷激酶	0.4

白等，存在于结缔组织的纤维及基质中，见表2－5。

表2－5 结缔组织蛋白质的含量 （％）

成分	白色结缔组织	黄色结缔组织
蛋白质	35.0	40.0
其中：胶原蛋白	30.0	7.5
弹性蛋白	2.5	32.0
黏蛋白	1.5	0.5
可溶性蛋白	0.2	0.6
脂类	1.0	1.1

1. 胶原蛋白（collagen） 胶原蛋白在白色结缔组织中含量多，是构成胶原纤维的主要成分，约占胶原纤维固体物的85%。胶原蛋白含有大量的甘氨酸、脯氨酸和羟脯氨酸，后二者为胶原蛋白所特有，其他蛋白质不含有或含量甚微。胶原蛋白是由三条螺旋状的肽链组成，三条肽链再以螺旋状互相拧在一起，犹如三股拧起来的绳一样，每个原胶原分子长280nm，它的直径为5nm，分子量为300 000。

胶原蛋白性质稳定，具有很强的延伸力，不溶于水及稀盐溶液，在酸或碱溶液中可以膨胀，不易被一般蛋白酶水解，但可被胶原蛋白酶水解。胶原蛋白遇热会发生热收缩，当加热温度大于热缩温度时，胶原蛋白就会逐渐变为明胶（gelatin），其过程是氢键断开，原胶原分子的三条螺旋被解开，因而易溶于水中，当冷却时就会形成明胶。在肉品加工中，利用胶原蛋白的这一性质加工肉冻类制品。

2. 弹性蛋白（elastin） 弹性蛋白在黄色结缔组织中含量多，为弹力纤维的主要成分，约占弹力纤维固形物的75%，胶原纤维中也有，约占7%。弹性蛋白的氨基酸组成有1/3为甘氨酸，脯氨酸和缬氨酸占40%～50%，不含色氨酸和羟脯氨酸，分子量为70 000。弹性蛋白属硬蛋白，对酸、碱、盐都稳定，且煮沸不能分解，不被胃蛋白酶、胰蛋白酶水解，可被弹性蛋白酶（存于胰腺中）水解。

3. 网状蛋白（reticulin） 网状蛋白为构成肌内膜的主要蛋白，含有约4%的结合糖类和10%的结合脂肪酸，其氨基酸组成与胶原蛋白相似，用胶原蛋白酶水解，可产生与胶原蛋白同样的肽类。因此有人认为它的蛋白质部分与胶原蛋白相同或类似。网状蛋白对酸、碱比较稳定。

三、脂肪

动物的脂肪可分为蓄积脂肪（depots fats）和组织脂肪（tissue fats）两大类。蓄积脂肪包括皮下脂肪、肾周围脂肪、大网膜脂肪及肌肉间脂肪等；组织脂肪为肌肉及脏器内的脂肪。

不同动物脂肪的脂肪酸组成不一致，相对来说鸡脂肪和猪脂肪含不饱和脂肪酸较多，牛脂肪和羊脂肪含饱和脂肪酸多些，见表2－6。

表 2-6 不同动物脂肪的脂肪酸组成 （%）

脂肪	硬脂酸	油酸	棕榈酸	亚油酸	熔点（℃）
牛脂肪	41.7	33.0	18.5	2.0	40~50
羊脂肪	34.7	31.0	23.2	7.3	40~48
猪脂肪	18.4	40.0	26.2	10.3	33~38
鸡脂肪	8.0	52.0	18.0	17.0	28~38

四、浸出物

浸出物是指除蛋白质、盐类、维生素外能溶于水的浸出性物质，包括含氮浸出物和无氮浸出物。

1. 含氮浸出物 含氮浸出物为非蛋白质的含氮物质，如游离氨基酸、磷酸肌酸、核苷酸类（ATP、ADP、AMP、IMP）及肌苷、尿素等。这些物质影响肉的风味，为香气的主要来源，如 ATP 除供给肌肉收缩的能量外，逐级降解形成的肌苷酸是肉香的主要成分，磷酸肌酸分解成肌酸，肌酸在酸性条件下加热则为肌酐，可增强熟肉的风味。

2. 无氮浸出物 为不含氮的可浸出的有机化合物，包括糖类化合物和有机酸。主要有糖元、葡萄糖、麦芽糖、核糖、糊精、乳酸及少量的甲酸、乙酸、丁酸、延胡索酸等。

五、矿物质

矿物质是指一些无机盐类，含量占 1.5%。这些无机物在肉中有的以单独游离状态存在，如镁、钙离子，有的以螯合状态存在，有的与糖蛋白和酯结合存在，如硫、磷有机结合物。钙、镁离子参与肌肉收缩，钾、钠离子与细胞膜通透性有关，可提高肉的保水性，钙、锌离子又可降低肉的保水性，铁离子为肌红蛋白、血红蛋白的结合成分，参与氧化还原，影响肉色的变化。肉中各种矿物质含量见表 2-7。

表 2-7 肉中主要矿物质含量 （单位：mg/100g）

矿物质	Ca	Mg	Zn	Na	K	Fe	P	Cl
含量	2.6~8.2	14~31.8	1.2~8.3	36~85	297~451	1.5~5.5	10.9~21.3	34~91
平均	4.0	21.1	4.2	38.5	395	2.7	20.1	51.4

六、维生素

肉中维生素主要有维生素 A、B_1、B_2、PP，叶酸 C、D 等。其中脂溶性较少，而水溶性较多，如猪肉中 B 族维生素特别丰富，猪肉中维生素 A 和 C 很少，详细内容见表 2-8。

表 2-8 肉中某些维生素含量 （单位：mg/100g）

畜肉	A (IU)	B_1 (mg)	B_2 (mg)	PP (mg)	泛酸 (mg)	生物素 (mg)	叶酸 (mg)	B_6 (mg)	B_{12} (mg)	C (mg)	D (IU)
牛肉	微量	0.07	0.20	5.0	0.4	3.0	10.0	0.3	2.0		微量
小牛肉	微量	0.10	0.25	7.0	0.6	5.0	5.0	0.3			微量
猪肉	微量	1.0	0.20	5.0	0.6	4.0	3.0	0.5	2.0		微量
羊肉	微量	0.15	0.25	5.0	0.5	3.0	3.0	0.4	2.0		微量
牛肝	微量	0.30	0.30	13.0	8.0	300.0	2.7	50.0	50.0	30.0	微量

第三节　肉的食用品质

肉的食用品质主要包括肉的颜色、风味、保水性、pH 值、嫩度等。这些性质在肉的加工贮藏中，直接影响肉品的质量。

一、肉的颜色

肌肉的颜色是重要的食用品质之一。事实上，肉的颜色本身对肉的营养价值和风味并无多大影响，颜色的重要意义在于它是肌肉的生理学、生物化学和微生物学变化的外部表现，可以通过感官给消费者以好或坏的影响。

1. 形成肉色的物质　肉的颜色本质上由肌红蛋白（myoglobin，Mb）和血红蛋白（hemoglobin，Hb）产生。肌红蛋白为肉自身的色素蛋白，肉色的深浅与其含量多少有关。血红蛋白存在于血液中，对肉颜色的影响要视放血的好坏而定。放血良好的肉，肌肉中肌红蛋白色素占 80% ~90%，比血红蛋白丰富得多。

2. 肌红蛋白的结构与性质　肌红蛋白（图 2 - 10）为复合蛋白质，它由一条多肽链构成的珠蛋白和一个带氧的血红素基（heme group）组成，血红素基由一个铁原子和卟啉环所组成（图 2 - 11）。肌红蛋白与血红蛋白的主要差别是前者只结合一分子的血色素，而血红蛋白结合四个血色素，因此，肌红蛋白的分子量为 16 000 ~ 17 000，而血红蛋白为 64 000。

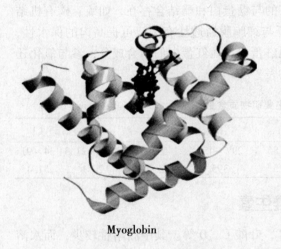

图 2 - 10　肌红蛋白分子结构

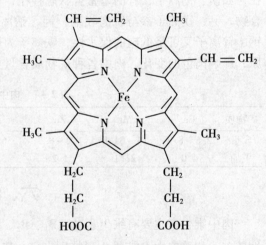

图 2 - 11　血红素

肌红蛋白中铁离子的价态（Fe^{2+} 的还原态或 Fe^{3+} 的氧化态）和与 O_2 结合的位置是导致其颜色变化的根本所在。在活体组织中，Mb 依靠电子传递链使铁离子处于还原状态。屠宰后的鲜肉，肌肉中的 O_2 缺乏，Mb 中与 O_2 结合的位置被 H_2O 所取代，使肌肉呈现暗红色或紫红色。当将肉切开后在空气中暴露一段时间就会变成鲜红色，这是由于 O_2 取代 H_2O 而形成氧合肌红蛋白（Oxymyoglobin，MbO_2）之故。如果放置时间过长或是在低 O_2 分压的条件下贮放则肌肉会变成褐色，这是因为形成了氧化态的高铁肌红蛋白（Metmyoglobin，

MMb）（图 2 - 12）。

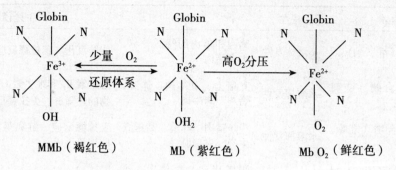

$$MMb（褐红色）\qquad Mb（紫红色）\qquad MbO_2（鲜红色）$$

图 2 - 12 铁离子的价态与肌肉颜色的变化
注：Globin 指肌红蛋白中的珠蛋白，MMb 指高铁肌红蛋白，
Mb 指肌红蛋白，MbO₂ 指氧合肌红蛋白

3. 影响肌肉颜色变化的因素

（1）环境中的氧含量 前已述及，O_2 分压的高低决定了肌红蛋白是形成氧合肌红蛋白还是高铁肌红蛋白，从而直接影响到肉的颜色。

（2）湿度 环境中湿度大，则肌红蛋白氧化速度慢，因在肉表面有水汽层，影响氧的扩散。如果湿度低并空气流速快，则加速高铁肌红蛋白的形成，使肉色褐变加快。如牛肉在 8℃冷藏时相对湿度为 70% 时，则 2 天变褐；相对湿度为 100% 时，则 4 天变褐。

（3）温度 环境温度高会促进氧化，温度低则氧化得慢。如牛肉 3 ~ 5℃贮藏 9 天变褐，0℃时贮藏 18 天才变褐。因此为了防止肉变褐氧化，尽可能在低温下贮存。

（4）pH 动物在宰前糖元消耗过多，尸僵后肉的极限 pH 值高，易出现生理异常肉。牛肉为出现 DFD（dark，firm，dry）肉，为颜色较黑、发硬、发干的肉，而猪则易引起 PSE（pale，soft，exudative）肉，肉色苍白，都是品质较差的肉。

（5）微生物 肉贮藏时污染微生物会致使肉表面颜色的改变；污染细菌，分解蛋白质使肉色污浊；污染霉菌则在肉表面形成白色、红色、绿色、黑色等色斑或发出荧光。

二、肉的风味

肉的味质又称肉的风味（flavor），指的是生鲜肉的气味和加热后肉制品的香气和滋味。它是肉中固有成分经过复杂的生物化学变化，产生各种有机化合物所致。其特点是成分复杂多样，含量甚微，除少数成分外，多数无营养价值，不稳定，加热易破坏和挥发。呈味物质均具有各种发香基因，如：羟基—OH、羧基—COOH、醛基—CHO、羰基—CO、硫氢基—SH、酯基—COOR、氨基—NH_2、酰胺基—$CONH_2$、亚硝基—NO_2、苯基—C_6H_5。

1. 气味 气味是肉中具有的挥发性的物质，随气流进入鼻腔，刺激嗅觉细胞通过神经传导反应到大脑嗅区而产生一种刺激感。动物种类、性别、饲料等对肉的气味有很大影响。气味的成分十分复杂，约有 1 000 多种，主要有醇、醛、酮、酸、酯、醚、呋喃、吡咯、内酯、糖类及含氮化合物等，见表 2 - 9。

表 2 – 9　与肉香味有关的主要化合物

化合物	特性	来源	产生途径
羰基化合物（醛、酮）	脂溶挥发性	鸡肉和羊肉的特有香味、水煮猪肉	脂肪氧化、美拉德反应
含氧杂环化合物（呋喃和呋喃类）	水溶挥发性	煮猪肉、煮牛肉、炸鸡、烤鸡、烤牛肉	维生素 B_1 和维生素 C 与碳水化合物的热降解、美拉德反应
含氮杂环化合物（吡嗪、吡啶、吡咯）	水溶挥发性	浅烤猪肉、炸鸡、高压煮牛肉、煮猪肝	美拉德反应、游离氨基酸和核苷酸加热形成
含氧、氮杂环化合物（噻唑、噁唑）	水溶挥发性	浅烤猪肉、煮猪肉、炸鸡、烤鸡、腌火腿	氨基酸和硫化氢的分解
含硫化合物	水溶挥发性	鸡肉基本味、鸡汤、煮牛肉、煮猪肉、烤鸡	含硫氨基酸热降解、美拉德反应
游离氨基酸、单核苷酸（肌苷酸、鸟苷酸）	水溶	肉鲜味、风味增强剂	氨基酸衍生物
脂肪酸酯、内酯	脂溶挥发性	种间特有香味、烤牛肉汁、煮牛肉	甘油酯和磷脂水解、羟基脂肪酸环化

2. 滋味　滋味是溶于水的可溶性呈味物质，刺激人的舌面味觉细胞——味蕾，通过神经传导到大脑而反映出味感。肉的鲜味成分来源于核苷酸、氨基酸、酰胺、肽、有机酸、糖类、脂肪等前体物质。

成熟肉风味的增加，主要是核苷类物质及氨基酸变化显著。牛、猪、绵羊的瘦肉所含挥发性的香味成分，主要存在于肌间脂肪中，因此肉中脂肪沉积的多少，对风味具有重要的意义。

三、肉的保水性

1. 保水性（water holding capacity，WHC）的概念　肉的保水性也叫系水力或系水性，是指当肌肉受外力作用时，如加压、切碎、加热、冷冻、解冻、腌制等加工或贮藏条件下保持其原有水分与结合水分的能力。它对肉的品质有很大的影响，是肉质评定时的重要指标之一。系水力的高低可直接影响到肉的风味、颜色、质地、嫩度、凝结性等。

2. 肌肉系水力的物理化学基础　肌肉中的水是以水化水、不易流动水和自由水三种形式存在的。其中不易流动水部分主要存在于肌细胞、肌原纤维及膜之间，度量肌肉的系水力主要指的是这部分水，它取决于肌原纤维蛋白质的网格结构及蛋白质所带净电荷的多少。蛋白质处于膨胀胶体状态时，网格空间大，系水力就高，反之处于紧缩状态时，网格空间小，系水力就低。

3. 影响肌肉系水力的因素　肌肉的系水力决定于动物的种类、品种、年龄、宰前状况、肌肉部位及宰后肉的变化，影响肉系水力的主要因素如下：

（1）pH 值　pH 值对肌肉系水力的影响实质上是蛋白质分子的静电荷效应。蛋白质分子所带有的静电荷对系水力有双重意义：一是静电荷是蛋白质分子吸引水分子的强有力的中心，二是由于静电荷可增加蛋白质分子间的静电排斥力，使其网格结构松弛，提高系水力。当静电荷数减少，蛋白质分子间发生凝聚紧缩，使系水力降低。肌肉 pH 接近等电点时（pH5.0～5.4），静电荷数达到最低，这时肌肉的系水力也最低。

（2）尸僵和成熟　肌肉的系水力在宰后的尸僵和成熟期间会发生显著的变化。刚宰后的肌肉，系水力很高，但经几小时后，就开始迅速下降，一般在 24～28h 之内，过了这段时间系水力会逐渐回升。僵直解除后，随着肉的成熟，肉的系水力会逐渐回升，其原因除了 pH 值的回升外，还与蛋白质的变化有关。

（3）无机盐　对肌肉系水力影响较大的有食盐和磷酸盐等。食盐对肌肉系水力的影响与食盐的使用量和肉块的大小有关：当使用一定离子强度的食盐，由于增加肌肉中肌球蛋白的溶解性，会提高保水性；但当食盐使用量过大或肉块较大，食盐集中于大块肉的表面，则由于渗透压的原因，会造成肉的脱水。

此外食盐对肌肉系水力的影响取决于肌肉的 pH 值，当 pH > pI（等电点）时，食盐可以提高肌肉的系水力，当 pH < pI 时，则食盐又会起降低系水力的作用，这种效应主要是由于 NaCl 中的 Cl^- 与肌肉蛋白质中阳离子的结合能力大于 Na^+ 与阴离子的结合力所致。

磷酸盐的种类很多，在肉品加工中使用的多为多聚磷酸盐，可以提高肉的系水力。

（4）加热　肉加热时系水力明显降低，加热程度越高，系水力下降越明显。这是由于蛋白质的热变性作用使肌原纤维紧缩。

除以上影响保水性的因素外，在加工过程中还有许多影响保水性的因素，如滚揉按摩、斩拌、冷冻、添加乳化剂等。

四、肉的嫩度

肉的嫩度是消费者最重视的食用品质之一，它决定了肉在食用时口感的老嫩，是反映肉质地（texture）的指标。

1. 嫩度的概念　肉的嫩度包括以下四方面的含义：

（1）肉对舌或颊的柔软性　即当舌头与颊接触肉时产生的触觉反应。肉的柔软性变动很大，从软糊糊的感觉到木质化的结实程度都有。

（2）肉对牙齿压力的抵抗性　即牙齿插入肉中所需的力。有些肉硬得难以咬动，而有的柔软的几乎对牙齿无抵抗性。

（3）咬断肌纤维的难易程度　指的是牙齿切断肌纤维的能力，首先要咬破肌外膜和肌束，因此这与结缔组织的含量和性质密切相关。

（4）嚼碎程度　用咀嚼后肉渣剩余的多少以及咀嚼后到下咽时所需的时间来衡量。

2. 影响肌肉嫩度的因素　影响肌肉嫩度的实质主要是结缔组织的含量与性质及肌原纤维蛋白的化学结构状态。它们受一系列的因素影响而变化，从而导致肉嫩度的变化。

（1）宰前因素对肌肉嫩度的影响

①年龄：一般说来，幼龄家畜的肉比老龄家畜嫩，其原因在于幼龄家畜肌肉中胶原蛋白的交联程度低，易受加热作用而裂解，而成年动物胶原蛋白的交联程度高，不易受热和酸、碱等的影响。

②肌肉的解剖学位置：牛的腰大肌最嫩，胸头肌最老。经常使用的肌肉（如半膜肌和股二头肌）比不经常使用的肉（如腰大肌）的弹性蛋白含量多。同一肌肉的不同部位嫩度

也不同，如猪背最长肌的外侧比内侧部分要嫩。

③营养状况：凡营养良好的家畜，肌肉脂肪含量高，大理石纹丰富，肉的嫩度好。

（2）宰后因素对肌肉嫩度的影响

①尸僵和成熟：宰后尸僵发生时，肉的硬度会大大增加。因此肉的硬度又有固有硬度（background toughness）和尸僵硬度（rigor toughness）之分，前者为刚宰后和成熟时的硬度，而后者为尸僵发生时的硬度。肌肉发生异常尸僵时，如冷收缩（cold-shortening）和解冻僵直（thawing rigor），肌肉会发生强烈收缩，从而使硬度达到最大。僵直解除后，随着成熟的进行，硬度降低，嫩度随之升高。

②加热处理：加热对肌肉嫩度有双重效应，它既可以使肉变嫩，又可使其变硬，这取决于加热的温度和时间。加热可引起肌肉蛋白质变性，从而发生凝固、凝集和短缩现象。当温度在 65～75℃ 时，肌肉纤维的长度会收缩 25%～30%，从而使肉的嫩度降低；但另一方面，肌肉中的结缔组织在 60～65℃ 会发生短缩，而超过这一温度会逐渐转变为明胶，从而使肉的嫩度得到改善。

③电刺激：近十几年来，对宰后用电直接刺激胴体以改善肉的嫩度进行了广泛的研究，尤其对于羊肉和牛肉，电刺激提高肉嫩度的机制尚未充分明了，主要是加速肌肉的代谢，从而缩短尸僵的持续期并降低尸僵的程度。此外，电刺激可以避免羊胴体和牛胴体产生冷收缩。

④酶：利用蛋白酶类可以嫩化肉，常用的酶主要有木瓜蛋白酶（papain）、菠萝蛋白酶（bromelin）和无花果蛋白酶（ficin），商业上使用的嫩肉粉多为木瓜蛋白酶，酶对肉的嫩化作用主要是对蛋白质的裂解所致。

思考题

1. 试述肌肉的宏观结构。
2. 试述肌肉的微观结构。
3. 试述肉中主要的蛋白质。
4. 试述肌球蛋白的结构和特性。
5. 简述肉色的变化机理，影响肌肉颜色变化的因素有哪些？
6. 构成肉及肉制品的风味物质有哪些？
7. 什么是肉的保水性？影响肌肉保水性的因素有哪些？
8. 简述影响肉嫩度的因素。

（孔保华，黄　丽）

第三章

肌肉屠宰后的变化

学习目标：掌握肌肉宰后的生物化学变化和尸僵、成熟对肉品质的影响。了解促进宰后肉成熟的方法。

动物屠宰后，虽然生命已经停止，但由于动物体还存在着各种酶，许多生物化学反应还没有停止，所以从严格意义上讲，还没有成为可食用的肉，只有经过一系列的宰后变化，才能完成从肌肉（muscle）到可食肉（meat）的转变。动物刚屠宰后，肉温还没有散失，柔软且具有较小的弹性，这种处于生鲜状态的肉称作热鲜肉。经过一定时间，肉的伸展性消失，肉体变为僵硬状态，这种现象称为死后僵直（rigor mortis），此时肉加热食用是很硬的，而且持水性也差，加热后重量损失很大，不适于加工。如果继续贮藏，其僵直情况会缓解，经过自身解僵，肉又变得柔软起来，同时持水性增加，风味提高，所以在利用肉时，一般应解僵后再使用，此过程称作肉的成熟（conditioning）。成熟肉在不良条件下贮存，经酶和微生物作用分解变质称作肉的腐败（putrefaction）。屠宰后肉的变化，即包括上述肉的尸僵、肉的成熟、肉的腐败三个连续变化过程。

第一节　肉的僵直

屠宰后的肉尸（胴体）经过一定时间，肉的伸展性逐渐消失，由弛缓变为紧张，无光泽，关节不活动，呈现僵硬状态，叫作尸僵。尸僵的肉硬度大，加热时不易煮熟，有粗糙感，肉汁流失多，缺乏风味，不具备可食肉的特征。这样的肉从相对意义上讲不适于加工和烹调。

一、屠宰后肌肉糖元的酵解

（一）糖酵解作用

作为能量贮藏的来源，肌肉中含有脂肪和糖元。动物屠宰以后，糖元的含量会逐渐减少，动物死后血液循环停止，供给肌肉的氧气也就中断了，其结果促进糖的无氧酵解过程，糖元形成乳酸，直至下降到抑制糖酵解酶的活性为止。

（二）酸性极限 pH 值

一般活体肌肉的 pH 值保持中性（7.0～7.2），死后由于糖元酵解生成乳酸，肉的 pH 值逐渐下降，一直到阻止糖元酵解酶的活性为止，这个 pH 值称极限 pH 值。

哺乳动物肌肉的极限 pH 值为 5.4～5.5，达到极限 pH 值时大部分糖元已被消耗，由于糖酵解酶被钝化，这时即使残留少量糖元，也不能继续被分解。肉的 pH 值下降对细菌的繁殖有抑制作用，所以从这个意义来说，死后肌肉 pH 值的下降，对肉的加工质量有十分重要的意义。

二、死后僵直的机制

家畜刚屠宰后，许多肌肉细胞的物理、化学反应会继续进行一段时间，但由于血液循环和供氧的停止，很快即变成无氧状态，这样某些细胞的生化反应如糖解作用及再磷酸化作用（如 ATP 再合成）则发生变化或停止。最显著变化为肌肉失去可刺激性、柔软性及可伸缩性，肌肉变硬、僵直而不可伸缩，这种变化对肉的风味、色泽、嫩度、多汁性和保水性影响相当大。

死后僵直产生的原因：动物死亡后，呼吸停止了，供给肌肉的氧气也就中断了，此时其糖元不再像有氧存在时那样最终氧化成 CO_2 和 H_2O，而是在缺氧情况下经糖酵解作用产生乳酸。在正常有氧条件下，每个葡萄糖单位可氧化生成 39 个 ATP 分子，而经过糖酵解只能生成 3 分子 ATP，致使 ATP 的供应受阻。由于肌浆中 ATP 酶的作用，体内 ATP 的消耗却在继续进行，因此动物死后，ATP 的含量迅速下降。ATP 的减少及 pH 值的下降，使肌质网功能失常，发生崩解，肌质网失去钙泵的作用，内部保存的钙离子被放出，致使 Ca^{2+}浓度增高，促使粗丝中的肌球蛋白 ATP 酶活化，更加快了 ATP 的减少，结果肌动蛋白和肌球蛋白结合形成肌动球蛋白，引起肌肉收缩，表现出肉尸僵硬。这种情况下由于 ATP 不断减少，所以反应是不可逆的，则引起永久性的收缩。

三、死后僵直的过程

详细观察动物死后僵直的过程，大体可分为三个阶段：从屠宰后到开始出现僵直现象，即肌肉的弹性以非常缓慢的速度进展的阶段，称为迟滞期；随着弹性的迅速消失出现僵硬阶段叫急速期；最后形成延伸性非常小的一定状态而停止叫僵硬后期。到最后阶段肌肉的硬度可增加到原来的 10～40 倍，并保持较长时间。

肌肉死后僵直过程与肌肉中的 ATP 下降速度有着密切的关系。在迟滞时期，肌肉中 ATP 的含量几乎恒定，这是由于肌肉中还存在另一种高能磷酸化合物——磷酸肌酸（CP），在磷酸激酶的作用下，由 ADP 再合成 ATP，而磷酸肌酸变成肌酸。在此时期，细丝还能在粗丝中滑动，肌肉比较柔软，这一时期与 ATP 的贮量及磷酸肌酸的贮量有关。

随着磷酸肌酸的消耗殆尽，使 ATP 的形成主要依赖糖酵解，ATP 迅速下降而进入急速期。当 ATP 降低至原含量的 15%～20% 时，肉的延伸性消失而进入僵直后期。

由图 3-1 的曲线可知，动物屠宰之后磷酸肌酸与 pH 值迅速下降，而 ATP 在磷酸肌酸降到一定水平之前尚维持相对的恒定，此时肌肉的延伸性几乎没有变化。只有当磷酸肌酸下降到一定程度时，ATP 开始下降，并以很快的速度进行，由于 ATP 的迅速下降，肉的延伸性也迅速消失，迅速出现僵直现象。

四、冷收缩和解冻僵直收缩

肌肉宰后有三种短缩或收缩形式：热收缩（heat shortening）、冷收缩（cold shortening）和解冻僵直收缩（thaw shortening）。热收缩是指一般的尸僵过程，缩短程度和温度有很大关系，这种收缩是在尸僵后期，当 ATP 含量显著减少以后会发生，在接近零度时收缩的长度为开始长度的 5%，到 40℃ 时，收缩长度为开始的 50%。

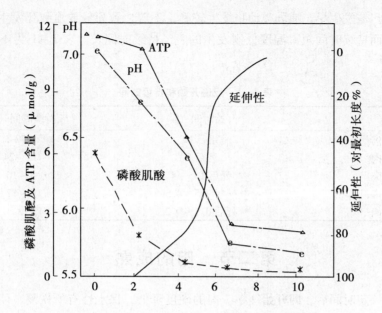

图 3 - 1　死后僵直期肌肉物理和化学的变化（牛肉，37℃下）

1. 冷收缩　当牛肉、羊肉和火鸡肉在 pH 值下降到 5.9 ~ 6.2 之前，也就是僵直状态完成之前，温度降低到 10℃以下，这些肌肉收缩，并在随后的烹调中变硬，这个现象称为冷收缩。它不同于发生在中温时的正常收缩，而是收缩更强烈，可逆性更小，这种肉甚至在成熟后，在烹调后仍然坚韧。

2. 解冻僵直收缩　肌肉在僵直未完成前进行冻结，仍含有较高的 ATP，在解冻时由于 ATP 发生强烈而迅速的分解而产生的僵直现象，称为解冻僵直收缩。解冻时肌肉产生强烈的收缩，收缩的强度较正常的僵直剧烈得多，并有大量的肉汁流出。解冻僵直发生的收缩严重有力，可缩短 50%，这种收缩可破坏肌肉纤维的微结构，而且沿肌纤维方向收缩不够均匀。在尸僵发生的任何一点进行冷冻，解冻时都会发生解冻僵直收缩，但随肌肉中 ATP 浓度的下降，肌肉收缩力也下降。因此要在形成最大僵直之后再进行冷冻，避免这种现象的发生。

五、尸僵和保水性的关系

尸僵阶段除肉的硬度增加外，肉的保水性减少，且在最大尸僵期时最低。肉的保水性主要受 pH 值的影响，屠宰后的肌肉随着糖酵解作用的进行，肉的 pH 值下降至极限值 5.4 ~ 5.5，此 pH 值正是在肌原纤维多数蛋白质的等电点附近，所以，这时即使蛋白质没有完全变性，其保水性也会降低。另一方面的原因是由于 ATP 的消失和肌动球蛋白形成，肌球蛋白纤丝和肌动蛋白纤丝之间的间隙减少了，故而肉的保水性大为降低。此外蛋白质某种程度的变性，肌浆中的蛋白质在高温低 pH 值作用下沉淀变性，不仅失去了本身的保水性，而且由于沉淀到肌原纤维蛋白质上，也进一步影响到肌原纤维的保水性。

六、尸僵开始和持续时间

尸僵开始和持续时间因动物的种类、品种、宰前状况，宰后肉的变化及不同部位而异。一般鱼类尸僵发生早，哺乳类动物发生较晚，不放血致死较放血致死发生的早，温度高发生的早，而持续时间短，温度低则发生的晚，持续时间长。表3-1为不同动物尸僵时间。

表3-1　尸僵开始和持续时间

	开始时间（h）	持续时间（h）
牛肉尸	死后10	72
猪肉尸	死后8	15～24
兔肉尸	死后1.5～4	4～10
鸡肉尸	死后2.5～4.5	6～12
鱼肉尸	死后0.1～0.2	2

第二节　肉的成熟

尸僵持续一定时间后，即开始缓解，肉的硬度降低，保水性有所恢复，使肉变得柔嫩多汁，具有良好的风味，最适于加工食用，这个变化过程即为肉的成熟。肉的成熟包括尸僵的解除及在组织蛋白酶作用下进一步成熟的过程。

一、死后僵直的解除

尸僵时肉的僵硬是肌纤维收缩所致，成熟时又恢复伸长而变为柔软。肌肉死后僵直达到顶点之后，保持一定时间后，肌肉又逐渐变软，解除僵直状态。解除僵直所需时间因动物的种类、肌肉的部位以及其他外界条件不同而异。在2～4℃条件贮存的肉类，对鸡肉需3～4h达到僵直的顶点，而解除僵直需2天，其他牲畜完成僵直约需1～2天，而解除僵直，猪、马肉需3～5天，牛约需1周到10天。

未经解僵的肉类，肉质欠佳，不仅风味差而且保水性也低，加工肉馅时黏着性差。经过充分解僵的肌肉质地变软，加工产品风味变好，保水性提高，适于作为加工各种肉类制品的原料。所以从某种意义来说，僵直的肉类，只有经过解僵之后才能作为食品的"肉类"。

二、成熟肉的物理变化

肉在成熟过程中肉的性质要发生一系列的物理、化学变化，如肉的pH值、表面弹性、黏性、冻结的温度、浸出物等。

1. pH值的变化　肉在成熟过程中pH值发生显著的变化。刚屠宰后肉的pH值在6～7之间，约经1h后开始下降，尸僵时达到最低5.4～5.6，而后随保藏时间的延长开始慢慢地上升。

2. 保水性的变化　肉在成熟时保水性又有回升。保水性的回升和pH值变化有关，随着解僵，pH值逐渐增高，偏离了等电点，蛋白质静电荷增加，使结构疏松，因而肉的持水性增高。此外随着成熟的进行，蛋白质分解成较小的单位，从而引起肌肉纤维渗透压增高。保水性恢复只能部分恢复，不可能恢复到原来状态，因为肌纤维蛋白结构在成熟时发生了变化。

3. 嫩度的变化　随着肉成熟的发展，肉的柔软性发生显著的变化，如刚屠宰之后牛肉的柔软性最好，而在 2 昼夜之后达到最低。

4. 风味的变化　肉在成熟过程中由于蛋白质受组织蛋白酶的作用，游离的氨基酸含量有所增加，主要表现在浸出物质中，所以成熟后的肉类，风味提高。此外，肉在成熟过程中，ATP 分解会产生次黄嘌呤核苷酸（IMP），也使风味增强。

三、促进肉成熟的方法

不少国家如新西兰、澳大利亚、法国等采用一定的条件加快肉的成熟过程，提高肉的嫩度。通常从两个方面来控制，即加快成熟速度和抑制尸僵硬度的形成。

（一）物理因素的控制

1. 温度　温度高成熟的快，高温和低 pH 值环境下，不易形成僵直肌动球蛋白，中温成熟时，尸僵硬度是在中温区域引起，此时肌肉缩短度小，因而成熟的时间短。为了防止尸僵时肌肉短缩，可把不剔骨肉在中温区域进入尸僵。

2. 电刺激　电刺激主要用于牛、羊肉，这个方法可以防止冷收缩。所谓电刺激是家畜屠宰放血后，在一定的电压电流下对胴体进行通电，从而达到改善肉质的目的。目前趋向于使用低压（100V 以下）电刺激。屠宰后的机体用电流刺激可以加快生化反应过程和 pH 值的下降速度，促进尸僵的进行。

电刺激可促进肌肉嫩化的机理不够明了，但基本可以用三条理论来解释：①电刺激加快尸僵过程，减少了冷收缩，这一点是由于电刺激加快了肌肉中 ATP 的降解，促进糖元分解速度，使胴体 pH 值很快下降到 6 以下，这时再对牛、羊肉进行冷加工，就可防止冷收缩，提高肉的嫩度；②电刺激激发强烈的收缩，使肌原纤维断裂，肌原纤维间的结构松弛，可以容纳更多的水分，使肉的嫩度增加；③电刺激使肉的 pH 值下降，还会增强酸性蛋白酶的活性，促进蛋白酶分解蛋白质，大分子分解为小分子，使嫩度增加。据报道，经电刺激后的肌肉嫩度与牛肉成熟 7 天后的肌肉嫩度无显著差异。

3. 力学因素　尸僵时带骨肌肉收缩，这时如果以相反的方向牵引，可使僵硬复合体形成最少。通常成熟时，将跟腱用钩挂起，此时主要是腰大肌受牵引。如果将臂部用钩挂起，不但腰大肌短缩被抑制，而半腱肌、半膜肌、背最长肌均受到拉伸作用，可以得到较好的嫩度。

（二）化学因素

屠宰前注射肾上腺激素、胰岛素等，使动物在活体时加快糖的代谢过程，肌肉中糖元大部分被消耗或从血液中排出。宰后肌肉中糖元和乳酸含量极少，肉的 pH 值较高，在 6.4～6.9 的水平，肉始终保持柔软状态。在最大尸僵期时，往肉中注入 Ca^{2+} 可以促进软化，刚屠宰后注入各种化学物质如磷酸盐、氯化镁等可减少尸僵的形成量。

（三）生物学因素

基于肉内蛋白酶活性可以促进肉质软化考虑，也有从外部添加蛋白酶强制其软化。用微生物和植物酶，可使固有硬度和尸僵硬度都减少，常用的有木瓜蛋白酶。方法可以采用临屠宰前静脉注射或屠宰后立即肌肉注射。

思考题

1. 宰后肉会发生哪些生理生化变化？
2. 简述肉尸僵成熟后发生的变化及对肉品质量的影响？
3. 促进肉成熟的方法有哪些？

（林　琳，王玉田，孔保华）

第四章

肉的贮藏与保鲜

学习目标：通过本章学习，要求重点掌握肉制品冷却保鲜、冷冻保鲜等冷藏加工技术，并掌握鲜肉的包装技术。

第一节　肉的冷藏

食品冷藏是运用人工制冷技术来降低温度以保藏食品和加工食品的技术，它主要研究如何应用低温条件来达到最佳的保藏食品和加工食品的方法，以使各种食品达到最佳保鲜程度。

一、肉的冷却

冷却肉是指对严格执行检疫制度屠宰后的胴体迅速进行冷却处理，使胴体温度（以后腿内部为测量点）在24h内降为0~4℃，并在后续的加工、流通和零售过程中始终保持在0~4℃范围内的鲜肉。与热鲜肉相比，冷却肉始终处于冷却环境下，大多数微生物的生长繁殖被抑制，肉毒梭菌和金黄色葡萄球菌等致病菌已不能分泌毒素，可以确保肉的安全卫生。而且冷却肉经历了较为充分的解僵成熟过程，质地柔软有弹性，滋味鲜美。与冷冻肉相比，冷却肉具有汁液流失少、营养价值高的优点。

冷却肉的温度一般为0~4℃。在此温度下，酶的分解作用、微生物的繁殖、脂肪氧化作用等均未被完全抑制，因此冷却肉只能短期贮藏。如果想长期的贮藏，必须把肉类冻结起来。

（一）冷却的目的

牲畜在刚屠宰完毕时，肉体温度一般在37℃左右，同时由于肉的"后熟"作用，在糖元分解时还要产生一定的热量，使肉体温度处于上升的趋势。肉体的高温和潮湿的表面，最适于微生物的生长和繁殖，这对肉的保存和贮藏是极为不利的。肉类冷却的目的，在于迅速排除肉体内部的热量，降低肉体深层的温度并在肉的表面形成一层干燥膜（亦称干壳）。肉体表面的干燥膜可阻止微生物的生长和繁殖，延长肉的保藏时间，并能够减缓肉体内部水分的蒸发。肉的冷却是肉的冻结过程的准备阶段。

（二）冷却条件及方法

在肉类冷却中所用的介质，可以是空气、盐水、水等，但目前一般采用空气，即在冷却室内装有各种类型的氨液蒸发管，借助空气媒介，将肉体的热量散发到空气中，再传至蒸发管。

冷却终温一般在0~4℃，牛肉多冷却到3~4℃，然后移到0~1℃冷藏室内，使肉温逐渐下降；加工分割胴体，先冷却到12~15℃，再进行分割，分割后冷却到1~4℃。

冷却条件的选择包含以下几个方面：

（1）空气温度的选择 热鲜肉易腐败，为尽快抑制微生物生长繁殖和酶的活性，保证肉的质量，延长保存期，要尽快把肉温降低到一定范围。肉的冰点在 $-1℃$ 左右，冷却终温以 $0℃$ 左右为好，因而冷却间在进肉之前，应使空气温度保持在 $-4℃$ 左右，在进肉结束之后，即使初始放热快，冷却间温度也不会很快升高，使冷却过程保持在 $0℃$ 左右。

对于牛肉、羊肉来说，在肉的 pH 尚未降到 6.0 以下时，肉温不得低于 $10℃$ ，否则会发生冷收缩。

（2）空气相对湿度的选择 水分是助长微生物活动的因素之一，因此空气湿度愈大，微生物活动能力也愈强，特别是霉菌。过高的湿度无法使肉体表面形成一层良好的干燥膜，但从降低肉体水分蒸发减少干耗来说，湿度大是有利的，这是彼此矛盾的两个方面。因此，在整个冷却过程中，冷却初期冷却介质和肉体之间的温差较大，冷却速度快，表面水分蒸发量在开始初期的四分之一时间，以维持相对湿度95%以上为宜，不仅可以减少水分的蒸发，而且由于时间较短，微生物也不会大量繁殖。在后期阶段占总时间的四分之三时间内，以维持相对湿度90%～95%为宜，临近结束时约在90%。这样既能保证肉类表面形成较干的保护膜，又不致产生严重的干耗。

为了使冷却在尽可能短的时间内完成，并避免大量的干耗和产生表面冻结，冷冻间内的空气温度、相对湿度在不同的阶段要求如表4-1。

表4-1 对肉类冷却温度和湿度的要求

冷却过程		肉		
		牛肉	羊肉	猪肉
温度（℃）	进货前	-3	-3	-3
	进货当时（不高于）	+3	+2	+3
	进货后	-1	-1	-2
相对湿度（%）	进货后	95～98	95～98	95～98
	10h 后（不高于）	90～92	90～92	90～92

（3）空气流动速度的选择 由于空气的热容量很小，不及水的四分之一，因此对热量的接受能力很弱。同时其导热系数小，故在空气中冷却速度最缓慢。所以在其他参数不变的情况下，只有通过增加空气流速来达到增加冷却速度的目的。因此在冷却过程中以不超过2m/s 为合适，一般采用 0.5m/s 左右，或每小时 10～15 个冷库容积。

（三）宰后胴体的冷却工艺

几十年来，国外在猪胴体冷却工艺方面进行了许多实验研究，并提出很多种冷却工艺方案。各种冷却工艺流程虽不尽相同，但有几点是相同的：宰后胴体应迅速送入冷却间冷却 1～2h；冷却后胴体表面要干燥；胴体后腿的中心温度要在 24h 内降至 7℃（或 4℃）以下；适宜的冷却时间为 16～24h；尽可能低的冷却干耗（质量损失）；良好的肉品质量（色泽、组织结构）；节约能源及减少劳动力。

目前，猪胴体冷却工艺从理论上分为两种：快速冷却（quick chilling）和急速冷却

（shock chilling）。表4-2列出两种冷却工艺的指导性参数，其中，急速冷却采用两段式冷却法，即在第一阶段采用低于肉冻结点的温度和较高的风速，时间1.5h；第二阶段即转入0~2℃的冷却间经过8h，使胴体温度均衡并最终降至7℃以下，两段式冷却法更有利于抑制微生物的生长繁殖。从安全卫生和经济考虑，宰后胴体冷却降温的速度越快，越不利于微生物的生长繁殖，冷却时间越短，质量损失越小。胴体在冷却过程中，质量损失程度取决于两个因素：其一是肉组织结构状况，这与品种、饲养条件以及宰前受刺激程度有关；其二是冷却工艺，若制冷压缩机功率过小，冷却间单位时间内空气交换次数过少，则胴体冷却时间就越长，胴体的制冷损失越大。但过度追求冷却速度，使肉组织发生冻结，将影响到冷却肉的品质。

表4-2 猪胴体冷却工艺指导性参数

冷却工艺 指导参数	快速冷却	急速冷却	
		第一阶段	第二阶段
制冷功率（W/m³）	250	450	110
室温（℃）	0~2	-10~-6	0~2
制冷风温（℃）	-10	-20	-10
风速（m/s）	2~4	1~2	0.2~0.5
冷却时间（h）	12~20	1.5	8
胴体温度（℃）	4~7	7	
重量损失（%）	1.8（7℃条件下）	0.95	

（四）冷却肉的贮藏

经过冷却的肉类，一般存放在-1~1℃的冷藏间（或排酸库），一方面可以完成肉的成熟（或排酸），另一方面达到短期贮藏的目的。冷藏期间温度要保持相对稳定，以不超出上述范围为宜。进肉或出肉时温度不得超过3℃，相对湿度保持在90%左右，空气流速保持自然循环。冷却肉的贮藏期见表4-3。

表4-3 冷却肉的贮藏条件和贮藏期

品种	温度（℃）	相对湿度（%）	贮藏期（天）
牛肉	-1.5~0	90	28~35
小牛肉	-1~0	90	7~21
羊肉	-1~0	85~90	7~14
猪肉	-1.5~0	85~90	7~14
全净膛鸡	0	80~90	7~11

冷却肉在贮藏期间常见的变化有干耗、表面发黏和长霉、变色、变软等。在良好卫生条件下屠宰的畜肉，初始微生物总数为$10^3 ~ 10^4$cfu/cm²，其中1%~10%能在0~4℃下生长。

贮藏期间发黏和长霉是常见的现象,先在表面形成块状灰色菌落,呈半透明,然后逐渐扩大成片状,致使表面发黏,有异味。防止或延缓肉表面长霉发黏的主要措施是尽量减少胴体最初污染程度和防止冷藏间温度升高。

肉在贮藏期间一般都会发生色泽变化。红肉表面由于受冷藏间空气温度、湿度、氧化等因素的影响,由紫红色逐渐变为褐色,存放时间越长,褐变肉的厚度越大;温度越高、湿度越低、空气流速越大,则褐变越快。此外,由于微生物的作用,有时肉表面会出现变绿、变黄、变青等现象。

二、肉的冻结

冷却肉由于其贮藏温度在肉的冰点以上,微生物和酶的活动只受到部分的抑制,所以冷藏期短,而要长期贮藏,需要对肉进行冻结,使肉的温度从 $0 \sim 4$℃降低至 -8℃以下,通常为 $-18 \sim -15$℃。肉中绝大部分水分(80%)以上冻成冰结晶的过程叫做肉的冻结。冻结肉类的主要目的是使肉类保持低温,减少肉体内部发生微生物的、化学的、酶的以及一些物理的变化,减少肉类品质下降。当肉在 0℃以下冷藏时,随着冻藏温度的降低,肌肉中冻结水的含量逐渐增加,肉的水分活度(A_w)逐渐下降(表 $4-4$),使细菌的活动受到抑制;当温度降到 -10℃以下时,冻肉则相当于中等水分食品,大多数细菌在此 A_w 下不能生长繁殖;当温度下降到 -30℃时,肉的 A_w 值在 0.75 以下,霉菌和酵母的活动也受到抑制。所以冻藏能有效地延长肉的保藏期,防止肉品质量下降,在肉类工业中得到广泛应用。

表 $4-4$　低温与肉 A_w 之间的关系

温度(℃)	肌肉(含水75%)中冻结水百分比(%)	A_w
0	0	0.993
-1	2	0.990
-2	50	0.981
-3	64	0.971
-4	71	0.962
-5	80	0.953
-10	83	0.907
-20	88	0.823
-30	89	0.746

(一)冻结率

根据拉乌尔(Roult)第二法则,冰点降低与摩尔浓度成正比,每增加 1 摩尔浓度,冰点下降 1.86℃。食品内水分不是纯水而是含有机物及无机物的溶液,这些物质包括盐类、糖类、酸类、微量气体及更复杂的有机分子如蛋白质。因此食品要降到0℃以下才产生冰晶,此冰晶开始出现的温度即冻结点。由于肉品种类、死后条件、肌浆浓度等不同,故各种肉品冻结点是不同的。表 $4-5$ 为几种肉的冻结点。

表 4 - 5　几种肉制品冻结点

品种	冻结点（℃）	含水量（%）
牛肉	- 1. 7 ~ - 0. 6	71. 6
猪肉	- 2. 8	60
鸡肉	- 1. 5	74
鱼肉	- 2 ~ - 0. 6	70 ~ 85

食品温度降到冻结点即出现冰晶，随着温度继续降低，水分的冻结量逐渐增多，但要使食品内水分全部冻结，温度要降到 - 60℃。这样低的温度工艺上一般不用，温度在 - 30 ~ - 18℃ 之间可使绝大部分水冻结，就能达到贮藏的要求。

一般冷库的贮藏温度为 - 25 ~ - 18℃，食品的冻结温度亦大体降到此范围。食品内水分的冻结量用冻结率表示。它的近似值：

$$冻结率 = \left(1 - \frac{食品的冻结点}{食品的冻结终温}\right) \times 100\%$$

如食品冻结点是 - 1℃，降到 - 5℃ 时冻结率为 80%，降到 - 18℃ 时的冻结率为 94.5%，即全部水分的 94.5% 已冻结。

大部分食品在 - 5 ~ - 1℃ 温度范围内几乎 80% 水分结成冰，此温度范围称为最大冰晶生成区。对保证冻肉的品质来说这是最重要的温度区间。

（二）冻结速度

冻结速度快或慢的划分，目前还未统一，现通用的方法有以时间来划分和以距离来划分二种。

（1）时间划分　食品中心从 - 1℃ 降到 - 5℃ 所需的时间，在 30min 之内谓快速，超过 30min 即谓慢速。之所以定为 30min，因在这样的冻结速度下冰晶对肉质的影响最小。

（2）距离划分　单位时间内 - 5℃ 的冻结层从食品表面伸入到内部的距离。时间以小时为单位，距离以厘米为单位，冻结速度 V = 距离/时间。根据此种划分把速度分成三类：

快速冻结时　　　$V \geqslant 5 ~ 20cm/h$

中速冻结时　　　$V = 1 ~ 5cm/h$

缓慢冻结时　　　$V = 0.1 ~ 1cm/h$

根据上述划分，快速冻结时厚度或直径 10cm 的食品中心温度至少应在 1h 内降到 - 5℃。

国际制冷协会对冻结速度作如下定义：所谓某个大小的食品的冻结速度是食品表面与中心温度点间的最短距离与食品表面达到冰水点后食品中心温度降到比食品冰点（开始冻结的温度）低 10℃ 所需时间之比，该值就是冻结速度。如食品中心与表面的最短距离为 10cm，食品冰点 - 2℃，中心降到比冰点低 10℃ 即 - 12℃ 时所需时间 15h，其冻结速度：

$$V = \frac{距离}{时间} = \frac{10}{15} = 0.62cm/h$$

冻结速度快时，组织内冰层推进速度大于水移动速度时，冰晶分布越接近天然食品中液态水的分布情况，且冰晶呈针状结晶体，数量众多。表 4 - 6 为冻结速度与结晶冰形状之间的关系。

冻结速度慢时,由于细胞外溶液浓度低,首先在这里产生冰晶,而此时细胞内的水分还以液相残存着。同温度下水的蒸气压大于冰(表4-7),在水蒸气压差作用下细胞内的水向冰晶移动,形成较大的冰晶且分布不均匀。水分转移除受水蒸气压差影响外,还由于动物死后蛋白质变化,使细胞膜的弹性降低而加强。

表4-6　冻结速度与冰晶形成之间的关系

冻结速度通过 −5~0℃的时间	冻结晶				冰层推进速度(I), 水移动速度(W)
	位置	形状	大小(直径×长度)(um)	数量	
数秒	细胞内	针状	1~5×5~10	无数	I >> W
1.5s	细胞内	针状	0~20×20~500	多数	I > W
10s	细胞内	针状	50~100×100 以上	少数	I < W
90s	细胞外	块粒状	50~200×200 以上	少数	I << W

表4-7　几种温度下水与冰的蒸气压和水分活性

温度 (℃)	液态水 (Pa)	冰 (Pa)	水分活性 (Aw)	温度 (℃)	液态水 (Pa)	冰 (Pa)	水分活性 (Aw)
0	61.05	610.5	1.00	−25	80.9	62.3	0.784
−5	421.7	401.7	0.953	−30	51.1	38.1	0.750
−10	286.5	260.0	0.907	−40	18.9	12.9	0.680
−15	191.5	165.5	0.864	−50	6.4	4.0	0.620
−20	124.5	103.4	0.823				

快速冷冻和慢速冷冻虽然都能达到冻结的目的,但对肉品质量的影响却显著不同。肉的冻结过程是肌细胞间的水分先冻结并出现过冷现象而后细胞内水分冻结,这是由于细胞间的水蒸气压小于细胞内的蒸气压,盐类的浓度也较细胞内低,而冻结点高于细胞内之故。因此细胞间水分先形成冰结晶,随之在结晶体附近的溶液浓度增高并通过渗透压的作用使细胞内的水分不断向细胞外渗透,并围绕在冰晶体的周围使冰结晶不断增长而成为大的颗粒状,直至温度下降到足以使细胞内部的液体结成冰结晶为止。

(三)冻结方法

(1)静止空气冻结法　这种冻结方法是把食品放入 −30~−10℃的冻结室内,利用静止冷空气进行冻结。由于冻结室内自然对流的空气流速很低(0.03~0.12m/s)且空气的导热系数小,因而这种方法属于缓慢冻结。肉类食品冻结时间一般在1~3天,当然冻结时间与食品的类型、包装大小、堆放方式等因素有关。

(2)板式冻结法　这种方法是把薄片状食品(如肉排、肉饼)装盘或直接与冻结室中的金属板架接触,冻结室温度一般为 −30~−10℃。由于金属板直接作为蒸发器传递热量,冻结速度比静止空气冻结法快、传热效率高、食品干耗少。

(3)鼓风冻结法　工业生产上普遍使用的方法是在冻结室或隧道内安装鼓风设备,强制空气流动,加快冻结速度。鼓风冻结法常用的工艺条件是:空气流速一般为2~10m/s,

冷空气温度为 $-40 \sim -25℃$，空气相对湿度为90%左右。这是一种速冻方法，主要是利用低温和冷空气的高速流动，食品与冷空气密切接触，促使其快速散热。这种方法冻结速度快，冻结的肉类质量高。

（4）液体冻结法 这种方法是商业上用来冻结禽肉所常用的方法，也用于冻结鱼类。此法热量转移速度慢于鼓风冻结法，热传导介质必须无毒，冻结点低，热传导性能好，成本低。一般常用液氮、食盐溶液、甘油、甘油醇和丙烯醇等，但值得注意的是，食盐水常引起金属槽和设备腐蚀。

液氮冻结法：液氮冻结是利用在常压下其沸点为 $-195.8℃$，食品（分割肉和肉制品）通过雾状的液氮中而冻结，液氮冻结器的形状呈隧道状，中间是不锈钢丝制成的网状传送带，食品在上面移动，内外覆以不锈钢板，以泡沫塑料隔热。传送带在隧道内带着食品依次经过预冷区、冻结区、均温区，冻结完成后由隧道出口处取出。

（5）用冰、盐混合物及固态二氧化碳冻结法 在冻肉临时保藏和冻肉运输等方面有时采用这种方法。

（四）冻肉的冻藏

冻肉冻藏的主要目的是阻止冻肉的各种变化，以达到长期贮藏的目的。冻肉品质的变化不仅与肉的状态、冻结工艺有关，与冻藏条件也有密切的关系。温度、相对湿度和空气流速是决定冻肉质量和贮藏期的重要因素。

1. 冻藏条件及冻藏期 冻藏间的温度一般保持在 $-21 \sim -18℃$，温度波动不超过 $\pm1℃$，冻结肉的中心温度保持在 $-15℃$ 以下。为减少干耗，冻结间空气相对湿度保持在95%~98%，空气流速采用自然循环即可。

冻肉在冻藏室内的堆放方式也很重要。对于胴体肉，可堆叠成约3m高的肉垛，其周围空气流畅，避免胴体直接与墙壁和地面接触；对于箱装的塑料袋小包装分割肉，堆放时也要保持周围有流动的空气。

因为冻藏条件、堆放方式、原料肉品质、包装方式都影响冻肉的冻藏期，所以很难制定准确的冻肉贮藏期。冻牛肉比冻猪肉的贮藏期长，脂肪含量高的鱼贮藏期短。各种肉类的冻藏条件和冻藏期如表4-8。

表4-8 不同冻藏条件的贮存期

肉类别	冻结点（℃）	温度（℃）	湿度（℃）	冷藏期限（月）
牛肉	-1.7	-23 ~ -18	90~95	9~12
猪肉	-1.7	-23 ~ -18	90~95	4~6
羊肉	-1.7	-23 ~ -18	90~95	8~10
兔肉		-23 ~ -18	90~95	4~6

2. 肉在冻结和冻藏期间的变化 各种肉类经过冻结和冻藏后，都会发生一些物理变化和化学变化，肉的品质也会受到影响。冻结肉的功能特性不如鲜肉，长期冻藏可使猪肉和牛肉的功能特性显著降低。

（1）物理变化

①容积：水变成冰所引起的容积增加约是9%，而冻肉由于冰的形成所造成的体积增

加约为6%，肉的含水量越高，冻结率越大，则体积增加越多。在选择包装方法和包装材料时，要考虑到冻肉体积的增加。

②干耗：肉在冻结、冻藏和解冻期间都会发生脱水现象。对于未包装的肉类，在冻结过程中，肉中水分大约减少0.5%~2%，快速冻结可减少水分蒸发。在冻藏期间重量也会减少，冻藏期间空气流速小，温度尽量保持不变，有利于减少水分蒸发。

③冻结烧：在冻藏期间由于肉表层冰晶的升华，形成了较多的微细孔洞，增加了脂肪与空气中氧的接触机会，最终导致冻肉产生酸败味，肉表面发生黄褐色变化，表层组织结构粗糙，这就是所谓的冻结烧。冻结烧与肉的种类和冻藏温度的高低有密切关系。禽肉和鱼肉脂肪稳定性差，易发生冻结烧；猪肉脂肪在 -8℃下贮藏6个月，表面有明显酸败味，且呈黄色，而在 -18℃下贮藏12个月也无冻结烧发生。采用聚乙烯塑料薄膜密封包装，隔绝氧气，可有效地防止冻结烧。

④重结晶：冻藏期间冻肉中冰晶的大小和形状会发生变化，特别是冻藏室内的温度高于 -18℃且温度波动的情况下，微细的冰晶不断减少或消失，形成大冰晶。实际上，冰晶的生长是不可避免的。经过几个月的冻藏，由于冰晶生长的原因，肌纤维受到机械损伤，组织结构受到破坏，解冻时引起大量肉汁损失，肉的质量下降。采用快速冻结，并在 -18℃下贮藏，尽量减少温度波动次数和减小波动幅度，可使冰晶生长减慢。

（2）化学变化　速冻所引起的化学变化不大。肉在冻藏期间会发生一些化学变化，从而引起肉的组织结构、外观、气味和营养价值的变化。

① 蛋白质变性：与盐类电解质浓度的高低有关，冻结往往使鱼肉蛋白质尤其是肌球蛋白发生一定程度的变性，从而导致韧化和脱水。牛肉和禽肉的肌球蛋白比鱼肉肌球蛋白稳定得多。

② 肌肉颜色：冻藏期间冻肉表面颜色逐渐变暗，颜色变化也与包装材料的透氧性有关。

③ 风味和营养成分变化：大多数食品在冻藏期间会发生风味和味道的变化，尤其是脂肪含量高的食品。多不饱和脂肪酸经过一系列化学反应发生氧化而酸败，产生许多有机化合物，如醛类、酮类和酸类，醛类是使风味和味道异常的主要原因。冻结烧、Cu^{2+}、Fe^{2+}、血红蛋白也会使酸败加快。添加抗氧化剂或采用真空包装可防止酸败，对于未包装的腌肉来说，由于低温浓缩效应，即使低温腌制，也会发生酸败。

（五）肉的解冻

冻结食品在利用之前一定要经过解冻，使冻结品解冻恢复到冻前的新鲜状态。质量好的冻结品如何使其在解冻时质量不会下降，以保证食品加工能得到高质量的原料，就必须重视解冻方法及了解解冻对食品质量的影响。

1. 空气解冻法　空气解冻又称自然解冻是一种最简单的解冻方法，将冻肉移放在缓冻间，靠空气介质与冻肉进行热交换来实现解冻。一般在0~4℃空气中解冻称缓慢解冻，在15~20℃空气中解冻叫快速解冻。肉装入解冻间后，温度先控制在0℃，以保持肉解冻的一致性，装满后再升温到15~20℃，相对湿度70%~80%，经20~30h即解冻完毕。采用蒸汽空气混合介质解冻则比单纯空气解冻的时间要快得多。

2. 水浸或喷洒解冻法　用4~20℃的清水对冻肉进行浸泡和喷洒，半胴体肉在水中解冻比空气解冻要快 7~8 倍。另外水中解冻，肉汁损失少，解冻后的肉表面呈潮湿状和粉红色，表面吸收水分增加重量达 3%~4%。该法适用于肌肉组织未被破坏的半胴体和 1/4 胴体，不适于分割肉。在 10℃水中解冻半胴体需 13~15h，喷洒解冻时需 20~22h。

3. 高频解冻法　即利用高频电流使肉内部分子运动发热而从内部解冻的方法。这种方法需要一定的设备和装置，且对较厚的肉不适宜。

4. 高低热流两步解冻法　将肉及肉制品放入密闭的解冻室中，先均匀通入高热空气（35~60℃），再通入低热空气（7~13℃）而使肉解冻的方法。采用这种方法解冻的肉，蛋白质和汁液损失较少，并可以避免微生物生长，高温空气还有杀菌作用。

第二节　鲜肉的包装技术

国外鲜肉包装是在 20 世纪 80 年代开始应用的，早在 1981 年，英国颇有声望的 Marks 公司，采用气冲式透明气调包装生产线包装鲜肉，受到顾客欢迎，并将气调包装推广到鲜鱼、培根、熟肉的包装。气调包装的成功应用在于顾客越来越注重食品的新鲜度，而不喜欢在食品中使用化学防腐剂。目前，肉制品包装已引起我国的广泛重视，但鲜肉仍主要以无包装的形式出售。为保证产品卫生，延长鲜肉的保存期，现将真空包装和气调包装两种包装形式做一介绍。

一、真空包装

真空包装是指除去包装内的空气，然后应用密封技术，使包装袋内的食品与外界隔绝的技术。由于除掉了空气中的氧气，因而抑制并减缓了好气性微生物的生长，减少了蛋白质的降解和脂肪的氧化酸败。

1. 真空包装的作用　新鲜肉使用真空包装的作用主要为：

（1）抑制微生物生长，避免外界微生物的污染。食品的腐败变质主要是由于微生物的生长引起的，特别是需氧微生物，抽真空后可以造成缺氧环境，抑制许多腐败性微生物的生长。

（2）减缓肉中脂肪的氧化速度，对酶活性也有一定的抑制作用。

（3）减少产品的失水，保持产品的重量。

（4）可以和其他方法结合使用，如抽真空后再充入 CO_2 等气体，还可与一些常用的防腐方法结合使用，如脱水、腌制、热加工、冷冻和化学保藏等。

（5）产品整洁，增加市场效果，较好地实现市场目的。

2. 对真空包装材料的要求

（1）阻气性　主要目的是防止大气中的氧重新进入经真空处理的包装袋内，避免需氧菌生长。乙烯、乙烯–乙烯醇共聚物都有较好的阻气性，若要求非常严格时，可采用一层铝箔。

（2）水蒸气阻隔性　即应能防止产品水分蒸发，最常用的材料是聚乙烯、聚苯乙烯、聚丙乙烯、聚偏二氯乙烯等薄膜。

（3）香味阻隔性　应能保持产品本身的香味，并能防止外部的一些不良气味渗透到包装产品中，聚酰胺和聚乙烯混合材料一般可满足这方面的要求。

（4）遮光性　光线会促使肉品氧化，影响肉的色泽。只要产品不直接暴露于阳光下，通常用没有遮光性的透明膜即可。按照遮光效能递增的顺序，采用的方式有：印刷、着色、涂聚偏二氯乙烯、上金、加一层铝箔等。

（5）机械性能　包装材料最重要的机械性能是具有防撕裂和防封口破损的能力。

3. 真空包装存在的问题　真空包装目前已广泛应用于肉制品中，但鲜肉中使用较少，这是由于真空包装虽然能延长产品的贮存期，但也有质量缺陷，主要存在以下几个问题。

（1）颜色　在价格合理的情况下，消费者购买肉类时最先考虑的就是肉的颜色。肉色太暗或褐变都使消费者望而却步，因此鲜肉的货架寿命，通常视该块肉保持鲜红色之长短而定。但许多鲜肉虽然肉色褐变了，其实并没有发生腐败变质。鲜肉经过真空包装，氧分压低，这时鲜肉表面肌红蛋白无法与氧气发生反应生成氧合肌红蛋白，而被氧化为高铁肌红蛋白，易被消费者误认为非新鲜肉。真空包装鲜肉的颜色问题可以通过双层包装，即内层为一层透气性好的薄膜，然后用真空包装袋包装，在销售时，将外层打开，由于内层包装通气性好，和空气充分接触形成氧合肌红蛋白肉色比较鲜红，但这会缩短产品保存期。

（2）抑菌方面　真空包装虽能抑制大部分需氧菌的生长，但据报道，即使氧气含量降到 0.8%，仍无法抑制好气性假单孢菌的生长。但在低温下，假单孢菌会逐渐被乳酸菌所取代。

（3）血水及失重问题　真空包装易造成产品变形以及血水增加，有明显的失重现象。消费者在购买鲜肉时，看到包装内有血水，一定会有一种不舒服的感觉。实际上血水渗出是不可避免的，分割的鲜肉，只要经过一段时间，就会自然渗出血水。由于血水渗出问题，尽管真空包装鲜肉在冷却条件下（0~4℃）能贮存 28~35 天，也不易被一般消费者所接受。近几年，欧美超级市场研究用吸水垫吸掉血水，这种吸水垫是特殊制造的，它能间接吸收肉品水分，并只吸收自然释出的血水，血水可被固定在吸水垫内，不再回渗，且易于与肉品分离，不会留下纸屑或纤维类的残留物。

二、气调包装

气调包装是指在密封性能好的材料中装进食品，然后注入特殊的气体或气体混合物，再进行密封，使其与外界隔绝，抑制微生物生长，抑制酶促腐败，从而达到延长货架期的目的。气调包装和真空包装相比，并不会比真空包装货架期长，但会减少产品受压和血水渗出，并能使产品保持良好色泽。

1. 充气包装中使用的气体　充气包装所用气体主要为 O_2、N_2、CO_2。O_2 性质活泼，容易与其他物质发生氧化作用；N_2 惰性强，性质稳定；CO_2 对于嗜低温菌有抑制作用。所谓包装内部气体成分的控制，是指调整鲜肉周围的气体成分，使与正常的空气组成成分不同，以达到延长鲜肉保存期的目的。

（1）O_2　充气包装中使用氧气主要是由于肌肉中肌红蛋白与氧分子结合后，成为氧合肌红蛋白而呈鲜红色，因此，为保持肉的鲜红色，包装袋内必须有氧气。自然空气中含 O_2 约 20.9%，因此新切肉表面暴露于空气中则显浅红色。鲜红色的氧合肌红蛋白的形成还与肉表面潮湿与否有关，表面潮湿，则溶氧量多，易于形成鲜红色。氧气虽然可以维持良好的色泽，但由于氧气的存在，在低温条件下（0~4℃）也易造成好气性假单孢菌生长，因而使保存期要低于真空包装。此外，氧气还易造成不饱和脂肪酸氧化酸败，致使肌肉褐变。

（2）CO_2　1933 年，澳大利亚和新西兰最早开始用高浓度 CO_2 保存新鲜肉。CO_2 在充气包装中的使用，主要是利用它的抑菌作用。CO_2 是一种稳定的化合物，无色、无味，在空气中约占 0.03%，提高 CO_2 浓度，使大气中原有的氧气浓度降低，使好气性细菌生长速率减缓，另外也使某些酵母菌和厌气性菌的生长受到抑制。

CO_2 的抑菌作用，一是通过降低 pH 值，CO_2 溶于水中，形成碳酸（H_2CO_3），使 pH 值降低，这会对微生物有一定的抑制作用；二是通过对细胞的渗透作用，在同温同压下 CO_2 在水中的溶解度是 O_2 的 6 倍，渗入细胞的速率是 O_2 的 30 倍，由于 CO_2 的大量渗入，会影响细胞膜的结构，增加膜对离子的渗透力，改变膜内外代谢作用的平衡，而干扰细胞正常代谢，使细菌生长受到抑制；CO_2 渗入还会刺激线粒体 ATP 酶的活性，使氧化磷酸化作用加快，使 ATP 减少，即使机体代谢生长所需能量减少。

（3）N_2　惰性强，性质稳定，对肉的色泽和微生物没有影响，主要作为填充和缓冲用。充氮包装代替真空包装可减少冷却肉由于受挤压而产生的变形和汁液流失。

此外，CO 会使肉呈鲜红色，也有很好的抑菌作用，但因危险性较大，故应用较少。

2. 充气包装中各种气体的最适比例　在充气包装中，CO_2、O_2、N_2 必须保持合适比例，才能使肉品保藏期长，且各方面均能达到良好状态。欧美大多以 80% O_2 + 20% CO_2 方式零售包装，其货架期为 4 ~ 6 天；英国在 1970 年即有两种专利，其气体混合比例为 70% ~ 90% O_2 与 10% ~ 30% CO_2、50% ~ 70% O_2 与 30% ~ 50% CO_2，而一般多用 20% CO_2 与 80% O_2 混合，使肉具有 8 ~ 14 天的鲜红色效果。表 4 – 9 是一些国家气调包装肉及肉制品所用气体比例。

表 4 – 9　气调包装肉及肉制品所用气体比例

肉的品种	混合比例	国家
新鲜肉（5 ~ 12 天）	70% O_2 + 20% CO_2 + 10% N_2 或 75% O_2 + 25% CO_2	欧洲
鲜碎肉制品和香肠	33.3% O_2 + 33.3% CO_2 + 33.3% N_2	瑞士
新鲜斩拌肉馅	70% O_2 + 30% CO_2	英国
熏制香肠	75% CO_2 + 25% N_2	德国及北欧四国
香肠及熟肉（4 ~ 8 周）	75% CO_2 + 25% N_2	德国及北欧四国
家禽（6 ~ 14 天）	50% O_2 + 25% CO_2 + 25% N_2	德国及北欧四国

思考题

1. 冷却肉和冷冻肉有何区别？
2. 肉在冻结和冻藏期间有何变化？
3. 如何减少肉汁流失？
4. 对肉进行真空包装有何优缺点？
5. 气调包装常用的气体有哪些？各有何作用？

（李艳青）

第五章

肉品加工原理与设备

学习目标：了解肉制品加工工艺中常用的辅助材料及其作用；掌握肉制品加工常用工艺的原理及方法，并了解肉制品加工常用的机械设备。

第一节 辅料与添加剂

肉制品加工生产过程中，为了改善和提高肉制品的感官特性及品质，延长肉制品的保存期和便于加工生产，常需要添加一些其他可食性物料，这些物料称为辅料。正是由于各种辅料和添加剂的不同选择和应用，才生产出许许多多各具风味特色的肉制品。

一、香辛料

香辛料是某些植物的果实、花、皮、蕾、叶、茎、根中所含的物质成分，这些成分具有一定的气味和滋味，可赋予产品一定的风味，具有抑制和矫正食物不良气味，增进食欲，促进消化的作用。很多香辛料有抗菌防腐作用，同时还有特殊的生理药理作用；有些香辛料还有防止氧化的作用，但食品中应用香辛料的目的在于其香味。香辛料的种类很多，诸如葱类、胡椒、桂枝、花椒、八角、茴香、桂皮、丁香、肉豆蔻等。

二、调味料

（一）食盐

咸味是食盐的味道，在调味上，咸味则是许多食品的基本味，在加工中具有调味、防腐保鲜作用。食盐是维持人体正常生理机能，调节血液渗透压必不可少的重要物质。近年来发现，高盐饮食易导致高血压，故在生产中应适当降低用盐量。

（二）酱油

酱油是以大豆或豆饼、面粉、麸皮等经发酵加盐配制而成的液体调味品。酱油是我国传统的调味料，优质酱油咸味醇厚，香味浓郁。酱油的作用主要是增鲜增色，改良风味。在中式肉制品中广泛使用，使制品呈美观的酱红色并改善其口味。在香肠等制品中，还有促进发酵成熟的作用。肉制品加工中选用的酿造酱油浓度不应低于 22 波美度，食盐含量不超过 18%。

（三）食糖

糖类在肉制品中的主要作用有：

（1）助呈色作用 在腌制时还原糖的作用对于肉保持颜色具有很大的意义，这些还原糖（葡萄糖等）能吸收氧而防止肉脱色。在短期腌制时建议使用葡萄糖，它本身就具有还原性。而在长时间腌制宜加蔗糖，它可以在微生物和酶的作用下形成葡萄糖和果糖，这些还原糖能加速一氧化氮的形成，使发色效果更佳。

（2）调味作用　糖和盐有相反的滋味，可一定程度地缓和腌肉咸味。

（3）产生风味物质　在加热肉制品时，糖和含硫氨基酸之间发生美拉德反应，产生醛类及多羰基化合物，其次产生含硫化合物，均可增加肉的风味。

（4）抑菌作用　糖可以在一定程度上抑制微生物的生长，其主要原理是降低介质的水分活度，减少微生物生长所能利用的自由水分，并借渗透压导致细胞质壁分离，但一般的使用量达不到抑菌的作用。低浓度的糖，还能给一些微生物提供营养，因而在需发酵成熟的肉制品中添加糖，可有助于发酵的进行。

（四）醋

醋的生产原料是以粮食为主体的米、麦麸、糖类或酒糟为原料，经醋酸酵母发酵酿制而成。醋的使用不仅是它可增添酸味，更重要的是由于它具有一些独特的结构，可以使制品增加鲜、甜及香味。由于醋具有鲜、香、甜、美的气味，因而用它加工制品，其价值不仅可供给人体本身的营养，而且具有增进食欲、促进消化、防腐杀菌等重要功效。

（五）谷氨酸钠

谷氨酸钠即"味精"，是食品烹调和肉制品加工中常用的鲜味剂。谷氨酸钠为无色至白色柱状结晶或结晶性粉末，具有特有的鲜味，高温易分解，酸性条件下鲜味降低。在肉品加工中，一般用量为 0.02% ~ 0.15%。除单独使用外，宜与肌苷酸钠和核糖核苷酸等核酸类鲜味剂配成复合调味料，以提高效果。

味精易溶于水，进入肠胃后，易被人体吸收和利用。然而使用不当，不仅不能起到应有的作用，而且还有损身体健康，因此在使用时必须注意以下几点：不要长时间高温加热；要有选择性地使用；不要用于酸、碱性制品；不要使用过量；不要用于婴儿食品。

（六）乙醇和酒类

乙醇是酒精性饮料中的主要成分之一，纯乙醇应有芳香和强烈的刺激性甜味。乙醇往往对其他味有影响，例如蔗糖溶液中加入乙醇会使甜味变淡，而酸味中加入乙醇会增加酸味。乙醇添加到食品中会产生两种效果：增强防腐力；起调味作用。通常使用1%的乙醇可以增强食品的风味，但这种浓度没有防腐作用；提高乙醇浓度可以增加防腐效果，但它的刺激性气味会影响食品的香味。

（七）调味肉类香精

调味肉类香精包括猪、牛、鸡、羊肉、火腿等各种肉味香精，系采用纯天然的肉类为原料，经过蛋白酶适当降解成小肽和氨基酸，加还原糖在适当的温度条件下发生美拉德反应，生成风味物质，再经超临界萃取和微胶囊包埋或乳化调和等技术生产的粉状、水状、油状系列调味香精，如猪肉香精、牛肉香精等。可直接添加或混合到肉类原料中，使用方便，是目前肉类工业上常用的增香剂，尤其适用于高温肉制品和风味不足的西式低温肉制品。

三、肉制品加工常用添加剂

为了增强或改善食品的感官性状，延长保存时间，满足食品加工工艺过程的需要或某种特殊营养需要，常在食品中加入天然的或人工合成的无机或有机化合物，这种添加的物质统称为添加剂。肉品加工中常用的添加剂有以下几种：

（一）发色剂

肉制品加工中常用的发色剂为硝酸盐和亚硝酸盐。

1. 硝酸盐和亚硝酸盐的作用　腌肉中使用亚硝酸盐主要有以下几个作用：可以抑制肉毒梭状芽孢杆菌的生长，并且具有抑制其他许多类型腐败菌生长的作用；具有优良的呈色作用；具有抗氧化作用，可延缓腌肉腐败；可明显改善腌肉的风味。亚硝酸盐是唯一能同时起上述几个作用的物质，现在还没有发现有一种物质能完全取代它，据报道，曾研究试用了700种物质以取代亚硝酸盐，但都没有成功。

2. 亚硝酸盐的安全性问题和使用量　亚硝酸钠是食品添加剂中急性毒性较强的物质之一。摄取多量亚硝酸盐进入血液后，可使正常的血红蛋白（二价铁）变成正铁血红蛋白（即三价铁的高铁血红蛋白），失去携带氧的功能，导致组织缺氧，潜伏期仅为 $0.5 \sim 1.0h$，症状为头晕、恶心、呕吐、全身无力、心悸、全身皮肤发紫，严重者呼吸困难、血压下降、昏迷、抽搐，如不及时抢救会因呼吸衰竭而死亡。由于其外观、口味均与食盐相似，所以必须防止误用而引起中毒。

亚硝酸盐很容易与肉中蛋白质的分解产物二甲胺作用，生成二甲基亚硝胺。亚硝胺可以从各种腌肉制品中分离出。亚硝胺是目前国际上公认的一种强致癌物，动物试验结果表明：不仅长期小剂量作用有致癌作用，而且一次摄入足够的量，亦有致癌作用。因此，国际上对食品中添加硝酸盐和亚硝酸盐的问题很重视，FAO/WHO、联合国食品添加剂法规委员会（JECFA）建议在目前还没有理想的替代品之前，把用量限制在最低水平。我国食品卫生法标准规定：硝酸钠在肉类制品的最大使用量为 $0.5g/kg$，亚硝酸钠在肉类罐头和肉类制品的最大使用量为 $0.15g/kg$；残留量以亚硝酸钠计，肉类罐头不得超过 $0.05g/kg$，肉制品不得超过 $0.03g/kg$。

（二）发色助剂

肉发色过程中亚硝酸被还原生成 NO，但是 NO 的生成量与肉的还原性有很大关系，为了使之达到理想的还原状态，常使用发色助剂。

1. 抗坏血酸盐和异抗坏血酸盐（sodium ascorbate and erythorbate）　在肉的腌制中使用抗坏血酸钠和异抗坏血酸钠主要有以下几个目的：抗坏血酸盐可以将高铁肌红蛋白还原为亚铁肌红蛋白，因而加速了腌制的速度；抗坏血酸盐可以同亚硝酸发生化学反应，增加一氧化氮的形成；多量的抗坏血酸盐能起到抗氧化剂的作用，因而可稳定腌肉的颜色和风味；在一定条件下抗坏血酸盐具有减少亚硝胺形成的作用。因而抗坏血酸盐被广泛应用于肉制品腌制中，以起到加速腌制和助呈色的作用，而更重要的作用是减少亚硝胺的形成，已表明添加550mg/kg 的抗坏血酸盐可以减少亚硝胺的形成，但确切的机理还未知。目前许多腌肉都将120mg/kg 的亚硝酸盐和550mg/kg 的抗坏血酸盐结合使用。

2. 烟酰胺（nicotinamide）　烟酰胺作为肉制品的发色助剂使用，其添加量为 $0.01\% \sim 0.02\%$。烟酰胺可与肌红蛋白相结合生成稳定的烟酰胺肌红蛋白，很难被氧化，可以防止肌红蛋白在从亚硝酸生成亚硝基期间的氧化变色。如果在肉类腌制过程中同时使用抗坏血酸与烟酰胺，则发色效果更好，并能保持长时间不褪色。

（三）着色剂

着色剂又称色素。截止到 1998 年底，经国家批准允许生产和使用的着色剂共 69 种，其中化学合成着色剂 21 种，天然着色剂 48 种。在肉制品中经常使用的为天然着色剂，如焦糖色素、红曲红、高粱红、姜黄色素等。天然着色剂一般价格较高，稳定性稍差，但比人工着色剂安全性高。

红曲红是以大米为原料，采用红曲霉液体深层发酵工艺和特定的提取技术生产的粉状纯天然食用色素，其工业产品具有色价高、色调纯正、光热稳定性强、适应范围广、水溶性好等优点，同时具一定的保健和防腐功效。肉制品中用量为 50 ~ 500mg/kg。高粱红是以高粱壳为原料，采用生物加工和物理方法制成，有液体制品和固体粉末两种，属水溶性天然色素，对光照稳定性好，抗氧化能力强，与天然红等水溶性天然色素调配可成紫色、橙色、黄绿色、棕色、咖啡色等多种色调，肉制品中使用量视需要而定。

（四）品质改良剂

1. 磷酸盐　使用的大多为碱性磷酸盐类，在肉制品加工中使用主要是为提高肉的保水性，在效果上以焦磷酸钠、三聚磷酸钠和六偏磷酸钠为最好。磷酸盐提高肉持水性的机理主要为：

（1）提高肉的 pH 值　在肉中加入焦磷酸钠或三聚磷酸钠后，肉的 pH 值向碱性偏移。据实验，当肉的 pH 值在 5.5 左右接近肉蛋白质的等电点时，肉的持水性最低，当肉的 pH 值向酸性或碱性偏移，持水性均提高，因而加入磷酸盐后，提高了肉的持水性。

（2）对肉中金属离子有螯合作用　聚磷酸盐有与金属离子螯合的作用，加入聚磷酸盐后，则原来与肌肉的结构蛋白质结合的钙镁离子，被聚磷酸盐螯合，从而使肌肉蛋白中的羧基被释放出来，由于羧基之间静电力的作用，使蛋白质结构松弛，可以吸收更多量的水分。

（3）增加肉的离子强度　聚磷酸盐是具有多价阴离子的化合物，在较低的浓度下可以具有较高的离子强度。由于加入聚磷酸盐而增加了肌肉的离子强度，有利于肌球蛋白转变为溶胶状态，因而提高了持水性。

（4）解离肌动球蛋白　焦磷酸盐和三聚磷酸盐有解离肌肉蛋白质中肌动球蛋白的特异作用，它们可将肌动球蛋白解离为肌动蛋白和肌球蛋白，而肌球蛋白的持水能力强，因而提高了肉的持水能力。

聚磷酸盐的使用量为肉量的 0.1% ~ 0.4%，使用量过高则有害于肉的风味，并使呈色效果欠佳。在实际生产中，常将几种磷酸盐混合使用，效果上以焦磷酸钠、三聚磷酸钠和六偏磷酸钠为最好。

2. 淀粉　淀粉是肉制品加工中使用较多的增稠剂，无论是中式肉制品还是西式肉制品，大都需要淀粉作为增稠剂。在肉制品生产中，加入淀粉后，对于制品的持水性、组织形态均有良好的效果，这是由于在加热过程中，淀粉颗粒吸水、膨胀、糊化的结果。据研究，淀粉颗粒的糊化温度较肉蛋白质变性温度高，当淀粉糊化时，肌肉蛋白质的变性作用已经基本完成并形成了网状结构，此时淀粉颗粒夺取存在于网状结构中结合不够紧密的水分，并固定之，因而，持水性变好，同时，淀粉颗粒因吸水而变得膨润而有弹性，并起着黏着剂的作用，可使肉馅粘合，填塞孔洞，使成品富有弹性，切面平整美观，具有良好的组织形态；同时在加热蒸煮时，淀粉颗粒可吸收熔化成液态的脂肪，减少脂肪流失，提高成品率。

在中式肉制品中，淀粉能增强制品的感官性能，保持制品的鲜嫩，提高制品的滋味，对制品的色、香、味、形各方面均有很大的影响。肉制品加工中最好使用变性淀粉，它们是由天然淀粉经过化学或酶处理等而使其物理性质发生改变，以适应特定需要而制成的淀粉。变性淀粉一般为白色或近白色无臭粉末。变性淀粉不仅能耐热、耐酸碱，还有良好的机械性能，是肉类工业良好的增稠剂和赋形剂。其用量一般为原料的 3% ~ 20%，优质肉制品用量较少，且多用玉米淀粉。淀粉用量过多，会影响肉制品的黏着性、弹性和风味，故许多国家对淀粉使用量作出规定，如日本规定淀粉在香肠中最高添加量不超过 5%，混合压缩火腿在 3% 以下；美国 3.5% 谷物淀粉；欧盟为 2%。

3. 大豆分离蛋白 粉末状大豆分离蛋白有良好的保水性。当浓度为 12% 时，加热的温度超过 60℃，黏度就急剧上升，加热至 80 ~ 90℃ 时静置、冷却，就会形成光滑的沙状胶质。这种特性，使大豆分离蛋白加入肉组织时，能改善肉的质地，此外，大豆蛋白还有很好的乳化性。

4. 卡拉胶 卡拉胶主要成分为易形成多糖凝胶的半乳糖、脱水半乳糖，多以 Ca^{2+}、Na^+、NH_4^+ 等盐的形式存在，可保持自身重量 10% ~ 20% 的水分。在肉馅中添加 0.6% 时，即可使肉馅保水率从 80% 提高到 88% 以上。卡拉胶是天然胶质中唯一具有蛋白质反应性的胶质，它能与蛋白质形成均一的凝胶。由于卡拉胶能与蛋白质结合，形成巨大的网络结构，可保持制品中的大量水分，减少肉汁的流失，并且具有良好的弹性、韧性；卡拉胶还具有很好的乳化效果，稳定脂肪，表现出很低的离油值，从而提高制品的出品率；另外，卡拉胶能防止盐溶性蛋白及肌动蛋白的损失，抑制鲜味成分的溶出。一般推荐的使用量为成品重量的 0.1% ~ 0.6%。

5. 酪蛋白 酪蛋白（Casein）能与肉中的蛋白质结合形成凝胶，从而提高肉的保水性。在肉馅中添加 2% 时，可提高保水率 10%；添加 4% 时，可提高 16%；如与卵蛋白、血浆等并用效果更好。酪蛋白在形成稳定的凝胶时，可吸收自身重量 5 ~ 10 倍的水分。用于肉制品时，可增加制品的黏着性和保水性，改进产品质量，提高出品率。

6. 血浆粉 血液成为新的蛋白质资源得到了有效的利用。近几年来西德、荷兰、比利时、日本等国家采用卫生采血法，将收集的血液立即冷却、离心，分离血球和血浆，将血浆冷冻干燥制成血浆粉。日本太阳化学（株）研究所研制的血浆粉（商品名 BPP），通过对猪肉的添加试验，证实灌肠中随着 BPP 添加比率的增加，脱水率逐渐降低，只要添加量在 1% 以下制品无色无味，与未添加的制品毫无差异，说明血浆粉用作黏结剂是有效的。

血浆对直接乳化脂肪和束缚水分方面不是很有效的，但对保持肉制品加热后的黏着性效果很好。将血浆加到灌肠中可促进水的保留，减少脂肪损失。在利用全血浆时，一定要严格注意卫生，将细菌数减少到最低限度。

（五）抗氧化剂

分油溶性抗氧化剂和水溶性抗氧化剂两大类。油溶性抗氧化剂能均匀地分布于油脂中，对油脂或含脂肪的食品可以很好地发挥其抗氧化作用。人工合成的油溶性抗氧化剂有丁基羟基茴香醚（BHA）、二丁基羟基甲苯（BHT）、没食子酸丙酯（PG）等；天然的有生育酚（V_E）混合浓缩物等。水溶性抗氧化剂主要有 L-抗坏血酸及其钠盐、异抗坏血酸及其钠盐等；天然的有植物（包括香辛料）提取物如茶多酚、异黄酮类，迷迭香抽提物等。多用于对食品的护色（助色剂），防止氧化变色，以及防止因氧化而降低食品的风味和质量等。

（六）防腐剂

防腐保鲜剂分化学防腐剂和天然保鲜剂，防腐保鲜剂经常与其他保鲜技术结合使用。

（1）化学防腐剂 化学防腐剂主要是各种有机酸及其盐类。肉类保鲜中使用的有机酸包括乙酸、甲酸、柠檬酸、乳酸及其钠盐、抗坏血酸、山梨酸及其钾盐、磷酸盐等。许多试验证明，这些酸单独或配合使用，对延长肉类货架期均有一定效果，其中使用最多的是乙酸、山梨酸及其盐，乳酸钠和磷酸盐。

①乙酸：1.5% 的乙酸就有明显的抑菌效果。浓度在 3% 范围以内时，因乙酸的抑菌作用，减缓了微生物的生长，避免了霉斑引起的肉色变黑变绿；当浓度超过 3% 时，对肉色有不良作用，这是由酸本身造成的；如采用 3% 乙酸 + 3% 抗坏血酸处理，由于抗坏血酸的护色作用，肉色可保持很好。

②乳酸钠：乳酸钠的使用目前还很有限。美国农业部（USDA）规定最大使用量为 4%。乳酸钠的防腐机理有两个：乳酸钠的添加可降低产品的水分活性；乳酸根离子对乳酸菌有抑制作用，从而阻止微生物的生长。目前，乳酸钠主要应用于禽肉的防腐。

③山梨酸钾：山梨酸钾在肉制品中的应用很广。它能与微生物酶系统中的巯基结合，破坏许多重要酶系，达到抑制微生物增殖和防腐的目的。山梨酸钾在鲜肉保鲜中可单独使用，也可和磷酸盐、乙酸结合使用。

（2）天然保鲜剂 天然保鲜剂一方面安全上有保证，另一方面更符合消费者的需要，目前国内外在这方面的研究十分活跃，天然防腐剂是今后防腐剂发展的趋势。

①茶多酚：主要成分是儿茶素及其衍生物，它们具有抑制氧化变质的性能。茶多酚对肉品防腐保鲜以三条途径发挥作用：抗脂质氧化、抑菌、除臭味物质。

②香辛料提取物：许多香辛料中如大蒜中的蒜辣素和蒜氨酸，肉豆蔻所含的肉豆蔻挥发油，肉桂中的挥发油以及丁香中的丁香油等，均具有良好的杀菌、抗菌作用。

③细菌素：应用细菌素如 Nisin 对肉类保鲜是一种新型的技术。Nisin 是由乳酸链球菌合成的一种多肽抗菌素，为窄谱抗菌剂。它只能杀死革兰氏阳性菌，对酵母、霉菌和革兰氏阴性菌无作用，Nisin 可有效阻止肉毒杆菌的芽孢萌发，它在保鲜中的重要价值在于它针对的细菌是食品腐败的主要微生物。

第二节 腌制和熏制

肉类是一种易腐食品，自古以来肉类腌制和熏制就是肉的重要的防腐贮藏方法。一般传统的腌肉制品用盐量较多，比较干燥，例如我国生产的金华火腿，美国南部生产的乡村式火腿。随着冷藏技术的发展，目前生产的腌肉制品用盐量较少，并且常常和其他方法结合使用，如盐水火腿加工，经过腌制以后，还可以进行装罐、冷藏或灌入肠衣。熏制是肉品加工的工艺过程之一，可有效改善风味并延长保质期。

一、肉的腌制

用食盐或以食盐为主，并添加硝酸钠（或钾）、蔗糖和香料等材料处理肉类的过程为腌制。通过腌制使食盐或食糖渗入食品组织中，降低它们的水分活度，提高它们的渗透压，借以有选择地控制微生物的活动和发酵，抑制腐败菌的生长，从而防止肉品腐败变质。

（一）腌制的防腐作用

肉类腌制使用的主要腌制材料为食盐、硝酸盐、糖类、抗坏血酸和异抗坏血酸、磷酸盐等。其中食盐使产品具有一定的咸味，并且有抑菌作用；硝酸盐和亚硝酸盐类使产品呈现稳定的红色，并可抑制肉毒梭状芽孢杆菌的生长；糖类能改善肌肉组织状态，增加产品风味和嫩度；磷酸盐具有保水剂的作用；抗坏血酸具有助呈色作用。

1. 食盐的抑菌作用　食盐是肉类腌制最基本的材料，也是唯一必不可少的腌制材料。肉制品中含有大量的蛋白质、脂肪等成分具有的鲜味，常常要在一定浓度的咸味下才能表现出来，不然就淡而无味。盐可以通过脱水和渗透压的作用，抑制微生物的生长，延长肉制品的保存期。然而单独使用食盐，会使腌制的肉发干、发硬，且仅有咸味，影响产品的可接受性，并且会使产品的色泽发暗。

5% 的 NaCl 溶液能完全抑制厌氧菌的生长，10% 的 NaCl 溶液对大部分细菌有抑制作用，但一些嗜盐菌在 15% 的盐溶液中仍能生长。食盐的抑菌作用比杀菌作用大，因此，肉的腌制不可在适于微生物繁殖的温度下进行，腌制室温度一般保持在 $1 \sim 4$℃，在较高的温度下腌制会使肉发生腐败。由于腌制时常发现耐盐性细菌引起的产品腐败，因此，单纯的腌制不能保证肉的长时期不变质，还要采取其他方法配合，如低温、烟熏、干燥等，才能使腌制作用的效果更好。

2. 硝酸盐和亚硝酸盐的抑菌作用　硝酸盐和亚硝酸盐可以抑制肉毒梭状芽孢杆菌的生长，也可以抑制许多其他类型腐败菌的生长，这种作用在硝酸盐浓度为 0.1% 和亚硝酸盐浓度为 0.01% 左右时最为明显。肉毒梭状芽孢杆菌能产生肉毒梭菌毒素，这种毒素具有很强的致死性，对热稳定，大部分肉制品进行热加工的温度仍不能杀灭它，而硝酸盐能抑制这种毒素的生长，防止食物中毒事故的发生。

硝酸盐和亚硝酸盐的防腐作用受 pH 的影响很大，在 pH 为 6 时，对细菌有明显的抑制作用；当 pH 为 6.5 时，抑菌能力有所降低；在 pH 为 7 时，则不起作用。

（二）腌肉的呈色机理

腌肉的颜色对消费者有很大的影响，肉经腌制后，由于肌肉中色素蛋白和亚硝酸盐发生化学反应，会形成鲜艳的亮红色，在以后的热加工中又会形成稳定的粉红色。

1. 硝酸盐或亚硝酸盐对肉色的作用　肉类腌制时常需添加硝酸盐和亚硝酸盐，这主要是肌肉色素蛋白能和 NO 反应，形成具有腌肉特色的稳定性色素。

NO 是由硝酸盐或亚硝酸盐在腌制过程中经过复杂的变化而形成的。首先在酸性条件和还原性细菌作用下形成亚硝酸。

$$NaNO_3 \xrightarrow[+2H]{\text{细菌还原作用}} NaNO_2 + H_2O$$

$$NaNO_2 \xrightarrow{H^+} HNO_2$$

$$3HNO_2 \xrightarrow{\text{还原物质}} HNO_3 + 2NO + H_2O$$

硝酸盐本身并没有防腐发色作用，它只所以能在腌肉中起呈色作用是因为能形成亚硝酸盐，在微酸性条件下又形成亚硝酸。肉中的酸性环境主要是乳酸造成，在肌肉中由于血液循环停止，供氧不足，肌肉中的糖元通过酵解作用分解产生乳酸，随着乳酸的积累，肌肉组织中的 pH 值从原来的正常生理值(7.2～7.4) 逐渐降低到5.5～6.4，在这样的条件下促进亚硝酸盐生成亚硝酸，亚硝酸是一个非常不稳定的化合物，腌制过程中在还原性物质作用下形成。这是一个歧化反应，亚硝酸既被氧化又被还原。NO 的形成速度与介质的酸度、温度以及还原性物质的存在有关，所以形成 NO - 肌红蛋白需要有一定的时间。直接使用亚硝酸盐比使用硝酸盐的呈色速度要快。

现在腌制剂中常加有抗坏血酸盐和异抗坏血酸盐（ascorbate and erythorbate），虽然它在鲜肉中会加速肌红蛋白氧化，腌肉时却将加速高铁肌红蛋白（Met-Mb）还原，并使亚硝酸生成 NO 的速度加快。

$$2HNO_2 + C_6H_6O_6 \rightarrow 2NO + H_2O + C_6H_6O_6$$

这一反应在低温下进行得较缓慢，但在烘烤和熏制的时候会急剧地加快，并且在抗坏血酸存在的时候，可以阻止 NO-Mb 进一步被空气中的氧氧化，使其形成的色泽更加稳定。生成 NO 后，NO 和肌红蛋白反应，取代肌红蛋白分子中与铁相连的水分子，就形成 NO-Mb，为鲜艳的亮红色，很不稳定。NO 并不能直接和肌红蛋白反应，大致可以分为以下三个阶段，才能形成腌肉的色泽：

（1）　$\underset{\text{一氧化氮}}{NO} + \underset{\text{肌红蛋白}}{Mb} \xrightarrow{\text{适宜条件}} \underset{\text{一氧化氮高铁肌红蛋白}}{NO - Met - Mb}$

（2）　$NO - Met - Mb \xrightarrow{\text{适宜条件}} \underset{\text{一氧化氮肌红蛋白}}{NO - Mb}$

（3）　$NO - Mb + 热 + 烟熏 —— \underset{\text{一氧化氮亚铁血色原(稳定粉红色)}}{NO - 血色原}（Fe^{2+}）$

2. 影响腌肉制品色泽的因素

（1）亚硝酸盐的使用量　肉制品的色泽与亚硝酸盐的使用量有关，用量不足时，颜色淡而不均，在空气中氧气的作用下会迅速变色，造成贮藏后色泽的恶劣变化，为了保证肉呈红色，亚硝酸钠的最低用量为 0.05g/kg。用量过大时，过量的亚硝酸根的存在又能使血红素物质中卟啉环的 α-甲炔键硝基化，生成绿色的衍生物。为了确保安全，我国规定，在肉类制品中亚硝酸盐最大使用量为 0.15g/kg，在这个范围内根据肉类原料的色素蛋白的数量及气温情况来决定。

（2）肉的 pH 值　肉的 pH 值对亚硝酸盐的发色作用也有一定的影响。亚硝酸钠只有在酸性介质中才能还原成 NO，故 pH 值接近 7.0 时肉色就淡，为了提高肉制品的持水性，生产中常加入碱性磷酸盐，加入后常造成 pH 向中性偏移，往往使呈色效果不好，所以其用量必须注意。在过低的 pH 值环境中，亚硝酸盐的消耗量增大，而且在酸性的腌肉制品中，如使用亚硝酸盐过量，容易引起绿变，一般发色的最适宜的 pH 值范围为 5.6～6.0。

（3）温度　生肉呈色的进行过程比较缓慢，经过烘烤加热后，则反应速度加快。而如果配好料后不及时处理，生肉就会褪色，特别是灌肠机中的回料，由于氧化作用，回出来时已褪色，这就要求迅速操作，及时加热。

（4）其他因素　例如添加抗坏血酸，当其用量高于亚硝酸盐时，在腌制时可起助呈色作用，在贮藏时可起护色作用；蔗糖和葡萄糖由于其还原作用，可影响肉色强度和稳定性；加烟酸、烟酰胺也可形成比较稳定的红色，但这些物质没有防腐作用，所以暂时还不能代替亚硝酸钠；另一方面有些香辛料如丁香对亚硝酸盐还有消色作用。

（三）腌制和肉的持水性

一些肉类制品如西式培根、压榨火腿、灌肠等，加工过程中腌制的主要目的，一是起发色作用，使制品呈现美丽的红色；二是提高原料肉的持水性和黏着性。

持水性也叫保水性，是指肉类在加工过程中对肉中的水分以及添加到肉中的水分的保持能力。它没有一个确切的定义，这是因为持水性和蛋白质的溶剂化作用相关联，与蛋白质中的自由水和溶剂化水有关，而这两种状态的水在量的方面分不出明确的界限，只有相对比较意义。黏着性与持水性一样，在量的方面也没有一个确切的定义，它表示肉自身所具有的黏着物质而可以形成具有弹力制品的能力，其程度以对扭转、拉伸、破碎的抵抗程度来表示。黏着性常与持水性平行地表现出来。

通过试验发现，绞碎的肉中加入 NaCl 的离子强度在 0.8 ~ 1.0，即相当于 NaCl 的浓度为 4.6% ~ 5.8% 的持水性最强，超过这个范围反而下降。

（四）腌制方法

肉制品腌制的方法很多，主要包括干腌、湿腌、混合腌制以及动脉注射腌制。不论采用何种方法，腌制时都要求腌制剂渗入到食品内部深处，并均匀地分布在其中，这时腌制过程才基本完成，因而腌制时间主要取决于腌制剂在食品内进行均匀分布所需要的时间。

1. 干腌法（dry salt cure） 干腌是利用食盐或混合盐，涂擦在肉的表面，然后层堆在腌制架上或层装在腌制容器内，依靠外渗汁液形成盐液进行腌制的方法。在食盐的渗透压和吸湿性的作用下，使肉的组织液渗出水分并溶解于其中，形成食盐溶液，但盐水形成缓慢，盐分向肉内部渗透也较慢，延长了腌制时间，因而这是一种缓慢的腌制方法，但腌制品风味较好。我国名产火腿、咸肉、烟熏肋肉以及鱼类常采用此法腌制。在国外，这种生产方法占的比例很少，主要是一些带骨火腿，如乡村式火腿。

2. 湿腌法（pickle cure） 湿腌法即盐水腌制法，就是在容器内将肉浸泡在预先配制好的食盐溶液中，并通过扩散和水分转移，让腌制剂渗入食品内部，并获得比较均匀的分布，常用于腌制分割肉、肋部肉等。湿腌法腌制时间基本上和干腌法相近，它主要取决于盐液浓度和腌制温度。湿腌的缺点就是其制品的色泽和风味不及干腌制品，因含水分多而不宜保藏。

3. 注射腌制法（pumping） 无论采用干腌法或湿腌法，一般被腌渍的肉块都较大，腌的时间较长；另外由于肉块的形状大，食盐及其他配料向产品内部渗透速度较慢，当产品中心及骨骼周围的关节处有微生物繁殖时，即当产品未达到腌好的程度，肉就腐败了。所以，为了加快食盐的渗透，目前广泛采用盐水注射腌制。注射腌制法中最初出现的是动脉注射腌制法，以后又发展了肌肉注射腌制法，并由单针头发展为多针头注射及使用盐水注射机进行注射。

肌肉注射腌制法（muscle pumping）有单针头和多针头注射法两种，肌肉注射用的针头大多为多孔的。单针头注射腌制法可用于各种分割肉。一般每块肉注射 3 ~ 4 针，每针盐液注射量为 85g 左右。盐水注射量可以根据盐液的浓度计算，一般增重 20%。

多针头肌肉注射最适用于形状整齐而不带骨的肉类，多用于腹部肉、肋条肉。带骨或去骨肉均可采用此法。用盐水注射法可以缩短操作时间，提高生产效率，提高产品得率，降低生产成本。肌肉注射现在已有专业设备，注射时直至获得预期增重为止，由于针头数量大，两针相距很近，因而注射至肉内的盐液分布较好。

4. 混合腌制法 这是一种干腌和湿腌相结合的腌制法，常用于鱼类，用于肉类腌制可先行干腌而后放入容器内用盐水腌制。干腌和湿腌相结合可以避免湿腌液因食品水分外渗而降低浓度。同时腌制时不像干腌那样促进食品表面发生脱水现象。用注射腌制法常和干腌或湿腌结合进行，这也是混合腌制法，即盐液注射入鲜肉后，再按层擦盐，然后堆叠起来，或装入容器内进行湿腌，但盐水浓度应低于注射用的盐水浓度，以便肉类吸收水分。

（五）新型快速腌制法

（1）预按摩法 按摩前采用 $60 \sim 100 kPa/cm^2$ 的压力预按摩，可使肌肉中肌原纤维彼此分离，并增加肌原纤维间的距离使肉变松软，加快腌制材料的吸收和扩散，缩短总滚揉时间。

（2）无针头盐水注射 不用传统的肌肉注射，采用高压液体发生器，将盐液直接注入原料肉中。

（3）高压处理 高压处理由于使分子之间距离增大和极性区域暴露，提高肉的持水性，改善肉的出品率和嫩度，盐水注射前用高压处理，可提高 0.7% ~ 1.2% 出品率。

（4）超声波 作为滚揉辅助手段，促进盐溶性蛋白提取。

二、肉的熏制

在肉制品加工生产中，许多肉制品都要经过烟熏这一工艺过程，特别是西式肉制品，如灌肠、火腿、培根、生熏腿、熟熏圆腿等，均需经过烟熏。烟熏可使食品获得特有的烟熏风味，而且延长保存期。烟熏风味是西式肉制品特有的风味，可以毫不夸张地说，没有烟熏就没有西式肉制品。烟熏像腌制一样也具有防止肉类腐败变质的效果，但是，由于其他保藏技术的发展，烟熏防腐已降为次要的位置。

（一）烟熏的目的

烟熏目的归纳为四个：即赋予制品特殊的烟熏风味，增进香味；使制品外观具有特有的烟熏色，对加硝肉制品有促进发色作用；脱水干燥，杀菌消毒，防止腐败变质，使肉制品耐贮藏；烟气成分渗入肉内部防止脂肪氧化。

1. 烟熏对风味的作用 起作用的主要是有机酸（蚁酸和醋酸）、醛、乙醇、酯、酚类等，特别是酚类中的愈创木酚和4-甲基愈创木酚。有资料显示，当酚类在 0.81%，羰基类在 0.37% 这种比例时，可以得到最佳风味，其中酚类占的比例大。

2. 烟熏对颜色的作用 木材烟熏时产生的羰基化合物，它可以和蛋白质或其他含氮物中的游离胺基发生美拉德反应；另一方面随着烟熏的进行，肉温提高，促进一些还原性细菌的生长，因而加速了一氧化氮血色原形成稳定的颜色；另外还会因受热有脂肪外渗，有润色作用并使肉色带有色泽。

3. 杀菌作用 使肉具有防腐性的主要是木材中的有机酸、醛和酚类等三类物质。熏烟的杀菌作用较为明显的是在表层,经熏制后产品表面的微生物可减少 1/10。大肠杆菌、变形杆菌、葡萄球菌对熏烟最敏感,3h 即死亡,而霉菌及细菌芽孢对熏烟的作用较稳定。烟熏灭菌主要在表面,对肉作用很小,再加上烟熏时要加热可能会促进深层微生物的繁殖,所以由烟熏产生的杀菌防腐作用是有限度的。而通过烟熏前的腌制和熏烟处理及熏烟后的脱水干燥则赋予熏制品良好的贮藏性能。

4. 抗氧化作用 烟中许多成分具有抗氧化作用,有人曾用煮制的鱼油试验,通过烟熏与未经烟熏的产品在夏季高温下放置 12 天测定它们的过氧化值,结果经烟熏的为 2.5mg/kg,而非经烟熏的为 5mg/kg。烟中抗氧化作用最强的是酚类,其中以邻苯二酚和邻苯三酚及其衍生物作用尤为显著。

（二）熏烟的成分

用于熏制肉类制品的烟气主要是硬木不完全燃烧而得到的。烟气是由空气（氮、氧等）和没有完全燃烧的产物——燃气、蒸气、液体、固体物质的粒子所形成的气溶胶系统,熏制的实质就是产品吸收木材分解产物的过程,因此木材的分解产物是烟熏作用的关键,现在已在木材熏烟中分离出 300 种以上不同的化合物,但这并不意味着熏烟肉中存在着所有这些化合物。熏烟中最常见的化合物为酚类、有机酸类、醇类、羰基化合物、烃类以及一些气体物质,如 CO_2、CO、O_2、N_2 等。

1. 酚类 从木材熏烟中分离出来并经鉴定的酚类达 20 种之多,其中有愈创木酚（邻甲氧基苯酚）、4-甲基愈创木酚等。在肉制品烟熏中,酚类有三种作用:抗氧化作用;对产品的呈色和呈味作用;抑菌防腐作用。其中酚类的抗氧化作用对熏烟肉制品最为重要,熏制肉品特有的风味主要与存在于气相的酚类有关,如 4 - 甲基愈创木酚、愈创木酚、2,5 - 二甲氧基酚等。然而熏烟风味还和其他物质有关,它是许多化合物综合作用的效果。

2. 醇类 木材熏烟中醇的种类繁多,其中最常见和最简单的醇是甲醇或木醇,称其为木醇是由于它是木材分解蒸馏的主要产物之一。熏烟中还含有伯醇、仲醇和叔醇等,但是它们常被氧化成相应的酸类。木材熏烟中,醇类对色、香、味并不起作用,仅成为挥发性物质的载体。醇类的含量低,所以它的杀菌性也较弱。

3. 有机酸类 熏烟组分中存在有含 1~10 个碳原子的简单有机酸,熏烟蒸气相内为 1~4 个碳的酸,常见的酸为蚁酸、醋酸、丙酸、丁酸和异丁酸;5~10 个碳的长链有机酸附着在熏烟内的微粒上,有戊酸、异戊酸、己酸、庚酸、辛酸、壬酸和癸酸。有机酸对熏烟制品的风味影响甚微,但可聚积在制品的表面,呈现一定的防腐作用。酸有促使烟熏肉表面蛋白质凝固的作用,在生产去肠衣的肠制品时,有助于肠衣剥除。

4. 羰基化合物 熏烟中存在有大量的羰基化合物,现已确定的有 20 种以上的化合物,如 2 - 戊酮、戊醛、2 - 丁酮、丁醛和丙酮。同有机酸一样,它们存在于蒸气蒸馏组分内,也存在于熏烟内的颗粒上。虽然绝大部分羰基化合物为非蒸气蒸馏性的,但蒸气蒸馏组分内有着非常典型的烟熏风味,而且还含有所有联基化合物形成的色泽,因此,对熏烟色泽、风味来说,简单短链化合物最为重要。熏烟制品的风味和芳香味可能来自熏制中的某些羰基化合物,从而促使烟熏食品具有特有的风味。

5. 烃类 从熏烟食品中能分离出许多多环烃类,其中有苯并蒽、二苯并蒽、苯并芘、芘以及 4-甲基芘。在这些化合物中至少有苯并芘和二苯并蒽两种化合物具有致癌性。在烟熏食品中，其他多环烃类，尚未发现它们有致癌性。多环烃对烟熏制品来说无重要的防腐作用，也不能产生特有的风味，它们附在熏烟内的颗粒上，可以过滤除去。

6. 气体物质　熏烟中产生的气体物质如 CO_2、CO、O_2、N_2、N_2O 等，其作用还不甚明了，大多数对熏制无关紧要。CO 和 CO_2 可被吸收到鲜肉的表面，产生一氧化碳肌红蛋白而使产品产生亮红色；氧也可与肌红蛋白形成氧含肌红蛋白或高铁肌红蛋白，但还没有证据证明熏制过程会发生这些反应。气体成分中的 NO 可在熏制时形成亚硝胺，碱性条件有利于亚硝胺的形成。

（三）熏烟的方法

1. 冷熏法　原料经过较长时间的腌渍，带有较强的咸味以后，在低温下 $15\sim30℃$（平均 $25℃$）进行较长时间（$4\sim7$ 天）的熏制。这种方法在冬季进行比较容易，而在夏季时由于气温高，温度很难控制，特别当发烟很少的情况下，容易发生酸败现象。冷熏法生产的食品水分含量在 40% 左右，其贮藏期较长，但烟熏风味不如温熏法。冷熏法生产的产品主要是干制的香肠，如色拉米香肠、风干香肠等。

2. 温熏法　原料经过适当的腌渍（有时还可加调味料）后，用较高的温度（$40\sim80℃$，最高 $90℃$）经过一段时间的烟熏。温熏法又分为中温法和高温法：

（1）中温法　温度在 $30\sim50℃$，西式火腿、培根等多采用这种方法，熏制时间通常为 $1\sim2$ 天，熏材通常采用干燥的橡木、樱木、锯末，放在熏烟室的格架底部，在熏材上面放上锯末，点燃后慢慢燃烧，室内温度逐渐上升。用这种温度熏制，重量损失少产品风味好，但耐藏性差，熏制后产品还要进行水煮过程。

（2）高温法　温度为 $50\sim80℃$，通常在 $60℃$ 左右，是应用较广泛的一种方法。因为熏制的温度较高，制品在短时间内就能形成较好的熏烟色泽，但是熏制的温度必须缓慢升高，升温过急易产生发色不均匀的现象，一般灌肠产品的加工采用这种方法。

3. 焙熏法（熏烤法）　焙熏法烟熏温度为 $90\sim120℃$，是一种特殊的熏烤方法。由于熏制的温度较高，熏制过程完成熟制的目的，不需要重新加工就可食用，而且熏制的时间较短。应用这种方法熏烟，肉缺乏贮藏性，应迅速食用。

4. 电熏法　在烟熏室配制电线，电线上吊挂原料后，给电线通 1 万~2 万 V 高压直流电或交流电，进行放电，熏烟由于放电而带电荷，可以更深地进入肉内，以提高风味，延长贮藏期；电熏法使制品贮藏期增加，不易生霉；烟熏时间缩短，只有温熏法的 $1/2$；制品内部的甲醛含量较高，使用直流电时烟更容易渗透。但用电熏法时在熏烟物品的尖端部分沉积较多，造成烟熏不均匀，再加上成本较高等因素，目前电熏法还不普及。

5. 液熏法　用液态烟熏制剂代替烟熏的方法称为液熏法，液态烟熏制剂一般是从硬木干馏制成并经过特殊净化的含有烟熏成分的溶液。使用烟熏液和天然熏烟相比有不少优点，首先它不再需用熏烟发生器，这就可以减少大量的投资费用；其次，过程有较好的重现性，因为液态烟熏制剂的成分比较稳定；再者，制得的液态烟熏制剂中固相已去净，无致癌的危险。

利用烟熏液的方法主要为二种。一为用烟熏液代替熏烟材料，用加热方法使其挥发，包附在制品上。这种方法仍需要熏烟设备，但其设备容易保持清洁状态，因为使用天然熏烟时常会有焦油或其他残渣沉积，以致经常需要清洗；另一种方法为通过浸渍或喷洒法，使烟熏液直接加入制品中，这时可省去全部的熏烟工序，采用浸渍法时，将烟熏液加 3 倍水稀释，将制品在其中浸渍 10 ~ 20h，然后取出干燥，浸渍时间可根据制品的大小、形状而定。如果在浸渍时加入 0.5% 左右的食盐风味更佳，一般说在稀释液中长时间浸渍可以得到风味、色泽、外观均佳的制品，有时在稀释后的烟熏液中加 5% 左右的柠檬酸或醋，主要是对于生产去肠衣的肠制品，便于形成外皮。

（四）有害成分控制

烟熏法具有杀菌防腐、抗氧化及增进食品色、香、味品质的优点，因而在食品尤其是肉类、鱼类食品中广泛采用。但如果采用的工艺技术不当，烟熏法会使烟气中的有害成分（特别是致癌成分）污染食品，危害人体健康。如熏烟生成的木焦油被视为致癌的危险物质；传统烟熏方法中多环芳香类化合物易沉积或吸附在腌肉制品表面，其中 3,4 - 苯并芘及二苯并蒽是两种强致癌物质；熏烟还可以通过直接或间接作用促进亚硝胺形成。因此，必须采取措施减少熏烟中有害成分的产生及对制品的污染，以确保制品的食用安全。

1. 控制发烟温度　发烟温度直接影响 3,4 - 苯并芘的形成，发烟温度低于 400℃时有极微量的 3,4 - 苯并芘产生；当发烟温度处于 400 ~ 1 000℃时，便形成大量的 3,4 - 苯并芘，因此控制好发烟温度，使熏材轻度燃烧，对降低致癌物是极为有效的。一般认为理想的发烟温度为 340 ~ 350℃。

2. 湿烟法　用机械的方法使高热的蒸汽和混合物强行通过木屑，使木屑产生烟雾，并将之引进烟熏室，同样能达到烟熏的目的，但不会产生污染制品的苯并芘。

3. 室外发烟净化法　采用室外发烟，烟气经过滤、冷水淋洗及静电沉淀等处理后，再通入烟熏室熏制食品，这样可以大大降低 3,4 - 苯并芘的含量。

4. 液熏法　前已所述，液态烟熏制剂制备时，一般用过滤等方法已除去了焦油小滴和多环烃，因此液熏法的使用是目前的发展趋势。

5. 隔离保护　3,4 - 苯并芘分子比烟气成分中其他物质的分子要大得多，而且它大部分附着在固体微粒上，对食品的污染部位主要集中在产品的表层，所以可采用过滤的方法，阻隔 3,4 - 苯并芘，而不妨碍烟气有益成分渗入制品中，从而达到烟熏目的。有效的措施是使用肠衣，特别是人造肠衣，如纤维素肠衣，对有害物有良好的阻隔作用。

第三节　煮制、干制和油炸

一、煮制

煮制就是对产品实行热加工的过程，加热的方式有用水、蒸汽等，其目的是：改善感官的性质；使制品产生特有的风味、达到熟制；杀死微生物和寄生虫，提高制品的耐保存性；稳定肉的色泽。

无论采用什么样的加热方式，加热过程中原料肉及其辅助材料都要发生一系列的变化。

（一）重量减轻、肉质收缩变硬或软化

肉类在煮制过程中最明显的变化是失去水分重量减轻，如以中等肥度的猪、牛、羊肉为原料，在 100℃的水中煮沸 30min，重量减少的情况如表 5 - 1。

表 5 - 1　肉类水煮时重量的减少程度　（%）

名称	水分	蛋白质	脂肪	其他	总量
猪肉	21.3	0.9	2.1	0.3	24.6
牛肉	32.2	1.8	0.6	0.5	35.1
羊肉	26.9	1.5	6.3	0.4	35.1

预煮可以减少肉类在煮制时营养物质的损失，提高出品率。将小批原料放入沸水中经短时间预煮，使产品表面的蛋白质立即凝固，形成保护层，可减少营养成分的损失，提高出品率。用 150℃ 以上的高温油炸，亦可减少有效成分的流失。此外，肌浆中肌浆蛋白质受热之后由于蛋白质的凝固作用而使肌肉组织收缩硬化并失去弹性。但若继续加热，随着蛋白质的水解以及结缔组织中胶原蛋白质水解成明胶等变化，肉质又变软。

（二）肌肉蛋白质的热变化

肉在加热煮制过程中，肌肉蛋白质发生热变性凝固，引起肉汁分离，体积缩小变硬，同时肉的保水性、pH、酸碱性基团及可溶性蛋白质发生相应的变化。随着加热温度的上升，肌肉蛋白的变化归纳如下：

① 20～30℃ 时，肉的保水性、硬度、可溶性都没有发生变化。

② 30～40℃ 时，随着温度上升保水性缓慢地下降。从 30～35℃ 开始凝固，硬度增加，蛋白质的可溶性、ATP 酶的活性也产生变化。折叠的肽链伸展，以盐键结合或以氢键结合的形式产生新的侧链结合。

③ 40～50℃ 时，保水性急剧下降，硬度也随温度的上升而急剧增加，等电点移向碱性方向，酸性基特别是羧基减少而形成酯结合的侧链（R—CO—O—R'）。

④ 50～55℃ 时，保水性、硬度、pH 等暂时停止变化，酸性基开始减少。

⑤ 55～80℃ 保水性又开始下降，硬度增加，酸性基又开始减少，并随着温度的上升各有不同程度的加深，但变化的程度不像在 40～50℃ 范围内那样急剧，尤其是硬度的增加不大，分子之间继续形成新的侧链结合，产生进一步凝固。到 60～70℃ 肉的热变性基本结束。80℃ 以上开始生成硫化氢，使肉的风味降低。

（三）结缔组织的变化

肌肉中结缔组织含量多，肉质坚韧，但在 70℃ 以上长时间在水中煮制，结缔组织多的反而比结缔组织少的肉质柔嫩，这是由于结缔组织受热软化的程度对肉的柔软起着更为突出作用的缘故。结缔组织中的蛋白质主要是胶原蛋白和弹性蛋白，一般加热条件下弹性蛋白几乎不发生多大变化，主要是胶原蛋白受热发生的变化。

肉在水中煮制时，由于肌肉组织胶原纤维在动物体不同部位的分布情况不同，肉发生收缩变形。当温度加热到 64.5℃ 时，其胶原纤维在长度方向可迅速收缩到原长度的 60%。因此，肉在煮制时收缩变形的大小是由肌肉间结缔组织的分布所决定的。

引起胶原蛋白急剧收缩的温度叫做热收缩温度（TS），是衡量胶原蛋白稳定性的一个尺度。肉皮主要是由胶原蛋白所构成的，因动物的种类不同 TS 亦不相同，哺乳动物的 TS 较高，鱼类则较低，例如牛皮的 TS 是 63℃，低温海域鳕鱼的 TS 在 40℃ 以下。

煮制过程中随着温度的升高，胶原吸水膨润而成为柔软状态，机械强度减低，逐渐分解为可溶性的明胶。但胶原蛋白转变成明胶的速度取决于胶原的性质、结缔组织的结构、热加工的时间和温度。

（四）脂肪的变化

加热时脂肪熔化，包围脂肪滴的结缔组织由于受热收缩使脂肪细胞受到较大的压力，细胞膜破裂，脂肪熔化流出。随着脂肪的熔化，释放出某些与脂肪相关联的挥发性化合物，这些物质给肉和肉汤增加了香气。脂肪在加热过程中有一部分发生水解，生成脂肪酸，因而使酸价有所增高，同时也发生氧化作用，生成氧化物和过氧化物。

（五）风味的变化

生肉的风味是很弱的，但是加热之后，不同种属动物肉会产生很强的特有风味，通常认为是由于加热导致肉中的水溶性成分和脂肪的变化所致。在肉的风味物质中，共同的部分主要是水溶性物质、氨基酸、肽和低分子的碳水化合物之间进行反应的一些生成物，特殊成分则是因为不同种肉类的脂肪和脂溶性物质的不同，加热后形成了特有风味，如羊肉中不快的气味是由辛酸和壬酸等低级饱和脂肪酸所致。

肉的风味在一定程度上因加热的方式、温度和时间的不同而不同。据报道，在 3h 内随加热时间延长味道增浓，再延长时间味道减弱。肉的风味也因煮制时加入香辛料、糖及含有谷氨酸的添加物而得以改善。表 5-2 列出的加热前后猪肉和牛肉的游离脂肪酸的存在情况，可以看出加热前后有明显的不同。

表 5-2 加热时游离脂肪酸的变化 （单位：mg/g）

酸的种类	牛肉		猪肉	
	加热前	加热后	加热前	加热后
月桂酸	0.04	0.16	0.08	0.56
豆蔻酸	0.49	2.04	0.54	1.39
十四碳烯酸	0.36	2.24	—	—
十五烷酸	0.06	0.15	—	—
软脂酸	2.24	4.91	2.89	3.62
十六碳烯酸	1.31	4.98	1.64	3.45
十七碳酸	0.19	0.44	—	—
硬脂酸	0.96	1.37	0.77	3.21
油 酸	9.24	19.74	17.01	28.52
亚油酸	0.58	1.34	5.45	13.27
亚麻酸	—	—	1.04	1.45
总计	15.47	37.37	29.42	55.47

（六）颜色的变化

当肉温在 60℃ 以下时，肉色几乎不发生明显变化，65~70℃ 时，肉变成桃红色，再提高温度则变为淡红色，在 75℃ 以上时，则完全变为褐色。这种变化是由于肌肉中的肌红蛋白受热作用逐渐发生变性所致。

（七）浸出物的变化

在煮制时浸出物的成分是复杂的，其中主要是含氮浸出物、游离的氨基酸、尿素、肽的衍生物、嘌呤碱等。其中游离的氨基酸最多，如谷氨酸等，它具有特殊的芳香气味，当浓度达到 0.08% 时，即会出现肉的特有芳香气味。此外如丝氨酸、丙氨酸等也具有香味，成熟的肉含游离状态的次黄嘌呤，也是形成肉的特有芳香气味的主要成分。

（八）维生素的变化

肌肉与脏器组织中含 B 族维生素较多，主要是硫胺素、核黄素、烟酸、B_6、泛酸、生物素、叶酸及 B_{12}，脏器组织中还含一些维生素 A 和维生素 C。在热加工过程中通常维生素的含量降低，丧失的量取决于处理的程度和维生素的敏感性。硫胺素对热不稳定，加热时在碱性环境中被破坏，但在酸性环境中比较稳定，如炖肉可损失 60% ~ 79% 的硫胺素、26% ~ 42% 的核黄素。猪肉及牛肉在 100℃ 水中煮沸 1 ~ 2h 后，吡哆醇损失量多，猪肉在 120℃ 灭菌 1h 吡哆醇损失 61.5%，牛肉损失 63%。

二、干制

肉的干制是将肉中一部分水分排除的过程，因此又称其为脱水。肉制品干制的目的：一是抑制微生物和酶的活性，提高肉制品的保藏性；二是减轻肉制品的重量，缩小体积，便于运输；三是改善肉制品的风味，适应消费者的嗜好。

（一）干燥方法及原理

根据其热源不同肉品的干燥可分为自然干燥和加热干燥。根据热源不同，分为蒸汽、电热、红外线及微波干燥等。根据干燥时的压力不同，肉制品干燥包括常压干燥和减压干燥，后者包括真空干燥和冷冻升华干燥。

1. 常压干燥　常用的常压干燥方法有自然干燥、烘炒干燥、烘房干燥等。常压干燥时温度较高，且内部水分移动，易于组织蛋白酶作用，常导致成品品质变劣，挥发性芳香成分逸失等缺陷，并且干燥时间较长。

2. 减压干燥　食品置于真空环境中，随真空度的不同，在适当温度下，其所含水分则蒸发或升华。肉品的减压干燥有真空干燥和冷冻升华干燥两种。

（1）真空干燥　是指肉块在未达结冰温度的真空状态（减压）下水分蒸发而进行干燥。真空干燥时，在干燥初期，与常压干燥时相同，也存在着水分的内部扩散和表面蒸发，但主要为内部扩散与内部蒸发共同进行。因此比常压干燥的干燥时间缩短，表面硬化程度减小，真空干燥虽蒸发温度较低，但也有芳香成分的逸失及轻微的热变性。

（2）冷冻升华干燥　通常是将肉块急速冷冻至 -40 ~ -30℃，将其置于可保持真空压力的干燥室中，因冰的升华而脱水干燥。冰的升华速度决定于干燥室的真空压力及升华所需要给予的热量，另外肉块的大小、厚薄均有影响。冷冻升华干燥法虽需加热，但并不需要高温，只供给升华潜热并缩短其干燥时间即可。冷冻升华干燥后的肉块组织为多孔质，未形成水不浸透性层，且因其含水量少，故能迅速吸水复原，是方便面等速食食品的理想辅料，也是当代最理想的干燥方法。但在保藏过程中制品也非常容易吸水，且其多孔质与空气接触面积增大，在贮藏期间易氧化变质，特别是脂肪含量高时更是如此，另外冷冻升华干燥设备较复杂，一次性投资较大，费用较高。

3. 微波干燥 微波干燥是指用波长为厘米段的电磁波（微波），在透过被干燥食品时，使食品中的极性分子（水、糖、盐）随着微波极性变化而以极高频率震动，产生摩擦热，从而使被干燥食品内、外部同时升温，迅速放出水分，达到干燥的目的。这种效应在微波一旦接触到肉块时就会在肉块内外同时产生，无需热传导、辐射、对流，故干燥速度快，且肉块内外加热均匀，表面不易焦糊。但微波干燥设备投资费用较高，干肉制品的特征性风味和色泽不明显。

（二）对微生物和酶的影响

研究表明，各种微生物都有自己适宜的水分活性（A_w），一般微生物生长发育的最低 A_w 见表 5-3。A_w 下降，它们的生长速率也下降，A_w 过低即可使微生物的生长停止。

肉品在干制过程中，随着水分的丧失，A_w 下降，因而可被微生物利用的水分减少，抑制了其新陈代谢而不能生长繁殖，从而延长了其保藏期限。但干制并不能将微生物全部杀死，只能抑制它们的活动，环境条件一旦适宜，又会重新吸湿恢复活动，因此干制品并非无菌，如遇温暖潮湿气候就会腐败变质。不同微生物的耐干燥能力不同，例如葡萄球菌、肠道杆菌、结核杆菌在干燥状态下能保持活力几周到几个月，乳酸菌能保持活力几个月到一年以上，干酵母保持活力可达二年，干燥状态的细菌芽孢、菌核、原生孢子、分生孢子可存活一年以上。

表 5-3 微生物的发育与 A_w

微生物名称	发育的最低 A_w 值
一般细菌	0.90
酵母	0.88
霉菌	0.82
好盐性细菌	0.75
耐干性霉菌	0.65
耐渗透性霉菌	0.60

酶为食品所固有，它同样需要水分才具有活力。水分减少时，酶的活性也就降低，在低水分制品中，特别在它吸湿后，酶仍会慢慢地活动，从而有引起食品品质恶化或变质的可能。只有干制品水分降低到 1% 以下时，酶的活性才会完全消失。

酶在湿热条件下处理时易钝化，如在 100℃ 时瞬间即能破坏它的活性。但在干热条件下难以钝化，如在干燥条件下，即使用 104℃ 热处理，钝化效果也极其微小。因此，为控制干制品中酶的活动，就有必要在干制前对食品进行湿热或化学钝化处理，使酶失去活性。

（三）肉在干制过程中的变化

1. 物理变化 肉类在干制过程中的物理变化，最主要的是重量的减轻和体积的缩小。重量的减少量与水分的蒸发量基本相当，通常略大于水分的蒸发量，因为除了水分，还有芳香物质和其他挥发性成分的损失。干制时物料的容积减小，减小量一般小于蒸发水分的容积，因为一般而言，在蒸发组织内会形成一定的孔隙，其容积减少量自然会小一些，特别是在真空条件下进行干制，物料的几何形状变化很小，容积变化不大。

肉类在干制的过程中色泽也会发生变化，原因有两个方面：一方面是物理的原因，随着水分的蒸发、体积的减小，物质的浓度增加，色泽自然会加深；另一方面是化学原因，即由色素蛋白的褐变和加热时发生美拉德反应、焦糖化反应等造成褐变。

肉类经过脱水干燥后，其组织结构及复水性等会发生显著的变化，尤其是热风对流干燥的产品，不仅质地坚韧、难于咀嚼，复水后也很难恢复原来的新鲜状态。而冷冻升华干燥加工的产品，复水后组织的特性接近于新鲜的状态。造成质地变硬及复水困难的原因，主要是蛋白质变性和产品的微观结构以及肌纤维空间排列变得紧密，纤维不易被分开和切断，结合水的能力下降等。

2. 化学变化 肉类在干制过程中的化学变化，因干制的条件和方法不同而有差异。冷冻升华干燥过程中几乎没有化学变化，但在自然干燥过程中化学变化严重。干制时化学变化的程度与温度、时间、空气的存在等因素有关，一般来说，温度越高，时间越长，与空气接触量越大，变化程度越深。

肌肉中的蛋白质主要是肌纤维蛋白和肌溶蛋白，在加热时会发生热凝固，凝固的温度一般在 55 ~ 62℃，在对熟制品干制时，已经发生变性。如果是鲜肉进行干制，当温度达到此温度时，蛋白质会发生变性，鲜肉干制品的复水性就会降低。

脂肪在干制及贮藏过程中会发生氧化和水解，色泽变黄并发哈，游离脂肪酸增加。在干制过程中，如果温度较高，碳水化合物与氨基酸发生碳氨反应，会赋予制品宜人的色泽和风味。

3. 组织结构的变化 肉类经过脱水干燥后，其组织结构及复水性等会发生显著的变化，尤其是热风对流干燥的产品，不仅质地坚韧、难于咀嚼，复水后也很难恢复原来的新鲜状态。而冷冻升华干燥加工的产品，复水后组织的特性接近于新鲜的状态。显然，变化的程度与干燥前的性质以及干燥的方法有关。造成质地变硬及复水困难的原因，主要是蛋白质变性和产品的微观结构以及肌纤维空间排列变得紧密，纤维不易被分开和切断，结合水的能力下降等。

三、油炸

油炸作为食品熟制和干制的一种工艺由来已久，是最古老的烹调方法之一。油炸可以杀灭食品中的细菌，延长食品保存期，改善食品风味，增强食品营养成分的可消化性。

（一）油炸的作用

油炸制品加工时，将食物置于一定温度的热油中，油可以提供快速而均匀的传导热，食物表面温度迅速升高，水分汽化，表面出现一层干燥层，形成硬壳，然后水分汽化层便向食物内部迁移，当食物表面温度升至热油的温度时，食物内部的温度慢慢趋向100℃，同时表面发生焦糖化反应及蛋白质变性，其他物质分解产生独特的油炸香味。油炸传热的速率取决于油温与食物内部之间的温度差和食物的导热系数。在油炸热制过程中，食物表面干燥层具有多孔结构特点，其孔隙的大小不等，油炸过程中水和水蒸气首先从这些大孔隙中析出。由于油炸时食物表层硬化成壳，使其食物内部水蒸气蒸发受阻，形成一定蒸汽压，水蒸气穿透作用增强，致使食物快速熟化，因此油炸肉制品具有外脆里嫩的特点。

（二）油炸用油及质量控制

炸制用油一般使用熔点低、过氧化物值低和不饱和脂肪酸低的植物油。我国目前炸制用油主要是豆油、菜籽油和葵花籽油。油炸技术的关键是控制油温和油炸时间，油炸的有效温度可在 100 ~ 230℃。为延长炸制油的寿命，除掌握适当油炸条件和添加抗氧化物外，最重要的是清除积聚的油炸物碎渣，碎渣的存在加速油的变质并使制品附上黑色斑点，因此炸制油应每天过滤一次。

（三）常用的油炸技术

1. 传统油炸工艺 在我国，食品加工厂长期以来对肉制品的油炸工艺大多采用燃煤或油的锅灶，少数采用钢板焊接的自制平底油炸锅。这些油炸装置一般都配备了相应的滤油装置，对用过的油进行过滤。间歇式油炸锅是普遍使用的一种油炸设备，此类设备的油温可以进行准确控制。油炸过滤机可以利用真空抽吸原理，使高温炸油通过助滤剂和过滤纸，有效地滤除油中的悬浮微粒杂质，抑制酸价和过氧化值升高，延长油的使用期限及产品的保质期，明显改善产品外观、颜色，既提高了油炸肉制品的质量，又降低了成本。为延长油的使用寿命，电热元件表面温度不宜超过265℃，其功率不宜超过4W/cm²。

2. 水油混合式深层油炸工艺 此工艺是将油和水同时加入一敞口锅中，相对密度小的油占据容器的上半部，相对密度大的水则占据容器的下半部，在油层中部水平放置加热器进行加热。油炸肉制品处于油浸过电热管的60mm左右的上部油层中，食品残渣则沉入底部的水中，在一定程度上缓解了传统油炸工艺带来的问题。同时沉入下部的食品残渣可以过滤除去，且下层油温比上层油温低，因而油的氧化程度也可得到缓解。

（四）油炸对食品的影响

1. 油炸对食品感官品质的影响 油炸的主要目的是改善食品色泽和风味，在油炸过程中，食品发生美拉德反应和部分成分降解，使食品呈现金黄或棕黄色，并产生明显的炸制芳香风味。在油炸过程中，食物表面水分迅速受热蒸发，表面干燥形成一层硬壳。当持续高温油炸时，常产生挥发性的羰基化合物和羟基酸等，这些物质会产生不良风味，甚至出现焦糊味，导致油炸食品品质低劣，商品价值下降。

2. 油炸对食品营养价值的影响 与油炸工艺条件有关，油炸温度高、时间短，食品表面形成干燥层，这层硬壳阻止了热量向食品内部传递和水蒸气外逸，因此，食品内部营养成分保存较好，含水量较高。油炸食品时，食物中的脂溶性维生素在油中的氧化会导致营养价值的降低，甚至丧失，视黄醇、类胡萝卜素、生育酚的变化会导致风味和颜色的变化，维生素C的氧化保护了油脂的氧化，即它起了油脂抗氧化剂的作用。油炸对肉品蛋白质利用率的影响较小，其生理效价和净蛋白质利用率几乎没有变化（表5-4）。油炸温度虽然很高，但是食品内部的温度一般不会超过100℃。因此，油炸加工对食品的营养成分的破坏较少，即油炸食品的营养价值没有显著的变化。

表5-4 肉制品油炸前后的蛋白质代谢和利用情况

食品	样品	生理价值（BV）	净蛋白利用率
猪肉	油炸前	0.78	0.72
	油炸后	0.80	0.73
肉丸	油炸前	0.72	0.65
	油炸后	0.68	0.60
箭鱼	油炸前	0.67	0.63
	油炸后	0.66	0.64

3. 油炸对食品安全性的影响　　在油炸过程中，油的某些分解和聚合产物对人体是有毒害作用的，如油炸中产生的环状单聚体、二聚体及多聚体，会导致人体麻痹，产生肿瘤，引发癌症，因此油炸用油不宜长时间反复使用，否则将影响食品安全性，危害人体健康。

第四节　肉制品加工机械设备简介

肉制品加工的机械设备，目前尚无统一的分类方法，为了便于叙述，我们把肉制品的加工机械和设备分成四大类。第一类为屠宰加工设备，其中包括自走悬空装置、烫毛推挡机、刮毛机、劈半机、电击晕装置等；第二类为原料初步加工机械，其中包括解冻、分割、剔骨、切块或切肉条、绞碎等机械；第三类为半成品加工机械和设备，其中包括：斩拌、拌和、灌填、腌制、压模设备；第四类为成品加工机械和设备，如水煮、蒸煮、酱卤、油炸、烘烤、干制设备等。

一、屠宰加工车间的主要设施

猪屠宰加工主要设备为：电击晕、剥皮机、洗猪器、双轨自动线、同步卫检线、劈半锯、洗肚机、分割平板输送机、猪头刮毛机、肚油分离机、小肠抹粪机、心肝肺分离机、打爪机。图5－1为猪屠宰加工的一些主要设备。

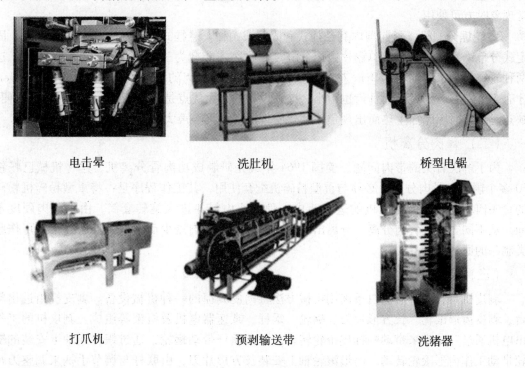

电击晕　　　　　　　　　洗肚机　　　　　　　　　桥型电锯

打爪机　　　　　　　　预剥输送带　　　　　　　洗猪器

图5－1　猪屠宰加工主要设备

牛羊屠宰加工主要设备为：牵牛机、牛翻板箱、步进输送线、同步卫检线、扯皮机、单柱升降工作台、双柱升降工作台、开胸锯、劈半锯、管轨吊架道岔、不锈钢滑轮、洗肚机、牛肠清洗机、耳尾清洗机、牛角剪、刀具消毒器。

禽类屠宰加工主要设备为：禽笼输送机、电麻机、宰杀输送线、挂架清洗机、喷淋浸烫机、框式立式脱羽机、螺旋式浸烫机、卧式平板脱羽机、浸蜡输送线、浸蜡机、凝蜡机、净膛输送线、胴体清洗器、螺旋式冷却机、分割输送线、分割平板输送机、滑斗、工作台等。

二、原料初步加工机械

（一）分割机（即分段机）

目前我国肉类胴体的分割多采用人工和机械两种方法。机械分割又有电动、液压和气动等多种。

1. 人工分割机　小型加工厂（场）或作坊，多用人工分割，即用 1.5 ~ 2.5kg 重的砍刀，将原料胴体先沿前胸肋骨中间及尾椎横断面切开，分为三段，以便下道工序剔骨使用。鲜冻肉胴体皆可。

2. 液压及电动、气动分割机　适于大、中型加工厂分割鲜冻肉胴体使用。这两种机械都是以电动机为动力，带动油压缸或风动机械，驱动刀杆起落进行切割。刀具都是用优质钢材锻打而成，一般是上下各装有一把刀，底刀固定，上刀可起落，两刀交错间隙很小，弥补了人工砍剁的缺陷，但噪声和震动大。这类机器在使用前，必须将整机机架垫平，使各腿均起支撑作用，对润滑部位齿轮和立柱轨道应加注润滑油，接通电源空载运行确无异常现象时方可使用。

3. 轮锯分割机　目前国内有悬挂式和固定式两种。悬挂式有液压多刀和气动多刀。固定式分单锯片和双锯片，单锯片肉尸分解时需两次才能截为三段，双锯片可一次分割，这两种轮锯片的直径均为 650cm 左右，为了减少分割过程肉的损失，大多是相距 20 ~ 30cm 才有 5 个左右的锯齿，而且齿也很小，这种设备的最大优点是投资少，工效快，维修方便，缺点是锯骨时因摩擦生热而出现焦味和化脂现象，并且噪声大。

（二）骨肉分离机

为了解决骨头的带肉问题，美国 1964 年最先研制成功肉骨分离机，这种机械已畅销 60 多个国家。骨肉分离机必须与重型粉碎机配套使用，其工作程序是：将重型粉碎机粉碎的骨头肉块投入骨肉分离机的进料斗中，骨肉块由料斗进入旋转套筒，由于骨肉硬度不同，从不同方向把骨肉分离。分离出来的肉比手工剔骨肉渣少而小，而且肉糜很细可作肠类制品的原料。

（三）剥皮机

剥皮机是将剔骨后的白条肉用机械方法将肉皮剥掉的一种机械设备。剥皮机由进出料台、剥皮齿形滚轮、长方形片刀、蜗轮、蜗杆、减速器电机及机架等组成。剥皮机的工作由电机通过三角带来带动蜗杆皮带轮转动，并由蜗杆带动蜗轮，通过蜗轮连轴上安装的链轮带动工作齿形滚轮转动。齿形滚轮轴上安装长方形片刀，由联杆与调节手柄来调整刀片与齿形滚轮的间隙来调整剥皮厚度。

（四）切条机

切条机是把不同部位的原料肉，按切条机入口尺寸根据工艺要求切割成不同规格厚度的肉条、肉片的机械设备，切条机由料盘、出入料导槽、圆锯片、机架及机械转动机构等组成。切条机的转动是由电动机皮带轮，将力矩传给主轴，使主轴上安装的锯片组运转，以达到切割原料肉的目的。切条机上安装不锈钢料盘，料盘上堆放着按入口尺寸分割好的原料肉。机器开动后，由人工将原料依次推入切条机入口处，由于自重，原料肉进入料口，滑向锯片组，在锯片组高速转动下，原料肉迅速通过锯盘被加工成肉条或肉片。

肉制品初步加工常用设备见图5-2。

锯骨机　　　　　　　　骨肉分离机　　　　　　　　切条机

图5-2　原料初步加工常用设备

三、半成品加工机械设备

（一）绞肉机

绞肉机是把已切成的肉块绞成碎肉的一种机械，经过绞肉机绞出来的肉可以同其他辅料混合在一起制成各种不同风味的馅料。目前，国内外有多种型号的绞肉机，有的是多孔眼圆盘状板刀，板刀的孔眼又有锥形和直孔，孔眼直径根据工艺要求确定。有的绞刀则是"十"字形，其刀刃宽而刀背窄，厚度也较圆盘状刀厚3~5倍。不管圆盘式或"十"字形的绞肉机，其内部都有一个螺旋推进装置（亦称绞龙），原料从进料口投入后通过螺旋推进送至刀刃而进行绞肉，绞刀的外面则是多孔漏板，漏板孔径可调整。

根据绞肉机处理原料的不同，可以将绞肉机分为普通绞肉机和冻肉绞肉机。根据绞肉机切断部分筛板的数量，可以把绞肉机分为一段式和三段式，一段式的切断部分装有一个筛板，一组刀，而三段式有三个筛板、二组刀。

（二）搅拌混合机

该机可同时进行搅拌、混合。在容器内部设有两个反、正方向旋转的翅叶，形似船浆，机器运转时，这些划动部件可将投入的料推前推后并搅拌混合均匀。划动部件向后推动的目的是刮除贴在器壁上的肉屑，使肉屑回到搅拌混合的中心，搅拌混合机的出料口大都设置在罐体的下方或斜下方。

有些搅拌混合机装有密制盖可以抽空，同时密制盖上带有专用的孔眼，需要时可以输入液氮等降温物质使混合物冷却。有的还可安装称重设备，精确称量不同品种的重量，可人工操作，也可使用电子计算机来控制配料。真空搅拌机除具有搅拌机的一切性能外，还因为是在真空条件下搅拌，防止脂肪氧化，有利于减缓蛋白质分解，加速肉馅乳化，使肉馅具有更好的黏结性、保水性，从而提高产品质量。

（三）斩拌机

斩拌机在肉制品加工中的作用：将原料切割剁碎成肉糜，并同时将剁碎的原料肉与添加的各种辅料相混合，使之成为达到工艺要求的物料。斩拌机一般都设有几个不同的速度，效率很高。这种机器内部还装有液压控制喷射器，能使搅拌后的原料顺利地从搅拌罐中排出。机器的切割部分，形状像一个大铁盘，盘上安有固定并可高速旋转的刀轴，刀轴上附有一排刀，随着盘的转动刀也转动，从而把肉块切碎。

（四）乳化机

乳化机把绞碎的原料肉送进乳化机头，在抽真空的条件下，转子的高速旋转迫使原料肉进行乳化，加工成乳化肉糜。乳化机可将绞后的肉粒在瞬间经过高速旋转的多刃刀盘细切，使肉中的蛋白质充分活化，达到乳化效果。通过加工使肉的粒度均匀，过程中温升很小，特别适用于低档原料肉的精切乳化。因此，生产中乳化机通常与绞肉机连接在一起使用。经乳化的原料肉，可较好地利用脂肪，使蛋白质和水将脂肪包裹起来，防止产品脂肪表面化，使产品具有较好的黏度和弹性，适用于多种肠类产品的加工。

（五）灌肠机（充填机）

液压灌肠机是利用液压系统为驱动，把料缸活塞与油缸活塞杆连在一起同步动作，进出料口均设在本机上部的机盖上，上料时打开上盖，搬动换向阀手柄，使活塞移至料缸下端，然后将拌匀的肉料倒入料缸，将机盖对正并旋紧压紧装置，当肠衣套在出肉管后，即将换向手柄转到使活塞向上的位置，打开出肉口的球阀即可进行灌肠。本机可通过更换出肉管径来适应直径不同的肠或粗细不同的肉糜，换管时只要将球阀关闭就可进行。

目前世界上普遍采用的是连续灌肠机，该机装有一个料斗和一个叶片式连续泵或一个双螺旋泵。为了排除肉品中的空气，它还装有真空泵，特别适合加工肉糜和粗肉末。有的还配有自动称量、打结和肠衣截断等装置。如丹麦"韦玛戈"厂制造的液压灌肠机，有三个充填口，都可根据需要转动，从而大大提高了充填速度。

（六）盐水注射机

通过注射盐水来达到腌制目的，这种腌制方法可使盐水均匀渗透到肉体的各部分，能加速肉质的乳化，可使腌制质量好、时间快。目前国外使用的注射器有大型的也有小型的，有人工注射的也有机械化自动注射的。日本研制了一种大型的自动盐水注射器，装有204个针头，针与针之间的间隙是2.5~5cm，可用来注射大片的生肉（去骨带骨皆可）；针头触到有骨的地方，能自动缩回去而不损伤针头；全机除电动机外，全由不锈钢制造，长期使用时，每年只需检修一次；盐水的注射量大体上为注射肉的8%~12%。为使腌肉缩短时间，可连续注射几次。

（七）滚揉按摩机

滚揉按摩机实际上也属腌肉机，与盐水注射机配合，能加快盐水注射液在肉中的渗透速度。因为肉注入盐水后由于受肌纤维及血管的影响，不能迅速扩散而被吸收，所以经反复揉搓后肉变得松弛，可加快盐水扩散使其腌渍均匀，滚揉按摩机一般有两种构造形式：

（1）滚揉机 它的外形就像一个卧置的大洗衣机筒，筒内装有经盐水注射后被按摩的肉，由于滚筒的转动，肉在筒内上下往复翻动，并使肉相互撞击，从而达到按摩的目的。

（2）按摩机 这种机器近似和面机与搅拌机，它的筒不能转动，筒内装一根能转动的翅叶，肉在筒内上下滚动，使肉相互摩擦而变松弛。

肉制品加工中半成品加工常用设备见图 5 - 3。

绞肉机   搅拌混合机   斩拌机

灌肠机   盐水注射机   滚揉按摩机

图 5 - 3 半成品加工常用设备

四、成品加工机械设备

（一）蒸煮设备

1. 煮锅（蒸煮桶） 煮锅是用传统方式生产灌肠、火腿的主要设备，具有结构简单、操作方便、工作效率高、费用低等优点，由机体（系不锈钢无盖长方体）、蒸汽加热管、排放阀等组成。把水加热到适当的温度，控制好进气阀，再把原料放入锅中，掌握水温和时间，待产品中心温度达到 68℃以上时，即为成熟。

2. 夹层锅 夹层锅一般由不锈钢材料制成，常用来煮制各种肉制品，夹层锅按操作分为固定式和可倾式。最常用的为半球形（夹层）壳体上加一段圆柱形壳体的可倾式夹层锅，主要由锅体、填料盒、冷凝水排出管、进气管、压力表、倾覆装置及排出阀等组成，内壁是一个半球形与圆柱形壳体焊接而成的容器，外壁是半球形壳体用普通钢板制成，内外壁用焊接法焊接。

（二）烘烤炉

烘烤炉工作原理主要靠加热器加热空气，由引风机将空气吹入炉体内烘烤肉制品。主要由引风电机、蒸汽压力表、离心风机、排风扇、温度表、炉体、加热器等组成，烘炉主要靠加热器加热的空气通过引风机引入，加上烘炉的搅拌和循环作用，来达到烘烤肉制品的目的。

（三）烟熏室

烟熏室是肉类制品生产中的主要设备，烟熏设备的类型大体上可分为三类，即：自然通风烟熏室，有空调的或强制通风的熏室和连续熏室，另外还有不属于以上三种类型的改良熏室。

1. 自然通风的熏室　这种熏室可以自然通风，室内的空气流量通过气流调节器来控制，室内所用的引火材料是干木柴、锯末或者是两者的混合材料，蒸汽管或气体可供热能的补充，熏室内还装有喷水设备，可以用来熄灭刚刚出现的燃火。国产 RLO25 蒸熏炉就类似这一种，只不过需另设生烟设备，这种炉可用作熏蒸及烘干。炉体用薄钢板制成，两板中间夹有石棉板隔热层，总耗气量为 180kg/h，这种熏蒸炉有着很大的局限性，产量小，不适应大批量生产需要，又需配备蒸汽锅炉、发烟设备等，造价昂贵，故不易推广。

2. 空调或强制通风的熏室　熏室内的气流循环采用电风扇，使熏室内气流全部或部分循环排出，这不仅使熏室内的气流均匀，也可调节温度和湿度，能控制烟气的流速。熏室部分装有烟雾发生器，可以在保证不停产的情况下进行清洗和修理，德国就使用这种烟熏室。

（四）烤、蒸、熏联合式烘炉

烤、蒸、熏联合式烘炉是把肉制品半成品加热处理中的烤、蒸、熏三道工序结合在一台机器中来完成的机械设备，是近年来在熟制品加工中较普遍采用的加热机械。该机加热过程中的热传导、热对流、热辐射三种传热形式同时并存，减少能源消耗，提高了经济效益，操作方便，减少三道工序中的交叉搬运，避免半成品污染和产品损失，缩小了基建面积，改善了工作环境。

（五）油炸设备

油炸机主要包括油炸槽、加热系统、温控系统、传输系统、排烟系统、油过滤系统等几部分。加热系统有电加热、燃气加热、蒸汽加热，适合于肉制品加工的油炸机有传统式和水油混合式两种，根据是否能连续化生产，又可分为间歇式油炸机和连续式油炸机。

（六）真空封口包装机

这类机器在肉类制品行业中主要用于产品出厂前的包装，其材料多以聚乙烯、聚丙烯等膜袋为主，也有的用硬质复合材料成型后做包装。这种机器型号众多，功能各异，有大型、小型和全自动化、半自动化等多种。使用前应接通电源，开启密封仓盖，检验是否启闭灵活，然后关闭机盖，试抽真空，检查是否密封，此时也是机器的预热过程。

肉制品成品加工常用设备见图 5-4。

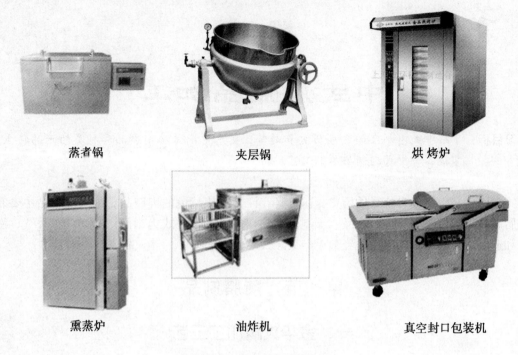

蒸者锅　　　　　　夹层锅　　　　　　烘烤炉

熏蒸炉　　　　　　油炸机　　　　　　真空封口包装机

图 5 - 4　成品加工常用设备

思考题

1. 简述腌肉的呈色机理及影响腌肉制品色泽的因素。
2. 简述常用的熏制方法及特点。
3. 简述肉制品加工中的煮制有何作用。
4. 简述肉制品干制对微生物和酶有何影响。
5. 简述油炸对食品的营养有何影响。
6. 列举常用的肉制品加工机械分为哪几类？

（孔保华，李艳青，陈洪生）

第六章

中式肉制品加工

学习目标： 了解中式肉制品的发展历史和趋势；熟悉中国传统肉制品和种类的产品特点；掌握各种中式肉制品加工工艺。

中国食品生产具有悠久的历史，而且具有许多民族特色的肉制品。中式肉制品主要有腌腊制品、酱卤制品、烧烤制品、干制品、油炸制品等，中式肉制品以其颜色、香气、滋味和造型独特而著称于世，虽经数千年而经久不衰。

第一节　腌腊制品

一、金华火腿加工工艺

我国火腿以金华火腿、宣威火腿和如皋火腿最负盛名，其中以金华火腿历史最为悠久，驰名中外，距今已有 900 多年的历史，民间流传着"忙时务农闲制腿，勤纺木棉多养猪"的谚语。金华火腿脂香浓郁，皮色黄亮，肉色似火，红艳夺目，咸度适中，组织致密，鲜香扑鼻，以色、香、味、形"四绝"闻名于世，其优良品质是与金华地区的自然条件、经济特点、猪的品种、腌制技术分不开的，金华火腿所用的猪种为金华猪，又名"两头乌"，是我国最名贵的猪种之一。

金华火腿加工工艺流程：

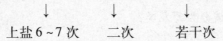

鲜猪肉后腿→修割→腌制→浸腿→洗腿→晒腿→整形→发酵→落架堆叠→成品
　　　　　　　　　↓　　　　　↓　　　　　↓
　　　　　　上盐 6 ~ 7 次　　二次　　　若干次

1. 鲜腿的选择与切割　一般选用鲜猪后腿，而且对鲜腿重量、皮质、肥膘厚度、新鲜度都有严格的规定和要求。

（1）重量　鲜腿重量以 5 ~ 8kg 为宜，因其易腌透、腌制均匀。

（2）皮薄　腌制火腿的鲜腿皮越薄越好，皮的厚度一般以 3mm 以下为宜。皮薄不仅食盐易于渗透，而且肉质可食部分多。

（3）肥膘厚度　肥膘要薄，肥肉过厚，盐分不易渗透，容易发生酸败，一般肥膘厚度在 2.5cm 左右，色要洁白。

（4）腿形　选择细皮小爪，皮色白润，脂肪少，腿心丰满的鲜猪腿。

加工火腿的原料切割方法如图 6 – 1，前后腿均可用来腌制火腿。后腿的切线，先在最后一节腰椎骨骨节处切断，然后沿大腿内斜向切下；前腿切线，前端沿颈椎第二骨节处将前颈肉切除，后端从前数第六肋骨处切下，最后将胸骨连同肋骨末端的软骨切下成方形。

切下的鲜猪腿在 6 ~ 10℃ 的通风良好的条件下经 12 ~ 18h 的冷却后再腌制，冷却后肌

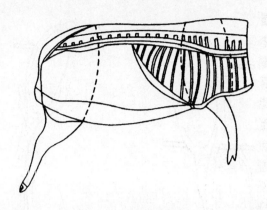

图6-1　鲜腿切割线

肉成熟，肉的 pH 值下降，有利于食盐的渗透。

2. 鲜腿的修整　金华火腿对外形要求很严格，必须初步整形（俗称修割腿坯），再进入腌制工序。修整的目的是使火腿具有完美的外观，而且对腌后火腿的质量及加速食盐的渗透也有一定的作用。修整时特别注意不能损伤肌肉面，以露出肌肉表面为限。先用刀刮去皮面的残毛和污物，使皮表面洁白干净，然后用削骨刀削平耻骨，修整坐骨，斩去脊骨，使肌肉外露，再将周围过多的脂肪和附着在肌肉表面的碎肉割去，将鲜猪腿修整成"琵琶形"，腿面平整（图6-2）。

3. 腌制　修腿后即可用食盐和硝酸盐进行腌制，根据不同气温适当的控制时间、加盐的数量、翻倒的次数。腌制是加工火腿的技术关键，腌制火腿的气温对火腿的质量有直接的影响，根据金华地区的气候，在 11 月至次年 2 月间是加工火腿的最适宜的季节，温度通常在 3~8℃，腌制的肉温约在 4~5℃，在一般正常气温条件下，金华火腿腌制过程中敷盐与倒堆七次，主要是前三次敷盐，其余四次根据火腿的大小，气温条件及不同部位控制腿上的盐量，每次上盐同时翻倒一次，每次上盐的数量和间隔的时间视当时的气温而定。

（1）第一次上盐（出血水盐）　将腿肉面敷一薄层盐，并在敷盐之际在腰椎骨节、耻骨节以及肌肉厚处敷少许硝酸钠（图6-3）。然后以肉面朝上重复依次堆叠，并在每层之间隔以竹条（图6-4）。在一般气温下可堆叠 12~14 层，气温高时少堆叠几层或经 12h 再敷盐一次。

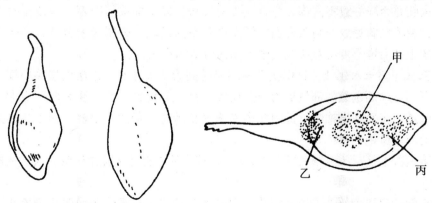

图6-2　鲜腿　　　　　　　　　　　图6-3　腿面敷盐部位

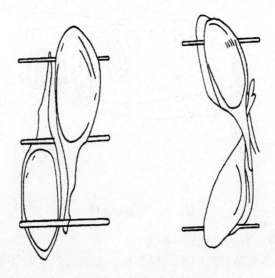

图 6-4　腌腿堆叠方法

（2）第二次上盐　第一次上盐后经 24h 进行第二次上盐，也叫上大盐，加的数量最多，约占总用盐量的 50%，而且腿面的不同部位敷盐层的厚度不同。在腰荐骨及耻骨关节处敷盐层厚；其次是大腿上部的肌肉较厚处，因为这三个部位不仅肌肉厚而且在肌肉内部包藏有扁圆形大腿骨、耻骨，故必须多加盐量以加速食盐的渗透。第二次敷盐后堆叠方式与第一次敷盐后堆法相同。第二次上盐，一定要在出血水盐的次日，因为鲜肉经过出血水盐后，已开盐路，这时盐分渗透最快，若误期就易导致变质。

（3）第三次上盐　在上大盐后 4~5 天进行，这次用盐量要根据火腿的大小不同控制腿面盐层的厚度。若火腿较大，而脂肪层又较厚，则应多加盐量；对小型火腿则只是修补而已，然后重新倒堆，将原来的上层换到底层。

（4）第四次上盐　第三次上盐后经 5~6 天后进行第四次上盐，用盐量更少，一般只占总用盐量的 5% 左右，主要看不同部位的腌透程度，这时火腿有的部位已经腌好，仅是三签区域尚未腌透，将食盐适当收拢到三签处继续腌制。

鉴别火腿是否腌好或不同部分是否腌透的方法：以手指按压肉面，若按压时有充实坚硬的感觉，说明已腌透，否则虽表面发硬而内部空虚发软，表明尚未腌透，肉面应保存盐层。第四次上盐后堆叠的层数应视气温不同而可适当增减。

（5）第五、第六次上盐　这两次上盐间隔时间为 7 天左右，这次敷盐主要视火腿的大小或厚薄不同，肉面敷盐的部位更为明显地集中在三签地方，露出肌肉面积更大些。火腿已大部分腌透，主要在脊椎骨下部的肌肉尚未完全腌透，仍然很松软，应上少许盐。火腿的颜色转变成较鲜艳的红色。

经过第六次上盐后，腌制时间已近 30 天，较小的火腿已可挂出洗晒，大的火腿进行第七次腌制。

腌制火腿的口诀为："头盐上滚盐，大盐雪花盐，三盐靠骨头，四盐守签头，五盐六盐保签头"。用盐间隔天数，除上大盐务必按规定为首次用盐的次日外，其他各次应灵活掌握，而不应强求统一。

火腿腌制过程应注意以下几个问题：①鲜腿腌制应按先后顺序排列堆叠，标明日期、只数，不准乱堆乱放；②4kg以下的小腿应当单独腌制堆叠，避免与大、中火腿混堆，以便控制盐量，保证质量；③如果温度变化较大，要及时翻堆，更换食盐；④腌制时抹盐要均匀，腿皮切忌用盐，以防腿皮无光；⑤翻堆时要轻拿轻放，堆叠整齐，防止脱盐。

4. 洗晒和整形　腌好的火腿要经过浸泡、洗刷、挂晒、印商标、校形等过程。

（1）洗晒　鲜腿经腌制后，腿面上留有黏腻油污物质，通过清洗可除去污物，便于整形和打皮印，也能使内中盐分散失一部分，伸咸淡适度，有利于酶在正常情况下发生作用。

洗腿前将腌好的火腿放入清水池中浸泡一定时间，浸泡的时间视火腿的大小和咸淡以及当时气温而定，如气温在10℃左右，一般浸泡约10h，浸泡时肉面向下，全部浸没水中。

浸泡后即可洗刷，将火腿皮面朝上肉面朝下按顺序洗刷，先洗脚爪，依次为皮面、肉面到腿下部，将盐污和油垢洗净，使肌肉表面露出红色，经过初次洗刷的腿，可在水中再浸泡3h，进行第二次洗刷。浸泡洗刷完毕后每两只火腿用绳结在一起，挂在晾腿架上晾晒，约经4h，待肉面水分微干后打印商标，再经3~4h，腿皮干爽但肉面尚软时开始整形。

（2）整形　整形就是在晾晒过程中将火腿逐渐修成一定形状。达到小腿骨平直、脚爪弯曲，皮面平整的效果，腿心丰满，使火腿外形美观，而且肌肉经排压后更加紧缩，有利于贮藏时发酵。整形分三个部分：火腿部（即腿身），用两手从腿的两侧向腿心挤压，使腿心饱满，成橄榄形；小腿部，先用木锤敲打膝部，再将小腿插入校骨凳圆孔中，轻轻攀折，使小腿正直，至膝踝部无皱纹为止；腿爪部，将脚爪加工成镰刀形，整形后继续曝晒，在腿没变硬前接连整形2~3次（每天一次）。腿形固定后，腿重约为鲜腿重的85%~90%，腿皮呈黄色或淡黄色，皮下脂肪洁白，肌肉呈紫红色，腿面各处平整，内外坚实，表面油润，可停止曝晒。

5. 发酵　发酵作用是达到火腿成熟，因为经腌制后还不具有特有的芳香气味，还必须经过一定时间的发酵，使其发生肉的变化，才能具有独特的芳香气味。发酵时间与温度有很大关系，一般温度越高则所需时间越短，发酵过程所需的时间一般较长，从阴历3月至8月份才能完成。火腿在发酵过程中还要注意进一步整形，叫修干刀，修干刀一般在清明前后，是火腿上架发酵到一定程度，水分已大量蒸发，肌肉不再有大的收缩，即形状基本稳定后进行。

6. 落架和堆叠　火腿经过5个月左右的发酵期，达到贮藏的要求，就可以从火腿架上取下来，进行堆叠，堆高不超过15层，采用肉面向上，皮面向下逐层堆放，并根据气温不同每隔10天左右倒堆一次。在每次倒堆的同时将流出的油脂涂抹在肉面上，这样不仅可防止火腿的过分干燥，而且可保持肉面油润有光泽。

7. 质量规格　火腿的质量主要从颜色、气味、咸度、肌肉丰满程度、重量、外形等方面来衡量。不同季节加工的火腿品质有很大差异，保藏时间也不同，冬季加工的品质最佳，早冬和春季则次之。气味是鉴别火腿品质的主要指标，通常以竹签插入火腿的三个肉厚部位的关节处嗅其香气程度来确定火腿的品级。金华火腿三签部位如图6-5所示，打签后随手封闭签孔，以免深部污染，打签时如发现某处腐败，应立即换签，用过的签用碱水煮沸消毒。

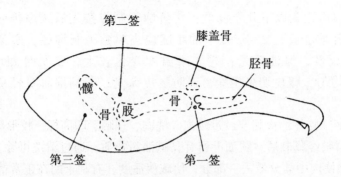

图 6-5　火腿三签部位

表 6-1　金华火腿分级标准

等级	香味	肉质	重量（只）	外观
特级	三签香	精多肥少 腿心饱满	2.5~5kg	"竹叶形"，薄皮细脚，皮色黄亮，无毛，无红斑、无破损，无虫蛀鼠咬，油头无裂缝，小蹄至龙眼骨40cm以上，刀工光洁，印证明
一级	二签香 一签好	精多肥少 腿心饱满	2kg以上	出口腿无红斑，内销腿为无大红斑，其他要求与特级同
二级	一签香 二签好	腿心稍偏薄 油头部分稍咸	2kg以上	"竹叶形"无鼠咬虫蛀，刀口光洁无毛、印证明
三级	三签中有一签有异味（无臭味）	腿质较咸	2kg以上	无鼠咬虫蛀，刀工略粗，印证明

二、腊肉的加工

腊肉一般用猪肋条肉经剔骨、切割成条状后用食盐及其他调料腌制，经长期风干、发酵或经人工烘烤而成，食用时需加热处理。腊肉的生产在全国各地的生产工艺大同小异，一般工艺流程为：选料修整→配制调料→腌制→风干、烘烤或熏烤→成品→包装。

1. 广东腊肉　广东腊肉，亦称广式腊肉，是广东地方有名的肉制品，特点是香味浓郁、色泽美观、肉质细嫩并具有脆性、肥瘦适中、无骨，每条重150g左右，长33~35cm，宽3~4cm。

（1）原料选择　一般选择经兽医卫生部门检验合格的肋条肉（不带奶脯）作为原料，刮去皮上的残毛及污物。

（2）配料标准（以100kg去骨猪肋条肉为标准）　白糖3.7kg，硝酸盐40g，食盐1.9kg，大曲酒（60°）1.6kg，白酱油6.3kg，麻油1.5kg。

（3）加工工艺

①剔骨、切肉条：将适于加工腊肉的猪腰条肉剔去全部肋条骨、椎骨和软骨，修割整齐后，切成长约35~50cm，每条约重180~200g的薄肉条，并在肉的上端用尖刀穿一个小孔，系上15cm长的麻绳（便于悬挂）。

②洗肉条：把切成条状的肋条肉浸泡到约30℃的清洁水中，漂洗约1~2min，以除去

肉条表面的浮油，然后取出晒干水分。

③腌渍：按配料标准先把白糖、硝酸盐、精盐倒入容器中，然后再加大曲酒、白酱油、麻油，使固体腌料和液体调料充分混合拌匀并完全溶化后，把切好的肉条放进腌肉缸（或盆）内并翻动，使每根肉条都与腌液充分接触，腌渍8h，配料完全被肉条吸收后取出挂在竹竿上，等待烘烤。

④烘烤：烘房系三层式，肉在进入烘烤前，先在烘房内放火盆，烘房内的温度上升到50℃后用炭把火压住，把腌渍好的肉条悬挂在烘房的横竿上，肉条挂完后，再将火盆中压火的炭拨开使其燃烧，进行烘制。烘制时底层温度在80℃左右，烘烤至表皮干燥，并有出油现象，即可出烘房。烘制后的肉条，送入干燥通风的晾挂室中晾挂冷却至室温，雨天应将门窗紧闭，避免肉条吸潮。

⑤包装：冷却后的肉条即为腊肉成品，用竹筐或麻板纸箱盛装，箱底应用竹叶垫底，腊肉用防潮蜡纸包装。

腊肉的最好生产季节为农历每年11月至次年2月间，气温在5℃以下最为适宜，如高于这个温度质量不易保证。

2. 湖南腊肉　湖南腊肉分带骨腊肉和去骨腊肉两种，在农历冬至前后加工的称为冬至腊肉。湖南腊肉的特点为腊肉皮色金黄，脂肪似蜡，肌肉橙红，具有浓郁的烟熏香味和咸淡适宜的特殊风味。腊肉通常可保藏一年左右。

（1）**湖南腊肉的原材料**　腊肉加工使用的原材料为原料（猪肉）、调料、熏料三种。

①原料：湖南腊肉原料使用健康合格的猪肉，肉质新鲜，肥瘦适度，过肥或过瘦的猪肉不适于加工腊肉。

②调料：食盐、优质酱油、白酒（含醇量为45%～60%）、白糖（白砂糖或绵白糖）、桂皮、大茴香、小茴香、胡椒、花椒等，此外还应加少量硝酸钠或亚硝酸钠。

③熏料：腊肉在加工熏制中，熏料的好坏直接影响腊肉的质量，熏制湖南腊肉常用的熏料有杉木、梨木及不含树脂的阔叶树类的锯屑，还可用混合枫球（枫树的果实）、柏枝、瓜子壳、花生壳、玉米芯等。

（2）**工艺流程**　修肉条→配制调料→腌渍→洗肉→晾制→熏制。

（3）**加工工艺**

①修肉切条：选择符合要求的原料肉，刮去表皮上的污垢（冻肉在解冻后修刮）及盖在肉上的印章，割去头、尾和四肢的下端，剔去肩胛骨、管状骨等，按重量0.8～1kg、厚4～5cm的标准分割，切成带皮带肋条的肉条。如果生产无骨腊肉，还应剔除脊椎骨和肋条骨，切成带皮无骨的肉条，无骨腊肉条的标准：长33～35cm，厚3～3.5cm，宽5～6cm，重500g左右，肉条切好后，用尖刀在肉条上端3～4cm处穿一个小孔，便于腌渍后穿绳吊挂。

②配制调料：腊肉的调料配制标准随季节不同而变化，气温高，湿度大，调料要多一些；气温低，湿度小，调料少用一些。

③腌制：腌制方法可分干腌、湿腌和混合腌制三种。

干腌：取肉条与干腌料在案板上擦抹或将肉条放在盛腌料的盆内搓擦。搓擦时左手拿肉，右手抓着干腌料在肉条的肉面上反复擦搓，对肉条皮面适当擦，擦搓时不可损伤肌肉和脂肪，要求擦料均匀分布在肉条上。擦好后按皮面向下、肉面向上的次序放入腌肉缸中，顶上一层则皮面朝上，剩余的干腌料可撒布在肉条的上层。腌制3天左右应翻缸一次，即把缸内的肉条从上到下，依次转移到另一个缸内，翻缸后再腌3～4天，共约6～7天，腌制全部过程即完成，转入下一道工序。

湿腌：是腌渍去骨腊肉常用的方法，取切好后的肉条逐条放入配制好的腌渍液里，腌渍时将肉条全部浸泡到腌液中，腌渍时间15～18h，中间要翻缸两次。

混合腌制：混合腌制就是干腌后的肉条，再充分利用陈的腌渍液腌渍，以节约调料，加快腌制过程，并使肉条腌制更加均匀。混合腌渍时食盐用量不超过6%，使用陈的腌渍液时，要先清除杂质，并在80℃温度煮30min，然后过滤，冷凉后备用。

腌制室温度应保持在0～5℃，这是腌制的关键环节。

④洗肉坯：洗肉坯是用铁钩把肉坯吊起，或穿上长约25cm的线绳，在装有清洁的冷水中摆荡漂洗干净。

⑤晾水：肉坯经过洗涤后，表层附有水滴，在熏制前应把水晾干，这个工序叫做晾水，即将漂洗干净的肉坯连钩或绳挂在晾肉间的晾架上晾水，没有专门晾肉间的可挂在空气流通而清洁的场所晾水。晾水的时间一般为半天至一天，应看晾肉时的温度和空气流通情况适当掌握，温度高，空气流通快，晾水时间可短一些，反之则长一些。

⑥熏制：又称熏烤，是腊肉加工最后的一道工序。通常是熏制100kg肉块用木炭8～9kg，锯末屑12～14kg。熏制时把晾干水的肉坯悬挂在熏房内，悬挂的肉块之间应留出一定距离，以使烟熏均匀。然后按用量点燃木炭和锯末屑，紧闭熏房门。

熏房内的温度在熏制开始时控制在70℃，熏制3～4h后，熏房温度逐步下降到50～55℃，在这样温度保持30h左右，锯末屑等熏料拌和均匀，分次添加，使烟浓度均匀。熏房内的横梁如系多层的，应把腊肉按上下次序进行调换，使各层腊肉色泽均匀。

三、南京板鸭的加工

板鸭是我国传统禽肉腌腊制品，始创于明末清初，至今有300多年的历史，著名的产品有南京板鸭和南安板鸭，前者始创于江苏南京，后者始创于江西大余县（古时称南安）。下面介绍南京板鸭的加工工艺。

南京板鸭又称"贡鸭"，可分为腊板鸭和春板鸭两类。腊板鸭是从小雪到立春，即农历十月到十二月底加工的板鸭，这种板鸭品质最好，肉质细嫩，可以保存三个月时间；而春板鸭是用从立春到清明，即由农历一月至二月底加工的板鸭，这种板鸭保存时间较短，一般一个月左右。南京板鸭的特点是外观体肥、皮白、肉红，食用时具有香、酥、板（板的意义是指鸭肉细嫩紧密，南京俗称发板）、嫩的特点。

1. 工艺流程　原料选择→宰杀→浸烫褪毛→开膛取出内脏→清洗→腌制→成品。

2. 操作要点

（1）原料选择　选择健康、无损伤的肉用活鸭，以两翅下有"核桃肉"，尾部四方肥为佳，活重在1.5kg以上。将育肥好的活鸭赶入待宰场，经过检验将病鸭挑出，待宰场要保持安静状态，宰前12～24h停止喂食，充分饮水。

（2）宰杀　有口腔宰杀和颈部宰杀两种，以口腔宰杀为佳，可保持鸭体完整美观，减少污染。由于板鸭为全净膛，为了易于拉出内脏，目前多采用颈部宰杀，宰杀时要注意以切断三管为度，刀口过深易掉头和出次品。

（3）浸烫煺毛　鸭宰杀后5min内煺毛，烫毛水温以63~65℃为宜，一般2~3min。煺毛顺序为先拔翅羽毛，次拔背羽毛，再拔胸腹毛、尾毛、颈毛，此称为抓大毛。拔完后随即拉出鸭舌，再投入冷水中浸洗，并拔净小毛、绒毛，称为净小毛。

（4）开膛取内脏　鸭毛煺光后立即去翅、去脚、去内脏。在翅和腿的中间关节处将两翅和两腿切除，然后再在右翅下开一长约4cm的直型口子，取出全部内脏并进行检验，合格者方能加工板鸭。

（5）清洗　用清水清洗鸭体腔内残留的破碎内脏和血液，从肛门内把肠子断头，将肠子、输精管（或输卵管）拉出剔除。净腔后将鸭体浸入冷水中2h左右，浸出体内淤血，使鸭体皮色洁白。

（6）腌制　食盐必须炒熟、磨细，炒盐时每100kg食盐加200~300g茴香。

干腌：滤干水分，将鸭体人字骨压扁，使鸭体呈扁长方形。擦盐要遍及体内外，一般用盐量为鸭重的1/15，擦盐后叠放在缸中进行腌制。

制备盐卤：盐卤由食盐水和调料配制而成，因使用次数多少和时间长短的不同而有新卤和老卤之分。

新卤的配制：采用浸泡鸭体的血水，加盐配制，每100kg血水，加食盐75kg，放大锅内煮成饱和溶液，撇去血污与泥污，用纱布滤去杂质，再加辅料，每200kg卤水放入大片生姜100~150g、八角50g、葱150g，使卤液具有香味，冷却后即成新卤。

老卤：新卤经过腌鸭后多次使用和长期贮藏即成老卤，盐卤越陈旧腌制出的板鸭风味越好，这是因为腌鸭后一部分营养物质渗进卤水中，每烧煮一次，卤水中营养成分便浓厚一些，越是老卤其中营养成分越浓厚，而鸭在卤中互相渗透、吸收，便使鸭味道更佳。盐卤腌制4~5次后需要重新煮沸，煮沸时可适当补充食盐。

（7）抠卤　擦盐后的鸭体逐只叠入缸中，经过12h后，把体腔内盐水排出，这一工序称抠卤。抠卤后再叠入大缸内，经过8h，进行第二次抠卤，目的是腌透并浸出血水，使皮肤肌肉洁白美观。

（8）复卤　抠卤后进行湿腌，从开口处灌入老卤，再浸没老卤缸内，使鸭尸全部腌入老卤中即为复卤，经24h出缸，出缸时仍要抠卤，使盐卤很快流出，然后悬挂在架上滴出卤水。

（9）叠坯　将滴尽卤水的鸭子放在案板上，背向下，头向里，尾向外，用右手手掌与左手手掌相互叠起，放在鸭的胸部，用力下压，使胸部的人字骨被压下，使鸭成扁形（这种操作前面已做过，由于鸭子被卤水浸泡后，人字骨又凸起，必须再次将鸭体压扁），把四肢排开，然后盘入缸中，头向缸中心，鸭身沿缸边，把鸭子逐只盘叠好，这个工作叫"叠坯"。叠在缸中时间约2~4天，此后就可出缸排坯。

（10）排坯　把叠在缸中的鸭子取出，用清水把鸭身洗净，排在木档钉子上，用手把颈部排开，按平胸部，裆挑起（使两腿间肛门部用手指挑成球形），再用清水冲洗，挂在通风良好处吹干。等鸭体上水滴完，皮吹干后，收回再排一次，加盖印章，转入仓库晾挂保管，这个工序叫"排坯"，目的在于使鸭形肥大美观，同时也使鸭子内部通气。

（11）晾挂　把排坯盖印后的鸭子悬挂在仓库内，库内必须四周通风。库房上空安设木档，各木档间距离50cm。木档两面钉上悬挂鸭子的钉子，钉与钉间的距离为15cm，每个钉可挂2只鸭，在鸭与鸭之间加上芦柴一根，从腰部隔开，悬挂鸭坯时，必须选择长短一致的鸭子挂在一起，芦柴全部隔在腰部，晾挂两周后（遇阴雨天，时间要适当延长），即为板鸭成品。

3. 南京板鸭的规格标准 制成的板鸭成品，手拿时腿部肉有发硬感，竖直时全身干燥无水分，皮面光滑无皱纹，肌肉发板（即肉质细嫩紧密），人字骨压扁，胸骨与膛部凸起，颈骨外露，眼球落膛，全身呈扁圆形。

4. 成品卫生检查

（1）视觉检查 眼看鸭体外观、色泽、表面和深部的色调，正常的应是无黏液、无霉斑、皮白、肌肉切面平而紧密，呈玫瑰红色，颜色一致。

（2）嗅觉检查 以鼻嗅板鸭的气味。检查板鸭深部时，可用竹签刺入内部，一般多刺于腿肌及胸肌部，拔出后立即进行嗅辨，正常的板鸭具有香味，无任何异味。

（3）味觉检查 口尝试板鸭味道，一般正常板鸭在 20～45℃ 具有特有的美味。

第二节 酱卤制品

酱卤制品是我国一大类传统肉制品，其特点是原料肉与配料入锅同煮至熟，可直接食用，产品以酥润著称，生产普遍，几乎全国各地均有生产。由于受各地膳食习惯的影响，加工过程中所用的配料及操作技术不同，从而形成了许多品种，有的品种久负盛名，成为名优特产，如河南道口烧鸡、北京天福号酱肘子、北京月盛斋酱牛肉、镇江肴肉、苏州酱汁肉等。近几年来，随着对酱卤制品的传统加工技术的研究以及先进工艺设备的应用，一些酱卤制品的传统工艺得以改进，如用新工艺加工的酱牛肉、烧鸡等产品深受消费者欢迎。

一、北京酱肘子

北京酱肘子以天福号最有名，是北京的著名产品，已有 260 多年的历史，天福号生产的酱肘子以其"肥而不腻、瘦而不柴、浓香醇厚"等特点而享誉京城，受到广大消费者的喜爱。

1. 配方 肘子 100kg，食盐 4kg，桂皮 200g，鲜姜 500g，八角 100g，白糖 800g，绍兴酒 800g，花椒 100g。

2. 工艺流程 原料选择→修整→酱制。

3. 操作要点

（1）原料选择 选择带皮猪肘子为原料，要求无刀伤，外形完整，皮薄丰满。

（2）修整 将肘子浸泡在温水中，刮去皮上的油垢及污物，镊去残毛，洗涤干净。

（3）酱制 将洗净的猪肘子放入锅中，加入配料，用旺火煮 1h，待汤的上层出油时，取出肘子，用冷水冲洗干净。同时打捞出锅内肉汤中的残渣碎骨，撇去汤表面的泡沫及浮油，再把锅内的煮肉汤用纱布过滤两次以彻底去除汤中杂质。然后把已煮过并清洗干净的肘子入锅内用更旺的火煮 4h，最后用微火焖煮 1h（汤表面冒小泡），即为成品。

二、北京月盛斋酱牛肉

北京月盛斋酱牛肉是北京的名产，已有 200 多年的历史，盛久不衰的主要原因是选料精，加工细，辅料配方独特等。

1. 工艺流程　原料选择与整理→调酱→装锅→酱制→成品。

2. 原料及辅料　牛肉 50kg，干黄酱 5kg，粗盐 1.85 kg，丁香 150g，豆蔻 75g，砂仁 75g，肉桂 100g，白芷 75g，八角 150g，花椒 100g。

3. 加工工艺

（1）原料选择与整理　选用符合卫生要求的优质牛肉，除去杂质、血污等，切成 750g 左右的方肉块，然后用清水冲洗干净，控净血水。

（2）调酱　用一定量的水（以淹没牛肉 6cm 为合适）和黄酱拌和，用旺火烧沸 1h，撇去上浮酱沫，去除酱渣。

（3）装锅　将整理好的牛肉，按不同部位和肉质老嫩，分别放入锅内。通常将结缔组织较多且肉质坚韧的肉放在底层，结缔组织少且肉较嫩的放在上层，然后倒入调好的酱液，再投入各种辅料。

（4）酱制　用大火煮制 4h 左右，煮制过程中，撇出汤面浮物，以消除膻味。为使肉块均匀煮制，每隔 1h 倒锅 1 次，再加入适量老汤和食盐，肉块必须浸没汤中。再改用小火焖煮 3～4h，使香味渗入肉内。出锅时应保持肉块完整，将锅内余汤冲洒在肉块上，即为成品。

4. 质量标准　成品为深褐色，油光发亮，无焦糊，酥嫩爽口，瘦肉不柴，不牙碜，五香味浓，无辅料渣，咸中有香。

三、镇江肴肉

镇江肴肉是江苏省镇江市的著名传统肉食品。肴肉皮色洁白，光滑晶莹，卤冻透明，有特殊香味，肉质细嫩，味道鲜美，最大的特点是表层的胶冻，透明似琥珀状。肴肉具有香、酥、鲜、嫩四大特色。

1. 工艺流程　原料选择与整理→腌制→煮制→压蹄→成品。

2. 原料及辅料　去爪猪前后蹄膀 100 只，食盐 13.5～16.5kg，绍兴酒 250g，明矾 30g，硝水 3kg（硝酸钠 30g 拌和于 5kg 水中），花椒 75g，八角 75g，姜片 125g，葱段 250g。

3. 加工工艺

（1）原料选择与整理　选择新鲜的猪前后蹄膀（前蹄膀为好），去蹄尖除毛，剔骨去筋，刮净并清洗污物。将蹄膀平放在操作台上，皮朝下用刀尖在蹄膀的瘦肉上戳若干个小孔。

（2）腌制　将硝水和食盐洒在猪蹄膀上，揉匀揉透，平放入有老卤汤的缸内腌制。春秋季节每只蹄膀用盐 110g，腌制 3～4 天，夏季用盐 125g，腌制 6～8h，冬天用盐 95g，腌制 7～10 天。腌好出缸后放入冷水中浸泡 8h，以除去涩味。取出刮去皮上污物，用清水冲洗干净。

（3）煮制　将全部香料分装入 2 个小布袋内并扎紧袋口放入锅内，在锅中加入清水 50kg，加盐 4kg，明矾 15g，用旺火烧开后撇净浮沫。放入猪蹄膀，皮朝上，逐层相叠，加入绍兴酒，在蹄膀上盖竹箅，上放洁净的重物压紧，用中小火煮约 1h，煮制过程将蹄膀上下翻换，再煮约 3h 至九成烂时出锅，捞出香料袋，汤留用。

（4）压制　取直径 40cm、边高 4.3cm 的平盆 50 个，每个盆内平放 2 只蹄膀，皮朝下。每 5 个盆叠压在一起，上面再盖一个空盆。20min 后，将所有盆内油卤逐个倒入锅内，与原来煮蹄膀的汤合在一起，用旺火将汤卤烧开，撇去浮油，放入明矾 15g，清水 2～3kg，再烧开并撇去浮油，将汤卤舀入蹄膀盆内，淹没肉面，置于阴凉处冷却凝冻（天热时，凉透后放入冰箱凝冻），即成水晶肴蹄。煮开的余卤即为老卤，可供下次继续使用。

四、道口烧鸡加工

道口烧鸡产于河南滑县道口镇，距今已有 300 多年历史，为我国著名产品，驰名中外，制品冷热食用均可。

1. 工艺流程　原料选择→宰杀开剖→撑鸡造型→油炸→煮制→出锅→成品。

2. 原料及辅料　100 只鸡（总重量 100～125kg），食盐 2～3kg，硝酸钠 18g，桂皮 90g，砂仁 15g，草果 30g，良姜 90g，肉豆蔻 15g，白芷 90g，丁香 5g，陈皮 30g，蜂蜜或麦芽糖适量。

3. 加工工艺

（1）原料选择　选择重量 1～1.25kg 的当年健康土鸡，一般不用肉用仔鸡或老母鸡做原料，因为鸡龄太短或太长，其肉风味均欠佳。

（2）宰杀开剖　采用切断三管法放净血，刀口要小，放入 65℃ 左右的热水中浸烫 2～3min，取出后迅速将毛煺净，切去鸡爪，从后腹部横开一个 7～8cm 的切口，掏出内脏，割去肛门，洗净体腔和口腔。

（3）造型　用尖刀从开膛切口伸入体腔，切断肋骨，切勿用力过大，以免破坏皮肤，用竹竿撑起腹腔，将两翅交叉插入口腔，使鸡体成为两头尖的半圆形。造型后，清洗鸡体，晾干。

（4）油炸　在鸡体表面均匀涂上蜂蜜水或麦芽糖水（水和糖的比例是 2∶1），稍沥干后放入 160℃ 左右的植物油中炸制 3～5min，待鸡体呈金黄透红色后捞出，沥干油。

（5）煮制　把炸好的鸡平整放入锅内，加入老汤，用纱布包好香料放入鸡的中层，加水浸没鸡体，先用大火烧开，加入硝酸钠及其他辅料，然后改用小火焖煮 2～3h 即可出锅。

（6）出锅　待汤锅稍冷后，利用专用工具小心捞出鸡只，保持鸡身不破不散，即为成品。

4. 质量标准　成品色泽鲜艳，黄里带红，造型美观，鸡体完整，味香独特，肉质酥润，有浓郁的鸡香味。

五、酱鹅（或鸭）

1. 配方（按 50 只鹅计算）　酱油 2.5kg，盐 3.75kg，白糖 2.5kg，桂皮 150g，八角 150g，陈皮 50g，丁香 15g，砂仁 10g，葱 1.5kg，姜 150g，硝酸盐 30g（用水溶化成 1kg），黄酒 2.5kg，红曲米适量。

2. 加工工艺　用盐把宰杀并修整好的鹅身全部擦遍，腹腔内也要上盐少许，放入容器中腌渍，根据不同的季节掌握腌渍时间，夏季为 1～2 天，冬季需 2～3 天。下锅前，先将老汤烧沸，将上述辅料放入锅内，并在每只鹅腹内放入丁香、砂仁少许，葱 20g，姜 2 片，黄酒 1～2 汤匙，随即将鹅放入沸汤中，用旺火烧煮，同时加入黄酒 1.75kg，汤沸后，用微火煮 40～60min，当鹅的两翅"开小花"时即可起锅，盛放在盘中冷却 20min 后，在整只鹅体上，均匀涂抹特制的红色卤汁，即为成品。

卤汁的制作：用 25kg 老汁以微火加热熔化，再加火烧沸，放入红曲米 1.5kg，白糖 20kg，黄酒 0.75kg，姜 200g，用铁铲在锅内不断搅动，防止锅底结巴，熬汁的时间随老汁的浓度而定，一般烧到卤汁发稠时即可。以上配制的卤汁可连续使用，供 400 只酱鹅生产。

3. 食用　酱鹅挂在架上要不滴卤、外貌似整鹅状、外表皮呈琥珀色为佳。食用时，取卤汁 0.25kg，用锅熬成浓汁，在鹅身上再涂抹一层，然后鹅切成块状，装在盘中，再把浓汁浇在鹅块上，即可食用。

六、卤猪头仿火腿

1. 配方　腌制盐水的配制：每 100kg 水中加盐 15kg，花椒 300g，硝酸钠 100g，先将花椒装入料袋放在水内煮开后加入全部食盐，食盐全部溶化并再次煮开后倒入腌制池（缸），待冷却至室温并加入硝酸钠后搅匀即可使用。

煮汤配方：按每 100kg 猪头加盐 1kg，花椒 200g，大料 200g，生姜 500g，味精 200g，白酒 500g。花椒、大料、生姜装入料袋和猪头一起下锅煮，白酒在起锅前 0.5h 加入，味精在起锅前 5min 加入。

2. 加工工艺

（1）原料处理　将处理洁净之猪头用劈头机劈为两半，取出猪脑，用清水洗刷干净。

（2）腌制　将处理好的猪头放入腌制池中，在 5℃左右腌制 1 天，盐水以淹没猪头为宜，腌制时在上面加箅子压住，不使猪头露出水面。

（3）煮熟　将腌制过的猪头放入锅内加水至淹没猪头，煮开后保持 90min 左右，煮至汁收汤浓，即可出锅。

（4）拆骨、分段　猪头煮熟后趁热取出头骨及小碎骨，摘除眼球，然后将猪头肉切成三段，齐耳根切一刀，将两耳切下，齐下颈处切一刀，将鼻尖切下，中段为主料。

（5）装模　将洗净消毒过的铝制方模底及两壁先垫上一层消过毒的垫布，然后放入食品塑料袋，袋口朝上，先放一块中段，皮朝下，肉朝上，再将猪耳纵切为三至四根长条连同鼻尖及小碎肉放于中间，上面再盖一块中段，皮朝上，肉朝下，将塑料袋口叠平折好再将方模盖压紧扣牢即可。

（6）冷却定型　装好模的猪头肉应立即送入 0~3℃的冷库内，冷却 12h，即可将猪头方腿从模中取出进行冷藏或销售。

第三节　干肉制品

肉品干制是在自然条件或人工控制条件下促使肉中水分蒸发的一种工艺过程，也是肉类食品最古老的贮藏方法之一。干肉制品是以新鲜的畜禽瘦肉作为原料，经熟制后再经脱水干制而成的一种制品，全国各地均有生产。干肉制品营养丰富，美味可口，重量轻，体积小，食用方便，质地干燥，便于保存携带，颇受人们欢迎。

一、肉松的加工

肉松是将肉煮烂，再经过炒制、揉搓而成的一种脱水肉制品。肉松营养丰富、易于消化、食用方便、易于贮藏。根据原料肉不同，有猪肉松、牛肉松、鸡肉松及鱼肉松等；按其成品形态不同，可分为肉绒和油松两类，肉绒成品金黄或淡黄，细软蓬松如棉絮，油松成品呈团粒状，色泽红润。我国有名的传统产品是太仓肉松和福建肉松等。

1. 太仓肉松　创始于江苏省太仓，有 100 多年的历史，1915 年曾在巴拿马展览会获奖，1984 年又获部优质产品称号。

（1）配方　猪瘦肉 100kg，精盐 1.6kg，酱油 7.0kg，白糖 11.1kg，50°白酒 1.0kg，八角 0.4kg，生姜 0.3kg，味精 0.2kg。

（2）原料肉的选择和处理　选用瘦肉多的后腿肌肉为原料，先剔去骨头，把皮、脂肪、筋腱和结缔组织分开，再将瘦肉切成 3~4cm 的方块。

（3）加工方法　将切好的瘦肉块和生姜、香料（用纱布包起）放入锅中，加入与肉等量的水，按以下三个阶段进行煮制：

①肉烂期（大火期）：用大火煮，直到煮烂为止，大约需要 4h，煮肉期间要不断加水，以防煮干，并撇去上浮的油沫，检查肉是否煮烂，其方法是用筷子夹住肉块，稍加压力，如果肉纤维自行分离，可认为肉已煮烂。这时可将其他调味料全部加入，继续煮，直到汤煮干为止。

②炒压期（中火期）：取出生姜和香料，采用中等火力，用锅铲一边压散肉块，一边翻炒。注意炒压要适时，因为炒压越早，工效越低，而炒压过迟，肉太烂，容易粘锅炒糊，造成损失。

③成熟期（小火期）：用小火勤炒勤翻，操作轻而均匀。当肉块全部炒松散和炒干时，颜色即由灰棕色变为金黄色，成为具有特殊香味的肉松。

（4）肉松（太仓式）卫生标准

①感官指标：呈金黄色或淡黄色，带有光泽，絮状，纤维疏松，无异味臭味。

②理化指标：水分 ≤20%。

③细菌指标：细菌总数（cfu/g）≤30 000，大肠菌群（个/100g）≤40，致病菌（系指肠道致病菌及致病性球菌）不得检出。

（5）包装和贮藏　肉松的吸水性很强，长期贮藏最好装入玻璃瓶或马口铁盒中，短期贮藏可装入食品塑料袋内。刚加工成的肉松趁热装入预先经过洗涤、消毒和干燥的玻璃瓶中，贮藏于干燥处，半年不会变质。

2. 福建肉松　与太仓肉松的加工方法基本相同，只是在配料上有区别，在加工方法上增加油酥工序，制成颗粒状，因成品含油量高而不耐贮藏。

（1）配料　猪瘦肉 50kg，白糖 4kg，酱油 5kg，猪油 2kg。

（2）炒松　经切割、煮熟的肉块放在另一锅内进行炒制，加少量汤用小火慢慢炒，待汤汁全烧干后再分小锅炒制，使水分慢慢地蒸发，肌肉纤维疏散后改用小火烘焙成肉松坯。

（3）油酥　经炒好的肉松坯，再放到小锅中用小火烘焙，随时翻动，待大部分松坯都成为酥脆的粉状时，用筛子把小颗筛出，剩下的大颗粒的松坯倒入已液化猪油中，要不断搅拌，使松坯与猪油均匀结成球形圆粒，即为成品。

（4）成品质量指标　呈均匀的团粒，无纤维状，金黄色，香甜有油，无异味。

二、肉干的加工

肉干是用牛、猪等瘦肉经预煮后，加入配料复煮，再经烘烤而成的一种干肉制品。由于原料肉、辅料、产地、产品外形等不同，其品种较多。根据原料肉不同有牛肉干、猪肉干、羊肉干等；根据形状分为片状、条状、粒状等肉干；根据辅料不同有五香肉干、麻辣肉干、咖喱肉干等。但各种肉干的加工工艺基本相同。

1. 一般肉干的加工

（1）原料肉的选择与处理　多采用新鲜的猪肉和牛肉，以前后腿的瘦肉为最佳。先将原料肉的脂肪和筋腱剔去，然后洗净沥干，切成 0.5kg 左右的肉块。

（2）水煮　将肉块放入锅中，用清水煮开后撇去肉汤上的浮沫，浸烫 20～30min，使肉发硬，然后捞出切成 1.5cm 见方的肉丁或切成 0.5cm×2.0cm×4.0cm 的肉片（按需要而定）。

（3）配料　按100kg瘦肉计算，介绍3种配方（表6-2）。

如无五香粉，可将茴香、陈皮及肉桂适量包扎在纱布内，然后放入锅内与肉同煮。

表6-2　肉干配方　　　　　　　　　　　　（单位：kg）

种类	食盐	酱油	五香粉	白糖	黄酒	生姜	葱
1	2.5	5.0	0.25	—	—	—	—
2	3.0	6.0	0.15	—	—	—	—
3	2.0	6.0	0.25	8.0	1.0	0.25	0.25

（4）复煮　又叫红烧，取原汤一部分，加入配料，用大火煮开。当汤有香味时，改用小火，并将肉丁或肉片放入锅内，用锅铲不断轻轻翻动，直到汤汁将干时，将肉取出。

（5）烘烤　将肉丁或肉片铺在铁丝网上，在50～55℃进行烘烤，要经常翻动，以防烤焦，需 8～10h，烤到肉发硬变干，味道芳香时即成肉干。牛肉干的出品率为50%左右，猪肉干的出品率约为45%。

（6）包装和贮藏　肉干先用纸袋包装，再烘烤1h，可以防止发霉变质，能延长保存期。如果装入玻璃瓶或马口铁罐中，约可保藏3～5个月。肉干受潮发软，可再次烘烤，但滋味较差。

2. 上海咖喱猪肉干　上海咖喱猪肉干是上海著名的风味特产，肉干中含有的咖喱粉是一种混合香料，颜色为黄色，味香辣，很受人们的喜爱。

（1）工艺流程　原料选择与整理→预煮、切丁→复煮、翻炒→烘烤→成品。

（2）原料及辅料　猪瘦肉50kg，精盐1.5kg，白糖6kg，酱油1.5kg，高粱酒1kg，味精250g，咖喱粉250g。

（3）加工工艺

①原料选择与整理：选用新鲜的猪后腿或大排骨的精瘦肉，剔除皮、骨、筋、膘等，切成0.5～1kg大小的肉块。

②预煮、切丁：坯料倒入锅内，并放满水，用旺火煮制，煮到肉无血水时便可出锅。将煮好的肉块切成长1.5cm、宽1.3cm的肉丁。

③复煮、翻炒：肉丁与辅料同时下锅，加入肉汤3.5～4kg，用中火边煮边翻炒，开始时翻炒慢些，到卤汁快煮干时稍快一些，不能焦糊而粘锅底，一直炒至汁干后才出锅。

④烘烤：出锅后，将肉丁摊在铁筛子上，要求均匀，然后送入60～70℃烤炉或烘房内

烘烤 6～7h，为了均匀干燥，防止烤焦，在烘烤时应经常翻动，当产品表里均干燥时即为成品。

（4）质量标准　成品外表黄色，里面深褐色，呈整粒丁状，柔韧甘美，肉香浓郁，咸甜适中，味鲜可口。出品率一般为 42%～48%。

3. 成都麻辣猪肉干

（1）原料及配料　猪瘦肉 50kg，精盐 0.75kg，酱油 2kg，白糖 0.75～1kg，芝麻油 0.5kg，白酒 250g，味精 50g，辣椒面 1～1.25kg，花椒面 150g，五香粉 50g，芝麻面 150g，菜油适量。

（2）加工工艺　加工前几道工序与上述基本相同，只是初煮后各有不同，将煮好的肉块切成长 5cm、宽 1cm 长条的小块，将盐、白酒、1.5kg 酱油混合为腌液，腌制 30min，然后油炸，用白糖、味精和 0.5kg 酱油混合拌均匀做为调料，再把炸好的肉块倒入混合调料中充分拌和、冷却。辣椒面、芝麻油放入炸好的肉块中，拌均匀即为成品。

三、肉脯的加工

肉脯是经过烘干的肉干制品，与肉干不同之处是不经过煮制，多为片状。肉脯的品种很多，但加工过程基本相同，只是因配料不同，各有特色。

1. 靖江猪肉脯　靖江猪肉脯是江苏省靖江著名的风味特产，以"双鱼牌"猪肉脯质量最优，该制品在国内外颇具盛名，曾获国家金质奖。

（1）工艺流程　原料选择与整理→冷冻→切片、拌料→烘干→烤熟→成品。

（2）原料及辅料　猪瘦肉 50kg，白糖 6.75kg，酱油 4.25kg，味精 250g，胡椒粉 50g，鲜鸡蛋 1.5kg。

（3）加工工艺

①原料选择与整理：选用新鲜猪后腿瘦肉为原料，剔除骨头，修净肥膘、筋膜及碎肉，顺肌肉纤维方向分割成大块肉，用温水洗去油腻杂质，沥干水分。

②冷冻：将沥干水的肉块送入冷库速冻至肉中心温度达到 -2℃ 即可出库。冷冻目的是便于切片。

③切片、拌料：把经过冷冻后的肉块装入切肉片机内切成 2mm 厚的薄片。将辅料混合溶解后，加入肉片中，充分拌匀。

④烘干：把入味的肉片平摊于特制的筛筐上或其他容器内（不要上下堆叠），然后送入 65℃ 的烘房内烘烤 5～6h，经自然冷却后出筛即为半成品。

⑤烤熟：将半成品放入 200～250℃ 的烤炉内烤至出油，呈棕红色即可。烤熟后用压平机压平，再切成 12cm×8cm 规格的片形即为成品。

（4）标准　成品颜色棕红透亮，呈薄片状，片形完整，厚薄均匀，规格一致，香脆适口，味道鲜美，咸甜适中。

2. 天津牛肉脯　配料：牛瘦肉 50kg，白糖 6kg，姜 1kg，白酒 1kg，精盐 0.75kg，酱油 2.5kg，味精 100g，安息香酸钠 100g。

肉片与配料拌均匀，腌制 12h，烘烤 3～4h 即为成品。

3. 上海肉脯

配料：鲜猪肉 125kg，精盐 2.5kg，白糖 18.7kg，曲酒（60 度）5kg，硝酸钠 250g，酱

油 10kg，香料 0.5kg，小苏打 0.75kg。

工艺过程大致同靖江猪肉脯。

第四节 烧烤制品

一、符离集烧鸡

符离集烧鸡是安徽特产，已有上百年历史。

1. 配方（以 50kg 鸡为原料） 食盐 2～2.5kg，白糖 0.5kg，茴香 150g，山萘 35g，小茴香 25g，良姜 35g，砂仁 10g，肉蔻 25g，白芷 40g，花椒 5g，桂皮 10g，陈皮 10g，丁香 10g，辛夷 10g，草果 25g，硝酸钠 10g。

2. 加工工艺 鸡只宰杀去毛使鸡体倒置，鸡腹肚皮绷紧，用刀贴龙骨向下切开小口（切口不能大），以能插进二指为宜。用手指将全部内脏扒出，清水洗净内腔。用刀背将大腿骨打断（不能破皮），然后把两腿交叉插入腹内，把右翅从颈部刀口穿入，从嘴里拔出向右扭，鸡头压在右翅内侧，右小翅压在大翅上，左翅也向里扭，同右翅一样并呈一直线，使鸡体呈现"十"字形。造型后用清水反复清洗。鸡体上色油炸成柿黄色后进行煮制，方法同道口烧鸡。

二、南农烧鸡

1. 配方 按加工烧鸡 40～50 只，鸡净重约 50kg，入锅老卤占 70%～80% 的料液量配方。小茴香 12g，辛夷 6g，砂仁 10g，草果 16g，陈皮 12g，花椒 20g，丁香 10g，桂皮 6g，肉蔻 10g，生姜 30g，白芷 20g，八角 16g，山萘 16g，糖 0.25～0.5kg，酱油 0.1～0.2kg，精盐 1～1.5kg。

2. 加工工艺

（1）造型 将鸡体绷直，两只腿爪交叉插入鸡腹腔内，即"盘腿填腹"。右翅从刺杀颈部刀口处插入，穿过咽喉从嘴中拉出，然后翅尖反转咬入口中，另一翅反转成"8"字形，即称"九龙八挂"。

（2）涂饴糖稀或蜂蜜 将造好型的鸡体外表均匀涂一层饴糖稀或蜂蜜。饴糖的配制浓度根据原有的浓稠度确定加水量，进行稀释，一般糖和水按 4∶6 或 5∶5 的比例配制，亦可按 5∶1 稀释煮沸浸烫。

（3）清油炸鸡 将植物油加热到 160～180℃，再将涂抹过饴糖的鸡体放入油锅中，油炸约 1min，鸡皮呈橘红色即捞出沥油。炸鸡用油一般用植物油，如豆油、花生油、菜籽油等，用油量根据一次投放鸡数和锅的大小而定，一般铁锅炸鸡一次放鸡为 2～3 只，用油 10～15kg，小型电热锅一次用油量约 35～40kg，一次投入鸡数可 6～8 只，总之以淹没鸡体为原则，耗油量一般每只鸡 5～10g。

（4）配料、调卤、卤煮 烧鸡的卤煮是决定产品风味的关键，是加工工艺的主要环节，卤煮是对烧鸡进行调味煮制，也就是对产品热加工过程，它对形成产品的色、香、味、形及产品的化学成分变化等都有决定性的作用。

①配料：根据产品质量标准，确定经试验有效可行的配方，按照配方所规定的煮鸡重

量和数量，准确称取各种配料，香辛料用纱布包好投入卤煮锅，可溶性的液体状调味料如盐、糖、酱油等直接放入卤煮锅，然后搅匀煮沸。

②调卤：卤煮烧鸡，必须使用该产品配方调制的老卤煮制，只有这样才能保证该产品标准正宗风味。卤汁必须不断调整，否则卤汁太浓，鸡色深暗，药味、盐分太重，卤汁太淡，鸡色浅，咸味淡，香味不足。

③煮制：老卤煮沸后根据卤汁的浓度加入适量的水，将已配备好的各种配料放入锅中，搅匀溶解后，把油炸好的鸡逐只放入卤锅，放入时要让卤汁灌入每只鸡的腹腔内，放入鸡的数量，根据锅的大小、卤量多少而定，以所有鸡加压盖后轻压都能浸没在液面以下为适宜，切不可有部分鸡露在液面以上，鸡放入压好后盖上锅盖，先旺火烧开，然后文火焖煮，煮制时间根据鸡的大小、年龄不同而异。50 日龄肉用仔鸡一般煮 40～60min，成年老鸡 2h 以上。煮制的火候和时间对烧鸡肉质的风味、成品率和肉质的嫩度有很大影响。

三、北京烤鸭

北京烤鸭是著名特产，烤鸭的原料是经过填肥的北京鸭，这种填鸭制成的烤鸭具有香味纯正、浓郁，皮脂酥脆，肉质鲜嫩细致，肥而不腻的特点。北京烤鸭制作十分细致，约有 10 多道工序。它对原材料的选择也极为严格，烤鸭用的木炭一般要求枣木、梨木等果木炭；另外，对原料也都有一定的要求，并严格掌握火候，这是一道关键工序，以便使鸭烤得恰到好处。北京的"全聚德"烤鸭，以其优异的质量和独特的风味在国内外享有盛誉。

1. 工艺流程　原料选择→宰杀→打气→开膛、洗膛→挂钩→烫皮→挂糖色→灌水→烤制→成品。

2. 加工工艺

（1）原料选择　选择经过填肥的北京鸭，以 55～65 日龄、活重 3～3.5kg 的填鸭最为适宜。

（2）宰杀　切断三管，放净血，用 70℃热水浸烫鸭体 3～5min，然后去掉大小绒毛，注意不能弄破皮肤，剁去双脚和翅尖。

（3）打气　从颈部放血切口处向鸭体打气，使气体充满鸭体皮下脂肪和结缔组织之间，当鸭身变成丰满膨胀的躯体便可，打气要适当，不能太足，会使皮肤胀破，也不能过少，以免膨胀不佳。充气目的是使鸭体外形丰满，显得更加肥嫩，且烤制时受热均匀，容易熟透，烤鸭皮脆。

（4）开膛、洗膛　用尖刀从鸭右腋下开 6cm 左右切口，取出全部内脏，然后取一根长约 7cm 秸秆或细竹，塞进鸭腹，一端卡住胸部脊柱，另一端撑起鸭胸脯，要支撑牢固。支撑后把鸭逐只放入水中洗膛，将水先从右腋下刀口灌入体腔，然后倒出，反复洗几次，同时注意冲洗体表、口腔，把肠的断端从肛门拉出切除并洗净。

（5）挂钩　先用铁钩下面的两个小钩分别钩住两翅，头颈穿过铁钩中间的铁圈，即可将鸭体稳定地挂住。

（6）烫皮　用钩子将鸭挂起，沸水烫鸭皮，第一勺水先烫刀口处的侧面，以防止跑气，再淋烫其他部位，用 3 勺沸水即可把鸭坯烫好。烫皮的目的是使皮肤紧缩，减少烤制时脂肪从毛孔流失，并使鸭体表层的蛋白质凝固，烤制后鸭皮酥脆。烫皮后晾干水分。

（7）挂糖色　将麦芽糖或蜜糖与水按 1∶6 比例混合后煮沸，和烫皮的方法一样，浇淋鸭体全身。挂糖色的目的是使鸭体烤制后呈枣红色，外表色泽美观。

（8）灌水　先用一节秸秆塞住肛门，以防灌水后漏水，然后从右腋下刀口注入体腔内沸水 80～100ml，灌水后再向鸭坯体表淋浇 2～3 勺糖液。注入鸭体内的沸水进炉后能急剧汽化，这样里蒸外烤，易熟，并具有外脆里嫩的特色。

（9）烤制　将鸭坯挂入已升温的烤炉，炉温一般控制在 200～230℃。2kg 左右的鸭坯需烤制 30～45min，烤制时间和温度要根据鸭体大小与肥瘦灵活掌握，一般鸭体大而肥，烤制时间应长些，否则相反。当鸭全身烤至枣红色并熟透，出炉即为成品。

3. 质量标准　成品表面呈枣红色，油润发亮，皮脆里嫩，肉质鲜美，香味浓郁，肥而不腻。

四、烧鹅

烧鹅各地均有制作，以广东烧鹅最著名。烧鹅的特点是色泽鲜红，皮脆肉香，味美适口。经过肥育的鹅为原料最好，重量在 2.3～3.0kg。

1. 配料　以 50kg 鹅计算，五香粉盐的配方是：精盐 2kg，五香粉 200g，50°白酒 50g，碎葱白 100g，芝麻酱 100g，生抽 200g，混合均匀。麦芽糖溶液是每 100g 麦芽糖掺 0.5kg 凉开水。

2. 加工工艺　将活鹅宰杀、放血、去毛后，在鹅体尾部开直口，取出内脏，并在第二关节处除去脚和翅膀，清洗干净。然后再在每只鹅坯腹腔内放五香粉、盐 1 汤匙或者放进酱料 2 汤匙，使其在体腔内均匀分布，用竹针将刀口缝合，以 70℃热水烫洗鹅坯，再把麦芽糖溶液涂抹鹅体外表，晾干。把已晾干的鹅坯送入烤炉，先以鹅背向火口，用微火烤 20min，将鹅身烤干，然后把炉温升高到 200℃，转动鹅体，使胸部向火口烤 25min 左右，就可出炉。在烤熟的鹅坯表层涂抹一层花生油，即为成品。

烧鹅出炉后稍冷时食用最佳。烧鹅应现做现吃，保存时间过长，质量会明显下降。

五、常熟叫化鸡

常熟叫化鸡是江苏名特产品，该产品的特点是色泽金黄，油润细致，鲜香酥烂，形态完整。

1. 配方　新鲜鸡 1 只，虾仁 25g，鲜猪肉（肥瘦各半）150g，热火腿 25g，猪网油适量，鲜猪皮适量（以能包裹鸡身为宜），酒坛的封口泥 5 块，大荷叶（干的）4 张，细绳 6m，透明纸 1 张，熟猪油 50g，酱油 150g，玉果 1～3 粒。黄酒、精盐、味精、芝麻油、姜、丁香、八角、葱段、甜面酱各少许，也可配入干贝、蘑菇等。

2. 加工工艺

（1）选料　选用鹿苑鸡、三黄鸡（常熟一带品种鸡），体重 1.75kg 左右的新母鸡最为适宜，其他鸡也可选择。

（2）原料处理　制作叫化鸡的鸡坯，应从翼下（即翅下）切开净膛（即开月牙子口、掏出腔内内脏），然后剔除气管和食道，并洗净沥干，用刀背拍断鸡胸，切勿破皮，再浸入特制卤汁（卤汁可只用酱油，亦可由八角、酒、白糖、味精、葱段等调味料配制而成），30min 后取出沥干。

（3）辅料加工　将熟猪油用旺火烧热，再投入香葱、姜、香料，随即放入肉丁、熟火腿丁、肉片、虾仁等，边炒边加酒、酱油及其他料，炒至半熟起锅。

（4）填料　将炒过的辅料，沥去汤汁，从翼下开口处填入胸腹腔内并把鸡头曲至翼下由刀口处塞入，在两腋下各放丁香一颗（粒），用盐 10~15g 撒于鸡身，用猪网油或鲜猪皮包裹鸡身，然后将浸泡柔软的荷叶两张裹于其外，外覆透明纸一张，再覆荷叶两张，用细绳将鸡捆成蛋形，以防松散。最后把经过特殊处理的坛泥平摊于湿布上，将鸡坯置于其中，折起四角，紧箍鸡坯。

酒坛泥的制备方法，将泥碾碎，筛去杂质，用绍兴黄酒的下脚料酒、盐和水搅成湿泥巴。

（5）烤制　将鸡体放入烤鸡箱内烘烤，或直接用炭火烤，先用旺火烤 40min 左右，把泥基本烤干后改用微火，每隔 10~20min 翻一次，共翻 4 次，有经验的师傅能凭溢出的气味判断成熟程度，一般烤 4~5h。

产品成熟后，去下泥、绳子、荷叶、肉皮等，装盘，浇上芝麻油、甜面酱即可食用。

六、广东脆皮乳猪

广东脆皮乳猪是广东地方传统风味佳肴，又名烤乳猪、烧乳猪，有 1 400 多年的悠久历史。产品色泽鲜艳，皮脆肉香。

1. 工艺流程　原料选择→屠宰与整理→腌制→烫皮、挂糖色→烤制→成品。

2. 原料及辅料　乳猪 1 头（5~6kg），食盐 50g，白糖 150g，白酒 5g，芝麻酱 25g，干酱 25g。

3. 加工工艺

（1）原料选择　选用 5~6kg 重的健康有膘乳猪，要求皮薄肉嫩，全身无伤痕。

（2）屠宰与整理　将乳猪宰杀放血后，用 65℃ 左右的热水浸烫，注意翻动，取出迅速刮净毛，用清水冲洗干净。从腹中线用刀剖开胸腹腔和颈肉，取出全部内脏器官，将头骨和脊骨劈开（注意不能劈开皮肤），取出脊髓和猪脑，剔出第 2~3 条胸部肋骨和肩胛骨，用刀划开肉层较厚的部位，以便于配料渗入。

（3）腌制　除麦芽糖之外，将所有辅料混合后，均匀地涂擦在体腔内进行腌制，腌制时间夏天 30min，冬天可 1~2h。

（4）烫皮、挂糖色　腌好的猪坯，用特制的长铁叉从后腿穿过前腿到嘴角，把其吊起沥干水。然后用 80℃ 热水浇淋在猪皮上，直到皮肤收缩。待晾干水分后，将麦芽糖水（麦芽糖和水比例 5:1）均匀刷在皮面上，最后挂在通风处待烤。

（5）烤制　烤制有两种方法，一种是用明炉烤制，另一种是用挂炉烤制。

①明炉烤制：铁制长方形烤炉，用木炭把炉膛烧红，将叉好的乳猪置于炉上，先烤体腔肉面，约烤 20min 后，反转烤皮面，烤 30~40min 后，当皮面色泽开始转黄和变硬时取出，用针板扎孔，再刷上一层植物油，而后再放入炉中烘烤 30~50min，当烤到皮脆、皮色变成金黄色或枣红色即为成品。整个烤制过程不宜用大火。

②挂炉烤制：将烫皮和已涂麦芽糖晾干后的猪坯挂入加温的烤炉内，约烤制 40min 左右，猪皮开始转色时，将猪坯移出炉外扎针、刷油，再挂入炉内烤制 40~60min，至皮呈红黄色而且皮脆时即可出炉。烤制时炉温需控制在 160~200℃。挂炉烤制火候不是十分均匀，成品质量不如明炉。

4. 质量标准 合格的脆皮乳猪，体形表观完好，皮色为金黄色或枣红色，皮脆肉嫩，松软爽口，香甜味美，咸淡适中。

七、广东叉烧肉

1. 工艺流程 原料选择与整理→腌制→上铁叉→烤制→上麦芽糖→成品。

2. 原料及辅料 鲜猪肉 50kg，精盐 2kg，白糖 6.5kg，酱油 5kg，50°白酒 2kg，五香粉 250g，桂皮粉 350g，味精、葱、姜、色素、麦芽糖适量。

3. 加工工艺

（1）原料选择与整理 将肉洗净并沥干水，然后切成长约 40cm、宽 4cm、厚 1.5～2cm 的肉条。

（2）腌制 切好的肉条放入盆内，加入全部辅料并与肉拌匀，将肉不断翻动，使辅料均匀渗入肉内，腌浸 1～2h。

（3）上铁叉 将肉条穿上特制的倒丁字形铁叉（每条铁叉穿 8～10 条肉），肉条之间须间隔一定空隙，以使制品受热均匀。

（4）烤制 把炉温升至 180～220℃，将肉条挂入炉内进行烤制。约烤制 35～45min，制品呈酱红色即可出炉。

（5）上麦芽糖 当叉烧肉出炉稍冷却后，在其表面刷上一层糖胶状的麦芽糖即为成品。麦芽糖使制品油光发亮，更美观，且增加适量甜味。

4. 质量标准 成品色泽为酱红色，香润发亮，肉质美味可口，咸甜适宜。

八、烤肉（烧肉）

本品产于上海市一带，也属于苏式产品，原料采以薄皮厚膘猪之肋条肉。成品特色是油润光滑，皮上起有小焦泡，皮脆肉香，鲜美可口。

1. 配方 肉 50kg，精盐 1.25kg，酱油 1kg，五香粉 125g，白糖 500g。

2. 加工工艺

（1）选料 选薄皮厚膘猪的肋条，首先用刀刮去肋条肉的皮上细毛，再将四边修割整齐，然后放入清水中洗净。洗净后的肋条肉，待水分稍干后，即放置于调味配料盆内。

（2）腌制与上色 将肋条肉放在调料配料盒内浸泡 20min 后取出，挂在铁杆上晾干。按用糖的规定量加清水，放在锅内熬煎，待其冷却后，上糖色，30min 后可入炉烤制。

（3）烘烤 肋条肉入炉烧烤时将肉面向火，皮面向炉，炉内温度达 200～220℃，待皮烤熟时，即将肋条肉取出，用铁钉在皮上戳洞，然后再放入炉中，用猛火烤烧（250℃以上），皮面向火，肉面向炉，待皮面起小泡时即为成品（先后共烤 1.5h），出品率为 68%～70%。

第五节　肉粉肠的加工

一、全肉肠

1. 原料肉选择 主要以瘦肉较多的部位为主，也使用一部分肋腹肉，瘦肉和肥肉比例大致为 73∶27。

2. 配方

配方 I：猪肉 80kg，淀粉 20kg，食盐 4～4.5kg，味精 200g，大葱 2kg，鲜姜 1kg，花椒粉 200g，香油 2kg。

配方 II：猪肉 70kg，淀粉 30kg，食盐 4～4.5kg，味精 150g，大葱 1.6kg，鲜姜 1kg，香油 1kg，花椒粉 200g。

3. 制馅 绞肉需使用 4mm 筛孔直径的绞肉机，制馅时要注意加水量，一般 1kg 淀粉约加 2kg 水，将肉和各种调料拌制均匀。馅温不可过高、应控制在 16℃以下。

4. 灌制 肠衣要使用猪小肠衣，灌肠时松紧适度，不能灌得太满，一般灌注 4/5，留出加热时肠衣的收缩量。每根长 100cm，将两头对折，用自身的肠衣头打节系牢。

5. 煮制 水温 100℃时将肠放入锅中，恒温保持 90℃左右煮制 30～40min。下锅时应先下肠体较粗的，后下较细的，在煮制过程中要扎孔放气，出锅时应将肉肠整齐地摆放在瓷盘中，冷却 10～20min。

6. 熏制 熏制要在特制的熏炉或熏锅中进行，将冷却后的肉肠整齐有间隔地摆挂在熏炉内进行熏制，熏制室温度为 90℃，熏制时间 6～7min。熏烟材料为糖和木屑，糖和木屑比例为 1：2。

该产品外观呈黄褐色，内部灰白色，熏色均匀，表面光滑无黑斑，肠体整齐，不破不碎，有弹性。

二、粉肠

1. 配方 淀粉 30kg，脂肪 10kg，精盐 4kg，大葱 2kg，鲜姜 1kg，味精 200g，花椒 200g，香油 1kg。

2. 原料选择 选择纯净无杂质的马铃薯淀粉或绿豆淀粉，新鲜的猪皮下硬脂肪。脂肪切成细丝，姜葱绞碎，花椒用热水浸泡用其滤液。

3. 制馅 取 10kg 淀粉在容器中用 30kg 温水调开，调至无淀粉块为止，在淀粉未沉淀前将 90kg 沸水徐徐倒入，随倒随搅拌，淀粉受热而糊化成为糊浆。取另 20kg 干淀粉加 20kg 水调匀，然后逐渐倒入糊浆内搅拌，同时加入脂肪丝、调味料，搅拌均匀。

4. 灌制 灌肠时肠衣不留收缩量。方法同全肉肠。

5. 煮制 煮制温度控制在 90℃左右，煮制 20min 即可捞出。温度不要过高，否则肠体可能破裂而影响产品质量。

6. 熏制 采用糖熏法，熏制方法同全肉肠。

产品呈浅青灰色，可略见脂肪丝，切面有光泽、有弹性，肉丝分布均匀，青白分明，软硬适度，味香鲜美。

三、小肚

1. 配方 猪肉 75kg，淀粉 25kg，盐 4kg，葱 1.5kg，姜 1.5kg，味精 200g，花椒水 2kg，糖 4kg，香油 2kg，松仁 200g。

2. 原料选择 原料为猪肉，也可加入部分牛肉，猪肉中肥肉含量不应超过 20%。

3. 制馅 将猪肉大部分（2/3）切片，小部分绞碎，制馅时将肉片、淀粉、调味料倒入搅拌机内，加水拌制或在容器中加水拌制，至馅拌制均匀、黏稠为止。

4. 灌制　灌制小肚要使用合格洗净的猪膀胱，用手工装馅，灌装时不能灌满，以 3/4 为宜。然后排除气体用竹签封口，清除外表黏着的肠馅，再盛于容器之中，每个肚重量为 500g 左右。

5. 煮制　小肚煮制前先用清水洗一遍，然后将小肚倒入烧开的水中应先放入大的，后放小的，煮制温度为 90～95℃，时间约 90min。煮制时撇去上浮的油沫，并用长铁丝制的针给上浮的小肚放气。

6. 糖熏　将煮好的小肚稍晾一下后放入带有锅帘的大铁锅里，将糖从锅中间加入，盖严锅盖，用湿布堵住漏烟的部位，熏制 8～10min。

7. 拔签　将熏好的小肚取出晾凉，即可拔签，注意不能在小肚温度较高时拔签，否则将使内容物松散。

第六节　其他肉制品加工

一、油炸制品

油炸制品是以油脂为介质对处理后的肉料进行热加工而生产的一类产品。油炸制品具有香、脆、松、酥、色泽美观等特点，油炸除达到制熟的目的外，还有杀菌、脱水和增进风味等作用。

1. 油淋鸡　油淋鸡为湖南特产，有 100 多年的历史，是由挂炉烤鸭演变而来。

（1）工艺流程　原料的选择与整理→支撑、烫皮→打糖→烘干→油淋→成品。

（2）原料及辅料　母仔鸡 10 只，饴糖，植物油适量。

（3）加工工艺

①原料的选择与整理：选用当年的肥嫩母仔鸡，体重在 1～1.2kg 为宜。宰杀去毛，从右腋下开口取出内脏，从肘关节处切除翅尖，从跗关节处切除脚爪，洗净后晾干水分。

②支撑、烫皮：取一根长约 6cm 秸秆或竹片，从翼下开口处插入胸腔，将胸背撑起。投入沸水锅内，使鸡皮舒展，取出后，把鸡身抹干。

③打糖：用 1：2 的饴糖水，擦于鸡体表面，涂擦要均匀一致。

④烘干：将打糖后的鸡体用铁钩挂稳，然后用长约 5cm 的竹签分别将两翅撑开，用一根秸秆塞进肛门。送入烘房或烘箱悬挂烘烤，温度控制在 65℃ 左右，待鸡皮起皱纹时取出。

⑤油淋：将植物油加热至 180℃ 左右，将鸡用铁钩挂起置于油锅上方，用勺舀油，反复淋烫鸡体，先淋烫胸部和后腿，再淋烫背部和头颈部，肉厚处多淋烫几勺油，约淋烫 8～10min，待鸡身呈金黄色，带光亮，说明鸡可能已淋好。离锅后取下撑翅竹签和肛门内秸秆，如发现鸡流浑水，说明鸡还没有熟透，还须继续淋；如肚内流出的是清水，即为成品。

（4）食用方法　油淋鸡有凉吃和炒吃两种。

①凉吃：将鸡切成片或块做拼盘，加姜末和葱末，淋上麻油和酱油，随淋随吃。

②炒吃：每只鸡用猪油 100g，花生米 50g，姜 30g，黄酒 50g，酱油 50g，红（青）椒 110g，蒜、味精少许作为配料。先把鸡切成 4～5cm 长、3cm 宽的条块，与花生米同时下到沸猪油锅中爆炒一下，然后分别加姜、红椒、蒜、黄酒、酱油、味精等搅动炒，炒熟出锅

后再淋麻油。这种油淋鸡肉鲜嫩麻辣，鸡皮松脆，颜色金黄，香酥适口。

2. 炸猪排　炸猪排选料严格，辅料考究，全国各地均有制作，是带有西式口味的肉制品。

（1）工艺流程　原料选择与整理→腌制→上糊→油炸→成品。

（2）原料及辅料　猪排骨 50kg，食盐 750g，黄酒 1.5kg，白酱油 1～1.5kg，白糖 250～500g，味精 65g，鸡蛋 1.5kg，面包粉 10kg，植物油适量。

（3）加工工艺

①原料选择与整理：选用猪脊背大排骨，修去血污杂质，洗涤后按骨头的界线，将排骨逐条拆分下来，再将每根排骨剁成 8～10cm 的小长条状。

②腌制：将上述除鸡蛋、面粉外的其他辅料放入容器内混合，把排骨倒入翻拌均匀，腌制 30～60min。

③上糊：用 2.5kg 清水把鸡蛋和面包粉搅成糊状，将腌制过的排骨逐块地放入糊浆中，使其裹布均匀。

④油炸：把油加热至 180～200℃，然后逐块将裹有糊浆的排骨投入油锅内炸制，炸制过程要经常用铁勺翻动，使排骨受热均匀，炸 10～12min，至黄褐色发脆时捞起，即为成品。

3. 宜宾金丝牛肉　宜宾金丝牛肉是四川省享有美誉的特制熟食清真牛肉制品，至今已有 40 多年的历史。它以选料精细、配方独特、制作精巧而颇受消费者欢迎。

（1）配方　50kg 新鲜（冻）牛肉，食盐 1.2kg，白砂糖 1.2kg，花椒 0.15kg，姜 0.45kg，混合天然香辛料 0.45kg，味精 0.75kg，曲酒（60 度）0.55kg，冰糖 0.45kg，酱油 0.25kg，小磨香油 1.25kg。

（2）加工工艺

①原料肉选择：将牛肉顺肌肉纤维进行分割成净重为 1.2kg 左右的肉块，将分割的牛肉逐块整修，去掉全部皮下和外露脂肪，切掉板筋、腱、筋以及外露淋巴结和病变组织，每块牛肉保持其肌膜完整。修整好的牛肉于 35～40℃ 的水中漂洗约 15min，拔净血污。

②熟制：将漂洗干净的牛肉放置于煮沸的水中，按比例加入食盐、姜等辅料。加水以淹没牛肉块为准，经蒸煮 1.5h 以上，牛肉熟透后起锅，晾至室温即可整形。

③整形：整型是宜宾金丝牛肉加工中最精细、费时的关键环节。制作时必须顺着牛肌肉纤维组织方向撕条，使其基本达到肉丝长度为 22mm、直径 1.2mm 的合格品。

④油炸：整形后的肉丝，投入油温为 120～140℃ 的油锅中进行油酥。油酥的温度会直接影响成品的色、香、味、形。在不断翻锅过程中，加入混合天然香辛料粉和冰糖，待肉丝炸成红棕色，且相互之间不粘连起块时，即可起锅。

⑤熏制：油炸过的肉丝冷却后，送入熏烤炉中烤 70min，出炉冷却，最后在肉丝中倒入小磨香油拌匀即为成品。

4. 炸猪肉皮　油炸猪肉皮可作为各种菜肴的原料，是深受消费者喜爱的一种肉制品。食用时，将油炸猪肉皮浸泡在水中，令其吸足水分并发软，然后根据需要切成条或丁或块，加入各种菜肴中，别有风味。

（1）工艺流程　扞皮→晒皮→浸油→油炸→成品。

（2）原料及辅料　猪肉皮 10kg，猪油适量。

（3）加工工艺

①扞皮：将猪皮摊于贴板上，皮朝上，用刀刮去皮上余毛、杂质等，再翻转肉皮，用

左手拉住皮的底端，右手用片刀由后向前推铲，把皮下的油膘全部铲除，使皮面光滑平整，无凹凸不平现象，最后修整皮的边缘。肉皮面积以每块不小于 $15cm^2$ 为宜。

②晒皮：经过扦皮后的猪肉皮，用刀在皮端戳一个小孔，穿上麻绳，分挂在竹竿或木架上，放在太阳下暴晒，晒到半干时，猪皮会卷缩，此时应用手予以拉平，日晒时间为 2~5 天。晒至透明状并发亮即成为干肉皮，存放在通风干燥的地方，可防止发霉。干肉皮可随干随炸，随炸随售。

③浸油：将食用猪油加热至85℃左右，用中火保持油温，把肉皮放入油锅内，使其没于油面下稍加大火力，提高油温，并用铁铲翻动肉皮，待肉皮发出小泡时捞出，漏干余油，散尽余热。

④油炸：将油温保持在 180~220℃，操作时以左手执锅铲，右手执长炳铁钳，把浸油后的干肉皮放入油锅内炸制，很快即发泡发胀，面积扩大，肉皮的四周向里卷缩，双手配合应随时用锅铲和铁钳把肉皮摊平，不使其卷缩，待油炸 2~3min 后，肉皮全身胀透，其面积扩大至 3~6 倍时，即起锅置于容器上，滴干余油后即为成品。

二、肉类罐头加工

1. 原汁猪肉罐头　原汁猪肉罐头最大限度地保持原料肉特有的色泽和风味，产品清淡，食之不腻，深受群众喜爱。

（1）工艺流程　原料肉处理→切块→制猪皮粒→拌料→装罐→排气和密封→杀菌和冷却→成品。

（2）原料及辅料　猪肉 100kg，食盐 0.85kg，白胡椒粉 0.05kg，猪皮粒 4~5kg。

（3）加工工艺

①原料肉的处理：除去毛污、皮，剔去骨，控制肥膘厚度在 1~1.5cm，保持肋条肉和腿部肉块的完整，除去颈部刀口肉、奶脯肉及粗筋腱等组织。将前腿肉、肋条肉、后腿肉分开放置。

②切块：将猪肉切成 3.5~5cm 小方块，大小要均匀，每块重 50~70g。

③制猪皮粒：取新鲜的猪背部皮，清洗干净后，用刀刮去皮下脂肪及皮面污垢，然后切成 5~7cm 宽的长条，放在 -5~-2℃ 条件下冻结 2h，取出用绞肉机绞碎，绞板孔 2~3mm，绞碎后置冷库中备用，这种猪皮粒装罐后可完全溶化。

④拌料：不同部位的肉分别与辅料拌匀，以便装罐搭配。

⑤装罐：内径 99mm，外高 62mm 的铁罐，装肥瘦搭配均匀的猪肉 5~7 块，约 360g，猪皮粒 37g。罐内肥肉和溶化油含量不要超过净重的 30%，装好的罐均需过称，以保证符合规格标准和产品质量。

⑥排气和密封：热力排气时中心温度不低于 65℃，抽气密封真空度约 70.65kPa 左右。

⑦杀菌和冷却：密封后的罐头应尽快杀菌，停放时间一般不超过 40min。杀菌后立即冷却至 40℃ 左右。

2. 红烧牛肉罐头

（1）工艺流程　原料选择及修整→预煮→配汤→装罐→排气及密封→杀菌及冷却→成品。

（2）原料及辅料　牛肉 150kg，骨汤 100kg，食盐 4.23kg，酱油 9.7kg，白糖 12kg，黄

酒 12kg, 味精 240g, 琼脂 0.73kg, 桂皮 60g, 姜 120g, 八角 50g, 花椒 22g, 大葱 0.6kg, 植物油适量。

(3) 加工工艺

①原料选择及修整: 选去皮剔骨牛肉, 除去淋巴结、大的筋腱及过多的脂肪, 然后用清水洗净, 切成 5cm 宽的长条。

②预煮: 将切好的肉条放入沸水中煮沸 15min 左右, 注意撇沫和翻锅, 煮到肉中心稍带血色即可, 捞出后, 把肉条切成厚 1cm、宽 3~4cm 的小肉块。

③配汤: 先将辅料中的香辛料与清水入锅同煮, 煮沸约 30min, 然后舀出过滤即成香料水。把琼脂与骨汤一起加热, 待琼脂全部溶化, 再加入其他辅料和香料水, 一起煮沸, 临出锅时加入黄酒及味精, 舀出过滤后即成装罐用汤汁。

④装罐: 净重 312g/罐, 内装牛肉 190g, 汤汁 112g, 植物油 10g。

⑤排气及密封: 抽气密封, 真空度 53.33kPa 以上。

⑥杀菌及冷却: 按要求杀菌后, 冷却至 40~45℃ 即可。

3. 红烧排骨罐头

(1) 工艺流程　原料处理→配料及调味→装罐→排气及密封→杀菌及冷却→成品。

(2) 原料及辅料　猪肋排 100kg, 食盐 3kg, 白糖 6.25kg, 味精 315g, 黄酒 1.5kg, 酱油 0.5kg, 桂皮 125g, 花椒 125g, 八角 25g, 生姜 375g, 骨汤 100kg。

(3) 加工工艺

①原料处理: 将洗净的肋排每隔二根排骨斩成条, 然后斩成 4~5cm 长的小块, 放入 180~200℃ 的油锅中炸 3~5min, 炸至表面金黄色时捞出。

②配料及调味: 将香辛料加水熬煮 4h 以上, 得香料水 2kg, 过滤备用。把除黄酒外的全部辅料与过滤后的香料水混合并加热煮沸, 临出锅时加入黄酒, 每锅汤汁约得 125kg, 趁热装罐。

③装罐: 圆罐内径 99mm、外高 62mm, 净重 397g/罐, 内装排骨 285~295g, 汤汁 112~102g。

④排气及密封: 抽气密封, 真空度 53.33~66.65kPa, 排气密封中心温度 80℃ 以上。

⑤杀菌及冷却: 按要求杀菌后, 冷却至 40~45℃ 即可。

4. 午餐肉罐头　午餐肉罐头为一种肉糜制品, 包括火腿午餐肉、咸肉午餐肉等。现以猪肉为例介绍午餐肉罐头的加工技术。

(1) 工艺流程　原料处理→腌制→绞肉斩拌→搅拌→装罐→排气及密封→杀菌及冷却→成品。

(2) 原料及辅料　猪肥瘦肉 30kg, 净瘦肉 70kg, 淀粉 11.5kg, 玉果粉 58g, 白胡椒粉 190g, 冰屑 19kg, 混合盐 2.5kg (混合盐配料为: 食盐 98%、白糖 1.7%、亚硝酸钠 0.3%)。

(3) 加工工艺

①原料处理: 选用去皮剔骨猪肉, 去净前后腿肥膘, 只留瘦肉, 肋条肉去除部分肥膘, 膘厚不超过 2cm, 成为肥瘦肉。经处理后净瘦肉含肥膘为 8%~10%, 肥瘦肉含膘不超过 60%, 在夏季生产午餐肉, 整个处理过程要求室内温度在 25℃ 以下, 如肉温超过 15℃ 需先行降温。

②腌制：净瘦肉和肥瘦肉应分开腌制，各切成 3 ~5cm 小块，分别加入 2.5% 的混合盐拌匀后，放入缸内，在 0 ~4℃ 温度下腌制 2 ~4h，至肉块中心腌透呈红色、肉质有柔滑和坚实的感觉为止。

③绞肉斩拌：净瘦肉使用双刀双绞板进行细绞（里面一块绞板孔，径为 9 ~12mm，外面一块绞板孔径为 3mm），肥瘦肉使用孔径 7 ~9mm 绞板的绞肉机进行粗绞。将上述两种绞碎肉倒入斩拌机中，并加入冰屑、淀粉、白胡椒粉及玉果粉进行斩拌 3min，取出肉糜。

④搅拌：将上述斩拌肉倒入搅拌机中，先搅拌 20s 左右，加盖抽真空，在真空度 66.65 ~80.00kPa 情况下搅拌 1min 左右。若使用真空斩拌机则效果更好，不需真空搅拌处理。

⑤装罐：圆罐内径 99mm，外高 62mm，装 397g/罐，不留顶隙。

⑥排气及密封：抽气密封，真空度约 40.00kPa。

⑦杀菌及冷却：按要求杀菌后，冷却至 40 ~45℃ 即可。

思考题

1. 中式肉制品特点？
2. 腌、腊制品加工的关键技术是什么？
3. 酱卤制品有何特点？
4. 肉品干制原理？
5. 肉制品干制的目的是什么？
6. 干制的原理有哪些？
7. 肉制品烧烤的方法有哪些？

（车云波）

第七章

西式肉制品加工

学习目标：了解西式肉制品的分类方法；掌握西式肉制品主要的加工工艺流程和操作要点；掌握西式肉制品的配方原理和配方计算方法；了解掌握西式肉制品的产品品质和品质控制方法。

西式肉制品起源于欧洲，在北美、日本及其他西方国家广为流行。美国的西式肉制品主要是由欧洲移民带入的，其产品风格和风味发生了较大的改变，但仍以欧式制品为主导，近年来，美国肉制品向专门化、规模化、机械化、自动化程度发展，许多工厂已成为专门生产热狗香肠、干香肠、色拉米肠等的专业化工厂。

西式肉制品自 1840 年鸦片战争时传入我国，迄今已有 160 多年的历史，以其鲜嫩、味淡、香料特殊、营养卫生、便于机械化加工而著称，特别是近年来，西式肉制品越来越受到人们的青睐。西式肉制品按其加工方法可分为培根、火腿和灌肠（香肠）三大类。

第一节 培 根

培根系英文 Bacon 的译音，其原意是烟熏咸肋条肉（即方肉）或烟熏背脊肉，其风味除带有适口的咸味之外，还具有浓郁的烟熏香味。培根外皮油润呈金黄色，皮质坚硬，用手指弹击有轻度的"卟卟"声；瘦肉呈深棕色，质地干硬，切开后肉色鲜艳。

一、培根的分类

培根根据原料不同，分为大培根（或称丹麦式培根）、奶培根、排培根等，但其制作工艺类似。

1. 大培根 坯料取自整片带皮猪胴体（白条肉）的中段，以猪的第三肋骨至第一节腰椎骨处猪体中的中段为原料，去骨整形后，经腌制，烟熏而成，成品为金黄色，割开瘦肉部分色泽鲜艳，每块重约 7～10kg。

2. 奶培根 以去奶脯、脊椎骨的猪方肉（肋条肉）为原料，去骨整形后，经腌制，烟熏而成。肉质一层肥，一层瘦，成品为金黄色，无硬骨，刀口整齐，不焦苦，分带皮和无皮两种规格，带皮的每块重约 2～4kg，去皮的每块不低于 500g。

3. 排培根 以猪的大排骨（脊背）为原料，去骨整形后，经腌制烟熏而成。肉质细嫩，色泽鲜美，它是培根中质量最好的一种，成品为半熟品，金黄色，带皮，无硬骨，刀工整齐，不焦苦，每块重约 2～4kg。

二、培根加工方法

各种培根的加工方法基本相同，其工艺流程为：选料→初步整形→冷藏腌制→浸泡、清洗→再次整形→烟熏。

1. 选料和去骨

（1）选料

①选料部位：a. 大培根坯料取自整片带皮猪胴体（白条肉）的中段，即前端从第三肋骨处斩断，后端从腰荐椎之间斩断，再割除奶脯。b. 排培根和奶培根各有带皮和去皮两种。前端从白条肉第五根肋骨处斩断，后端从最后两节荐椎处斩断，去掉奶脯，再沿距背脊 13～14cm 处分斩为两部分，之上为排培根坯料，之下为奶培根坯料。

②膘厚标准：大培根最厚处膘厚以 3.5～4.0cm 为宜，排培根最厚处以 2.5～3.0cm 为宜，奶培根最厚处约为 2.5cm。

（2）去骨 去骨操作的主要要求在于保持肉皮完整，不破坏整块原料，在基本保持原形的原则下，做到骨上不带肉、肉中无碎骨。

2. 整形 将去骨后的原料，用修割方法，使其表面和四周整齐、光滑。整形决定产品的规格和形状，应注意每一边是否成直线，如果有一边不整齐，可用刀修成直线条，修去碎肉、碎油、筋膜、血块等杂物，刮尽皮上残毛，割去过高、过厚肉层。

3. 腌制 腌制室温度保持在 0～2℃。

（1）干腌 将食盐（加 1% $NaNO_3$）撒在肉坯表面，用手揉搓，使分散均匀。每块肉坯用盐约 100g（大培根、排培根加倍），然后堆叠，腌制 20～24h。

（2）湿腌 用密度 1.125～1.135（每 100kg 食盐液中含 $NaNO_3$ 370g）食盐液浸泡干腌后的肉坯，浸泡时间与肉块厚薄和温度有关，一般为 2 周左右。在湿腌期间需翻缸 3～4次，翻缸目的是改变肉块受压部位，并松动一下肉组织，以加快食盐和硝酸盐的渗透、扩散和发色，使腌液咸度均匀。

4. 浸泡、清洗 将腌好的肉坯在 25℃ 左右清水中浸泡 3～4h，其目的是：①肉质还软，表面油污溶解，便于清洗和修刮。②熏干后表面无"盐花"，提高产品的美观性。③软化后便于整形。

5. 刮修、再整形 修刮是刮尽残毛和皮上的油腻。因腌制、堆压使肉坯形状改变，故要再次整形，使四边成直线，然后便可穿绳，吊挂沥水 6～8h 后即可进行烟熏。

6. 烟熏 先用硬质木将烟熏室预热，待室温达到所需烟熏温度后，加入木屑，挂进肉坯，文火烟熏，烟熏室温一般保持在 60～70℃，约需 8h 左右。出炉自然冷却即为成品，出品率约 83%。

培根是西式早餐的重要食品，一般去皮切片蒸或烤熟食用，培根切片涂上蛋浆后油煎，就是"培根蛋"，清香芳口。

第二节 香 肠

畜禽肉经绞切、斩拌或乳化成肉馅（肉丁、肉糜或其混合物）并添加调味料、香辛料，然后充填入天然肠衣或人造肠衣中，经过烘烤、蒸煮、烟熏、发酵、干燥等工艺制成的肉制品称为香肠制品。香肠类制品是我国肉类制品中品种最多的一大类制品，它的生产技术是在 19 世纪由国外传入我国，按加工方法可分为生香肠、生熏肠、熟熏肠、干制或半干制香肠等。

一、红肠

1. 原料的选择和粗加工　牛肉和猪肉是红肠的主要原料，羊肉、兔肉、禽肉等也可做红肠的原料，原料肉需经兽医卫生部门检验合格，最好用新鲜肉或冷却肉，也可以用冷冻肉。猪肉在红肠生产中一般是用瘦肉和皮下脂肪作为主要原料，过肥易使皮下脂肪过多，过瘦则有时皮下脂肪不够用，目前一般工厂都使用分割肉；牛肉在红肠生产中只用瘦肉部分，不用脂肪，牛肉中瘦肉的乳化性和色泽都很好，可提高肉糜的黏合力，增加产品弹性和保水性；另外，头肉、肝、心、血液等也可作为原料。原料肉在使用前应首先进行解冻剔骨，剔骨一般为手工剔骨，剔骨时注意不要将碎骨混到剔好的肉中，不能残留未剔净的碎骨，更不能混入毛及其他污物。

2. 肉的切块　剔骨后的大块肉，还不能直接做香肠的原料，必须去掉不适宜制作香肠的皮、筋腱、结缔组织、淋巴结、腺体、软骨、碎骨等，然后将大块肉按生产需要切块。

（1）皮下脂肪切块　将皮下脂肪与肌肉的自然连接处，用刀分割开，背部较厚的皮下带皮脂肪自颈部至臀部宽 15～30cm 处割开；较薄的带皮脂肪切成 5～7cm 长条，然后将皮片出备用。

（2）瘦肉的切块　将瘦肉顺肌纤维方向切成 100～150g 的小肉块。

3. 肉的腌制　用食盐和硝酸盐腌制，以提高肉的保水性、黏着性，并使肉呈鲜亮的颜色。

（1）瘦肉的腌制　每 100kg 肉加入 3kg 食盐，50g 硝酸盐，在瘦肉腌制中还要加 0.4% 的磷酸盐和 0.1% 的抗坏血酸盐。应将腌料与肉充分混合进行腌制，腌制时间为 3 天，温度为 2～4℃。

（2）脂肪的腌制　食盐用量为 3%～4%，不加硝酸盐，腌制时间 3～5 天。

（3）腌制室的要求　室内要清洁卫生，阴暗不透阳光，空气相对湿度 90% 左右，温度在 10℃ 以下，最好 2～4℃，室内墙壁要绝缘，防止外界温度的影响。

4. 制馅

（1）瘦肉绞碎　腌制好的瘦肉用绞肉机绞碎，绞肉机筛孔直径为 5～7mm。肉的绞制能使余下的结缔组织、筋膜等同肌肉一起被绞碎，同时增加肉的保水性和黏着性。

（2）脂肪切块　将腌制后的脂肪切成 1cm³ 的小块。脂肪切丁有两种方法，手工法和机械法。手工切丁是一项细致的工作，要有较高的刀功技术，才能切出正立方形的脂肪丁；机械法是借助脂肪切丁设备进行，切丁效率高。

（3）配方　瘦肉 75kg，脂肪 19kg，淀粉 6kg，胡椒粉 200g，味精 200g，桂皮粉 100g，大蒜 1kg。

（4）拌馅　拌馅是在拌馅机中进行的，先加入猪瘦肉和调味料，拌制一定时间后，加一定量水继续拌制，最后加淀粉和脂肪块，拌制时间一般为 6～10min。由于机械运转和肉馅的自相摩擦产生热，肉馅温度不断升高，因而在拌馅时要加入凉水或冰水，加水还可以提高出品率，且可在一定程度上弥补熏制时的重量损失，拌制好的标准是馅中没有明显肌肉颗粒，脂肪块，调料、淀粉混合均匀，肠馅富有弹性和黏稠性。

5. 灌制　一般都用灌肠机灌制，灌肠机有两种，活塞式灌肠机和连续真空式灌肠机。灌制前先将肠衣用温水浸泡，再用温水反复冲洗并检查是否有漏洞。将肠馅倒入灌肠机内，再把肠衣套在灌肠机的灌筒上，开动灌肠机将肉馅灌入肠衣内。灌制的松紧要适当，过紧在煮制时由于体积膨胀易使肠衣破裂，灌得过松煮后肠体出现凹陷变形。灌完后结扎，每节长为 18 ~ 20cm，每杆穿 10 对，两头用绳系。

6. 烘烤　经晾干后的红肠送进烘烤炉内进行烘烤，烤炉温度为 70 ~ 80℃，时间为 25 ~ 30min。

（1）烘烤目的　①经烘烤的蛋白质肠衣发生凝结并达到灭菌效果，肠衣表面干燥柔韧，增强肠衣的坚固性。②使肌肉纤维相互结合起来提高固着能力。③烘烤时肠馅温度升高，可进一步促进亚硝酸盐的呈色作用。

（2）烘烤设备　有连续自动烤炉、吊式轨道滑行烤炉和简易小烤炉。热源有远红外线、热风、木材或无烟煤等。

（3）烘烤方法　首先点燃炉火，使烘烤炉内温度升到 60 ~ 70℃时，将装有香肠的铁架推入炉内，关好炉门，注意低层肠与火相距 60 ~ 100cm 以上，每 5 ~ 10min 检查一次。如使用热风烘烤，则操作比较简单。

经过烘烤的香肠，肠衣表面干燥没有湿感，用手摸有沙沙声音；肠衣呈半透明状，部分或全部透出肉馅的色泽；烘烤均匀一致，肠衣表面或下垂一头无熔化的油脂流出。

7. 煮制

（1）煮制的目的　煮制后使瘦肉中的蛋白质凝固，部分胶原纤维转变成明胶，形成微细结构的柔韧肠馅，使其易消化，产生挥发性香气；杀死肠馅内的条件病原菌；破坏酶的活性。

（2）煮制方法　有两种煮制方法，一种是蒸汽煮制，适合于较大的肉制品厂；另一种为水煮法，我国大多数肉制品采用水煮法。锅内水温升到 95℃ 左右时将红肠下锅，以后水温保持在 80 ~ 85℃（水温如太低不易煮透；温度过高易将香肠煮破，且易使脂肪熔化游离），待肠中心温度达到 74℃ 即可。煮制时间为 30 ~ 40min。

鉴别香肠是否煮好的方法有两种，一是测肠内温度，肠内温度达到 74℃ 可认为煮好；二是可以用手触摸，手捏肠体，肠体硬，弹力很强，说明肠已煮好。香肠类制品煮制温度较低，这是由于香肠中大多数结缔组织已除去，肌纤维又被机械破坏，因此不需要高温长时间的熟制。

8. 熏制

（1）熏烟目的　熏烟过程可除掉一部分水分，使肠干燥有光泽，肠馅转变为鲜红色，肠衣表面起皱纹，使肠具有特殊的香味，并增加了防腐能力。

（2）熏烟方法　把红肠均匀地挂到熏炉内，不挤不靠，各层之间相距 10cm 左右，最下层的香肠距火堆 1.5m。一定要注意烟熏温度，不能升温太快，否则易使肠体爆裂，应采用梯形升温法，熏制温度为 35℃→55℃→75℃，熏制时间 8 ~ 12h。

9. 产品特点　产品表面呈枣红色，内部玫瑰红色，脂肪乳白色；具有该产品应有的滋味和气味，无异味；表面起皱，内部组织紧密而细致，脂肪块分布均匀，切面有光泽且富有弹性。

二、维也那肠

维也那肠属于乳化肠，一般需经过斩拌乳化的过程，肉馅成泥状，较细腻。

1. 配方 根据使用瘦肉量的不同，分为高档类、中档类和低档类。

配方Ⅰ：瘦肉 75kg，肥肉 15kg，淀粉 10kg，乳化剂 500g，大蒜 1kg，胡椒面 150g，味精 150g，红曲米 100g，属高档肠。

配方Ⅱ：瘦肉 40kg，肥肉 40kg，淀粉 20kg，混合乳化剂 1kg，大豆蛋白 2kg，大蒜 1kg，胡椒面 150g，味精 150g，红曲米 100g，属中档肠。

配方Ⅲ：瘦肉 20kg，肥肉 55kg，淀粉 25kg，混合乳化剂 1.5kg，大豆蛋白 3kg，大蒜 1kg，胡椒面 150g，味精 150g，红曲米 100g，属低档肠。

2. 原料肉选择 主要为猪肉，也可部分使用牛肉，也可使用分割肉。

3. 腌制 瘦肉部分用 1.5～2cm 筛孔绞肉机绞成肉粒，加 3% 食盐和 0.1g/kg 的亚硝酸钠；肥肉切成大块状用 3% 食盐腌制。腌制温度为 4～10℃，腌制时间为 24h。

4. 制馅 制馅主要在斩拌机中进行，斩拌机就是绞肉和搅拌合二为一的机器，外形像一个大铁盘，盘上安有固定并可高速旋转的刀轴，刀轴上附有一排刀，随着盘的转动刀也转动，从而把肉块切碎，有的机器上附加了抽真空的设备，这样可避免空气进入肉馅内。机器开动后原料就在搅拌盘中作螺旋式运动，盘体内的刀具是特制的，采用双重固定，根据生产的不同要求可以使用 2～6 个刀片。斩拌机可以充分保证肉糜的混合与乳化质量，节省生产时间，占地面积小，生产效率高，而且清洁卫生。斩拌时先加入瘦肉和调味料，再加肉量 20% 的冰水，最后加淀粉和肥膘，加冰水是防止肉在斩拌时由于机械摩擦引起的升温。

5. 灌制 可采用泵式或活塞式，也可采用连续灌肠机。该机装有一个料斗和一个叶片式连续泵，为除掉肉馅中的气，还装有真空泵，有的还配有自动称量、打结和肠衣截断等装置。这类肠可用天然肠衣，也可使用人造肠衣，灌制后不需扎眼放气。

6. 烤、蒸、熏 可以在同一熏室内完成烘烤、煮制、熏烟三道工序，一般将这种设备称为自动熏烟炉。熏室内空气借助风机循环，产品的加热源是煤气或蒸汽，温度和湿度都可自动控制，在烘烤时通以热风，蒸煮时通以热蒸汽，熏制时通以烟气，这种设备可以缩短加工时间，减少重量损耗。烘烤条件为 70～80℃、30min，蒸煮条件为 80～85℃、40min。

三、萨拉米肠

萨拉米肠以牛肉为主要原料，分生和熟两种规格，质量坚实，香味浓郁，外表灰白色，有皱纹，内部肉色棕红色，易于保存，携带方便。

1. 配料 牛肉 35kg，猪瘦肉 7.5kg，膘丁 7.5kg，玉果粉 65g，胡椒粉 95g，胡椒粒 65g，白砂糖 250g，酒 250g，食盐 2.5kg，硝酸钠 25g。

2. 加工过程

（1）腌制 选用新鲜牛肉和猪肉，去除油筋、膘膜，切成小块。将小块肉同食盐和硝酸盐混合均匀，在 0℃ 冷库中腌制 12h，取出用筛板孔直径为 2mm 的绞肉机将肉绞碎，重新装盘，再放入 0℃ 冷库内腌制 12h。白膘肉切成 0.3cm 的方肉丁，每 50kg 膘肉加盐 0.4kg 进行腌制，在冷库中冷却 12h 以上备用。

（2）拌馅 按牛肉 35kg、猪精肉 7.5kg 和肥膘丁 7.5kg 的比例将预先溶解于水的配料全部加入，充分拌匀，即成肉馅。

（3）灌制　先将直径 6～7cm 的牛肠衣用温水洗净，用灌肠机灌肠。灌好后打结将香肠吊挂在木棒上，准备烘烤。

（4）烘烤　将上述灌肠推入烘房，在 65～80℃下烘烤 1h 左右即可出房。此时表皮干燥光滑，肉馅色泽酱红。

（5）煮制　水温加热至 95℃后，将肠放入煮锅中，每隔 30min 翻肠一次，煮 1.5h 出锅，出锅温度不低于 70℃。

（6）熏制　成品出锅后，挂入烘房内，用木屑烟熏，温度保持 60～65℃烟熏 5h 后停止，第二天再熏制 5h 再停，如此操作，连续熏烟 4～6 次，共 10～12 天即为成品。

3. 成品特点　每根香肠长约 40cm，表皮棕褐色，有皱纹，肉馅酱红色，柔嫩爽口，香味浓郁。

四、低温火腿肠

1. 配方　猪瘦肉 60kg，牛肉 10kg，新鲜猪背膘 30kg，玉米淀粉 10kg，变性淀粉 10kg，滚揉卡拉胶 0.5kg，大豆分离蛋白 2kg，鲜蛋液 5kg，冰水 55kg，盐 3.3kg，白砂糖 3.3kg，味精 0.3kg，亚硝酸钠 12g，白胡椒粉 0.2kg，五香粉 0.3kg，山梨酸钾 0.32kg，鲜洋葱 2kg，特纯乙基麦芽酚 12g，红曲红色素 12g，异抗坏血酸钠 50g，三聚磷酸钠 0.15kg，焦磷酸钠 0.2kg。原、辅料合计重量为 193kg。

2. 原料肉　将猪肉筋膜、脂肪修整干净，新鲜猪脊膘无杂质。原料肉中的肥瘦比为 2：8 时，产品脆感强，剥皮性好，但成本高，口味一般；原料肉中的肥瘦比为 4：6 时，产品脆感稍差，剥皮性差，但成本低，口味好，香气浓郁；原料肉中的肥瘦比为 3：7 时，产品的脆感、口味及剥皮性、成本等都能兼顾，达到综合平衡的效果；原料肉中的肥瘦比为 5：5 或 6：4 时，仍能加工出满意的产品，而且其中的瘦肉可全部用猪肉，肥膘可用鸡皮代替，可明显降低成本，生产出香气浓郁的产品，而且不出油，但这要求工艺控制相当严格。

3. 绞肉　将瘦肉与背膘用 12mm 孔板绞肉，要求绞肉机刀刃锋利，刀与孔板配合紧实，绞出的肉粒完整，勿成糊状，否则将使成品口感发黏、脂肪出油。

4. 腌制　经绞碎的肉，放入搅拌机中，同时加入食盐、亚硝酸钠、复合磷酸盐、异抗坏血酸钠、各种香辛料和调味料等。搅拌完毕，放入腌制间腌制，腌制间温度为 0～4℃，腌制 24h。腌制好的肉颜色鲜红，变得富有弹性和黏性。

5. 斩拌　要求斩拌机刀刃锋利，转速 3 000r/min，刀与锅的间隙 3mm。

第一步，加入瘦肉，并加入盐、糖、味精、亚硝酸钠、磷酸盐及 1/3 冰水，斩到瘦肉成泥状，时间 2～3min。

第二步，加入肥膘、1/3 冰水、卡拉胶、蛋白等，将肥膘斩至细颗粒状，时间 2～3min。

第三步，将剩余辅料及冰水全部加入，斩至肉馅均匀、细腻、黏稠有光泽，控制温度为 10℃，时间 2～3min。

第四步，加入淀粉，斩拌均匀，温度应小于 12℃，时间 30s。

6. 充填　将天然猪、羊肠衣用温水清洗干净后放在自来水中浸泡 2h 后备用，充填时注意肠体松紧适度，充填完毕用清水将肠体表面冲洗干净。

7. 干燥　目的是发色及使肠衣变得结实，以防止在蒸煮过程中肠体爆裂。干燥温度55～60℃，时间30min以上，要求肠体表面手感爽滑，不粘手，干燥温度不宜过高，否则易出油。

8. 蒸煮　82～83℃蒸煮30min以上，温度过高肠体易爆裂，时间过长（80min以上）也易导致肠体爆裂。

9. 糖熏　普通烟熏方法难以使肠衣上色，而且色泽易褪，糖熏可改善之。糖熏方法是，木渣：红糖比例为2：1，炉温75～80℃，时间20min。电阻丝上面置小铁盒，加热后上糖及木渣，密封糖熏，最终形成红棕色。

10. 冷却　如果要使肠体饱满无皱褶，糖熏结束后，立即用冷水冲淋肠体10～20s，产品在冷却过程中要求室内相对湿度75%～80%，太干、太湿都易使肠衣不脆、难剥皮。

11. 定量包装　用真空袋定量包装，抽真空，时间30s，热合时间2～3s。

12. 二次杀菌　为了延长产品保质期，包装后的产品要进行二次杀菌，工艺是提高温度至85～90℃，10min以上，如果为了使产品的表面更加饱满，可采用95～100℃，10min的杀菌工艺。

13. 产品质量指标

（1）感官指标　色泽红棕色，肠衣饱满有光泽，结构紧密有弹性，香气浓郁，口味纯正，口感脆嫩。

（2）理化指标　NaCl（%）≤2；亚硝酸钠≤30mg/kg。

（3）微生物指标　细菌总数（cfu/g）≤2000；大肠菌群（个/100g）＜30；致病菌不得检出。

当前市场上常见的各种名称的脆脆肠实际就是按照该方法生产的，肉泥型香肠若采取以上的工艺及标准进行生产，可生产出满意的产品。

五、高温火腿肠

1. 配方　猪精瘦肉70kg，脂肪20kg，鸡皮10kg，亚硝酸钠10g，异抗坏血酸钠60g，食盐3.3kg，三聚磷酸盐0.5kg，白糖2.2kg，味精0.25kg，分离蛋白4.0kg，卡拉胶0.5kg，淀粉20kg，冰水55kg，红曲红0.12kg，鲜姜2.0kg，白胡椒粉0.25kg，猪肉型酵母味素0.5kg，LB05型酵母味素0.5kg。

2. 绞肉　分别将不同的原料肉绞成6～8mm的肉馅。解冻后的原料肉在绞碎机中绞碎，目的是使肉的组织结构达到某种程度的破坏。绞肉时应特别注意控制好肉温不高于10℃，否则肉馅的持水力、黏结力就会下降，对制品质量产生不良影响，绞肉时不要超量填肉。

3. 腌制　经绞碎的肉，放入搅拌机中，同时加入适量食盐、亚硝酸钠、复合磷酸盐、异抗坏血酸钠、各种香辛料和调味料等，搅拌5～10min混合均匀，搅拌的关键是控制肉温不超过10℃。搅拌完毕，放入腌制间腌制，腌制间温度为0～4℃，湿度是85%～90%，腌制24h。腌制好的肉颜色鲜红，且色调均匀，变得富有弹性和黏性，同时提高了制品的持水性。

4. 斩拌　用高速斩拌机（3 000r/min）将肉馅斩成肉糜状。原辅料添加顺序如下：

首先加入瘦肉、鸡皮、亚硝酸钠、磷盐、食盐、异抗坏血酸钠、色素、1/3冰水、卡拉胶，第二加入分离蛋白和1/3冰水，第三加入脂肪和香辛料最后加入淀粉和另外的1/3

冰水。

腌制好的肉馅经斩拌机斩拌使肉馅均匀混合，并通过腌制工艺中抽提出的盐溶蛋白及添加的植物蛋白等乳化剂将脂肪乳化，进一步提高肉的黏着性，斩拌得好坏，直接决定制品的质量。斩拌前先用冰水将斩拌机降温至10℃左右，然后将肉糜斩拌1min，接着加入片冰机生产的冰片量约为原料量的20%、糖及胡椒粉，斩拌2~5min，后加入玉米淀粉和大豆分离蛋白，再斩拌2~5min结束。斩拌时应先慢速混合，再高速乳化，斩拌温度控制在10℃左右，斩拌时间一般为5~8min。这里作为填充剂的玉米淀粉有黏着和持水作用，大豆分离蛋白除了可以增加火腿肠的蛋白质含量外，还具有乳化性、保水性、保油性、黏着性和胶凝性等功能。

5. 充填 灌肠是将斩拌好的肉馅灌入事先准备好的肠衣中，灌制量按重量计。采用连续真空灌肠机，使用前灌肠机的料斗用冰水降温，倒入第一锅时，排出机中空气。灌肠后用铝线结扎，使用的是聚偏二氯乙烯（PVDC）材料肠衣。灌制的肉馅要紧密而无间隙，防止装得过紧或过松，胀度要适中，以两手指压肠子两边能相碰为宜。

6. 高温杀菌 灌制好的火腿肠在30min内要进行蒸煮杀菌，否则须加冰块降温。经蒸煮杀菌的火腿肠，不但产生特有的香味、风味，稳定了肉色，而且还消灭了细菌，杀死了病原菌，提高制品的保存性。

蒸煮杀菌工序操作规程分三个阶段：升温、恒温、降温。将检查过完好无损的火腿肠放入杀菌篮中，每篮分隔成五层，每层不能充满，应留一定间隙（以能放入一个手掌为宜），然后把杀菌篮推入卧式杀菌锅中，封盖。将热水池中约70℃的水泵到杀菌锅中至锅满为止，打开进汽阀，利用高温蒸汽加热升温，在这一过程中，锅内压力不能超过0.3MPa，温度升到杀菌温度时开始恒温，此时压力应保持在0.25~0.26MPa，杀菌完毕后，应尽快降温，在约20min内由杀菌温度降至40℃。降温时杀菌锅的进水管入冷水，排水管出热水（热水排至热水池中，作为下一次蒸煮杀菌时的用水）。通过控制进出水各自的流量，使形成的水压与火腿肠内压力相当（约0.22MPa）。冷却时既要使火腿肠迅速降温，又要不至因降温过快而使火腿肠由于内外压力不平衡而胀破。

降温到40℃时，打开热水阀将部分40℃热水排出，然后喷淋自来水至水温为33~35℃，关掉自来水阀继续彻底排掉锅内的水，关掉排水阀，开自来水进水阀，供水至锅体上温度计旁的出水口有水流出时关掉进水阀，静置10min，排水，结束整个冷却过程。一般情况下，从热水进锅升温开始到冷却结束约耗时1.5h。

杀菌温度和恒温时间，依灌肠的种类和规格不同而有所区别。如45g、60g、75g重的火腿肠120℃恒温20min；135g、200g重的火腿肠120℃恒温30min；40g、60g、70g重的鸡肉肠115℃恒温30min；135g、200g重的鸡肉肠115℃恒温40min。

7. 成品检验 是对产品进行质量检查，确保其符合国家卫生法和有关部门颁布的质量标准或质量要求。灌肠类质量指标符合以下企业标准：

（1）感官指标 肠衣干燥完整，并与内容物密切结合，富有弹性，肉质紧密，无黏液和霉斑，切面坚实而湿润，肉呈均匀的蔷薇红色，脂肪为白色，有西式火腿肠特有的香味。

（2）理化指标

亚硝酸盐（mg/kg，以 $NaNO_2$ 计） ≤30

水分（%） ≤76

蛋白质（%）　　　　　　　　≥ 10
食盐（%）　　　　　　　　　≤ 2.8
淀粉（%）　　　　　　　　　≤ 10

（3）微生物指标　细菌总数（cfu/g）≤3000（出厂），细菌总数（个/g）≤50 000（销售）。

大肠菌数（个/ 100g）≤40（出厂），大肠菌数（个/ 100g）≤150（销售）
致病菌不得检出。

8. 贴标入库　火腿肠衣表面风干后贴标，入库保存，25℃条件下可保存6个月。

第三节　西式火腿

西式火腿一般由猪肉加工而成，大都是用大块肉经整形修割（剔去骨、皮、脂肪和结缔组织），盐水注射腌制、嫩化、滚揉、充填，再经熟制、烟熏（或不烟熏）、冷却等工艺制成的熟肉制品，加工过程只需2天，成品水分含量高，嫩度好。西式火腿种类繁多，虽加工工艺各有不同，但其腌制都是以食盐为主要原料，而加工中其他调味料用量甚少，故又称之为盐水火腿。由于其选料精良，加工工艺科学合理，采用低温巴氏杀菌，故可以保持原料肉的鲜香味，产品组织细嫩，色泽均匀鲜艳，口感良好。西式火腿加工设备主要有盐水注射器、嫩化机、滚揉机、成形机、烟熏室。

一、盐水火腿的加工

西式盐水火腿是指将原料肉进行嫩化、盐水注射、滚揉按摩和装模成型等工序而加工成的一类肉制品。根据原料的种类不同，可分为猪肉火腿、牛肉火腿、鸡肉火腿、混合肉火腿等；根据对肉的切碎程度不同可分为肉块火腿、肉粒火腿、肉糜火腿等；根据包装材料不同又可分为马口铁罐装的听装火腿、塑料薄膜包装火腿和肠衣包装的火腿等。盐水火腿可随市场需求制成各种风味的产品，产品柔嫩多汁，口味鲜美，食用方便，近几年来在国内肉类市场深受欢迎。现在这套设备又开发出孜然牛肉、烤通脊、庄园火腿等产品。

盐水火腿是在西式火腿加工工艺的基础上，吸收国外新技术，借助化学原理及物理方法，对原来的工艺和配方进行了改进。盐水火腿已成为欧美各国主要肉制品品种之一，与老式的西式火腿相比较，其主要优点是：①生产周期短，从原来的7～8天缩短到2天；②成品率高，从原来的70%左右提高到110%左右；③营养价值高，风味好，盐水火腿由于选料精良，且只用纯精肉，加工细腻，辅料中又添加了品质改良剂磷酸盐和维生素C、葡萄糖、植物蛋白等辅料，所以营养价值高，质量好，色味俱佳，切面呈鲜艳的玫瑰红色，肉质鲜嫩可口，咸淡适中，风味好；④由于对原料采用滚揉按摩，使肌肉内部的蛋白质外渗，所以成品的黏合性强；⑤成品可直接食用，可切成片或丁，与其他食品混合烹调；⑥由于成品率高，降低了成本，盐水火腿由于具有上述优点，因此，深受消费者的欢迎，是肉制品生产的新方向。决定盐水火腿质量好坏和成品率高低的因素是多方面的，现将盐水火腿的生产工艺介绍如下：

1. 工艺流程　原料选择和整理→注射盐水腌渍→嫩化→滚揉按摩→装模成型→烧煮和整形→成品冷却→出模或包装销售。

120

2. 原料的选择和拆骨整理

（1）原料选择　选择经兽医卫生检验合格的猪后腿或大排（即背肌），两种原料以任何比例混合或单独使用都可以。

（2）剔骨和整理　后腿在剔骨前，先粗略剥去硬膘，大排则相反，应先去掉骨头再剥去硬膘。剔骨时应注意，要尽可能保持肌肉组织的自然生长块形，刀痕不能划得太大太深，且刀痕要少，做到尽量少破坏肉的纤维组织，以免注射盐水时大量外流，让盐水较多地保留在肌肉内部，使肌肉保持膨胀状态，有利于加速扩散和渗透均匀，以缩短腌制时间。

（3）修肉　剥净后腿或大排外层的硬膘，除去硬筋、肉层间的夹油、粗血管等结缔组织和软骨、淤血、淋巴结等，使之成为纯精肉，再用手摸一遍，检查是否有小块碎骨和杂质残留。最后把修好的后腿精肉，按其自然生长的结构块型，大体分成四块，对其中块型较大的肉，沿着与肉纤维平行的方向，中间开成两半，避免腌制时因肉块过大而腌不透，大排肌肉则保持整条使用，不必开刀。整理好的肉分装在能容 20～25kg 的不透水的浅盘内，每 50kg 肉平均分装 3 盘，肉面应稍低于盘口为宜，等待注射盐水。

3. 注射盐水腌渍　通过注射盐水来达到腌制目的，这种腌制方法可使盐水均匀地渗透到肉体的各部分，能加速肉质的乳化，腌制质量好、时间短。目前国外使用的注射器有大型的也有小型的，有人工注射的也有机械化自动注射的。

盐水的主要成分是食盐、亚硝酸钠和水，另外还有助色剂柠檬酸、抗坏血酸、尼克酰胺和品质改良剂磷酸盐等。混合粉的主要成分是淀粉、磷酸盐、葡萄糖和少量精盐、味精等，还可加些其他辅料。盐水和混合粉中使用的食品添加剂，应先用少许清洁水充分调匀成糊状，再倒入已冷却至 8～10℃ 的清洁水内，并加以搅拌，待固体物质全部溶解后，稍停片刻，撇去水面污物，再行过滤，以除去可能悬浮在溶液中的杂质。

用盐水注射器，把 8～10℃ 的混合盐水强行注入肉块内，大的肉块应多处注射，以达到大体均匀为原则。盐水的注射量，一般控制在 20%～25%，剩余的盐水可加入肉盘中浸渍。注射工作应在 8～10℃ 的冷库内进行，若在常温下进行，则应把注射好盐水的肉，迅速转入 2～4℃ 的冷库内。腌渍时间常控制在 16～20h。

注射盐水的关键是确保盐分准确注入，且能在肉块中均匀分布。盐水注射机的注射原理通常是将盐水储装在带有多针头能自动升降的机头中，使针头顺次地插入由传送带输送过来的肉块里，针头通过泵口压力，将盐水均匀地注入到肉块中。为防止盐水在肉外部泄漏，注射机的针头都是特制的，只有针头碰触到肉块产生压力时，盐水开始注射，而且每个针头都具备独立的伸缩功能，确保注射顺利。如图 7-1 和图 7-2。

4. 嫩化　肉块注射盐水之后，还要用特殊刀刃对其切压穿刺，以扩大肉的表面积，破坏筋和结缔组织及肌纤维束等，以改善盐水的均匀分布，增加盐溶性蛋白质的提出和提高肉的黏着性，这一工艺过程叫肉的嫩化。其原理是将 250 个排列特殊的角钢型刀插入肉里，使盐溶性蛋白质不仅从肉表面提出，亦能从肉的内层提出来，以增加产品的黏合性和持水性，增加出品率。

5. 滚揉按摩　注射盐水、嫩化后的原料肉，放在容器里通过转动的圆筒或搅拌轴的运动进行滚揉。滚揉按摩是非常重要的一关，主要作用有三点：①使肉质松软，利于加速盐水渗透扩散，使肉发色均匀。②使蛋白质外渗，形成黏糊状物质，增强肉块间的黏着能力，使制品不松碎。③加速肉的成熟，改善制品的风味。

图7-1　盐水注射机

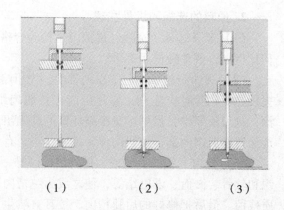

图7-2　盐水注射模式

（1）针头不接触肉块不会注射　（2）针头接触
肉块开始注射　（3）针头接触骨头自动停止

　　按摩工作应在8～10℃的冷库内进行，因为蛋白质在此温度范围内黏性较好，若温度偏高或偏低，都会影响蛋白质的黏合性。图7-3、图7-4为滚揉按摩机及按摩好的肉。

图7-3　滚揉按摩机

图7-4　按摩好的肉

　　6. 装模　经过两次按摩的肉，应迅速装入模型，不宜在常温下久置，否则蛋白质的黏度会降低，影响肉块间的黏着力。装模前首先进行定量过磅，然后把称好的肉装入尼龙薄膜袋内，然后连同尼龙袋一起装入预先填好衬布的模子里，再把衬布多余部分覆盖上去，加上盖子压紧。盖子上面应装有弹簧，因为肉在烧煮受热时会发生收缩，同时有少量水分流失，弹簧的作用是使肉在烧煮过程中始终处于受压状态，防止方腿内部因肌肉收缩而产生空洞。图7-5为各种火腿模具。

　　7. 煮制　将模型放入锅内，加入清洁水，水面应稍高出模型，然后开大蒸汽使水温迅速上升，夏天一般经15～20min即可升到78～80℃，关闭蒸汽，保持此温度，待中心温度达到68℃时（称巴氏杀菌法），即放掉锅内热水。在排放热水的同时，锅面上应淋冷水，使模子温度迅速下降，以防止因产生大量水蒸气而降低成品率，一般经20～30min淋浴，模子外表温度已大大降低，触觉不太烫手即可出锅整形。所谓整形，就是在烧煮后趁热对产品进行外形修整，即是指在排列和烧煮过程中，由于模子间互相挤压，小部分盖子可能

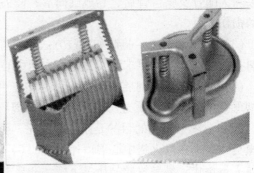

图7-5　各种火腿模具

发生倾斜，如果不趁热加以校正，成品不规则，影响商品外观；另一方面，由于烧煮时少量水分外渗，内部压力减少，肌肉收缩等原因，方腿中间可能产生空洞。经过整形后的模型，迅速放入2~5℃的冷库内，继续冷却12~15h，等盐水方腿的中心已凉透，即可出模，包装销售或冷藏保存。图7-6为蒸煮锅。

图7-6　蒸煮锅

二、去骨火腿

去骨火腿是用猪后大腿整形、腌制、去骨、包扎成型后，再经烟熏、水煮而成，去骨火腿是熟肉制品，具有方便、鲜嫩的特点，但保藏期较短。但近来加工去骨火腿较多，在加工时，去骨一般是在浸水后进行，去骨后，以前常连皮制成圆筒形，而现在多除去皮及较厚的脂肪，卷成圆柱状，故又称为去骨卷火腿，亦有置于方形容器中整形者。因一般都经蒸煮，故又称之为去骨熟火腿。

1. 工艺流程　原料肉选择→ 去骨、整形→腌制→水浸→烟熏→蒸煮→冷却→包装。

2. 操作要点

（1）原料　选择健康无病猪的后腿，腿心肌肉丰满，在去掉髋骨之后，切去膝关节的筋，抽出大腿骨使其呈隧道状。

（2）去骨、整形　去除两个腰椎，拨出骨盘骨，将刀插入大腿骨上下两侧，割成隧道

123

状去除大腿骨及膝盖骨后，卷成圆筒形，修去多余瘦肉及脂肪。去骨时应尽量减少对肉组织的损伤。

（3）腌制、水浸　腌制和水浸方法与带骨火腿一样，时间可以稍短一些，完成水浸的原料扎成枕状。结扎要求结实，防止火腿中心出现孔洞。

（4）烟熏　烟熏时将下部朝上吊起，在40～50℃条件下，干燥约5h之后，再在60℃下烟熏6～10h。在烟熏过程最好将缠绕的绳再紧一下。

（5）蒸煮　蒸煮的目的是杀菌和熟化，赋予产品适宜的硬度和弹性，同时减缓浓烈的烟熏臭味。水煮以火腿中心温度达到62～65℃保持30min为宜，若温度超过75℃，则肉中脂肪大量熔化，易导致成品质量下降。一般大火腿煮5～6h，小火腿煮2～3h。

（6）冷却、包装、贮藏　水煮后略为整形，尽快冷却后除去包裹棉布，用塑料膜包装后在0～1℃的低温下贮藏。图7－7为去骨火腿。

图7－7　去骨火腿

三、带骨火腿的加工

带骨火腿是将原料经盐腌后加以烟熏以增加其保藏性，同时赋以香味而制成的生肉制品，带骨火腿有长形火腿和短形火腿两种。带骨火腿生产周期较长，成品较大，为生肉制品，生产不易机械化，生产量及需求量较少。

1. 工艺流程　选料→整形→去血→腌制→浸水→干燥→烟熏→冷却→包装→成品。

2. 质量控制

（1）原料选择　长形火腿是自腰椎留1～2节将后大腿切下，并自小腿处切断。

（2）整形　带骨火腿整形时要除去多余脂肪，修平切口使其整齐丰满。

（3）去血　动物宰杀后，在肌肉中残留的血液及淤血等非常容易引起肉制品的腐败，放血不良时尤为如此，故必须在腌制前进行去血。去血是指在盐腌之前先加适量食盐、硝酸盐，利用其渗透作用进行脱水以除去肌肉中的血水，改善色泽和风味，增加防腐性和肌肉的黏着力。操作方法：取肉量3%～5%的食盐与0.2%～0.3%的硝酸盐，混合均匀后涂布在肉的表面，堆叠在略倾斜的操作台上，上部加压，在2～4℃下放置1～3天，使其排除血水。

（4）腌制　腌制是使食盐渗入肌肉，进一步提高肉的保藏性和保水性，并使香料等也渗入肉中，改善其风味和色泽。腌制有干腌、湿腌和盐水注射法。

①干腌法：按原料肉重量，一般用食盐3%～6%，硝酸钾0.2%～0.25%，亚硝酸钠0.03%，砂糖为1%～3%，调味料为0.3%～1.0%。调味料常用的有月桂叶、胡椒等。盐

糖之间的比例不仅影响成品风味，而且对质地、嫩度等都有显著影响。

腌制时将腌制混合料分 1~3 次涂擦于肉上，堆于 5℃ 左右的腌制室内，尽量压紧，但高度不应超过 1m，应每 3~5 天倒垛一次。腌制时间随肉块大小和腌制温度及配料比例不同而异；小型火腿 5~7 天；5kg 以上较大火腿需 20 天左右；10kg 以上需 40 天左右。大块肉最好分 3 次上盐，每 5~7 天涂一次盐，第一次所涂盐量可略多。腌制温度较低、用盐量较少时可适当延长腌制时间。

②湿腌法：先将混合料配制成腌制液，然后进行腌制。

腌制液的配制：先将香辛料装袋后和亚硝酸盐以外的辅料溶于水中煮沸过滤，待配制液冷却到常温后再加入亚硝酸盐以免分解。为了提高肉的保水性，可加入 3%~4% 的多聚磷酸盐，还可加入约 0.3% 的抗坏血酸钠以改善成品色泽。

腌制方法：将洗干净的去血肉块堆叠于腌制槽中，将预冷至 2~3℃ 的腌制液，约按肉重的 1/2 量加入，使肉全部浸泡在腌制液中，盖上格子形木框，上压重物以防上浮，然后在腌制库中（2~3℃）腌制。每千克肉腌制 5 天左右，如腌制时间较长，需 5~7 天翻检一次。

腌制液的再生：使用过的腌制液中除含有 13%~15% 的食盐以及砂糖、硝石外，还有良好的风味。但因其中已溶有肉中营养成分，且盐度较低，微生物易繁殖，故再使用前须加热至 90℃ 杀菌 1h，冷却后除去上浮的蛋白质、脂肪等，滤去杂质，补足盐度。

③注射法：无论是干腌法还是湿腌法，所需腌制时间较长，且盐水渗入大块肉的中心较为困难，常导致肉块中心与骨关节周围细菌繁殖，使腌肉中心酸败，湿腌时还会导致肉中盐溶性蛋白等的损失。注射法是用专用的盐水注射机把已配好的腌制液，通过针头注射到肉中而进行腌制的方法，有滚揉机时，腌制时间可缩短至 12~24h，这种腌制方法不仅能缩短腌制时间，而且可通过注射前后的称重严格控制盐水注射量，保证产品质量的稳定性。

（5）浸水　用干腌法或湿腌法腌制的肉块，其表面与内部食盐浓度不一致，需浸入 10 倍的 5~10℃ 的清水中浸泡以调整盐度。浸泡时间随水温、盐度及肉块大小而异，一般每千克肉浸泡 1~2h，若是流水则数十分钟即可。浸泡时间过短，咸味重且成品有盐结晶析出；浸泡时间过长，则成品质量下降，且易腐败变质。采用注射法腌制的肉无需经浸水处理，因盐水的注射量完全可以控制，且肉块内外的含盐量基本一致，无需进行调整盐度。因此，现在大生产中多用盐水注射法腌肉。

（6）干燥　干燥的目的是使肉块表面形成多孔以利于烟熏。经浸水去盐后的原料肉，悬吊于烟熏室中，在 30℃ 温度下保持 2~4h 至表面呈红褐色，且略有收缩时为宜。

（7）烟熏　烟熏能改善色泽和风味，使制品带有特殊的烟熏味，色泽呈美好的茶褐色。而且在木材燃烧不完全时所生成的烟中的醛、酮、酚、蚁酸、醋酸等成分能阻止肉品微生物增殖，故能延长保藏期。据研究，烟熏可使肉制品表面的细菌数减少到 1/5，且能防止脂肪氧化，促进肉中自溶酶的作用，促进肉品自身的消化与软化，降低肉中亚硝酸盐的含量，加快亚硝基肌红蛋白的形成，促进发色。烟熏所用木材以香味好、材质硬的阔叶树（青刚）为多。带骨火腿一般用冷熏法，烟熏时温度保持在 30~33℃，1~2 昼夜至表面呈淡褐色时则芳香味最好，烟熏过度则色泽变暗，品质变差。

（8）冷却、包装　烟熏结束后，自烟熏室取出，冷却至室温后，转入冷库冷却至中心温度 5℃ 左右，擦净表面后，用塑料薄膜或玻璃纸等包装后即可入库。

上等成品要求外观均称，厚薄适度，表面光滑，断面色泽均匀，肉质纹路较细，具有特殊的芳香味。

四、通脊火腿

猪通脊肉经盐渍、烟熏、蒸煮制成的产品称通脊火腿。

1. 工艺流程　原料肉选择→腌制→烟熏→蒸煮→冷却→包装。

2. 原料配方　猪通脊肉 50kg，精盐 1.1kg，磷酸盐 0.15kg，味精 0.1kg，混合乳化剂 1kg，胡椒粉 30g，葡萄糖 250g，肉豆蔻粉 15g，异抗坏血酸钠 25g，桂皮粉 10g，亚硝酸钠 5g。

3. 操作要点

（1）选择符合卫生要求的猪通脊肉，用盐水注射机将盐水注入肉中。盐水总用量为肉重的 20%～30%，其中注射量约 10%～15%，剩余的盐水和通脊肉一起倒入滚揉机中，在 4～8℃ 的低温下滚揉 10～14h。

（2）腌制好的通脊肉可直接进行修整，穿上线绳，吊挂在烟熏炉内，进行熏制，生产出的制品称通脊火腿肉；也可使用填充机把两条重叠通脊肉一起充入强力纤维素肠衣内，用拉伸打卡机进行拉伸打卡，然后吊挂在烟熏炉内，进行烟熏，生产出的制品称通脊火腿。

（3）烟熏条件：在 40～50℃ 条件下进行 1～2h 初干燥，然后在 60～70℃ 烟熏 2～3h。

（4）烟熏结束后，在 75～85℃ 条件下蒸煮 1～2h，中心温度达到 68℃ 以上即可。蒸煮结束后，应马上进行冷却，使中心部位温度降下来，通脊火腿可采用冷水喷淋的方法冷却，通脊火腿肉则只能自然冷却。

五、菠萝火腿

菠萝火腿是用大块猪后腿精肉，腌制后灌入网状肠衣内，经烟熏、蒸煮而制成的产品，形似菠萝，故称菠萝火腿。

1. 工艺流程　原料肉选择→腌制→嫩化→充填→烟熏→蒸煮→冷却→成品。

2. 原料配方　猪后腿精肉 50kg，精盐 1kg，混合磷酸盐 0.15kg，味精 0.15kg，亚硝酸钠 5g，混合调味料 80g，大豆蛋白 1kg，葡萄糖 0.5kg。

3. 操作要点

（1）选择符合卫生要求的猪后腿精肉，用盐水注射机将配制好的盐水注入原料肉中。盐水总用量为肉重的 20%～30%，然后在 4～8℃ 的低温下滚揉 16～18h，用嫩化机将肉嫩化。

（2）腌制好的肉块整形后，充填到网状肠衣中，注意充填紧密，火腿内部不能出现孔洞。然后吊挂在烟熏炉内，进行烟熏、干燥。

（3）烟熏、干燥条件：在 50～60℃ 条件下进行 1～2h 干燥，然后在 60～70℃ 条件下烟熏 2～3h。

（4）烟熏结束后，在 75～85℃ 条件下蒸煮 1～2h，中心温度达 68℃ 以上即可，蒸煮结束后，应马上进行冷却。

六、庄园火腿

庄园火腿是用猪前、后腿精肉，按自然结构分割成 0.5 ~ 1.0kg 的肉块，经腌制、烟熏、蒸煮而制成的产品。

1. 工艺流程　原料肉选择→腌制→烟熏→蒸煮→冷却→成品。

2. 原料配方　猪前、后腿精肉 50kg，精盐 1.1kg，混合磷酸盐 0.2kg，味精 0.15kg，大豆蛋白 1kg，混合调味料 150g，卡拉胶 0.3kg，亚硝酸钠 5g。

3. 操作要点

（1）选择符合卫生要求的猪前、后腿精肉，分割成 0.5 ~ 1kg 的自然块。用盐水注射机将配制好的盐水注入原料肉块中，盐水总用量为肉重的 25% ~ 30%，然后在 4 ~ 8℃ 的低温下滚揉 12 ~ 14h。

（2）腌制好的肉块，直接穿绳吊挂在烟熏炉内，在 50 ~ 60℃ 条件下进行 1 ~ 2h 的干燥，然后在 60 ~ 70℃ 条件下烟熏 2 ~ 3h。

（3）烟熏结束后，在 75 ~ 85℃ 条件下蒸煮 1 ~ 2h，中心温度达 68℃ 以上即可，然后立即进行自然冷却。

七、碎肉火腿

碎肉火腿是用猪的精肉斩切成小块，经腌制及滚揉按摩后填充到肠衣中煮制而成的火腿。

1. 工艺流程　原料选择→斩碎→滚揉按摩→真空包装→打卡→装模→煮制→冷却→脱膜→包装。

2. 原料配方　猪肉 50kg，精盐 2kg，淀粉 8 ~ 10kg，味精 0.15 ~ 0.2kg，混合磷酸盐 0.15 ~ 0.2kg，混合调味料 250g，肉用乳化剂 3kg，糖 1kg，亚硝酸钠 5g，食用色素适量。

3. 操作要点

（1）选择经兽医卫生检验合格的猪精肉，用斩拌机斩成 10g 的小肉块，与配制好的腌制液及淀粉一起倒入滚揉机中，在 4 ~ 8℃ 的条件下滚揉 18 ~ 20h。

（2）滚揉按摩好的原料，迅速用真空灌肠机定量充填到肠衣中，打卡，然后装入模具中，加上盖子压紧。

（3）放入水煮槽中，在 90℃ 的条件下煮制 2 ~ 3h，中心温度达 72 ~ 74℃ 即可。

（4）煮制完成后，火腿带模具一起喷淋冷却，然后自然冷却到 10 ~ 12℃ 即可脱膜包装，销售或贮存。

八、青豆火腿

青豆火腿是根据西式盐水火腿的加工原理，用简单的设备生产的一种产品。青豆起到配色作用。

1. 工艺流程　原料选择→分割→腌制→拌馅→充填→ 蒸煮→熏烤→冷却→成品。

2. 原料配方　猪肉 50kg，精盐 1kg，淀粉 4kg，味精 0.1kg，混合粉 2kg，胡椒粉 0.2kg，白糖 1 ~ 2kg，香油 0.5kg，亚硝酸钠 5g，青豆 0.5kg。

3. 操作要点

（1）选择较瘦的猪肉，按肉纹理结构分割成 0.1～0.5kg 的肉块，在 0～4℃下用盐、硝腌制 2～3 天。

（2）腌制好的肉与混合粉、调味料一起加入搅拌机中，搅拌十几分钟，然后再加入淀粉，搅拌 4～5min，最后加入青豆拌均。

（3）把搅拌好的馅料用灌肠机充填到直径 60～70mm 玻璃纸肠衣中，用线绳捆扎好。在 80～85℃条件下蒸煮 1.5～2h，使中心温度达 72℃以上。

（4）放入烟熏炉中，在 50～60℃条件下，烟熏 40～50min，使玻璃纸肠衣干燥，表面呈良好的熏烟色。

思考题

1. 试述红肠的加工工艺。
2. 试述盐水火腿的加工工艺。
3. 盐水火腿生产中滚揉按摩的作用有哪些？

（孔保华，岳喜庆，杜阿楠）

第二篇　乳制品加工

第八章

原料乳的质量及变化

学习目标：掌握乳的化学成分、理化特性及其与制品质量的关系；熟悉乳中的微生物及异常乳的种类，并了解异常乳产生的原因，为以后学习乳制品的加工奠定一定的理论基础。

第一节　乳的成分和性质

一、乳的概念

乳是哺乳动物分娩后，为哺育幼儿从乳腺分泌的一种白色或稍带黄色的不透明液体。它含有幼儿生长发育所需要的全部营养成分，是哺乳动物出生后最适于消化吸收的全价食物。乳的成分十分复杂，含有上百种化学成分。主要成分包括水、乳脂肪、乳蛋白质、乳糖和矿物质。乳中还含有其他微量成分，如：色素、酶类、维生素和磷脂以及气体。乳中除去水和气体之外的物质称为干物质或乳的总固形物，这些干物质或悬浮或溶解于水中，所以从化学观念看，乳是各种物质的混合物，但实际上，它是包含着真溶液、高分子溶液、胶体悬浮液、乳浊液及种种过渡状态的、复杂的、具有胶体特性的多级分散体系。

二、乳的化学成分及其性质

（一）水

水是乳的主要成分之一，一般含87%～89%。由于有水的存在，才使得牛乳呈均匀而稳定的流体。牛乳中的水可分为游离水、结合水、结晶水和膨胀水四种。

（二）气体

气体的含量一般为乳容积的5.7%～8.6%，主要是CO_2、O_2和N_2，且在乳的各个时期含量会发生变化。刚挤出的新鲜牛乳中以CO_2为最多，N_2次之，O_2最少。由于牛乳冷却处理时与空气接触，空气中的O_2和N_2会溶于牛乳中，使两者的含量增加而CO_2的含量减少。因此对乳品生产中原料乳不能用刚挤出的乳检验其密度和酸度。

（三）干物质

通常乳干物质含量为11%～13%，干物质含有乳的全部营养。其中乳脂肪含量的变化很大，因此在实际工作中常用无脂干物质作为指标。

（四）乳脂肪

乳脂肪是乳的主要成分之一。在乳中的平均含量为3.5%～4.5%。乳脂肪中有98%～

131

99%是甘油三酯，还含有约1%的磷脂和少量的甾醇、游离脂肪酸、脂溶性维生素等。

1. 乳脂肪球及脂肪球膜　乳脂肪不溶于水，以脂肪球的形式分散于乳中，如图8-1。脂肪球的直径为0.1~10μm，平均为3μm。脂肪球大小与加工有关，越大越易分离。故大脂肪球含量多的牛乳，容易分离出稀奶油。生产中经均质处理的牛乳，其脂肪球的直径接近1μm，脂肪球基本不上浮，因而可以得到长时间不分层的稳定产品。乳脂肪球表面被一层5~10nm原生膜包围称为脂肪球膜。它具有保持乳浊液稳定的作用。该膜主要由蛋白质、磷脂、甘油三酯、胆甾醇、维生素A、金属离子及一些酶类构成，同时还有盐类和少量结合水。脂肪球膜的结构见图8-2，但在机械搅拌或化学物质作用下，脂肪球膜遭到破坏脂肪球会互相聚结在一起。可以利用这一原理生产奶油和测定乳的含脂率。

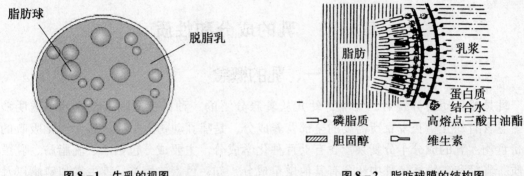

图8-1　牛乳的视图　　　　　　　　　图8-2　脂肪球膜的结构图

2. 乳脂肪的脂肪酸组成和含量　乳脂肪的脂肪酸种类较一般脂肪多，乳中的脂肪酸可分为水溶性挥发性脂肪酸、非水溶性挥发性脂肪酸及非水溶性非挥发性脂肪酸。其中水溶性挥发性脂肪酸含量特别高，这也是牛乳风味良好且易于消化的原因。乳脂肪的组成很复杂，不但在低级脂肪酸中检出了醋酸，还发现有$C_{20} \sim C_{26}$的高级饱和脂肪酸。乳脂肪的不饱和脂肪酸主要是油酸，占不饱和脂肪酸的70%左右。乳脂肪的脂肪酸组成受饲料、营养、环境、季节等因素的影响。一般夏季放牧期间不饱和脂肪酸含量升高，而冬季舍饲期间其含量降低。

3. 乳脂肪的特点　乳脂肪不同于其他脂肪，特点如下：①乳脂肪中短链低级挥发性脂肪酸含量远高于其他动植物油脂，因而乳脂肪具有特殊的香味和柔软的质体，是高档食品的原料；②乳脂肪易受光、空气中的氧、热、金属铜、铁的作用而氧化，从而发生脂肪氧化味；③乳脂肪易在解脂酶及微生物作用下而发生水解，水解结果使酸度升高；④乳脂肪易吸收周围环境中的其他气味；⑤乳脂肪在5℃以下呈固态，11℃以下呈半固态。

4. 乳脂肪的理化常数　乳脂肪的理化常数取决于乳脂肪的组成与结构。乳脂肪的理化常数中比较重要的有四项：溶解性挥发脂肪酸值、皂化价、碘价、波伦斯克值。

（五）乳糖

乳糖是哺乳动物乳汁中特有的糖类。牛乳中约含有乳糖4.6%~4.7%，全部呈溶解状态。乳糖是由α-D-葡萄糖和β-D-半乳糖以β-1，4糖苷键结合的双糖，其甜度相当于蔗糖的1/6~1/5。因其分子中有羰基，属还原糖。乳糖有α-乳糖和β-乳糖两种异构体。α-乳糖容易与一分子结晶水结合变为α-乳糖水合物，所以乳糖实际上共有三种构型，决定其呈现不同形态的关键是温度。乳糖有三种溶解度分别为最初溶解度（将乳糖投入水后，立即溶解时的溶解度，即 α-含水乳糖的溶解度）、最终溶解度（上述溶液继续振荡，再添加乳糖则可溶解，此时为 α-含水乳糖和 β-无水乳糖的溶解度）及超溶解度（将上述饱和溶液冷却到饱和时的温度以下，则生成过饱和液，但并未立即析出结晶时的溶解度）。尚未析出结晶的超饱和状态称为亚稳定状态，在该状态时添加晶种，促使乳糖形成微细结晶的过程叫乳糖强制结晶。生产炼乳就是利用这一原理，避免形成大的乳糖结晶颗粒。

由于有些人体内的乳糖酶活性降低或缺乏乳糖酶，当饮用乳及乳制品时，其中的乳糖不被消化吸收，发生腹泻症状，称为乳糖不耐症。乳糖是一种还原糖，在某些情况下，它可与蛋白质中一系列游离氨基酸发生反应，最典型的就是美拉德反应。

（六）乳蛋白质

乳蛋白质是乳中最有价值的成分，含量为 3.0% ~ 3.5%，牛乳的含氮化合物中 95% 为乳蛋白质，可分为酪蛋白和乳清蛋白。除了乳蛋白质外，还有约 5% 非蛋白含氮化合物，包括氨基酸、尿素、尿酸、肌酸及叶绿素等。这些含氮物是活体蛋白质代谢的产物，从乳腺细胞进入乳中。

1. 酪蛋白　在温度 20℃ 时调节脱脂乳的 pH 至 4.6 时沉淀的一类蛋白质称为酪蛋白，占乳蛋白总量的 80% ~ 82%。酪蛋白为白色非吸湿性化合物，不溶于水、酒精及有机质，但可溶于碱性溶液。酪蛋白中约含有 1.2% 的钙，以酪蛋白钙的形式与磷酸钙形成复合物，分散于乳中呈胶体状态。

（1）酪蛋白的分类　酪蛋白不是单一的蛋白质，含有 α_s、β、γ、κ 四种，主要是含磷量不同。α_s-酪蛋白含磷多，故又称磷蛋白。含磷量对皱胃酶的凝乳作用影响很大。α_s-、β-酪蛋白在皱胃酶的作用下可完全发生沉淀。γ-酪蛋白含磷量极少，因此，γ-酪蛋白几乎不能被皱胃酶凝固。在制造干酪时，有些乳常发生软凝块或不凝固现象，就是由于蛋白质中含磷量过少的缘故。κ-酪蛋白具有稳定 Ca^{2+} 的作用，起保护胶体的作用，只有当 Ca^{2+} 浓度很高时才可发生凝固沉淀现象。酪蛋白虽是一种两性电解质，但其分子中含有的酸性氨基酸远多于碱性氨基酸，因此具有明显的酸性。

（2）酪蛋白胶束的结构　牛乳酪蛋白以酪蛋白胶束状态存在于乳中，多与磷酸钙形成酪蛋白酸钙 - 磷酸钙复合体的胶粒结构。据 Payen 设想：酪蛋白胶束的结构如图 8 - 3 所示，酪蛋白中的 β - 酪蛋白以细丝状态形成网状结构，并将 α_s - 酪蛋白包围，外面被 κ - 酪蛋白覆盖，结合有胶体磷酸钙。

（3）酪蛋白的酸凝固　酪蛋白微胶粒对 pH 的变化很敏感。在酪蛋白中加酸（盐酸、硫酸或乳酸时），酪蛋白酸钙中的钙被酸夺取，渐渐地生成游离的酪蛋白，当 pH 达到酪蛋白的等电点 4.6 时，Ca^{2+} 完全被分离，游离的酪蛋白凝固而沉淀。在加酸凝固时，酸只和酪蛋白酸钙、磷酸钙起作用，而对白蛋白和球蛋白不起作用。这是工业制造干酪素的原理。在制造干酪素时，往往用 HCl 作凝固剂，如果加酸不足，则 Ca^{2+} 不能完全被分离，于是在干酪素中往往有一定量的钙盐。要想获得纯净的酪蛋白就必须在其等电点时使其凝固。

（4）酪蛋白的凝乳酶凝固　牛乳还可以在皱胃酶或其他凝乳酶的作用下发生凝固，原因是凝乳酶能使 κ-酪蛋白分解为 κ-副酪蛋白，它可在 Ca^{2+} 存在下形成不溶性的凝块，这种

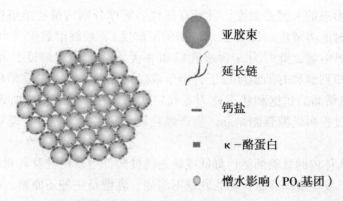

亚胶束

延长链

钙盐

κ-酪蛋白

憎水影响（PO$_4$基团）

图 8-3 酪蛋白胶束的结构图

凝块叫做副酪蛋白钙，本来就不稳定的 α$_s$-、β-酪蛋白，当失去 κ-酪蛋白的胶体保护作用后一起凝固。这就是工业生产干酪的原理。

（5）酪蛋白的钙凝固 酪蛋白以酪蛋白酸钙-磷酸钙复合体形式存在于乳中。由于乳中的钙和磷呈平衡状态存在，所以鲜乳中酪蛋白微粒具有一定的稳定性，当乳中加入 CaCl$_2$ 时，它将破坏钙和磷的平衡状态，尤其在加热时，酪蛋白的凝固现象更迅速。在 90℃ 时加入 0.12%~0.15% 的 CaCl$_2$ 即可使乳凝固。采用钙凝固时，乳蛋白质的利用程度，一般要比酸凝固法高 5%，比皱胃酶凝固法高 10% 以上。

2. 乳清蛋白 当向乳中加酸使乳 pH 值达到酪蛋白的等电点时，酪蛋白发生凝固，而其他的蛋白质仍留存在乳清中，称为乳清蛋白。约占乳蛋白质的 18%~20%，可分为热稳定和热不稳定的乳清蛋白。

（1）热不稳定的乳清蛋白 调节乳清 pH 4.6~4.7 时，煮沸 20min，发生沉淀的蛋白质为热不稳定的乳清蛋白，约占乳清蛋白的 81%。包括乳白蛋白和乳球蛋白两类。

（2）热稳定的乳清蛋白 约占乳清蛋白的 19%，包括蛋白胨和蛋白胨，此外还有一些脂肪球膜蛋白质，是吸附于脂肪球表面的蛋白质与酶的混合物。可以用洗涤方法将其分离出来。

（七）乳中的酶

乳中存在多种酶，除乳腺分泌的酶之外，一部分是乳腺白细胞在泌乳时崩解而来，另一部分是乳中存在的微生物代谢生成。现将与乳品生产关系密切的酶类分述如下：

1. 水解酶类

（1）脂酶 它的最适作用温度为 37℃，最适 pH 9.0~9.2，在 80~85℃ 以上钝化。乳脂肪在脂酶的作用下水解产生游离脂肪酸使牛乳带上脂肪分解的酸败气味，这是乳制品生产上常见的问题。尤其在奶油生产中，一般采用不低于 80~85℃ 的高温或超高温处理。而均质处理能使脂酶作用增加，那是因为破坏了脂肪球膜而增加了脂酶与乳脂肪的接触面，使乳脂肪更易水解，故均质后应及时进行杀菌处理。

（2）磷酸酶 它作用的最适 pH 为 7.6~7.8，经 63℃、30min 或 71~75℃、15~30s 加热后可钝化，可以利用这种性质来检验低温巴氏杀菌法处理的消毒牛乳的杀菌程度是否完全。

（3）蛋白酶 它来自乳本身和污染的微生物。在 37~42℃，弱碱性环境作用最大。乳中蛋白酶多为细菌性酶，细菌性的蛋白酶使蛋白质水解后形成蛋白胨、多肽及氨基酸。其中由乳酸菌形成的蛋白酶在干酪中具有重要的意义。蛋白酶在高于 75～80℃ 的温度中会被破坏。

2. 氧化还原酶

（1）过氧化氢酶　主要来自白血球的细胞成分，特别在初乳和乳房炎乳中含量较多。因而可利用对过氧化氢酶的测定来判定乳是否为乳房炎乳或其他异常乳。

（2）过氧化物酶　主要来自于白血球的细胞成分，它作用的最适温度是 25℃，最适 pH 是 6.8，经 76℃、20min 或 77～78℃、5min 或 85℃、10s 加热后可钝化。通过测定过氧化物酶的活性可以检测高温巴氏杀菌法处理的消毒牛乳的杀菌程度是否完全。

3. 还原酶　它是挤乳后进入乳中的微生物的代谢产物。作用的最适条件为 pH5.5～8.5，温度为 40～50℃。乳中还原酶的量与微生物的污染程度成正相关，因此可通过测定还原酶的活力来判断乳的新鲜程度。

（八）乳中维生素

牛乳中含有人类所必需的各种维生素，一部分来自饲料，一部分靠乳牛自身合成，具体可分为脂溶性维生素（如维生素 A、D、E、K）及水溶性维生素（如维生素 B_1、B_2、B_6、B_{12}、C、尼克酸等）两大类。乳及乳制品中的维生素含量受乳牛的饲养管理、杀菌方法以及其他加工处理的影响。如乳中的维生素 A 含量受饲料类型的影响；放牧期间乳中的维生素 B_{12} 含量较高；加热杀菌时，维生素都有不同程度的损失；而在生产酸乳、牛乳酒时由于微生物的生物合成，能使部分维生素（A、B_1、B_2）的含量增加。

（九）乳中的无机物和盐类

1. 无机物　牛乳中的矿物质主要有磷、钙、镁、氯、钠、硫、钾等，此外还有一些微量元素，其中碱性成分多于酸性成分。乳中矿物质大部分与有机酸或无机酸结合，以可溶性的盐类状态存在，其中最主要的是以磷酸盐及有机柠檬酸盐的状态存在。

氯和乳糖的含量在乳中一般呈一定的比例，因此使乳的渗透压保持一定的数值，二者之比称为氯糖数。正常的氯糖数一般在 2～3，若是乳房炎乳往往超过 4，有时甚至高达 15 以上。

2. 盐类　牛乳中的盐类含量虽然很少，但对乳品加工，特别是对热稳定性起着重要作用。牛乳中的盐类平衡，特别是钙、镁等阳离子与磷酸、柠檬酸等阴离子之间的平衡，对于牛乳的稳定性具有非常重要的意义。当受季节、饲料、生理或病理等影响，牛乳发生不正常凝固时，往往是由于钙、镁离子过剩，盐类的平衡被打破的缘故。此时，可向乳中添加磷酸及柠檬酸的钠盐，以维持盐类平衡，保持蛋白质的热稳定性。生产炼乳时常常利用这种特性。

乳与乳制品的营养价值，在一定程度上受矿物质的影响。以钙而言，由于牛乳中钙的含量较人乳多 3～4 倍，因此牛乳在婴儿胃内所形成的蛋白凝块相对人乳比较坚硬，不易消化。牛乳中铁的含量较人乳中少，故以牛奶哺育幼儿时应补充铁。

三、乳的物理性质

（一）乳的色泽

新鲜正常的牛乳呈不透明的乳白色或淡黄色；脱脂乳呈乳白色或带有青色；乳清呈黄绿色。乳白色是由于乳中的酪蛋白酸钙－磷酸钙胶粒及脂肪球等微粒对光的不规则反射所产生。牛乳中的脂溶性胡萝卜素和叶黄素使乳略带淡黄色，而水溶性的核黄素使乳清呈荧光性黄绿色。

（二）滋味与气味

牛乳气味主要来自于挥发性脂肪酸及其他挥发性物质。牛乳很容易吸收外界的各种气味，所以牛乳在牛舍中放置时间太久会带有牛粪味或饲料味，贮存器不良时则产生金属味，消毒温度过高则产生焦糖味。

乳中含有乳糖稍带甜味；乳中含有氯离子稍带咸味，常乳中的咸味因受乳糖、脂肪、蛋白质等所调和而不易觉察，但异常乳如乳房炎乳中氯的含量较高，故有浓厚的咸味；乳中的苦味来自 Mg^{2+}、Ca^{2+}；而酸味是由柠檬酸及磷酸所产生。

（三）酸度

刚挤出的新鲜乳的酸度可称为固有酸度或自然酸度。固有酸度来源于乳中固有的各种酸性物质。若牛乳酸度以乳酸计为 0.15% ~0.18%，则其中来源于酪蛋白的约为 0.05% ~0.08%，来源于白蛋白的为 0.01%，来源于二氧化碳的为 0.01% ~0.02%，来源于柠檬酸盐的为 0.01% ~0.02%，其余的则多来源于磷酸盐。非脂乳固体含量愈多，固有酸度就愈高。挤出后的乳，在微生物作用下进行乳酸发酵，导致乳的酸度逐渐升高，由于发酵产酸而升高的这部分酸度称为发酵酸度。固有酸度和发酵酸度之和称为总酸度。一般情况下，乳品工业中所测定的酸度就是总酸度。原料乳的酸度越高，对热的稳定性越差。

乳品生产中经常需要测定乳的酸度。乳的酸度有多种表示形式，乳品生产中常用的是指以标准碱溶液用滴定法测定的"滴定酸度"。滴定酸度有多种测定方法及其表示形式，我国滴定酸度用吉尔涅尔度简称"°T"或乳酸度［乳酸（%）］来表示。

1. 吉尔涅尔度（°T） 取 10ml 牛乳，用 20ml 蒸馏水稀释，加入 0.5% 的酚酞指示剂 0.5ml，以 0.1mol/L 氢氧化钠溶液滴定，将所消耗的 NaOH 毫升数乘以 10，即中和 100ml 牛乳所需 0.1mol/L 氢氧化钠毫升数，消耗 1ml 为 1°T。

2. 乳酸度［乳酸(%)］ 用乳酸量表示酸度时，按上述方法测定后用下列公式计算：

$$乳酸(\%) = \frac{0.1mol/L\ NaOH\ 毫升数 \times 0.009}{供试牛乳重量(g)} \times 100$$

（四）比重和密度

乳的比重是指一定容积牛乳的重量与同容积同温度水的重量之比。乳的比重以 15℃ 为标准，一般牛乳的比重是 1.030 ~1.034。乳的密度是指在 20℃ 时一定容积的牛乳的质量与同容积水在 4℃ 时的质量比，表示为 D20℃/4℃，一般牛乳的密度为 1.028 ~1.032，15℃时，正常乳的比重平均为 1.032，在 20℃ 时正常乳的密度平均为 1.030。在同温度下，乳的密度较比重小 0.0019，乳品生产中常以 0.002 的差数进行换算。密度受温度影响，温度每升高或降低 1℃，实测值就减少或增加 0.0002。乳的相对密度在挤乳后 1h 内最低，其后逐渐上升，最后可大约升高 0.001 左右，这是由于气体的逸散、蛋白质的水合作用及脂肪的凝固使容积发生变化的结果，故不宜在挤乳后立即测比重。

（五）热学性质

1. 冰点　牛乳的冰点，一般为 -0.565 ~ -0.525℃，平均为 -0.542℃。乳中的乳糖和盐类是冰点下降的主要因素，由于它们的含量较稳定，所以正常新鲜牛乳的冰点是物理性质中较稳定的一项。如果在牛乳中掺水，可导致冰点回升，掺水 10%，冰点约上升 0.054℃。可根据冰点的变动用下列公式来推算掺水量：

以质量计的加水量 W（%）＝（正常乳的冰点 T - 被检测乳的冰点 T′）× [100 - 被检乳的乳固体含量（%）] /正常乳的冰点 T

2. 沸点　在一个大气压下乳的沸点为 100.55℃ 左右，但沸点是受固体物质含量影响，因此当浓缩一倍时沸点上升 0.5℃，即浓缩到原来容积的一半时，沸点约为 101.05℃。

3. 比热容　一般牛乳的比热容约为 3.89kJ/（kg·℃），乳的比热容与其所含的脂肪及比重有关，同时也受温度的影响，当处理大量牛乳以及在浓缩干燥过程中进行加热时，对机械的设计和燃料的节省等都有重要的作用。

（六）黏度与表面张力

1. 黏度　正常乳的黏度为 0.0015 ~ 0.002Pa·s，乳的黏度随温度升高而降低。在乳的成分中，脂肪及蛋白质对黏度的影响最显著，随着含脂率、乳固体的含量增高，黏度也增高，初乳、末乳的黏度都比正常乳高。黏度在乳品加工上有很重要意义。

2. 表面张力　乳表面张力在 20℃ 时为 0.04 ~ 0.06N/cm²。乳的表面张力随温度上升而降低，随含脂率的减少而增大。乳的表面张力与牛乳的起泡性、乳浊状态、微生物的生长发育、热处理、均质作用及风味等均有密切关系。测定表面张力的目的是为了鉴别乳中是否混有其他添加物。

（七）电学性质

1. 导电率　乳中含有电解质因而能传导电流，但乳并不是电的良导体，与乳电导关系最为密切的离子为：Na^+、K^+、Cl^- 等。正常牛乳在 25℃ 时，导电率为 0.004 ~ 0.005S（西门子）。乳房炎乳中 Na^+、Cl^- 等离子增多，导电率上升，一般导电率超过 0.06 即可认为是患病牛乳。故可应用导电率的测定进行乳房炎乳的快速鉴定。

2. 氧化还原电位　乳中含有很多具有氧化或还原作用的物质，乳进行氧化还原反应的方向和强度取决于这类物质的含量。这类物质有 B 族维生素、维生素 C、维生素 E、酶类、溶解态氧、微生物代谢产物等。牛乳如果受到微生物污染，随着氧的消耗和还原性代谢物的产生，可使其氧化还原电位降低，当与甲基蓝、刃天青等氧化还原指示剂共存时可使其褪色，此原理可应用于微生物污染程度的检验。

（八）折射率

牛乳的折射率一般为 1.344 ~ 1.348，此值与乳固体的含量有比例关系，但是在脂肪球不规则反射的影响下，不易正确测定。牛乳的折射率由于溶质的影响而大于水的折射率，所以可以此判定牛乳是否掺水。

第二节　乳中微生物

一、微生物的来源

牛乳中微生物的来源主要有以下几个方面：

1. 乳房　乳房中微生物的多少取决于对乳房的清洗程度。乳房的外部沾污着大量粪屑等杂质，这些粪屑中的微生物从乳头端部侵入乳房，由于本身的繁殖和乳房的机械蠕动而进入乳房内部。因此，第一股乳流中，微生物的数量最多。

2. 牛体　牛舍空气、垫草、尘土以及本身的排泄物中的细菌大量附着在乳房的周围，当挤乳时就易混入牛乳中。所以在挤乳时，必须用温水严格清洗乳房和腹部，并用清洁的毛巾擦干。

3. 空气　挤乳及收乳过程中，鲜乳经常暴露于空气中，因此受空气中微生物污染的机会很多。

4. 挤乳用具和乳桶等　挤乳时所用的乳桶、挤乳机、过滤布、洗乳房用布以及乳桶等器具，如果不事先进行清洗杀菌，也很容易成为污染鲜乳的源头。鲜乳污染后，即使用高温瞬时杀菌也不能消灭有些耐热性的细菌，结果使鲜乳变质甚至腐败。

5. 其他　挤乳员的手不清洁，或者混入苍蝇及其他昆虫等，都是引起污染的原因。此外，还须注意勿使污水溅入乳桶中，并防止其他直接或间接的原因从桶口侵入微生物。

二、微生物的种类及其性质

乳中的微生物主要有细菌、霉菌、酵母菌和噬菌体。

（一）乳中的细菌

根据细菌对乳基质所产生的变化可分为产酸菌、产碱菌、产气菌、蛋白质分解菌和脂肪分解菌等，其中与乳品加工关系密切的有：链球菌属（乳酸链球菌、乳酪链球菌、嗜热链球菌、粪链球菌、丁二酮乳链球菌、明串珠菌属）；乳酸杆菌属（保加利亚乳杆菌、嗜酸乳杆菌、干酪乳杆菌、瑞士乳杆菌、胚芽乳杆菌、丙酸菌）；肠细菌（大肠菌群、沙门氏菌族）。根据其生长温度的不同可分为高温菌、中温菌和低温菌。

（二）乳中的霉菌

牛乳中常见的霉菌有乳粉孢霉、乳酪粉孢霉、黑念珠霉、变异念珠霉、蜡叶芽枝霉、灰绿青霉、乳酪青霉、卡门培尔干酪青霉、灰绿曲霉和黑曲霉等。

（三）乳中的酵母菌

乳品中的酵母菌主要为酵母属、毕赤式酵母属、拟球酵母属、假丝酵母属等菌属，常见的有脆壁酵母菌、膜噗毕赤式酵母、洪式球拟酵母、高加索乳酒球拟酵母、球拟酵母、汉逊氏酵母等。

（四）乳中的噬菌体

对乳及乳制品中的微生物而言，危害最大的噬菌体为乳酸菌噬菌体。代表性的乳酸菌噬菌体有：乳链球菌的噬菌体、乳酪链球菌的噬菌体、嗜热链球菌的噬菌体、乳酸链球菌的噬菌体。生产发酵乳制品，要防范乳酸菌噬菌体，它们是干酪和酸奶制品中难以解决的问题。

三、乳中微生物发酵方式及变化

（一）发酵方式

1. 乳酸发酵　葡萄糖经微生物的酵解作用产生乳酸的过程称为乳酸发酵，其发酵产物中全为乳酸时称为同型乳酸发酵；发酵产物中除乳酸外还有乙醇、乙酸、二氧化碳和氢等产物时，称为异型乳酸发酵。进行同型乳酸发酵的微生物有乳酸乳球菌，嗜热链球菌，大多数乳杆菌如嗜酸乳杆菌、瑞士乳杆菌、保加利亚乳杆菌等；而明串珠菌属和某些乳杆菌如干酪乳杆菌、植物乳杆菌则属于异型乳酸发酵；另外，双歧杆菌发酵属于乳酸发酵的一种特殊类型。乳酸发酵广泛应用于乳品工业，几乎所有发酵乳制品均有乳酸发酵及相关菌种的参与，利用乳杆菌、乳球菌、嗜热链球菌等作为发酵剂来生产发酵乳制品，如酸奶、干酪、酸性酪乳、酸性奶油等。按理论值计算，1 分子葡萄糖可以生成 2 分子乳酸，但是，当乳中乳酸达到一定程度时（乳酸度 0.8% ~ 1% 时），即开始抑制乳酸菌自身的生长繁殖。因此，一般乳酸发酵时，乳中尚有 10% ~ 30% 以上的乳糖不能被分解。

2. 酒精发酵（以酵母菌为代表）　所谓酒精发酵是指在酵母菌的作用下，葡萄糖被分解为酒精和二氧化碳的过程。在乳工业中，大多采用酵母和其他乳酸菌种来共同发酵生产具有醇香风味的发酵乳制品，如开菲尔、马奶酒和乳清酒等。

3. 丙酸发酵　葡萄糖经过糖酵解途径生成的丙酮酸在羧化作用下形成草酰乙酸，草酰乙酸被还原成琥珀酸，进一步经脱羧而生成丙酸。此外，少数丙酸菌可以以乳酸为底物进行发酵生成丙酸。前者为琥珀酸－丙酸途径，后者为丙烯酸途径。这类发酵的特点是，发酵最终形成的产物均为丙酸，所以称之为丙酸发酵。

4. 丁酸发酵　葡萄糖在一些专性厌氧的梭状芽孢杆菌作用下，先经过 EMP（己糖二磷酸途径）途径降解为丙酮酸，丙酮酸再转变为乙酰 CoA，而乙酰 CoA 再经过一系列反应生成丁酸、乙酸、二氧化碳和氢，在干酪成熟后期产生的"气体膨胀"大多是由于丁酸发酵而引起的。许多国家使用乳链球菌素，添加硝酸盐，以及调整水分和盐分，使用产生乳酸链球菌素的乳酸菌作发酵剂等措施来控制这类芽孢杆菌的生长，防止干酪膨胀的发生。

发酵乳制品良好的产品风味正是上述发酵过程中形成的多种产物的相对平衡含量所决定的，某一产物的过分增多，都将会导致产品风味缺陷。

（二）乳中微生物的变化

乳中微生物经历的五个期是：抑菌期、乳链球菌期、乳酸杆菌期、真菌期、胨化菌期。

（1）抑菌期　新鲜乳液中含有抗菌物质乳烃素（乳抑菌素），分为Ⅰ和Ⅱ型。Ⅰ型存在于初乳中，Ⅱ型存在于常乳中。这种细菌抑制物质的抑菌作用在初始细菌数少的鲜乳中可持续 36h，在严重污染的乳液中可持续 18h，在此期间乳中的菌数不会增加。

（2）乳链球菌期　抗菌物质减少或消失后，存在乳中的微生物迅速繁殖，这些细菌中以乳链球菌的生长繁殖特别旺盛，当然还有乳酸杆菌和大肠杆菌。

（3）乳酸杆菌期　乳链球菌繁殖使 pH 值下降至 6 左右时，乳酸杆菌的活动增强，当下降至 4.5 以下时仍继续产酸，产生乳凝块，并有大量乳清析出。

（4）真菌期　当酸度继续下降至 pH 3.0～3.5 时，绝大多数微生物被抑制甚至死亡，而酵母和霉菌尚能在高酸度的环境中繁殖，利用乳酸和其他有机酸，从而使 pH 不断上升接近中性。

（5）胨化菌期　随着乳液中的乳糖被消耗，残余的量已经很少，适宜于分解蛋白质和脂肪的细菌在其中生长繁殖，这样就产生了乳凝块被消化、乳液的 pH 逐步提高向碱性方向转化，并有腐败臭味产生的现象。

第三节　异常乳

一、异常乳的概念

正常乳的成分和性质基本稳定，当乳牛受到饲养管理、疾病、气温以及其他各种因素的影响时，乳的成分和性质往往发生变化，这种乳称作异常乳。异常乳的分类如下：

异常乳
- 生理异常乳　营养不良乳、初乳、末乳
- 化学异常乳
  - 高酸度酒精阳性乳、低酸度酒精阳性乳
  - 冻结乳、低成分乳
  - 混入异物乳、风味异常乳
- 微生物污染乳
- 病理异常乳　乳房炎乳及其他病牛乳

二、异常乳的分类

（一）生理异常乳

1. 初乳　初乳是产犊一周之内所分泌的乳，呈黄褐色，有异臭，味苦，黏度大，脂肪、蛋白质，特别是乳清蛋白含量高，乳糖含量低，灰分高，特别是钠和氯含量高，维生素含量一般也较常乳中含量高。初乳中铁含量约为常乳的 3～5 倍，铜含量约为常乳的 6 倍。初乳中含有大量的抗体。由于初乳的成分与常乳显著不同，其物理性质也差别很大，故不适于作为一般乳制品生产用的原料乳，但其营养丰富、含有大量免疫体和活性物质，可作为特殊乳制品的原料。

2. 末乳　末乳是指乳牛干乳期前一周左右所分泌的乳。末乳中各种成分的含量除脂肪外，其他均较常乳高。其味苦而微咸，因乳中脂肪酶活性较高，常带有脂肪酸败味，因其微生物数量比常乳高，因此不宜作为加工原料乳。

3. 营养不良乳　饲料不足、营养不良的乳牛所产生的乳称为营养不良乳。这种乳对皱胃酶几乎不凝固，所以这种乳不能制造干酪。当喂以充足的饲料、加强营养之后，牛乳即可恢复对皱胃酶的凝固特性。

（二）化学异常乳

1. 酒精阳性乳　乳品厂检验原料乳时，一般用 68% 或 72% 的酒精（羊乳最好采用加热试验，不用酒精试验）与等量乳混合，凡产生絮状凝块的乳称为酒精阳性乳。酒精阳性乳主要包括高酸度酒精阳性乳（酸度 > 24°T）、低酸度酒精阳性乳（酸度 < 16°T）和冷冻乳（冬季因受气候和运输的影响，鲜乳产生冻结现象，使脂肪分离、蛋白质沉淀，一部分酪蛋白变性的乳称为冷冻乳）。

2. 低成分乳　由于乳牛品种、饲养管理、营养素配比、高温多湿及病理等因素的影响而产生的乳干物质含量过低的牛乳，称为低成分乳。但这种酒精阳性乳的耐热性要比由其他原因引起的酒精阳性乳高。

3. 混入异物乳　异物混杂乳中含有随摄取饲料而经机体转移到乳中的污染物质或有意识地掺杂到原料乳中的物质。这些物质主要是由于牛舍不清洁，牛体管理不良，挤乳用具洗涤不彻底，工作人员不卫生而引起的异物混入；为促进牛体生长和治疗疾病，对乳牛使用激素和抗生素；乳牛采食被农药或放射性物质污染的饲料和水。这些激素、抗生素、放射性物质和农药会通过牛机体进入牛乳中，对牛乳造成污染。此外为了增加质量而人为掺的水、为了中和高酸度乳而添加的中和剂、为了保持新鲜度而添加的防腐剂、非法增加含脂率和无脂干物质含量而添加的异种成分（异种脂肪、异种蛋白）等。

4. 风味异常乳　风味异常主要是通过机体转移或挤乳后从外界污染或吸收而来的异味及由酶作用而产生的脂肪分解臭等。克兰茨（1967 年）曾对美国 19 000 个试样进行风味试验，结果发现饲料臭的出现率最高（88.4%），其次是涩味（12.7%）及牛体臭（11.0%）。异常风味主要有生理异常风味、脂肪分解味、氧化味、日光味、蒸煮味、苦味等等。此外，由于杂菌的污染，有时还会产生麦芽味、不洁味和水果味等；由于对机械设备清洗不严格往往产生石蜡味、肥皂味和消毒剂味等。

（三）微生物污染乳

由于挤乳前后的污染、不及时冷却和器具的洗涤杀菌不完全等原因，使鲜乳被微生物污染，其中的细菌数大幅度增加并产生异常变化以致不能用作加工乳制品的原料称为微生物污染乳。牛乳中常见的污染微生物有乳酸菌、酵母菌、霉菌、嗜冷菌、丙酸菌、大肠杆菌、微球菌、明串珠菌、芽孢杆菌等。

挤出后的鲜乳在保存期间，在一定时间内细菌数反而减少，这是由于牛乳本身含有的乳烃素有杀菌作用。鲜乳继自身杀菌阶段以后，接着乳酸菌、蛋白质分解菌或大肠杆菌开始繁殖，以致产生酸败、碱化、胨化、产气等现象。其过程是首先乳酸菌繁殖，分解乳糖产生乳酸使乳产生凝固；接着乳酸菌因酸度升高受到抑制，而耐酸的丙酸杆菌、孢子形成菌、酵母、霉菌等大量生长而消耗乳酸；最后由于孢子形成菌和腐败菌的作用，出现腐败现象。

（四）病理异常乳

1. 乳房炎乳　乳房炎是在乳房组织内产生炎症而引起的疾病，主要由细菌引起（图8-5，图8-6）。乳房炎乳中血清白蛋白、免疫球蛋白、体细胞、钠、氯、pH、电导率等均有增加的趋势，而脂肪、无脂乳固体、酪蛋白、β-乳球蛋白、α-乳白蛋白、乳糖、酸度、相对密度、磷、钙、钾、柠檬酸等均有减少的倾向。因此，凡是氯糖数在 3.5 以上、酪蛋白氮与总氮之比在 78% 以下、pH 在 6.8 以上、细胞数在 50 万个/ml 以上、氯含量在0.14% 以上的乳，都很可能是乳房炎乳。

图 8-4 细菌进入乳头管图

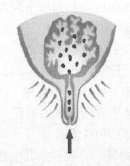

图 8-5 乳房发炎时牛奶被细菌严重污染图

2. 其他病牛乳 其他病牛乳主要是指患口蹄疫、布氏杆菌病等疾病的乳牛所产的乳。乳的质量变化大致与乳房炎乳相类似。另外，患酮体过剩、肝机能障碍、繁殖障碍等疾病的乳牛易分泌酒精阳性乳。

思考题

1. 简述脂肪球的构造及其意义。
2. 试述酪蛋白的凝固方法及在乳制品加工中的应用。
3. 试述乳中酶类的来源、种类及其在乳品加工中的意义。
4. 简述乳中微生物的来源。
5. 试述异常乳的种类及其产生的原因。

（杨　华）

第九章

原料乳的验收和预处理

学习目标. 掌握原料乳的质量标准、验收方法及这些方法的原理和要求；熟悉原料乳各项预处理的目的及意义。

第一节　原料乳的验收

只有选用品质优良的原料乳，才能生产高质量的产品。为了保证原料乳的各项指标符合生产要求，乳品厂收购鲜乳时必须对原料乳进行检验。我国规定生鲜牛乳收购的质量标准（GB6914—1986）包括感官指标、理化指标及微生物指标。在实际原料乳的验收时除对以上指标进行检验外，还必须进行掺假的检验。

一、感官指标

鲜乳的感官检验主要是对嗅觉、味觉、外观、尘埃等指标的鉴定。品质优良的原料乳具有新鲜的风味和特有的香气，不能有苦味、咸味、涩味和饲料味、青贮味、霉味等异常味。正常牛乳是乳白色或稍带黄色的均匀胶状流体，不得含有肉眼可见的异物，不得有红色、绿色或其他异色。见表9-1。

表9-1　鲜乳的感官鉴别

检查项目	良质鲜乳	次质鲜乳	劣质鲜乳
色泽	乳白色或稍带微黄	色泽较良质鲜乳为差，白色中稍带青色	呈浅粉色或显著的黄绿色，或是色泽灰暗
组织状态	呈均匀的流体，无沉淀、凝块和机械杂质，无黏稠和浓厚现象	呈均匀的流体，无凝块，但可见少量微小的颗粒，脂肪聚黏表层呈液化状态	呈稠而不匀的溶液状，有乳凝结成的致密凝块或絮状物
气味	具有乳特有的香味，无其他任何异味	乳中固有的香味稍差或有异味	有明显的异味，如酸臭味、牛粪味、金属味、鱼腥味、汽油味等
滋味	具有鲜乳独具的纯香味，滋味可口而稍甜，无其他任何异常滋味	有微酸味（表明乳已开始酸败），或有其他轻微的异味	有酸味、咸味、苦味等

二、理化指标

我国颁布标准规定原料乳验收时的理化指标见表9-2，理化指标只有合格指标，不再分级。

143

1. 酒精试验 是为观察鲜乳的热稳定性而广泛使用的一种方法，也是间接检验牛乳的酸度以及新鲜程度的一种方法。酒精试验与酒精浓度有关，一般用 70% ~72% 的酒精与等量乳混合，凡出现凝块的称为酒精阳性乳，对应的滴定酸度不高于 18°T。为了合理利用原料乳和保证乳制品质量，用于制造淡炼乳的原料乳，应用 75% 酒精试验；用于制造甜炼乳的原料乳，应用 72% 酒精试验；用于制造乳粉的原料乳，应用 68% 酒精试验（酸度不得超过 20°T）。酸度不超过 22°T 的原料乳尚可用于制造奶油，酸度超过 22°T 的原料乳只能供制造工业用的干酪素、乳糖等。如在验收时出现细小凝块，可进一步测定酸度或进行煮沸试验。

2. 滴定酸度 通过酸度测定可鉴别原料乳的新鲜度，了解乳中微生物的污染状况。新鲜牛乳的滴定酸度为 16 ~18°T。该法测定酸度虽然准确，但现场收购时受到实验室条件限制。

3. 相对密度 是评定鲜乳成分是否正常的常用指标，但在实际的检验中不能只凭这一项指标来判断，必须结合脂肪、蛋白质以及风味的检验来判断牛乳是否掺水或干物质含量是否不足。

4. 冰点 大多乳品厂通过测定冰点来检测牛奶中是否掺水，如果掺水冰点将上升。

5. 乳成分的测定 随着分析仪器的发展，乳品检测中出现了很多高效率的检验仪器，并已开发使用各种微波仪器，如微波干燥法测定总干物质（TMS 检验）、红外线牛奶全成分测定，通过红外分析仪，自动测出牛奶中的脂肪、蛋白质、乳糖等的含量。

6. 抗生物质残留量检验 抗生素的残留对于发酵乳制品加工的影响是致命的，因而抗生物质残留量检验是验收发酵乳制品原料乳的必检指标，常用以下两种方法检验：

（1）TTC 试验 在被检牛乳中加入指示剂 TTC 并接种细菌进行培养试验，如果 TTC 保持原有的无色状态，说明细菌不能生长繁殖，原来的鲜乳中有抗生素。反之，如果 TTC 变成红色，说明被检乳中无抗生素残留。

（2）纸片法 将浸过被检乳样的纸片放入接种有指示菌种的琼脂培养基上，如果被检乳样中有抗生物质残留，会向纸片四周扩散阻止指示菌的生长，在纸片的周围形成透明的阻止带，根据阻止带的直径判断抗生物质的残留量。

表 9 – 2　鲜奶理化指标

项　　目		指　　标
密度(20℃/4℃)	≥	1.0280(1.028 ~1.032)
脂肪(%)	≥	3.10(2.8 ~5.0)
酸度(以乳酸表示)(%)	≤	0.162
蛋白质(%)	≥	2.95
杂质度(mg/L)	≤	4
六六六(mg/kg)	≤	0.1
DDT(mg/kg)	≤	0.1
汞(mg/L, 以 Hg 计)	≤	0.01
抗生素(IU/L)	<	0.03

表 9 – 3　原料乳的细菌指标

分级	平皿细菌总数分级指标法 (10^4 cfu/ml)	美蓝褪色时间分级指标法
I	≤50	≥4h
II	≤100	≥2.5h
III	≤200	≥1.5h
IV	≤400	≥40min

三、微生物指标

微生物指标可采用平皿培养法（计算细菌总数）或采用美蓝还原褪色法（按美蓝褪色时间分级指标进行评级），两种只允许用一种，不能重复。微生物指标分为四个级别，按表9-3中细菌总数分级指标进行评级。

1. 细菌检查　常用的细菌检查方法有美蓝还原试验、细菌总数测定、直接镜检。

（1）美蓝还原试验　美蓝褪色的方法可反映牛奶中微生物的生化活力。微生物的活动特点一般是产生氢消耗氧，微生物及体细胞浓度越大，代谢越旺盛，单位时间内消耗氧越多，美蓝还原褪色时间越短表示微生物活动频繁，反之，美蓝还原褪色时间相应变长。具体操作：在一定容量的牛乳内加入定量的美蓝，上覆少量消毒的液体石蜡或胶塞，以隔绝外界氧，在38℃水浴中或培养箱中静置观察美蓝褪色时间的长短。具体见表9-4。

表9-4　牛奶等级与褪色时间

等级	褪色时间	细菌总数（10^4 cfu/ml）
特级奶	5h 以上	<50
一级奶	3～5h	50～100
二级奶	1.5～3h	100～200
三级奶	40min～1.5h	200～400
等外奶（四级）	40min 以内	>400

（2）稀释倾注平板法　平板培养计数是取样稀释后接种于琼脂培养基上，培养24h后计数，以测定样品的细菌总数。该法测定样品中的活菌数需要时间较长。

（3）直接镜检法（费里德氏法）　在无菌条件下，取一定量的乳样，在载玻片上涂抹，经过干燥、染色，镜检观察细菌数，根据显微镜视野面积，推断出鲜乳中的细菌数（非活菌数）。

2. 体细胞数检验　正常乳中的体细胞多数来源于上皮组织的单核细胞，如有明显的多核细胞出现，可判断为异常乳；当牛乳中的体细胞数超过500 000个/ml 时，意味着奶牛得了乳房疾病。常用的方法有直接镜检法（同细菌检验）或加利福尼亚细胞数测定法（GMT法）。GMT法是根据细胞表面活性剂的表面张力原理，细胞在遇到表面活性剂时，会收缩凝固，细胞越多，凝集状态越强，出现的凝集片越多。

一般现场收购鲜奶不做细菌检验，但在加工以前，必须检查细菌总数、体细胞数，以确定原料乳的质量和等级，必要时还要对原料乳中的有害菌，如大肠杆菌、金黄色葡萄球菌等加以检测。

第二节　原料乳的预处理

原料乳的质量好坏是影响乳制品质量的关键，为了保证原料乳的质量，挤出的牛乳必须立即进行一些必要的预处理。

一、过滤与净化

（一）过滤

若牧场的卫生条件不良，乳容易被粪屑、饲料、垫草、牛毛和蚊蝇等所污染，因而挤下的乳必须及时进行过滤。过滤就是将验收合格后的原料乳，通过多孔质的材料将其杂质与乳分开的过程。过滤方法有常压过滤、减压过滤（吸滤）和加压过滤，由于牛乳是一种胶体溶液，因此多用滤孔比较粗的纱布、滤纸、金属绸或人造纤维等作为过滤材料。生产中常用纱布进行过滤，将消过毒的纱布折成 3~4 层，结扎在乳桶口上，将挤下的乳称重后倒入扎有纱布的奶桶中，即可达到过滤的目的。在牧场中要求纱布的一个过滤面不超过50kg 乳，使用后的纱布，应立即用温水清洗，并用 0.5% 的碱水洗涤，然后再用清洁的水冲洗，最后煮沸 10~20min 杀菌，而后存放于清洁干燥的通风处以备下次使用。

（二）净化

原料乳经过数次过滤后能除去大部分杂质，但是由于乳中污染了许多极为微小的机械杂质和细菌细胞，很难用一般的过滤方法除去，为了达到较高的纯净度，必须经过净化，其目的是除去机械杂质并减少微生物数量，通常使用离心净乳，离心净乳一般设在粗滤之后，冷却之前。现代的离心净乳机既能处理冷乳（低于 8℃）或热乳（50~60℃），同时又能自动定时排放物料中所分离出的杂质，在净乳过程中要防止泡沫的产生。离心净乳机的构造与乳油分离机基本相似，但不同点是其分离钵具有较大的聚尘空间，杯盘上没有孔，上部没有分配杯盘。普通的净乳机在运转 2~3h 后需停止排渣，因而大型工厂采用自动排渣净池机或三用分离机（奶油分离、净乳、标准化），对提高乳的质量有重要作用。

二、原料乳的冷却

刚挤下的牛乳温度约在 36℃左右，是微生物最适宜的生长温度，若不及时冷却，则侵入乳中的微生物就会大量繁殖，导致酸度迅速增高，不仅降低乳的质量，而且使乳凝固变质。乳中因含有乳烃素而具有抗菌特性，其抗菌特性延续时间的长短取决于乳温的高低和乳中的细菌污染程度。乳温与抗菌物质作用时间的关系可见表 9-5，从表中可以看出，刚挤出的乳迅速冷却到低温可以使抗菌特性保持相当长的时间。

表 9-5　乳温与抗菌物质作用的关系

乳温	37℃	30℃	25℃	10℃	5℃	0℃	-10℃	-25℃
抗菌时间	<2h	<3h	<6h	<24h	<36h	<48	<240h	<720h

净化后的乳应直接加工，如果短期贮藏必须冷却到 4℃左右，如不及时冷却，混入乳中的微生物就会迅速繁殖。冷却对乳中微生物的抑制作用见表 9-6。

表 9-6　乳的冷却与乳中细菌数的关系　　　　　（菌落数：cfu/ml）

贮存时间	刚挤出的乳	3h	6h	12h	24h
冷却乳	11 500	11 500	8 000	78 000	62 000
未冷却乳	11 500	18 500	102 000	114 000	130 000

原料乳的冷却方法有水池冷却、冷却罐冷却及浸没式冷却器冷却和板式热交换器冷却。

（一）水池冷却

在水池中用冷水或冰水使装乳桶冷却，并不断搅拌，可使乳温冷却到比冷却水温高3～4℃的水平。此方法冷却的缺点是冷却慢、消耗水量多、劳动强度大、不易管理，容易受到污染。

（二）冷却罐冷却及浸没式冷却器冷却

这种冷却器可以插入贮乳槽或奶桶中冷却牛乳。浸没式冷却器中带有离心式搅拌器和自动控制开关（图9－1），可以定时自动进行搅拌，因而可使牛乳均匀冷却，并防止稀奶油上浮。适用于较大规模的牧场和奶站。

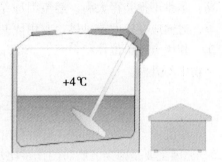

图9－1　带搅拌器的冷却罐

（三）板式热交换器冷却

原料乳的冷却，过去通常使用表面冷却器（冷排），现在普遍采用板式热交换器。板式热交换器克服了表面冷却器因乳液暴露于空气而污染的缺点，而且热交换效率高，占地面积小，操作维修和清洗装拆方便。冷却用的冷媒（制冷剂）可采用水（水温在20℃以下）、冰水或盐水（如氯化钠、氯化钙溶液），但使用不锈钢制的冷却设备时，宜使用冰水而不宜使用含有氯离子、硫酸根离子的溶液，以免板片被腐蚀。用冷盐水作冷媒时，可使乳温迅速降到4℃左右。

三、原料乳的贮存

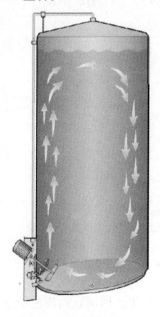

图9－2　带搅拌器的奶仓

为了保证工厂连续生产的需要，必须有一定的原料乳贮存量，一般工厂总的贮乳量应不少于1天的处理量。冷却后的乳应尽可能保证质量，为防止乳在罐中升温，贮乳容器应保持低温，防止微生物的活动，需要有良好的绝热层或冷却夹套，并配有搅拌器、视孔、入孔及温度计、液位计、自动清洗装置等（图9－2）。搅拌的目的是使牛乳能自下而上循环流动，防止乳脂肪上浮而造成分布不均匀。贮乳设备一般采用不锈钢材料制成，应配有不同容量的贮乳缸，保证贮乳时每一缸能尽量装满（半罐易升温，影响乳的质量）。牛乳温度的变化应在24h内不超过1℃为宜，绝缘性能以贮乳10h以上升温2～3℃为标准。瑞典规定原料乳保存时温度不能超过15.5℃，并要求牧场在挤奶后1h内奶温降至10℃，3h内降至4.4℃。我国规定，验收合格的牛乳应迅速冷却到4～6℃，贮存期间不得超过10℃。

四、原料乳的运输

乳的运输在乳品生产上非常关键，运输不妥会造成很大的损失，在乳源分散的地方采用乳桶运输，乳源集中的地方采用乳槽车运输。无论采用哪种运输方式，都应注意以下几点：①所采用的容器应保持清洁卫生，并经过严格杀菌。②夏季必须装满盖严，以防震荡；冬季不得装得太满，避免因冻结而使容器破裂。③防止乳在途中升温，特别是在夏季，运输应在夜间或早晨，或用隔热材料盖好乳桶。④长距离运送乳时，最好采用乳槽车。其优点是单位体积表面小，乳升温慢，特别是在乳槽车外加绝缘层后可以基本保持在运输中不升温。

五、原料乳的均质

牛乳放置一段时间后，有时会出现一层淡黄色的脂肪层，称为"稀奶油层"，如图9-3，原因主要是因为乳脂肪的比重比水小、脂肪球直径大，容易聚结成团块。均质的目的就是对脂肪球进行机械处理，使它们呈数量更多的较小的脂肪球颗粒并均匀一致地分散在乳中，从而防止脂肪上浮分层，减少酪蛋白微粒沉淀，并使添加成分均匀分布。

均质是通过均质机完成的，均质机由高压泵和均质阀组成。操作原理是在一个适合的均质压力下，料液通过窄的均质阀而获得很高的速度，导致剧烈湍流，形成的小涡流中产生了较高的料液流速梯度，引起压力波动，这样就会打散许多颗粒（图9-4）。

图9-3 乳的自然分层

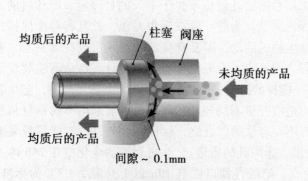

图9-4 乳的均质图

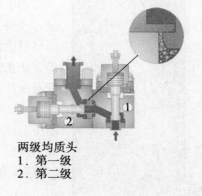

两级均质头
1. 第一级
2. 第二级

图9-5 二次均质机

在相同的均质压力下，不同类型的均质阀会带来不同的均质效果，因而在均质之前选择合适类型的均质机对保证均质效果是至关重要的，必要时需采用二次均质机（图9-5）。其中第一段均质压力大（占总均质压力的2/3），形成的湍流强度高是为了打破脂肪球；第二段的压力小（占总均质压力的1/3），形成的湍流强度很小不足以打破脂肪球，因此不能再形成新的团块，但可打破第一段均质形成的均质团块（图9-6）。

均质前脂肪分布

一段均质后脂肪分布

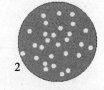
二段均质后脂肪分布

图9-6　均质前后乳中脂肪球的变化

均质效果与均质温度有关（表9-7），较高的温度均质效果较好，但温度过高会引起乳脂肪、乳蛋白质等变性，另外，温度与脂肪球的结晶有关，固态的脂肪球不能在均质机内被打碎。一般均质温度采取50~60℃，均质压力采取10~25MPa为宜，若温度降低后再均质，不仅降低了均质效果，而且有时会使脂肪球形成奶油粒。从表中可看出相同的均质压力下，65℃均质效果最好，脂肪球直径在2μm以下含量为77.4%，乳制品的稳定性也最好。

表9-7　均质温度与均质效果

均质后脂肪球大小（μm）	均质温度		
	20℃	40℃	65℃
0~1	2.3%	1.9%	4.3%
1~2	29.3%	36.7%	77.4%
2~3	23.3%	21.1%	9.0%
3~4	29.8%	25.2%	12.3%
4~5	—	15.2%	—
5~6	15.4%	—	—

六、原料乳的标准化

原料乳中脂肪与无脂干物质的含量随乳牛品种、地区、季节、饲养管理等因素不同而有较大的差别。为了使产品符合要求，乳制品中脂肪与无脂干物质含量要求保持一定比例，因此，必须调整原料乳中脂肪和无脂干物质之间的比例关系，使其符合制品的要求，一般把该过程称为乳的标准化。如果原料乳中脂肪含量不足时，应添加稀奶油或分离一部分脱脂乳；当原料乳中脂肪含量过高时，则可添加脱脂乳或提取一部分稀奶油。标准化的方式即可以是间歇式的也可以是连续式的，从经济的角度来看，最好是连续标准化（图9-7）。

七、原料乳的脱气处理

牛乳刚刚被挤出后含5.5%~7%的气体，经过贮存、运输和收购后，气体含量一般在10%以上，而且绝大多数为非结合的分散气体。这些气体对牛乳加工的破坏作用主要有：①影响牛乳计量的准确度；②使巴氏杀菌机中的结垢增加；③影响分离度和分离效率；

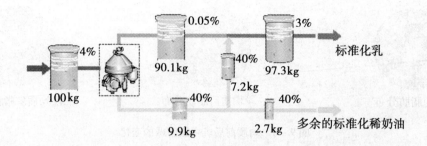

图 9-7 脂肪标准化过程

④影响牛乳标准化的准确度；⑤影响奶油的产量；⑥增加脂肪球聚合；⑦促使游离脂肪吸附于奶油包装的内层；⑧促使发酵乳中的乳清析出。所以，在牛乳的不同阶段进行脱气是非常必要的。首先，要在乳槽车上安装脱气设备，以避免泵送牛乳时影响流量计的准确度；其次，是在收乳间流量计之前安装脱气设备（图 9-8）。但是上述两种方法对乳中细小的分散气泡是不起作用的，因此在进一步处理牛乳的过程中，还应使用真空脱气罐，以除去细小的分散气泡和溶解氧。

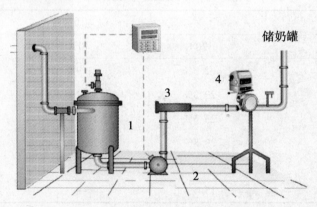

图 9-8 脱气装置的安装位置
1. 脱气装置 2. 泵 3. 过滤器 4. 流量计

思考题

1. 牛乳的常规检测项目包括哪些？
2. 简述原料乳的净化方法及其优缺点。
3. 简述原料乳的冷却方法。
4. 原料乳在运输时应注意哪些事项？
5. 简述原料乳进行脱气处理的必要性。

（杨　华）

第十章

消毒乳与灭菌乳的加工

学习目标：掌握液态乳的概念和种类，了解巴氏杀菌、超高温灭菌和保持灭菌的概念与处理条件，掌握液态乳的加工工艺和生产技术。

第一节　液态乳的概念、分类及生产中常用的杀菌方式

一、液态乳的概念与分类

液态乳是以生鲜牛乳为原料，经过适当的加工处理后制成的供给消费者直接饮用的液态乳制品。通常采用以下几种分类方法。

（一）根据杀菌的方式分类

热处理是液态乳加工过程中最主要的工艺，根据热处理方式和强度的不同，可以将液态乳分为以下几类：

（1）巴氏杀菌乳（pasteurized milk）；

（2）超巴氏杀菌乳（ultra-pasteurized milk）；

（3）超高温灭菌乳（ultra high temperature milk，UHT milk）；

（4）保持灭菌乳，又称瓶装高压灭菌乳（in-bottle sterilized milk）。

（二）根据营养成分分类

液态乳根据营养成分分为以下几类：

（1）纯牛乳　以生鲜牛乳为原料，不添加任何添加剂或其他食品原料而加工成的产品，保持了牛乳固有的营养成分。

（2）营养强化乳　在生鲜牛乳的基础上，添加维生素、矿物元素、多不饱和脂肪酸如二十二碳六烯酸（DHA）等对人体有益的营养物质而制成的液态乳制品。

（3）调味乳　以生鲜牛乳为主要原料，添加咖啡、巧克力、可可、果汁或各种谷物成分制成的产品。这类产品一般含有80%以上的牛乳，其风味和外观与纯牛乳有较大差异。

（三）根据脂肪含量分类

常常生产不同脂肪含量的液态乳以满足不同消费者的需求，不同国家制定的标准不尽相同。依据产品中脂肪含量的不同，我国液态乳分为以下几类：

（1）全脂乳（whole milk）　脂肪含量≥3.1%的液态乳制品。

（2）部分脱脂乳（partly-skimmed milk）　脂肪含量介于1.0%~2.0%的液态乳制品。

（3）脱脂乳（skimmed milk）　脂肪含量≤0.5%的液态乳制品。

二、液态乳生产中常用的杀菌和灭菌方法

热处理是乳品生产中最基本、最常见的操作单元，其主要目的是杀灭乳中部分或全部微生物，破坏乳中酶类，延长产品的保质期，热处理还可以改变乳的物理化学性质以利于进一步加工。但是，热处理也会造成部分营养素被破坏、不稳定或在乳中分布不均匀，形成产品的蒸煮味，影响产品的风味和色泽，因此，应该根据产品要求优化热处理工艺。

乳制品加工过程中的热处理主要分为杀菌和灭菌两种方式。所谓杀菌，就是将乳中的致病菌和造成缺陷的有害菌全部杀死，但并非百分之百的杀灭非致病菌，也就是说还会残留部分的乳酸菌、酵母菌和霉菌等，杀菌条件应控制到对乳的风味、色泽和营养损失最低的限度。所谓灭菌，就是杀死乳中所有细菌，使其呈商业无菌状态，但事实上，热致死率只能达到99.999 9%，欲将残存的百万分之一，甚至千万分之一的细菌杀灭，必须延长保持时间，这样会给乳制品带来更多的缺陷。基于热处理强度不同将热处理工艺分为以下四类：

（一）低温长时巴氏杀菌（low temperature long time pasteurization, LTLT）

通常采用的加热条件为62～65℃/30min，此方法的热处理强度能够灭活乳中碱性磷酸酶（EC 3.1.3.1），可以杀死乳中所有的病原菌、酵母和霉菌以及大部分的细菌。低温长时杀菌法由于所需时间长，效果也不够理想，因此，目前生产上很少采用。

（二）高温短时巴氏杀菌法（high temperature short time pasteurization, HTST）

通常采用的杀菌条件为72～75℃保持15～20s或80～85℃保持10～15s，可以根据所处理的产品类型不同而有所变化，一般采用板式杀菌装置连续进行。此方法的热处理强度能够使乳中碱性磷酸酶灭活，可以杀死全部的微生物营养体，但是不能完全杀死细菌芽孢；能灭活乳中大部分酶类，但是细菌产生的蛋白酶和脂酶不能被全部灭活。常用碱性磷酸酶试验检查牛乳是否已得到适当的巴氏杀菌，试验结果必须是阴性。

（三）超巴氏杀菌（ultra pasteurization）

超巴氏杀菌的温度一般为125～138℃，时间为2～4s，其主要目的是延长产品的保质期，保质期可达40天甚至更长。产品需在冷藏条件下进行贮存和销售。

（四）灭菌（sterilization）

该处理能够杀死乳中包括芽孢在内的几乎全部微生物，达到商业无菌的目的，分为保持式灭菌和超高温瞬时灭菌（UHT）两种处理方式。保持式灭菌通常采用110℃、30min高温高压长时灭菌（在瓶中灭菌）；超高温瞬时灭菌在135～140℃下持续2.0～4.0s。保持式灭菌热处理强度大，对维生素、蛋白质和氨基酸的损失较大，会产生严重的美拉德反应，产品有蒸煮味；相比而言，UHT处理对乳的营养和理化特性影响较小，在现代乳品加工中应用较普遍。经灭菌处理的产品，保质期较长，且可以在常温下保存。

第二节 巴氏杀菌乳

巴氏杀菌乳（pasteurized milk），又称巴氏消毒乳，是指以新鲜牛乳（或羊乳）为原料，经过过滤、离心、标准化、均质、巴氏杀菌、冷却和灌装后制成，直接供给消费者饮用的商品乳，根据脂肪含量可以分为全脂、部分脱脂和脱脂巴氏杀菌乳。巴氏杀菌是乳品加工中相对较为温和的热处理方式，主要目的是杀死所有致病菌和大部分的腐败菌，经过巴氏杀菌的产品必须完全没有致病微生物，但是不能完全破坏乳中含有的能够破坏乳制品风味和缩短其保质期的微生物和酶系统，因此，巴氏杀菌乳的保质期较短，在冷藏条件下货架期一般不超过7天。

（一）工艺流程

巴氏杀菌乳的生产工艺流程如图10-1所示。

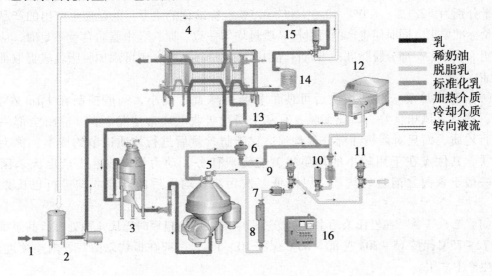

图10-1　部分均质的巴氏杀菌乳生产工艺流程

1. 平衡槽　2. 进料泵　3. 流量控制器　4. 板式换热器　5. 分离机
6. 稳压阀　7. 流量传感器　8. 密度传感器　9. 调节阀　10. 截止阀
11. 检查阀　12. 均质机　13. 增压泵　14. 保温管　15. 转向阀　16. 控制盘

图10-1是巴氏杀菌乳的工艺流程图。合格的原料乳经过平衡槽（1）进入到生产线，被泵入到板式换热器（4），先预热然后再到分离机（5），在这里分成脱脂奶和稀奶油。稀奶油含脂率通过控制系统保持恒定，此系统包括流量传感器（7）、密度传感器（8）、调节阀（9）和标准化控制系统，经均质机（12）对稀奶油部分进行均质。经过标准化的乳，被泵入到板式换热器的加热板中进行巴氏杀菌，所需的保温时间由单独的保温管（14）所保证，巴氏杀菌温度被连续记录下来。增压泵（13）是升压泵，可以增加产品的压力，防止经巴氏杀菌的乳被未加工的乳或冷却介质所污染。巴氏杀菌后，牛乳流到板式换热器冷却段，先与流入的未经处理的乳进行回收换热，其本身被冷却，然后在冷却段再与冷媒进行热交换冷却，冷却后先进入缓冲罐，

再被泵入到灌装机进行灌装。

（二）工艺要点

1. 原料乳的验收 原料乳的质量直接影响巴氏杀菌乳的品质和保质期，因此，必须对原料乳进行严格管理和认真检验，理化指标、感官指标及细菌指标等方面，必须符合原料乳质量标准。另外，近年来原料乳的体细胞数（somatic cell count，SCC）也作为评定原料乳质量的重要指标，欧盟规定原料乳体细胞数不得超过 400 000个/ml。

2. 原料乳预处理

（1）过滤与净化 原料乳验收后，为了除去其中的尘埃杂质、表面细菌等，必须对原料乳进行过滤和净化处理，以除去机械杂质并减少微生物数量。过滤处理可以采用纱布过滤，也可以用过滤器进行过滤；乳的净化是指利用机械的离心力，将肉眼不可见的杂质去除，使乳净化，目前主要采用离心净乳机进行净化处理。

（2）标准化 根据国家标准 GB5408.1 规定：全脂、部分脱脂和脱脂巴氏杀菌乳的脂肪含量分别为≥3.1%、1.0%～2.0% 和≤0.5%。标准化的主要目的是使生产出的产品符合质量标准要求，同时使生产的每批产品质量均匀一致。原料乳中脂肪含量不足时，应添加稀奶油或除去一部分脱脂乳；当原料乳中脂肪含量过高时，则可添加脱脂乳或提取部分稀奶油。

（3）预热均质 鲜乳均质后可使牛乳脂肪球直径变小，一般控制在 1 μm 左右。因此，均质乳风味良好、口感细腻、有利于消化吸收。通常情况下，并非将全部牛乳都进行均质，而只对稀奶油部分调整到适宜脂肪含量后进行均质以节约成本，称为部分均质，其优点在于用较小的均质机就能完成任务，动力消耗少。生产巴氏杀菌乳时，一般于杀菌之前进行均质，以降低二次污染。均质后的乳应立即进行巴氏杀菌处理。

（4）巴氏杀菌 在巴氏杀菌牛乳生产过程中常采用高温短时巴氏杀菌处理，其杀菌条件为 72～75℃保持 15～20s 或 80～85℃保持 10～15s，一般在板式杀菌装置内连续进行，目前生产中常用。

（5）冷却 经巴氏杀菌的牛乳必须冷却到7℃以下，以抑制残留微生物的生长和繁殖，保持贮藏过程中产品的品质。通常在板式换热器中完成巴氏杀菌乳的冷却，通过冷却区段后可以冷却至 4～5℃。

（6）灌装 冷却后的牛乳应直接分装，及时分送给消费者，如不能立即发送时，应贮存于5℃以下的冷库内。巴氏杀菌乳的包装形式主要有玻璃瓶、塑料袋和复合纸包装：玻璃瓶可回收，但不便于存放和清洗；而塑料袋和复合纸包装轻便且不用回收，因而在包装工业中发展很快。

（7）冷藏 巴氏杀菌产品的特点决定其在贮存和分销过程中，必须保持冷链的连续性，尤其是从乳品厂到商店的运输过程及产品在商店的贮存过程是两个最薄弱的冷链环节。

第三节　延长货架期的巴氏杀菌乳

一、延长货架期巴氏杀菌乳的概念

延长货架期巴氏杀菌乳即 ESL 乳（Extended Shelf Life milk），本质含义是延长（巴氏杀菌）产品的保质期，其保质期介于巴氏杀菌乳和超高温灭菌乳之间，是目前乳品加工业的新方向和新趋势，在日本、欧洲、美国、加拿大等地的液态乳主要是此类产品。

ESL 乳是针对目前巴氏杀菌乳产品保质期短（一般48h）、产品的运输、销售区域受限制、易变质等问题应运而生的。超高温灭菌乳虽然保质期长，饮用方便，但是营养损失大，与原料乳相比，产品的感官质量发生较大变化，特别是易产生褐变和蒸煮味。目前采用的主要措施是用比巴氏杀菌更高的杀菌温度，但是低于超高温瞬时灭菌的条件，即采用 $125 \sim 130℃/2 \sim 4s$ 的温度和时间组合进行灭菌处理，称为超巴氏杀菌（ultra pasteurization）。超巴氏杀菌需要较高的生产卫生条件和优良的冷链分销系统，一般冷链温度越低，产品保质期越长。

ESL 乳本质上仍然是巴氏杀菌乳，与超高温灭菌乳有根本的区别。首先，超巴氏杀菌产品并非无菌灌装；其次，超巴氏杀菌产品不能在常温下即需在冷藏条件下贮存和分销；第三，超巴氏杀菌产品不是商业无菌产品。

二、延长货架期的巴氏杀菌乳的加工工艺

为了延长 ESL 乳的货架期，在生产中采用了高新技术和工艺，主要有：Pure-Lac TM 系统蒸汽加热技术、微滤与巴氏杀菌相结合技术、填充 CO_2 技术，下面主要就微滤与杀菌相结合的技术加以介绍。

离心与微滤相结合技术生产 ESL 乳的基本宗旨是把牛乳中的微生物浓缩到小部分，这部分富集微生物的乳再接受较高的热处理，杀死可能形成内生孢子的微生物（如蜡状芽孢杆菌），之后再在常规杀菌之前，将其与剩余的乳混匀，一并进行巴氏杀菌，钝化其余部分带入的微生物。此工艺中只是部分乳经受较高温度处理，得到的产品口感更加完美、营养损失小，使保质期适当地延长，目前已有商业应用。

采用微滤技术生产 ESL 乳的基本工艺是首先对新鲜原料乳脱脂，再将脱脂乳经过 $0.5\mu m$ 的滤膜以除去其中的细菌和孢子，经巴氏杀菌，冷却后灌装。需要注意的是此生产线中从原料乳验收到灌装系统都必须保持严格的卫生条件；产品储运过程中的温度不应超过7℃。具体加工流程如图10-2所示。经离心分离后，脱脂乳被送到微滤机，部分稀奶油与脱脂乳重新混合。生产脂肪标准化的巴氏杀菌乳，多余的稀奶油单独加工。图10-2所示生产线进行的是全部均质，但部分均质也是可行的，用此方法加工的牛乳将保持新鲜风味及乳白色。

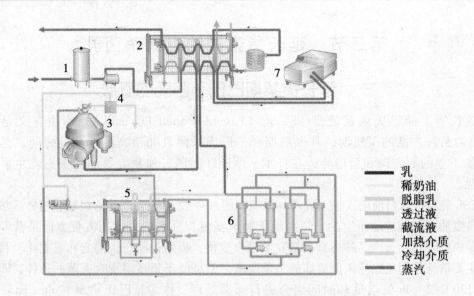

图 10 - 2　带有微滤装置的 ESL 乳加工工艺图
1. 平衡槽　2. 巴氏杀菌机　3. 分离机　4. 标准化单元
5. 板式换热器　6. 微滤单元　7. 均质机

第四节　超高温灭菌乳

　　超高温（UHT）灭菌乳是指物料在连续流动的状态下，经过 135～150℃ 不少于 1s 的超高温瞬时灭菌，然后在无菌状态下灌装，以最大限度地减少产品在物理、化学及感官上的变化，这种产品称为超高温灭菌产品，超高温灭菌产品能在非冷藏条件下分销。超高温灭菌的出现大大改善了保持式灭菌乳（见本章第五节）的特性，不仅使产品的色泽和风味得到改善，而且提高了产品的营养价值。灭菌乳并非指产品绝对无菌，而是指产品达到商业无菌状态，即不含危害公共健康的致病菌和毒素；不含任何在产品贮存运输及销售期间能繁殖的微生物；在产品有效期内保持质量稳定和良好的商业价值，不变质。

一、超高温灭菌的方式

　　根据加热方式的不同，超高温灭菌处理主要有直接加热方式和间接加热方式两种。直接加热方式是指产品进入系统后与加热介质直接接触，随即在真空缸中闪蒸冷却，最后通过间接冷却至包装温度，直接加热系统可分为蒸汽注射系统（蒸汽注入产品）和蒸汽混注系统（产品进入充满蒸汽的罐中），如图 10 - 3 所示。间接加热方式是指热量通过一个间壁（板片或管壁）介质间接传送到产品中，导热面由不锈钢制成，间接加热系统设备可分为板式热交换器、管式热交换器和刮板式热交换器，如图 10 - 4 所示。

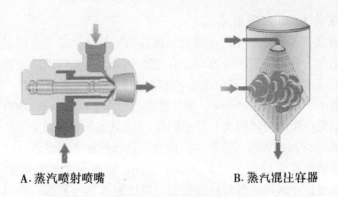

A.蒸汽喷射喷嘴　　　　　　　　　B.蒸汽混注容器

图 10 – 3　直接加热系统

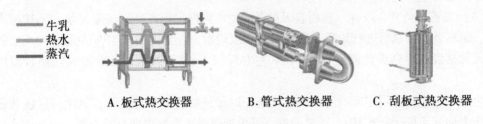

A.板式热交换器　　　B.管式热交换器　　　C.刮板式热交换器

图 10 – 4　间接加热系统

二、超高温灭菌乳的生产

1. 超高温灭菌乳的基本加工工艺流程　采用直接超高温灭菌处理或间接超高温灭菌处理生产超高温灭菌乳的生产工艺相近，与巴氏杀菌乳生产工艺的主要区别在于超高温灭菌处理前一定要对所有设备进行预灭菌，超高温灭菌热处理强度更大、要求更严，工艺流程中必须使用无菌罐，最后采用无菌灌装。基本工艺流程如图 10 – 5所示。

原料乳 → 验收及预处理 → 超高温灭菌 → 无菌平衡贮槽 → 无菌灌装 → 灭菌乳

图 10 – 5　超高温灭菌乳加工工艺流程

　　原料乳首先经过验收、标准化、预热杀菌，而后原料乳（一般为 4℃左右）由平衡槽经离心泵进入管式热交换机的预热段，此处牛乳被热水加热至 75℃后进入均质机。通常采用二级均质，第二级均质压力为 5MPa，均质机合成均质效果为 25MPa。均质后的牛乳进入加热段，在此处牛乳被加热至灭菌温度（通常为 137℃），在保温管中保持 4s，然后进入热回收冷却段，此处牛乳被冷媒冷却至灌装温度，冷却后的牛乳直接进入灌装机或先进入无菌贮存罐后再进入灌装机。若牛乳的灭菌温度低于设定值，则牛乳就沿着启动冷却段返回平衡槽。

　　间接 UHT 处理过程中，牛乳不与加热或冷却介质直接接触，可以保证产品不受外界污染；另外，热回收操作可节省大量能量。

2. 超高温灭菌乳的加工工艺要点

（1）原料乳质量要求　用于生产超高温灭菌乳的原料乳，除应该满足最基本的质量要求外，对蛋白稳定性、微生物指标等方面也有较高要求。在蛋白质稳定性上，要求牛乳在酒精浓度75%时仍保持稳定，以避免在生产和产品储藏期间出现问题；在微生物指标方面，要求细菌总数小于2.0×10^5cfu/ml，耐热芽孢数小于100cfu/ml，嗜冷菌和芽孢形成菌的数量尽量低，以免产生的耐热酶类和芽孢影响 UHT 乳的质量和口味。

（2）设备灭菌　又称预灭菌，即在生产前先用热水处理生产设备，以避免经灭菌处理后的产品被再次污染，其流程与牛乳灭菌有所不同，水直接进入均质机、加热段、保温段、冷却段，在此过程中保持全程超高温状态，继续输送至包装机，从包装机返回，流回平衡槽。如此循环保持回水温度不低于130℃，时间 30min 左右。杀菌完毕后，放空灭菌水，进入正常生产流程。

（3）灭菌、均质、冷却　超高温灭菌乳的生产可以采用直接超高温灭菌和间接超高温灭菌。原料乳经预热后进行均质，通常采用二级均质，总压力为 25MPa 左右。均质后的牛乳进入加热段加热到灭菌温度，在 140℃左右保持 4s 进行灭菌，而后进入热回收段进行冷却。

生产中，应首先设定准确的均质机流速，以保证所需的牛乳流量；其次，应注意稳定蒸汽压力使其不低于 0.6MPa，正常的进汽量由加热段灭菌乳温度自动控制；另外注意控制冷却介质的进量，以确保热水箱内不致沸腾。从灭菌器输送至包装机的管道上装有无菌取样器，当一切生产条件正常时可定时取样检测乳中是否无菌。

（4）无菌灌装　经过超高温灭菌及冷却处理后的灭菌乳，应立即进行无菌灌装。无菌灌装是将杀菌后牛乳，在无菌条件下装入事先杀过菌的容器内。无菌包装过程包括材料或容器的灭菌、在无菌环境下将牛乳灌入无菌容器中、形成足够紧密以防止再污染的包装容器。超高温灭菌乳需在非冷藏条件下具有较长货架期，要求包装材料具有优良的隔氧、隔气、防光特性。

第五节　保持灭菌乳

保持式灭菌方式是指产品灌装后采用高压灭菌，即物料在密闭容器中加热到约110℃，保温 15～20min，经冷却后而制成的产品。有间歇式和连续式处理两种方式，经过加工处理后，产品不含有任何在贮存、运输及销售期间能繁殖的微生物及对产品品质有影响的酶类。该法常用于塑料瓶包装的纯牛乳，更多地用于塑瓶包装的乳饮料的生产中。保持灭菌乳加工工艺如图 10－6 所示。

图 10－6 表明保持灭菌乳的基本生产工艺与巴氏杀菌乳及超高温灭菌乳相似，不同的是保持灭菌乳采用高压灭菌的方式实现产品的商业无菌，在生产工艺中通常分为直接预热灌装灭菌（称为一次灭菌）和首先经过一次超高温预灭菌，然后再灌装到瓶中进行二次灭菌（二次灭菌乳）。在原料乳质量较差的情况下，往往采用二次灭菌的方法，以保证产品质量。

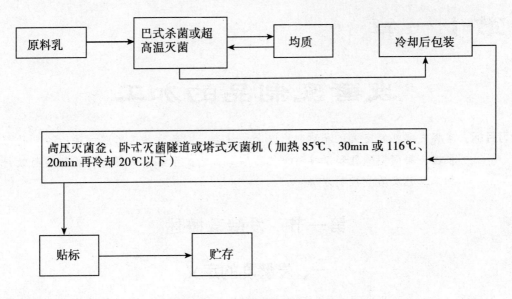

图 10-6 保持灭菌乳加工工艺

思考题

1. 什么是液态乳？液态乳的种类有哪些？
2. 简述巴氏杀菌乳的概念及生产工艺流程。
3. 简述超高温灭菌乳的概念和灭菌方式。
4. 简述保持式灭菌乳的概念和灭菌方式。
5. 液态乳生产过程中应注意哪些方面？

（毛学英）

第十一章

发酵乳制品的加工

学习目标：掌握发酵乳的定义；发酵剂的概念、种类、制备方法及贮藏方法；酸乳的形成机理、凝固型酸乳和搅拌型酸乳的加工工艺；了解其他发酵乳和乳酸菌饮料的加工工艺及质量控制方法。

第一节　发酵乳概述

一、发酵乳的定义

发酵乳（culture milk）是指原料乳在特定微生物的作用下，通过乳酸菌发酵或由乳酸菌、酵母菌共同发酵制成的酸性乳制品。在保质期内，该类产品中的特征菌必须大量存在，并能继续存活和具有活性。发酵乳是一类乳制品综合名称，种类很多，包括酸奶、开菲尔、发酵酪乳、酸奶油、乳酒（以马奶为主）等。由于乳（主要为牛奶）中污染了微生物或添加了特定发酵剂，使部分乳糖转化成乳酸，在发酵过程中形成 CO_2、醋酸、丁二酮、乙醛和其他物质，从而使产品具有独特的滋味和香味。用于开菲尔和乳酒制作的微生物还能产生乙醇。

二、发酵乳的形成及营养

（一）发酵过程中乳的变化

将已知以乳酸菌为主的特定微生物做发酵剂接种到杀菌后的原料乳中，在一定温度下乳酸菌增殖产生乳酸，同时伴有一系列的生化反应，使乳发生化学、物理和感官变化。

1. 化学变化

（1）乳糖代谢　乳酸菌利用原料乳中的乳糖作为其生长与增殖的能量来源。在乳酸菌增殖过程中，其中的各种酶将乳糖转化成乳酸。同时生成半乳糖，也产生寡糖、多糖、乙醛、双乙酰、丁酮和丙酮等风味物质。

（2）蛋白质代谢　蛋白质轻度水解，使肽、游离氨基酸和氨含量增加。

（3）脂肪代谢　脂肪的微弱水解，产生游离脂肪酸。部分甘油酯类在乳酸菌中脂肪分解酶的作用下，逐步转化成脂肪酸和甘油。尽管这类反应在酸乳中只是副反应，但经其产生的游离脂肪酸和酯类足以影响酸乳成品的风味。

（4）维生素变化　乳酸菌在生长过程中，有的会消耗原料乳中的部分维生素，如维生素 B_{12}、生物素和泛酸。也有的乳酸菌产生维生素，如嗜热链球菌和保加利亚乳杆菌在生长增殖的过程中就产生烟酸、叶酸和维生素 B_6。

（5）矿物质变化　形成不稳定的酪蛋白磷酸钙复合体，使离子增加。

（6）其他变化 牛乳发酵可使核苷酸含量增加，尿素分解产生甲酸和 CO_2，也能产生抗菌剂和抗肿瘤物质。

2. 物理性质的变化 乳酸发酵后乳的 pH 降低，使乳清蛋白和酪蛋白复合体因其中的磷酸钙和柠檬酸钙的逐渐溶解而变得越来越不稳定。当体系内的 pH 达到酪蛋白的等电点时（pH4.6～4.7），酪蛋白胶粒开始聚集沉降，逐渐形成一种蛋白质网络立体结构，其中包含乳清蛋白、脂肪和水溶液部分。这种变化使原料乳变成了半固体状态的凝胶体——凝乳。

3. 感官性质的变化 乳酸发酵后使酸乳呈圆润、黏稠、均一的软质凝乳质地，且具有典型酸味和香味。酸味主要是由产生的乳酸形成的，香味以乙醛产生的风味最为突出。

4. 微生物指标的变化 发酵时产生的酸度和某些抗菌剂可防止有害微生物生长。由于保加利亚乳杆菌和嗜热链球菌的共生作用，酸乳中的活菌数大于 10^7 cfu/g，同时还产生乳糖酶（β-半乳糖苷酶）。

（二）酸乳的营养价值

发酵乳制品不仅具有其原料乳所提供的所有营养价值，而且优于原料乳，主要表现在：

1. 具有极好生理价值的蛋白质 由于在发酵过程中，乳酸菌发酵产生蛋白质水解酶，使原料乳中部分蛋白质水解，从而使酸乳中含有比原料乳更多的肽和比例更合理的人体所需的必需氨基酸，从而使酸乳中的蛋白质更易被机体所利用，另外发酵产生的乳酸使乳蛋白质形成微细的凝块，使酸乳中的蛋白质比牛乳中的蛋白质在肠道中释放速度更慢、更稳定，这样就使蛋白质分解酶在肠道中充分发挥作用，使蛋白质更易被人体消化吸收，所以酸乳蛋白质具有更高的生理价值。

2. 含有更多易于吸收的矿质元素 发酵后，乳酸还可以与乳中 Ca、P 和 Fe 等矿物质形成易溶于水的乳酸盐，大大提高了 Ca、P 和 Fe 的吸收利用率。

3. 维生素 酸乳中含有大量的 B 族维生素（维生素 B_1、B_2、B_6）和少量脂溶性维生素。酸乳中维生素的含量主要取决于原料乳，但是与菌株种类关系也很大。如 B 族维生素就是乳酸菌生长代谢的产物之一。

（三）酸乳制品的保健功能

1. 缓解"乳糖不耐受症" 人体内乳糖酶活力在刚出生时最强，断乳后开始下降，成年时人体内的乳糖酶活力仅是刚出生时的 10%，当他们喝牛乳时就会出现腹痛、腹泻、痉挛、肠鸣等症状，称为"乳糖不耐受症"。酸乳中一部分乳糖水解成半乳糖和葡萄糖，葡萄糖再被转化为乳酸，因此酸乳中的乳糖比鲜牛乳中的乳糖要少得多，故酸乳可以减缓乳糖不耐症。

2. 调节人体肠道中的微生物菌群平衡，抑制肠道有害菌生长 酸乳中的某些乳酸菌株可以活着到达大肠，并在肠道中定殖下来，从而在肠道中营造了一种酸性环境，有利于肠道内有益菌的繁殖，而对一些致病菌和腐败菌的生长有显著的抑制作用，从而起到协调人体肠道中微生物菌群平衡的作用。

3. 降低胆固醇水平 研究表明，长期进食酸乳可以降低人体胆固醇水平，但少量摄入酸乳的影响结果则很难判断，并且乳中其他组成（如钙或乳糖）也可能参与影响人体内胆固醇含量。但有一点可以相信，进食酸乳并不增加血液中胆固醇含量。

4. 合成某些抗菌素，提高人体抗病能力　在生长繁殖过程中，乳酸链球菌能产生乳酸链球菌素，这些抗菌素能抑制和消灭多种病原菌，从而提高人体对疾病的抵抗能力。

5. 酸乳与白内障　研究表明，酸乳可以预防白内障的形成。

6. 常饮酸乳还有美容、明目、固齿和健发等作用　酸乳中含有丰富的钙，有益于牙齿、骨骼；酸乳中还有一定的维生素，其中维生素 A 和维生素 B$_2$ 都有益于眼睛；酸乳中丰富的氨基酸有益于头发；由于酸乳能改善消化功能，防止便秘，抑制有害物质如酚吲哚及胺类化合物在肠道内产生和积累，因此能防止细胞老化，使皮肤白皙而健美。

三、现代酸乳制品的发展动态和趋势

酸乳制品的种类越来越多，新型酸奶不断涌现，如长货架期酸奶、冷冻酸奶和浓缩酸奶等，大大丰富和扩展了传统意义上的酸奶的概念内涵。现代酸乳制品发展技术概括起来呈以下态势。

（1）酸奶的品种已由原味淡酸奶向调味酸奶（添加各类香精）、果粒酸奶（添加各类水果果料）和功能性酸奶（特殊有益菌、营养成分的功能性如低脂低糖高钙高蛋白、添加维生素和矿物元素）转化。

（2）保加利亚乳杆菌和嗜热链球菌为生产普通酸奶的最优菌种组合，双歧杆菌酸奶和嗜酸乳杆菌酸奶已越来越被消费者所接受。20 世纪 90 年代，芬兰、挪威、荷兰等国出现了新型功能性酸奶——干酪乳杆菌酸奶。具有良好的产香和滑爽细腻质构类酸奶菌种选育已受到广泛重视，无后酸化酸奶菌种的研究也引起人们重视。

（3）通过改变牛乳基料的成分生产低热量的发酵产品，添加剂应用的变化可能包括使用各种填充剂如纤维素和亲水胶体；使用强甜味剂而不是高热量的糖；降低基料中脂肪和非脂乳固体的含量；使用脂肪代用品、微粒蛋白质和植物油等。

（4）生产方便、口味温和、几乎不用添加剂的长货架期产品。利用现代杀菌技术延长酸奶保质期已成为酸奶发展的新热点，这类酸奶因其常温下半年以上保质期更适于运输和消费。

（5）在冷链情况下消费的包装形式是现阶段和未来产品的热点和趋势，这一方面缘于冷链技术的发展，另一方面有利于保持酸奶中有足够的对人体有益的活菌数。

第二节　发酵剂制备

一、发酵剂菌种及作用

（一）发酵剂的概念及菌种

1. 发酵剂概念　在工业化生产发酵产品前，必须根据生产的需要预先制备发酵剂。所谓发酵剂（starter cultures）是指制造发酵产品所用的特定微生物培养物，它含有高浓度乳酸菌，能够促进乳的酸化过程。

2. 发酵剂菌种选择　不同的发酵乳制品具有不同的产品特性要求，因此，在生产中应使用不同的菌种做发酵剂。这些微生物主要是乳酸菌，常用菌种及其特性如表 11 - 1 所示，有些发酵乳制品用到酵母菌、霉菌（一些干酪）。

表 11－1　常见发酵剂种类及特性

旧菌名	新菌名*	类型	最适生长温度（℃）	最大耐盐性（%）	产酸量（%）	柠檬酸发酵	产品
Ⅰ 链球菌							
乳酸链球菌	乳酸乳球菌乳酸亚种	嗜温型（O）	30	4～6.5	0.8～1.0	—	农家干酪，夸克
乳脂链球菌	乳酸乳球菌乳脂亚种	嗜温型（O）	25～30	4	0.8～1.0	—	切达干酪
丁二酮乳酸链球菌	乳酸乳球菌丁二酮亚种	嗜温型（D）	30	4～6.5	0.8～1.0	+	酸奶
噬柠檬酸明串株菌	肠膜明串株菌乳脂亚种	嗜温型（LD）	20～25	—	小	+	发酵乳酪
嗜热乳酸链球菌	唾液链球菌嗜热亚种	嗜热型	40～45	2	0.8～1.0	—	酸奶
Ⅱ 乳杆菌							
瑞士乳杆菌	瑞士乳杆菌	嗜热型	40～50	2	2.5～3.0	—	Grana 干酪
乳酸乳干酪	德氏乳杆菌乳酸亚种	嗜热型	40～50	2	1.5～2.0	—	
保加利亚乳杆菌	德氏乳杆菌保加利亚种	嗜热型	40～50	2	1.5～2.0	—	酸奶，莫兹瑞拉干酪
嗜酸乳杆菌		嗜温型	35～40	—	1.5～2.0	—	

*菌种新命名摘自《国际乳品联合会公报》（263/1991）。

（1）选择菌种的主要依据

①产酸能力：不同的发酵剂产酸能力会有很大的不同。判断发酵剂产酸能力的方法有两种，即测定酸度和绘制产酸曲线。产酸能力强的发酵剂在发酵过程中容易导致产酸过度和后酸化过强，所以生产中一般选择产酸能力中等或弱的发酵剂。

②后酸化：后酸化是指酸乳生产过程中，终止发酵后，发酵剂菌种在冷却和冷藏阶段仍能继续缓慢产酸，它包括三个阶段：从发酵终点（42℃）冷却到 19～20℃时酸度的增加；从 19～20℃冷却到 10～12℃时酸度的增加；在冷库中冷藏阶段酸度的增加。酸乳生产中应选择后酸化尽可能弱的发酵剂，以便控制产品质量。

③滋味、气味和芳香味的产生：优质的酸乳必须具有良好的滋味、气味和芳香味。为此，选择产生芳香味和滋味、气味满意的发酵剂是很重要的。一般酸乳发酵剂产生的芳香物质为乙醛、丁二酮、丙酮和挥发性酸。

（2）评价方法

①感官评价：进行感官评价时应考虑样品的温度、酸度和存放时间对品评的影响。品尝时样品温度应为常温，因为低温对味觉有阻碍作用；酸度不能过高，酸度过高会将香味完全掩盖；样品要新鲜，用生产 24～48h 内的酸乳进行品评为佳，因为这段时间内是滋味、气味和芳香味的形成阶段。

②挥发性酸的量：通过测定挥发性酸的量来判断芳香物质的产生量。挥发性酸含量越高就意味着产生的芳香物质含量越高。

③乙醛生成能力：乙醛形成酸乳的典型风味，不同的菌株产生乙醛能力不同，因此乙醛生成能力是选择优良菌株的重要指标之一。

④黏性物质的产生：发酵剂在发酵过程中产黏有助于改善酸乳的组织状态和黏稠度，特别是酸乳干物质含量不太高时显得尤为重要。但一般情况下产黏发酵剂往往对酸乳的发酵风味会有不良影响，因此选择这类菌株时最好和其他菌株混合使用。

⑤蛋白质的水解性：乳酸菌的蛋白水解活性一般较弱，如嗜热乳酸链球菌在乳中只表现很弱的蛋白水解活性，保加利亚乳杆菌则可表现较高的蛋白水解活性，能将蛋白质水解，产生大量的游离氨基酸和肽类。

（3）酸乳发酵剂菌种的共生关系　发酵剂所用的菌种，一般将两种以上的菌种混合使用。根据 FAO 关于酸乳的定义，酸乳中的特征菌为嗜热乳酸链球菌和保加利亚乳杆菌。图 11－1 所示为嗜热乳酸链球菌和保加利亚乳杆菌单一发酵与混合发酵酸生成曲线。由此可看出，在发酵的初期嗜热乳酸链球菌增殖活跃，而后期保加利亚乳杆菌增殖活跃。使用混合发酵剂的目的，主要是利用菌种间的共生作用，相互得益。

（二）发酵剂的作用

发酵剂的作用可概括如下：

1. 乳酸发酵　乳酸发酵就是利用乳酸菌对底物进行发酵，结果使碳水化合物转变为有机酸的过程。如牛乳进行乳酸发酵的结果形成乳酸，使乳中 pH 降低，促使酪蛋白凝固，产品形成均匀细致的凝块，并产生良好的风味。

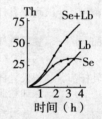

图 11－1　嗜热链球菌和保加利亚乳杆菌在乳中发酵的酸生成曲线

Se. 嗜热链球菌　Lb. 保加利亚乳杆菌
Se＋Lb. 混合发酵剂　Th. 酸度（°T）

2. 产生风味　添加发酵剂的另一个主要作用是使成品产生良好的风味。即依靠蛋白质分解菌和脂肪分解菌的作用，形成低级分解产物而产生风味。在产生风味方面起重要作用的为柠檬酸分解。与此有关的微生物，包括串球菌属、一部分链球菌（如丁二酮乳酸链球菌）和杆菌。

3. 蛋白和脂肪分解　乳酪链球菌在代谢过程中能生成蛋白酶，具有蛋白分解作用；乳酸链球菌和干酪乳杆菌具有分解脂肪的能力。但在实际生产中，发酵剂的使用没有单以脂肪分解为目的的，通常均采用混合微生物发酵剂，因此具有乳酸发酵、蛋白和脂肪分解的多重作用，从而使酸乳更有利于消化吸收。

4. 酒精发酵　牛乳酒、马乳酒之类的酒精发酵乳，系采用酵母菌发酵剂，将乳酸发酵后逐步分解产生酒精的过程。由于酵母菌适于酸性环境中生长，因此，通常采用酵母菌和乳酸菌混合发酵剂进行生产。

5. 产生抗菌素　乳酸链球菌和乳油链球菌中的个别菌株，能产生 Nisin（乳酸链球菌素）和 Diplococcin 抗菌素。使用这种菌作发酵剂的目的，除产生乳酸发酵外，所产生的抗菌素还有防止杂菌生长的作用。尤其对防止酪酸菌的污染有重要作用。

（三）乳酸菌发酵剂的类型

1. 根据发酵剂生产阶段的不同分类

通常用于乳酸菌发酵的发酵剂按照制备过程分为乳酸菌纯培养物、母发酵剂、中间发酵剂和生产发酵剂。

（1）乳酸菌纯培养物　即一级菌种，一般多接种在脱脂乳、乳清、肉汁等培养基中，或者用冷冻升华干燥法制成冻干菌粉（能较长时间保存并维持活力）。它是从专门的发酵剂公司或研究所购得的原始菌种，当生产单位取到菌种后，即可将其移植于灭菌脱脂乳中，恢复活力以供生产需要。

（2）母发酵剂　即一级菌种的扩大再培养，其培养基一般为灭菌脱脂乳，它是制备生产发酵剂的基础。母发酵剂的质量优劣直接关系到生产发酵剂的质量。

（3）中间发酵剂　是扩大生产工作发酵剂的中间环节。

（4）生产发酵剂　生产发酵剂又称工作发酵剂，是直接用于实际生产的发酵剂。

由此可看出，各级菌种之间的制约关系，一级菌种优良，对以后两级菌种影响极大，并直接影响产品质量。

2. 根据发酵剂菌种组合情况不同分类

（1）混合发酵剂　这一类型的发酵剂含有两种或两种以上的菌，如保加利亚乳杆菌和嗜热乳酸链球菌按 1∶1 或 1∶2 比例混合的酸乳发酵剂，且两种菌比例的改变越小越好。

（2）单一发酵剂　这一类型发酵剂只含有一种菌。

（3）补充发酵剂　为增加发酵乳的黏稠度、风味或增强产品的保健目的，可以选择有此功能的菌种，一般可单独培养或混合培养后加入乳中。

3. 根据发酵剂物理状态的不同分类

（1）液态发酵剂　乳品厂一般将商品发酵剂制成各种液态发酵剂供生产使用。液态发酵剂中的母发酵剂、中间发酵剂一般由乳品厂化验室制备，而生产用的工作发酵剂由专门发酵剂室或车间制备。

（2）粉末状或颗粒状发酵剂　粉末状或颗粒状发酵剂是将培养到最大乳酸菌数的液态发酵剂通过冷冻升华干燥制得的。冷冻干燥是在真空下进行的，该方法最大限度地减少了对乳酸菌的破坏。冷冻干燥发酵剂活菌数高可做母发酵剂，或直接做生产发酵剂。

（3）冷冻发酵剂　是在乳酸菌生长活力最高点时，通过浓缩、在液氮罐中冷冻而制成的，然后存在 −196℃液氮罐中或在 −70～−40℃低温冻藏。冷冻发酵剂可直接作为生产发酵剂，一次性使用简单、方便，大大降低了污染机会，确保每批产品质量稳定；可随时按产量接种，减少了浪费。但是，该发酵剂在运输过程中不能解冻。因此，不便于运输，使用受到限制。

4. 根据发酵剂最适生长温度的不同分类

（1）嗜温菌发酵剂　此类发酵剂菌种通常能在 10～40℃ 的温度范围内生长，最适生长温度为 20～30℃。常用的嗜温菌发酵剂菌种有：乳酸链球菌、乳脂链球菌、丁二酮乳酸链球菌、乳明串珠菌属等。

（2）嗜热菌发酵剂　这种发酵剂的最适生长温度为 40～45℃ 的高温，最常见的是由嗜热乳酸链球菌和保加利亚乳杆菌组合的发酵剂，可用于酸奶及一些乳酸菌饮料的生产。

二、发酵剂的调制

发酵剂的调制是乳品厂中最困难也是最重要的工艺之一，必须慎重地选择发酵剂的生产工艺及设备。要求极高的卫生条件，要把微生物污染危险降低到最低限度，菌种活化、母发酵剂调制应该在有正压和配备空气过滤器的单独房间或无菌室中进行。中间发酵剂和生产发酵剂可以在离生产线近一点的车间或在制备母发酵剂的车间里制备，发酵剂的每一次转接都要在无菌操作条件下进行。对设备的清洗、灭菌要严格，以防清洗剂和消毒剂的残留物与发酵剂接触而污染发酵剂。发酵剂的调制步骤见图11-2所示。

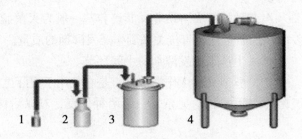

图 11-2　发酵剂的制作步骤
1. 商品　2. 母发酵剂　3. 中间发酵剂　4. 生产发酵剂

（一）调制发酵剂的方法

1. 纯菌种的活化　纯菌种由于保存条件的影响，在使用时应反复进行接种，以恢复其活力。若纯菌种发酵剂是液态的，接种时先将装菌种的试管口用火焰杀菌，然后打开棉塞，用灭菌吸管从试管底部吸取0.1~0.2ml培养在脱脂乳中的液体乳酸菌种，立即移入预先准备好的灭菌试管培养基中。根据采用菌种的特性，参照表11-1的规定，放入恒温箱中进行培养。凝固后再取出0.1~0.2ml，再按上述方法移入灭菌培养基中。如此反复数次（3~5次以上），待乳酸菌充分活化后（判断乳酸菌充分活化的标准可以通过该乳酸菌在其最适宜温度下培养时间从8~10h缩短为3~4h）即可调制母发酵剂。

2. 母发酵剂和中间发酵剂的调制　母发酵剂和中间发酵剂的调制方法也是一个接种传代过程，只不过所用的培养基量逐渐扩大，比如用于母发酵剂的培养基量一般是250~500ml，而用于中间发酵剂的培养基量为1 000~2 000ml，每次接种时的接种量是发酵剂量的1%~2%，培养基要经过严格灭菌。

3. 生产发酵剂（工作发酵剂）的调制

（1）培养基的选择　发酵剂调制最常用的培养基是由高质量、无抗菌素残留的脱脂奶或脱脂奶粉（最好不用全脂奶粉，因游离脂肪酸的存在可抑制发酵剂菌种的增殖）配制，培养基干物质含量为9%~12%。

（2）培养基的制备　作为乳酸菌发酵剂的培养基，必须预先杀菌以消除抗菌物质、使蛋白质发生一些分解、排除溶解氧和杀死原有的微生物。一般最佳杀菌温度和时间为90℃保持30min，或95℃保持5min，也有用高压蒸汽灭菌锅杀菌（115℃、10min）。

（3）培养基冷却　加热后，培养基冷却至接种温度。接种温度根据使用的发酵剂类型而定。常见的接种温度范围：嗜温型发酵剂为20~30℃；嗜热型发酵剂为42~45℃。

（4）接种 培养基经热处理、冷却至所需温度后，加入定量的发酵剂，称为接种。接种量按培养基的容量、菌种种类、活力、培养时间及温度等灵活掌握。接种量的不同也会影响发酵剂产酸、产香情况和菌的比例，进而引起产品的变化。图 11-3 表示了发酵剂的接种量如何影响酸化过程。一般调制母发酵剂时，按脱脂乳量的 0.5% ~1.0% 比较适合；调制中间发酵剂和工作发酵剂时，按脱脂乳量的 1.0% ~2.0% 较好。酸乳生产中为了提高产量，缩短生产周期，接种量可略加大，一般为 2.0% ~3.0%。

（5）培养 当接种结束，发酵剂与培养基混匀后，就开始培养。培养温度和时间是由发酵剂中的细菌类型、产酸能力、产香程度、接种量等决定。常用的乳酸菌的发酵温度和时间见表 11-1。如制酸奶的混合发酵剂球菌和杆菌的比例应为 1：1~2：1，影响球菌和杆菌比率的因素之一是培养温度，图 11-4 说明培养温度对球菌和杆菌数量的影响，在 40℃ 时两者比例大约为 4：1，而 45℃ 时大约为 1：2。

（6）冷却 当发酵剂达到预定的酸度时开始冷却，以阻止乳酸菌继续生长繁殖和酶的活性，保证发酵剂具有较高活力。图 11-5 表示的是一种常见的产酸发酵剂当接种 1% 的母发酵剂在 20℃ 培养时

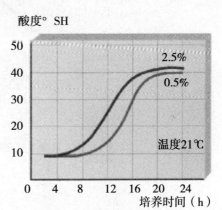

图 11-3 接种 0.5% 和 2.5% 的嗜温发酵剂的产酸曲线

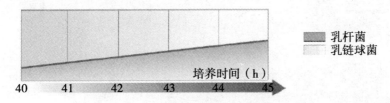

图 11-4 培养温度对球菌和杆菌数量的影响

的生长曲线。当发酵剂在 6h 之内使用时，经常把它冷却至 10 ~20℃ 即可。如果超过 6h 使用，建议把它冷却至 5℃ 左右。

（二）发酵剂的保藏

对于调制好的液体工作发酵剂，多保存在 0~4℃ 冷藏条件下待用。而对于活化好的母发酵剂在 0~4℃ 冷藏条件下贮存时，一般要求每 7 天移植一次（转管），否则对菌种活力有影响。若连续传代培养会出现退化或变异现象，则需要更换菌种。

（三）发酵剂调制的典型系统

图 11-6 说明母发酵剂、中间发酵剂、生产发酵剂在无菌条件下生产的典型系统。

①母发酵剂制作是用一个带有膜盖的 100ml 瓶子。②把脱脂奶装进瓶子，高压灭菌，冷却到适当的接种温度。③把一个灭菌的注射器插进带膜盖的瓶子里，然后把发酵剂注入到瓶子里制做发酵剂。④接着经适当培养和充分冷却后，把母发酵剂接种到牛乳中做中间发酵；做中间发酵剂通常用脱脂奶，首先牛乳要进行 95℃、5min 热处理，然后冷却至培

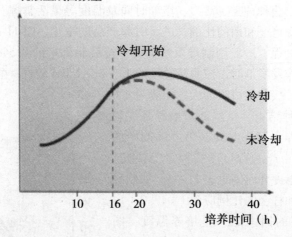

图 11 - 5   乳酸生成菌在培养结束后冷却及未冷却时的生长曲线

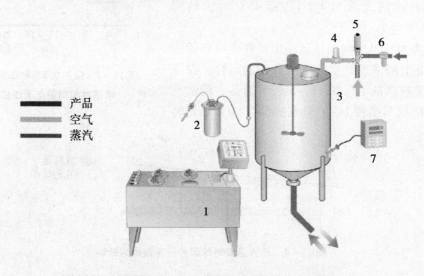

图 11 - 6   从中间发酵剂到生产发酵剂罐的无菌转运

1. 培养器   2. 中间发酵剂容器   3. 生产发酵剂罐   4. HEPA 过滤器
5. 气阀   6. 蒸汽过滤器   7. pH 测定

养温度。加热和冷却在特别设计的培养器里进行。⑤适宜培养一段时间后，冷却至 10 ~ 12℃左右，然后通过软管用过滤空气把中间发酵剂转移到生产发酵剂罐中。⑥牛乳被接种以前（通常是脱脂乳）通过罐夹层用热介质和冷却剂循环加热和冷却。送入罐中的空气和从罐中抽出的空气要通过一个灭菌的高效微粒空气过滤器。

三、发酵剂的质量要求及活力控制

（一）影响发酵剂菌种活力的主要因素

发酵剂质量的关键是菌种数量、活力及相互比例。影响菌种活力的主要因素有：

1. 天然抑制物   牛乳中存在不同的抑菌因子，主要功能是增强牛犊的抗感染与抵抗疾病的能力。这些物质包括乳抑菌素、凝聚素、溶菌酶和 LPS 系统。但乳中存在的抑菌物质一般对热不稳定，加热后即被破坏。

2. 抗生素残留　患乳房炎等疾病的乳牛常用青霉素、链霉素等抗生素药物治疗，在一定时间内（一般 3～5 天，个别在一周以上）乳中会残留一定的抗生素。用于生产酸乳的所有乳制品原料中都不允许有抗生素残留。

3. 噬菌体　噬菌体的存在对发酵乳的生产是致命的，噬菌体侵袭发酵乳后，使乳中发酵剂菌种在短时间内大量裂解死亡或产酸缓慢，发酵时间延长，产品酸度低，难以凝固或形成软凝块，产品组织状态差，并有不愉快的味道。因此，为了防止噬菌体污染，在发酵乳的制作过程中应严格按照所要求的方法消毒杀菌，并定期轮换菌种。

4. 清洗剂和杀菌剂的残留　清洗剂和杀菌剂是乳品厂用来清洗和杀菌用的化学物品。这些化合物（碱洗剂、碘灭菌剂、季铵类化合物、两性电解质等）残留会影响发酵剂菌种的活力。

（二）发酵剂的质量要求

乳酸菌发酵剂的质量，应符合下列各项指标要求：

（1）凝块需有适当的硬度，均匀而细滑，富有弹性，组织状态均匀一致，表面光滑，无龟裂，无皱纹，未产生气泡及乳清分离等现象。

（2）具有优良的酸味和风味，不得有腐败味、苦味、饲料味和酵母味等其他异味。

（3）将凝块完全粉碎后，质地均匀，细腻滑润，略带黏性，不含块状物。

（4）按上述方法接种后，在规定时间内产生凝固，无延长凝固的现象。测定活力（酸度、感官特征、挥发性酸、滋味）时符合规定指标要求。

（三）发酵剂的质量检查

生产发酵乳时，发酵剂质量的好坏直接影响成品的质量，故对发酵剂的质量必须进行严格检查。常用的质量评定方法如下：

1. 感官检查　首先观察发酵剂的质地、组织状态、色泽及乳清分离情况等，其次检查凝块的硬度、黏度及弹性等。然后品尝酸味是否过高或不足，有无苦味和异味等。

2. 化学性质检查　检查方法很多，最主要的是测定酸度和挥发性酸。酸度一般采用滴定酸度表示法，酸度一般为 0.9%～1.1%（乳酸度）时为宜。

3. 检查形态与菌种比例　将发酵剂涂片，用革兰氏染色，在高倍光学显微镜（油镜头）观察乳酸菌形态是否正常、杆菌与球菌的比例以及数量等。

4. 活力测定　使用前对发酵剂的活力进行检查，从发酵剂的酸生成状况或色素还原来进行判断。常用的测定发酵剂活力的方法如下：

（1）产酸活力检查　在灭菌冷却后的脱脂乳中加入 3% 的待测发酵剂，在 37.8℃ 恒温箱中培养 3.5h，然后取出，加入两滴 1% 酚酞指示剂，用 0.1mol/L NaOH 标准溶液滴定，若乳酸度达 0.8% 以上表示活力良好。

（2）刃天青还原试验　9ml 脱脂乳中加入 1ml 发酵剂和 0.005% 的刃天青溶液 1ml，在 36.7℃ 的恒温箱中培养 35min 以上，如刃天青溶液完全褪色表示发酵剂活力良好。

5. 检查污染程度

（1）纯度可用催化酶试验检测，乳酸菌催化酶试验应呈阴性，阳性反应是污染所致。

（2）阳性大肠菌群试验检测粪便污染情况。

（3）检查乳酸菌发酵剂中是否污染酵母、霉菌、噬菌体等。

第三节　酸乳生产

一、酸乳的概念和种类

（一）酸乳的概念

联合国粮食与农业组织（FAO）、世界卫生组织（WHO）与国际乳品联合会（IDF）于1977年对酸乳作出如下定义：酸乳，即在添加（或不添加）乳粉（或脱脂乳粉）的乳中，由保加利亚乳杆菌和嗜热乳酸链球菌的作用而进行乳酸发酵制成的凝乳状产品，成品中必须含有大量的、相应的活性微生物。

（二）酸乳的种类

通常根据成品的组织状态、口味、原料乳中脂肪含量、生产工艺和菌种的组成等，可以将酸乳分成不同的类别。

1. 按成品的组织状态分类

（1）凝固型酸乳（set yoghurt）　其发酵过程在包装容器中进行，从而使成品因发酵而保留其均匀一致的凝乳状态。

（2）搅拌型酸乳（stirred yoghurt）　成品先发酵后灌装而得。发酵后的凝乳已在灌装前和灌装过程中搅碎而成黏稠而均匀的半流动状态。

（3）饮料型酸乳（drinking yoghurt）　在搅拌型酸乳基础上，添加一定比例的水、稳定剂等而配制的液态酸乳。

2. 按成品口味分类

（1）天然纯酸乳（natural yoghurt）　产品只由原料乳加菌种发酵而成，不含任何辅料和添加剂。

（2）加糖酸乳（sweeten yoghurt）　产品由原料乳和糖加入菌种发酵而成。

（3）调味酸乳（flavored yoghurt）　在天然酸乳或加糖酸乳中加入香料而成。

（4）果料酸乳（yoghurt with fruit）　天然酸乳或加糖酸乳混合果酱或果汁而成。

（5）复合型或营养健康型酸乳　通常在酸乳中强化不同的营养素（维生素、食用纤维素等）或在酸乳中混入不同的辅料（如谷物、干果等）而成。这种酸乳在西方国家非常流行，人们常在早餐中食用。

3. 按发酵后的加工工艺分类

（1）浓缩酸乳（concentrated or condensed yoghurt）　这是一种将正常酸乳中的部分乳清除去而得到的浓缩产品。

（2）冷冻酸乳（frozen yoghurt）　这是一类在酸乳中加入果料、增稠剂或乳化剂，然后像冰淇淋一样进行凝冻处理而得到的产品。

（3）充气酸乳（carbonated yoghurt）　在酸乳中加入部分稳定剂和起泡剂（通常是碳酸盐），经均质处理即得这类产品。这类产品通常是以充 CO_2 的酸乳碳酸饮料形式存在。

（4）酸乳粉（dried yoghurt）　通常使用冷冻干燥法或喷雾干燥法将酸乳中约95%的

水分除去而制成酸乳粉。

4. 按产品货架期长短分类

（1）普通酸乳　按常规方法加工的酸乳，其货架期是在 0～4℃下冷藏 7 天。

（2）长货架期酸乳　对包装前或包装后的成品酸乳进行热处理，以延长其货架期。

二、酸乳标准

我国对酸牛乳标准有如下规定（GB2746—1999）：

（1）原料乳　应符合相应国家标准或行业标准的规定。

（2）添加剂和营养强化剂　应使用 GB2760 和 GB14880 中允许使用的品种和添加量，并应符合相应国家标准或行业标准的规定，不得添加防腐剂。

（3）产品中乳酸菌数不得低于 $1 \times 10^6 cfu/ml$。

（4）感官特性　应符合表 11-2 的规定。

（5）理化指标　应符合表 11-3 的规定。

（6）卫生指标　应符合表 11-4 的规定。

表 11-2　酸牛乳的感官指标

项目	纯酸牛乳	调味酸牛乳、果料酸牛乳
色泽	呈均匀一致的乳白色或微黄色	呈均匀一致的乳白色，或调味乳、果料乳应有的色泽
滋味和气味	具有酸牛乳固有的滋味和气味	具有调味酸牛乳或果料酸牛乳固有的滋味和气味
组织状态	组织细腻、均匀，允许有少量乳清析出	组织细腻、均匀，果料酸牛乳有果块或果粒

表 11-3　酸牛乳的理化指标

项目		纯酸牛乳			调味（果料）酸牛乳		
		全脂	部分脱脂	脱脂	全脂	部分脱脂	脱脂
脂肪（%）		≥3.1	1.0～2.0	≤0.5	≥2.5	0.8～1.6	≤0.4
蛋白质（%）	≥		2.9			2.3	
非脂乳固体（%）	≥		8.1			6.5	
酸度（°T）	≥			70.0			

表 11-4　酸牛乳的卫生指标

项目		纯酸牛乳	调味酸牛乳	果料酸牛乳
苯甲酸（g/kg）	≤	0.03	0.03	0.23
山梨酸（g/kg）	≤	不得检出	不得检出	0.23
硝酸盐（以 NaNO₃ 计）（mg/kg）	≤		11.0	
亚硝酸盐（以 NaNO₂ 计）（mg/kg）	≤		0.2	
黄曲霉毒素 M₁（mg/kg）	≤		0.5	
大肠菌群（MPN/100ml）	≤		90	
致病菌（指肠道致病菌和致病性球菌）			不得检出	

三、酸奶生产技术

（一）工艺流程

酸乳生产工艺流程如图 11 - 7。搅拌型酸奶和凝固型酸奶的生产从牛奶的预处理到冷却至培养温度，工艺是一样的，可以共用生产线。

（二）原料要求及预处理

1. 原料乳要求 根据 FAO/WHO 对酸乳的定义，各种动物的乳均可作为生产酸乳的基本原料，但事实上目前世界上大多数酸乳多以牛乳为原料，我国市场上的酸乳也是以牛乳为原料。原料乳要求符合我国现行原料乳标准，其中两点尤为重要，一是原料乳中的总菌数控制在 5×10^5 cfu/ml 以下；二是原料乳中不得含有抗菌素和其他杀菌剂。如表 11 - 5 所示。

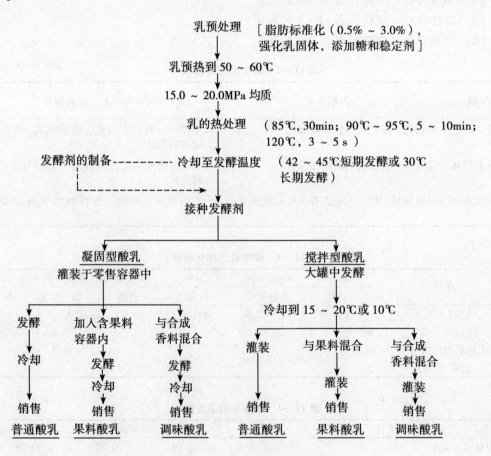

图 11 - 7　酸乳生产的工艺流程

表 11 - 5　鲜牛乳的理化指标和微生物指标

项目		特级	一级	二级
相对密度（γ_4^{20}）	≥	1.030	1.029	1.028
脂肪（%）	≥	3.2	3.0	2.80
酸度（°T）	≤	18.00	19.00	20.00
全脂乳固体（%）	≥	11.70	11.20	10.80
汞（以 Hg 计）（mg/kg）	≤	0.01	0.01	0.01
细菌总数（cfu/ml）	≤	500 000	1 000 000	2 000 000

2. 原料乳预处理　经验收合格的原料乳应及时过滤、净乳、预杀菌、冷却和贮藏。

3. 发酵前处理

（1）原料乳标准化　对原料乳进行标准化，主要通过添加乳制品、使用浓缩或还原乳实现。

①直接添加乳制品：在原料乳中直接添加全脂或脱脂乳粉或乳清粉、酪蛋白粉、奶油、浓缩乳等来达到原料乳标准化的目的。一般奶粉添加量为 1% ~ 1.5%。

②浓缩原料乳：浓缩方法包括蒸发浓缩、反渗透浓缩和超滤浓缩三种方式，其中蒸发浓缩应用最多；反渗透浓缩不需加温，也无相变过程，可以更好地保持原料乳的固有风味与性质，同时也具有能源费用经济的优点。但许多国家禁止使用该法来对酸乳生产中所用原料乳进行标准化。

③复原乳：在某些国家，由于奶源条件的限制，常以脱脂乳粉、全脂乳粉、无水奶油为原料，根据所需原料乳的化学组成，用水来配制成标准原料乳。利用这种复原乳生产的酸乳产品质量稳定，但往往带有一定程度的"乳粉味"。

（2）配料　配料主要包括蔗糖和各种稳定剂。

①蔗糖：在酸乳中加入蔗糖的主要目的是为了减少酸乳特有的酸味感觉，使其口味更柔和。另外，可提高酸奶黏度，有利于乳的凝固。蔗糖应符合 GB317—1984 标准，添加量一般为 4% ~ 8%，不能超过 12%。

②稳定剂：在酸乳中使用稳定剂主要目的是提高酸乳的黏稠度并改善其质地、状态与口感，一般在凝固型酸奶中不需添加稳定剂，只在搅拌型酸乳和饮用型酸乳中添加。FAO/WHO 允许在酸奶中添加的稳定剂有：阿拉伯胶、瓜尔豆胶、琼脂、藻酸盐、角叉胶、CMC-Na、黄原胶、丙二醇海藻盐、改性淀粉、果胶、明胶，添加量为 0.1% ~ 0.5%。

（3）均质　均质的目的主要是使原料充分混合均匀，阻止奶油上浮，提高酸乳的稳定性和稠度，并保证乳脂肪均匀分布，从而获得质地细腻、口感良好的产品。一般均质温度为 55 ~ 65℃，均质压力为 20 ~ 25MPa。

（4）杀菌　经均质的牛乳回流到热交换器加热到 90 ~ 95℃，保温 5min 进行杀菌。目的在于杀灭原料乳中的杂菌，确保乳酸菌的正常生长和繁殖；钝化原料乳中的天然抑制物；使乳清蛋白变性，以达到改善组织状态，提高黏稠度和防止成品乳清析出的目的。

（5）冷却与接种发酵剂　杀菌后的乳要马上冷却到 40 ~ 45℃或发酵剂菌种生长需要的

温度，以便接种发酵剂。接种量根据菌种活力、发酵方法、生产时间的安排和混合菌种的比例不同而定。一般液体生产发酵剂，其产酸活力在 0.7% ~ 1% 之间，接种量应为 2% ~ 4%。

（三）凝固型酸奶的后续生产

图 11 - 8 是生产凝固型酸奶的工艺流程图。当原料奶经过处理并冷却接种发酵剂后，从中间的贮存罐（缓冲罐）出来与从计量泵出来的发酵剂和果料混合后一起进入包装机。

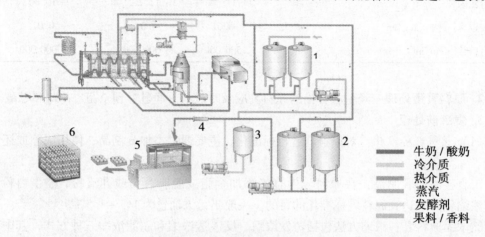

牛奶／酸奶
冷介质
热介质
蒸汽
发酵剂
果料／香料

图 11 - 8　凝固型酸奶生产线
1. 发酵剂罐　2. 缓冲罐　3. 果料/香料　4. 果料混合器　5. 包装　6. 培养

1. 调味、包装　香精可以在牛乳包装以前连续地按比例加入。如果需要添加带颗粒的果料等，应该在灌装接种的牛乳以前先定量地加到包装容器中。

2. 发酵　发酵是在一座特制的发酵室内进行的，室内与外墙之间设有良好的绝缘保温层，热源有电加热和蒸汽管道加热两类，室内设有温度感应器。发酵是发酵剂充分作用原料形成终产品的重要工序（主要为乳酸发酵），对这个工序的管理主要是对发酵温度、发酵时间、球菌杆菌比例和判定发酵终点的管理，即使自动化程度高的酸奶厂也应设专人负责看管。

（1）发酵温度　嗜热乳酸链球菌的最适生长温度稍低于保加利亚乳杆菌的最适生长温度，发酵的培养温度一般采用 40 ~ 43℃，这是两种菌最适生长温度的折中值。低酸性产品的最终酸度是 0.85% ~ 0.95%，高酸性产品的酸奶最终酸度是 0.95% ~ 1.20%，根据国际乳业联盟（IDF）规定，最低酸度是 0.7%。

（2）发酵时间　制作酸奶一般的培养时间为 3h（温度为 41 ~ 42℃，属于短时间培养）。在特殊情况下，30 ~ 37℃ 培养 8 ~ 12h（长时间培养）。影响发酵时间的因素包括接种量、发酵菌活性、培养温度、乳品厂所需要的加工时间、冷却的速度和包装容器类型。由于影响培养时间长短的因素较多，所以不能把培养时间定为机械不变的东西。

（3）判定发酵终点　产品发酵时间一般是 3h 左右，长者达 5 ~ 6h，而发酵终点的时间范围（即从接近发酵终点起至开始超过发酵终点止这一段时间）比较小。如果发酵终点确定的过早，则酸奶组织嫩，风味差，过晚则酸度高，乳清析出过多，风味也差。可采用以下方法判定发酵终点：①抽样测定酸奶的酸度，一般酸度达到 65 ~ 70°T 即可终止；②控制好酸奶进入发酵室的时间，在同等的生产条件下，以前几班确定的发酵时间为准；③抽样及时观察，打开瓶盖缓慢倾斜瓶身，观察酸奶的流动性和组织状态，如流动性变差，且有微小颗粒出现，可终止发酵。

3. 冷却　冷却的目的是迅速而有效地抑制酸奶中乳酸菌的生长，降低酶的活性，防止产酸过度；使酸奶逐渐形成坚固的凝固状态；降低和稳定酸奶脂肪上浮和乳清析出的速度；延长酸奶的保存期限。发酵终点一到立即切断电源或停止供汽。冷却开始时酸奶处于软嫩状态，对机械振动十分敏感，在这种情况下，酸奶组织状态一旦遭到破坏，最终则很难恢复正常。因此，冷却时注意要轻拿轻放、防止振动。

4. 冷藏后熟　冷藏温度一般在 2～7℃，冷藏过程的 24h 内，风味物质继续产生，而且多种风味物质相互平衡形成酸乳的特征风味，通常把这个阶段称为后成熟期。一般 2～7℃下酸乳的贮藏期为 7～14 天。

5. 运输　凝固型酸奶在运输与销售过程中不能过于振动和颠簸，否则其组织结构易遭到破坏，乳清析出影响外观。

（四）搅拌型酸奶后续生产技术

图 11－9 是搅拌型酸奶典型的连续性生产线。

1. 发酵　预处理的牛奶冷却到培养温度，然后连续地与所需体积的生产发酵剂一并泵入发酵罐，开动搅拌数分钟，保证发酵剂均匀分散。发酵罐是隔热的，以保证在整个培养期间的恒温。典型的搅拌型酸奶生产的培养时间为 42～43℃、2.5～3h。用浓缩、冷冻和冻干菌种直接做发酵剂时考虑到其迟滞期较长，发酵时间 4～6h。为了能对罐内酸度发展进行检查，可在罐上安装 pH 计。

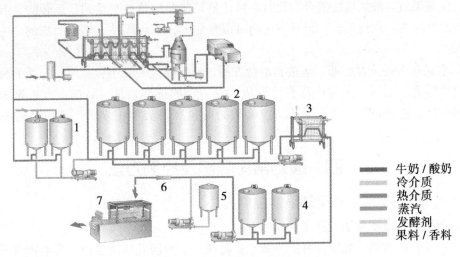

牛奶/酸奶
冷介质
热介质
蒸汽
发酵剂
果料/香料

图 11－9　搅拌型酸奶的生产线
1. 生产发酵剂罐　2. 发酵罐　3. 热交换器　4. 缓冲罐
5. 果料/香料　6. 混合器　7. 包装

2. 搅拌　在制作搅拌型酸奶时，要对酸凝乳进行机械处理。例如用搅拌机破碎凝乳，经过管道和泵对酸奶进行输送，在冷却器中对酸奶加以冷却，用灌装机将酸奶充填到小容器中，这是搅拌型酸奶与凝固型酸奶的不同之处。搅拌型酸奶凝乳受到搅拌作用之后，网状结构中的水分跑出来，出现乳清分离现象。也是由于搅拌的作用，使酸奶发生了相转换现象，即原来是凝胶中分散着水，搅拌之后，变成了水中分散着凝胶。此过程凝乳将被破坏，特别是在大规模生产中，机械化和自动化程度较高，因此机械处理对凝乳施加的机械应力也很大，如果处理不当会造成搅拌型酸奶出现缺陷。不仅降低酸奶的黏度，而且会出现分层现象。

3. 凝乳的输送 凝乳的输送包括用泵和管道对凝乳进行输送和在热交换器的冷却及往小容器中的充填等。搅拌型酸奶的黏度较大，在管道输送过程黏度会受到损害，以层流（流速 0.5m/s 以下）对酸奶黏度的破坏较小。因此输送管道的直径不应随着包装线的延长和改道而改变，特别是要避免管道变细。

将搅拌型酸奶从培养罐经管道和冷却器输送到充填机，必须借助泵的力量。在用泵输送凝乳时，要求减轻对凝乳的破坏，不要混入空气。因此选用容积式泵，这种泵不损伤凝乳的结构，并能保证一定的凝乳流量。

4. 凝块的冷却 发酵达到所需的酸度时（pH4.2 ~ 4.5），酸奶必须迅速降温至 15 ~ 22℃，这样可以暂时阻止酸度的进一步增加。同时为确保成品具有理想的黏稠度，对凝块的机械处理必须柔和。冷却是在具有特殊板片的板式热交换器中进行，这样可以保证产品不受强烈的机械搅动。为了确保产品质量均匀一致，泵和冷却器的容量应恰好能在 20 ~ 30min 内排空发酵罐。如果发酵剂使用的是其他类型并对发酵时间有影响，那么冷却时间也应相应变化。冷却的酸奶在进入包装机以前一般先打入到缓冲罐中。

5. 调味 冷却到 15 ~ 22℃以后，酸奶包装前果料和香料可在酸奶从缓冲罐到包装机的输送过程中加入，通过一台可变速的计量泵连续地把这些成分打到酸奶中，经过混合装置混合，保证果料与酸奶彻底混合。此时果料计量泵与酸奶给料泵是同步运转的，有些小厂采用在缓冲罐中一次性混合。果料添加物可以是甜的，也可以是天然不加糖的，一般添加量为 15%。

6. 包装 为使产品贮藏、运输和消费方便，酸奶要包装在小容器中。容器的材质要求不透气、避光、无毒，不与产品发生反应、有一定的抗酸性能。目前，有玻璃瓶、陶器瓶、塑料杯、塑料袋和纸盒等形式。包装酸奶的包装机类型很多，产品包装体积也各不相同。

四、酸奶常见缺陷及控制方法

（一）凝固型酸奶常见缺陷的控制方法

1. 凝固不良或不凝固 其主要原因有：

（1）原料乳质量 乳中含有抗菌素、防腐剂，会抑制乳酸菌生长，影响正常发酵，从而导致酸乳凝固性差；原料乳掺水，使乳的总干物质含量降低；原料乳因酸度增加而掺碱中和等，都会造成酸乳凝固不好。因此，必须把好原料验收关，杜绝使用含有抗菌素、农药、防腐剂及掺碱、掺水牛乳生产酸乳。对干物质含量低的牛乳，可适当添加脱脂奶粉，提高其总干物质含量。

（2）发酵温度与时间 发酵温度与时间低于乳酸菌发酵的最适温度与时间，会使乳酸菌凝乳能力降低，从而导致酸乳凝固性降低。因此生产中一定要控制好发酵温度与时间，并尽可能保持发酵室温度恒定。

（3）发酵剂活力 发酵剂活力减弱或接种量太少会造成酸乳凝固性差。

（4）加糖量 加糖量过大会产生高渗透压，抑制了乳酸菌的生长繁殖，也会使酸乳不能很好凝固。实际生产中要选择好最佳的加糖量，既能给产品带来良好的风味，又不影响乳酸菌的生长。

2. 乳清析出 其主要原因有：

（1）原料乳热处理不当 温度低或时间不够，不能使大量乳清蛋白变性。变性乳清蛋白与乳中酪蛋白形成复合物，可容纳更多的水分，就不会出现乳清分离。

（2）发酵时间 过长或过短，都会有乳清分离。过长，酸度过大破坏了乳蛋白质已经形成的胶体结构，使乳清分离出来；过短，胶体结构还未充分形成，也会形成乳清析出。

（3）其他 如原料乳总干物质含量低、接种量过大、机械振动等也会造成乳清析出。生产中，添加适量的 $CaCl_2$，可减少乳清析出，也可赋予产品一定的硬度。

3. 风味不良 主要是由于菌种选择及操作工艺不当造成。菌种混合比例应选择适当，任何一方占优势都会导致产香不足，风味变劣。高温短时发酵或发酵过度也会造成酸乳芳香味不足，酸甜不适口等风味缺陷。过度热处理或添加了风味不良的奶粉、炼乳也会造成酸乳风味不良。

4. 表面霉菌生长 酸乳贮藏时间过长或温度过高时，往往在表面出现有霉菌。黑斑点易被察觉，而白色霉菌则不易被注意。这种酸奶被人误食后，轻者有腹胀感觉，重者引起腹痛下泻。因此要严格保证卫生条件并根据市场情况控制好贮藏时间和贮藏温度。

（二）搅拌型酸奶常见缺陷的控制方法

1. 砂状组织 酸乳在组织外观上有许多砂状颗粒存在，不细腻。砂状结构的产生有多种原因，在生产搅拌型酸乳时，应选择适宜的发酵温度，避免原料乳受热过度，减少乳粉用量，避免干物质过多和较高温度下的搅拌。

2. 乳清分离 酸乳搅拌速度过快，过度搅拌或泵送造成空气混入产品，将造成乳清分离。此外，酸乳发酵过度、冷却温度不适及干物质含量不足也可造成乳清分离现象。因此，应选择合适的搅拌器搅拌并注意降低搅拌温度。同时可选用适当的稳定剂，以提高酸乳的黏度，防止乳清分离，其用量为 0.1%～0.5%。

3. 风味不正 除了与凝固型酸乳的相同因素外，在搅拌过程中因操作不当而混入大量空气，造成酵母和霉菌的污染。酸乳较低的 pH 虽然能抑制几乎所有细菌生长，但却适于酵母和霉菌的生长，造成酸乳的变质和产生不良风味。

4. 色泽异常 在生产中因加入的果蔬处理不当而引起变色、褪色等现象时有发生。应根据果蔬的性质及加工特性与酸乳进行合理的搭配和制作。

第四节 酸乳饮料

乳酸菌饮料（yoghurt beverage）也称为发酵乳饮料，是以鲜乳或乳粉为主要原料，经乳酸菌发酵后，根据不同风味要求添加一定比例的蔗糖、稳定剂、有机酸或果汁、香精和无菌水等，按一定的生产工艺制得的发酵型的酸性乳饮料。根据最终产品是否杀菌分为活性酸乳饮料（未经后杀菌）和非活性酸乳饮料（经后杀菌）；根据最终产品的风味将其分为以发酵乳为主体的普通型酸乳饮料和以果汁为主体的果汁型酸乳饮料。

一、乳酸菌饮料的加工

（一）乳酸菌饮料加工工艺流程

以牛乳或乳粉为原料的工艺流程如图11－10所示。

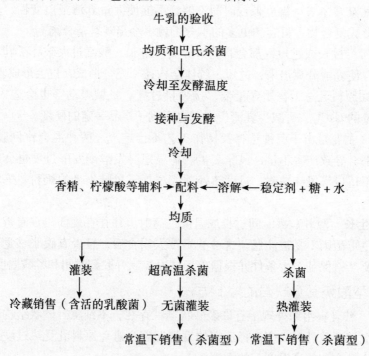

图11－10　酸乳饮料工艺流程

（二）乳酸菌饮料配方

酸乳饮料典型配方如下：

蛋白质30%、糖10%、果胶0.4%、乳酸0.1%、香精0.15%、水53.35%。

乳酸菌饮料典型的成品标准如下：

蛋白质1.0%～1.5%、脂肪1.0%～1.5%、糖10%、稳定剂0.4%～0.6%、总固体15%～16%、pH3.8～4.2。

（三）工艺要求

1. 原料要求　酸乳饮料生产的原料质量要求和前期工艺过程与酸奶相同。

2. 发酵前原料乳成分的调整　由于酸乳中凝乳的形成是乳酸菌在发酵过程中将牛乳中的乳糖分解成乳酸造成的，实践证明乳干物质含量低会使发酵过程中酸的产生量不足，牛乳中的蛋白质含量会直接影响到酸乳的黏度、组织状态及稳定性，故建议发酵前将配料中的非脂乳固体含量调整到15%～18%，这可通过添加脱脂乳粉、蒸发原料乳、超滤、添加酪蛋白粉或乳清粉来实现。

3. 脱气、均质和巴氏杀菌、冷却、发酵　技术要点同酸乳加工。

4. 凝乳冷却、破乳　发酵过程结束后要进行冷却和破碎凝乳，破碎凝乳的方式可以采用边碎乳，边混入已杀菌的稳定剂、糖液等混合料。欲生产高黏度的酸乳饮料，那么发酵过程以后的所有泵应选用螺杆泵，同时混料时应避免搅拌过度。

5. 配料　生产厂家可根据自己的配方进行配料。一般乳酸菌饮料的配料中包括酸乳、糖、果汁、稳定剂、酸味剂、香精和色素等。一般先将稳定剂与白砂糖一起拌和均匀，用70~80℃的热水充分溶解，然后过滤、杀菌；酸味剂稀释后冷却，最后将冷却、搅拌后的发酵乳、溶解的稳定剂和稀释的酸液一起混合，加入香精。

在长货架期乳酸菌饮料中最常使用的稳定剂是纯果胶或与其他稳定剂配合的复合物。

6. 均质　均质使混合料液滴微细化，提高料液黏度，抑制粒子的沉淀，并增强稳定剂的稳定效果。乳酸菌饮料较适宜的均质压力为20~25MPa，温度53℃左右。

7. 后杀菌　由于乳酸菌饮料属于高酸食品，故采用高温短时的巴氏杀菌即可得到商业无菌。对超高温乳酸菌饮料来说，常用杀菌条件为95~108℃、30s或110℃、4s。生产厂家可根据自己的实际情况，对以上杀菌制度作相应的调整，对塑料瓶包装的产品来说，一般灌装后采用95~98℃、20~30min的杀菌条件，然后进行冷却。

8. 包装　根据需要选择塑料袋、塑料瓶、利乐包、康美包等包装形式。

二、乳酸菌饮料的质量控制

（一）饮料中活菌数的控制

乳酸菌活性乳饮料要求每毫升饮料中含活性乳酸菌100万以上。欲保持乳酸菌的较高活力，发酵剂应选用耐酸性强的乳酸菌种（如嗜酸乳杆菌、干酪乳杆菌等）。

用脱脂乳粉强化乳的总固形物，可以促进乳酸菌的繁殖，当含乳固形物达到12%~13%时，乳酸菌数与固形物浓度将按比例增大，并能缩短达到一定酸度的发酵时间。培养温度要比最适生长温度稍低，才能达到较高的活菌数。乳酸菌的活力根据繁殖期不同而不同，在稳定生长期，乳酸菌活力最高，所以培养到此即应结束，并迅速冷却。这一点很关键，否则会继续发酵，产生乳酸，抑制乳酸菌的生长。

（二）饮料中悬浮离子的稳定

乳酸菌饮料呈酸性（pH值为3.8~4.0），因此使酪蛋白处于不稳定状态，易产生沉淀。沉淀严重时，可使乳酸菌饮料失去商品价值。

1. 乳酸菌饮料稳定性的检查方法

（1）在玻璃杯的内壁上倒少量饮料成品，若形成了像牛乳似的、细的、均匀的薄膜，则证明产品质量是稳定的。

（2）取少量产品放在载玻片上，用显微镜观察。若视野中观察到的颗粒很小且分布均匀，表明产品是稳定的；若观察到有大的颗粒，表明产品在贮藏过程中是不稳定的，会出现沉淀现象。

（3）取10ml的成品放入带刻度的离心管内，经2 800r/min转速离心10min。离心结束后，观察离心管底部的沉淀量。若沉淀量低于1%，证明该产品是稳定的；否则产品不稳定。

2. 稳定酪蛋白胶粒的措施　为使酪蛋白胶粒在饮料中呈悬浮状态，不发生沉淀，应注意以下几点：

（1）均质　经均质后的酪蛋白微粒，因失去了静电荷及水化膜的保护，使粒子间的引力增强，增加了碰撞机会且碰撞时很快聚成大颗粒，比重加大引起沉淀。因此，均质必须与稳定剂配合使用，方能达到较好效果。

（2）添加稳定剂　添加稳定剂主要为了提高黏度，防止沉淀的产生。应选择水合性大、在酸溶液条件下稳定的稳定剂，所以果胶在酸性饮料中使用最多。有时将果胶与耐酸 CMC 和 PGA 进行复配，稳定剂总用量在 0.35% ~ 0.6%。配制时要将稳定剂充分溶解。

3. 添加蔗糖　添加蔗糖10%不仅使饮料酸中带甜，而且糖在酪蛋白表面形成被膜，可提高酪蛋白与其他分散介质的亲水性，并能提高饮料密度，增加黏稠度，有利于酪蛋白在悬浮液中的稳定。另外，发酵乳与糖浆混合后要进行均质处理，是防止沉淀必不可少的工艺过程。均质后的原料要进行缓慢搅拌，以促进水合作用，防止粒子的再聚集。

4. 有机酸的添加　添加柠檬酸等有机酸类，也是引起饮料产生沉淀的因素之一。因此，必须在低温条件下使其与蛋白胶粒均匀缓慢地接触。另外，酸的浓度要尽量地小，添加速度要缓慢，搅拌速度要快。所以在加工乳酸菌饮料的搅拌缸上要安装变速搅拌器和自动喷酸装置。

5. 发酵乳凝块的破碎温度　为了防止沉淀产生，还应特别注意控制好破碎发酵乳凝块时的温度，采用一边急速冷却一边充分搅拌。高温时破碎，凝块将收缩硬化，这时再采取什么补救措施也无法防止蛋白胶粒的沉淀。

（三）脂肪上浮

在采用全脂乳或脱脂不充分的脱脂乳做原料时由于均质处理不当等原因引起，应改进均质条件，同时可添加酯化度高的稳定剂或乳化剂如卵磷脂、单硬脂酸甘油酯、脂肪酸蔗糖酯等。最好采用含脂率较低的脱脂乳或脱脂乳粉作为乳酸菌饮料的原料。

（四）果蔬料的质量控制

为了强化饮料的风味与营养，常常加入一些果蔬原料，由于这些物料本身的质量或配制饮料时处理不当，会使饮料在保存过程中出现变色、褪色、沉淀、污染杂菌等。因此，在选择及加入这些果蔬物料时应注意杀菌处理。另外，在生产中可适当加入一些抗氧化剂，如维生素 C、维生素 E、儿茶酚、EDTA 等，以增强果蔬色素的抗氧化能力。

（五）杂菌污染

在乳酸菌饮料的贮存方面，最大问题是酵母菌的污染。由于添加有蔗糖和果汁，当制品混入酵母菌时，在保存过程中，酵母菌迅速繁殖产生二氧化碳气体，并形成酯臭味等不愉快风味。另外在乳酸菌饮料中，因霉菌繁殖，其耐酸性很强也会损害制品的风味。

三、发酵型酸性含乳饮料标准

1. 感官指标　色泽呈均匀一致的乳白色，稍带微黄色或相应的果类色泽。口感细腻、甜度适中、酸而不涩，具有该乳酸菌饮料应有的滋味和气味，无异味。

2. 组织状态　呈乳浊状，均匀一致不分层，允许有少量沉淀，无气泡、无异味。

3. 理化指标　应符合表 11 – 6 的规定。

表 11 – 6　酸性含乳饮料理化指标

项　　目	指　　标
蛋白质（%）	≥0.7
总固体（%）	≥11
总糖（以蔗糖计）（%）	≥10
酸度（°T）	40~90
砷（以 As 计）（mg/kg）	≤0.5
铅（以 Pb 计）（mg/kg）	≤1.0
铜（以 Cu 计）（mg/kg）	≤5.0
脲酶试验	阴性
食品添加剂	按 GB2760 规定

4. 卫生指标　应符合表 11 – 7 的规定。

表 11 – 7　酸性含乳饮料微生物指标

项　　目	指　　标 活性乳酸菌饮料
乳酸菌（cfu/ml）出厂	≥1×10⁴
销售	有活菌检出
菌落总数（cfu/ml）	—
大肠菌群（MPN/100ml）	≤3
霉菌总数（cfu/ml）	≤30
酵母数（cfu/ml）	≤50
致病菌（肠道致病菌及致病性球菌）	不得检出

第五节　其他发酵乳制品

一、开菲尔酸奶酒

　　开菲尔是最古老的发酵乳制品之一，它起源于高加索地区，原料为山羊乳、绵羊乳或牛乳。俄罗斯消费量最大，每人每年大约消费量为 5L，其他许多国家也生产开菲尔。开菲尔是黏稠、均匀、表面有光泽的发酵产品，口味新鲜酸甜，略带一些酵母味。产品的 pH 值通常为 4.3~4.4。

用于生产酸奶酒的特殊发酵剂是开菲尔粒。该粒由蛋白质、多糖和几种类型的微生物群如酵母、产酸菌、产香菌等组成。在整个菌落群中酵母菌约占 5% ~ 10%。开菲尔粒呈淡黄色，大小如小菜花，直径约 15 ~ 20mm，形状不规则。它们不溶于水和大部分溶剂，浸泡在奶中膨胀并变成白色。在发酵过程中，乳酸菌产生乳酸，而酵母菌发酵乳糖产生乙醇和二氧化碳。在酵母菌的新陈代谢过程中，某些蛋白质发生分解从而使开菲尔产生一种特殊的酵母香味。乳酸、乙醇和 CO_2 的含量可由生产时的培养温度来控制。

1. 原料乳要求和脂肪标准化　和其他发酵乳制品一样，原料乳的质量十分重要，它不能含有抗生素和其他杀菌剂，用于开菲尔生产的原料可以是山羊乳、绵羊乳或牛乳。开菲尔的脂肪含量为 0.5% ~6%，常用 2.5% ~3.5%。

2. 均质、热处理　标准化后，原料乳在 65 ~70℃、17.5 ~20MPa 的条件下进行均质。热处理的方法与酸奶和大多数发酵乳一样：90 ~95℃、5min 或 85℃、20 ~30min。

3. 发酵剂的制备　开菲尔发酵剂通常用不同脂肪含量的牛奶来生产。但为了更好地控制开菲尔粒的微生物组成，近年来使用脱脂乳和再制脱脂乳制作发酵剂。与其他发酵乳制品一样，培养基必须进行完全的热处理，以灭活噬菌体。

经预热的牛乳用活性开菲尔粒接种，接种量为 5% 或 3.5%，23℃培养，培养时间大约 20h。这期间开菲尔粒逐渐沉降到底部，要求每隔 2 ~5h 间歇搅拌 10 ~15min。当达到 pH 值 4.5 时，用不锈钢筛过滤把开菲尔粒从发酵液中滤出，用凉开水冲洗再次用于培养新一批发酵剂。得到的滤液可作为生产发酵剂或作为母发酵剂接种到杀菌处理的牛乳中，接种量为 3% ~5%，在 23℃下培养 20h 后制成生产发酵剂。在使用前把它冷却至 10℃左右，可以贮存几个小时。

4. 接种与发酵　牛奶热处理后，冷却至接种温度，通常为 23℃，添加 2% ~3% 的生产发酵剂。在 23℃发酵至 pH 值到 4.5 或 85 ~110°T，大约要培养 12h。然后搅拌凝块，同时在罐里预冷。当温度达到 14 ~16℃时停止冷却。随后保持 12 ~14h，当酸度达到 110 ~120°T（pH 约 4.4）时，开始产生典型的轻微"酵母"味，此时进行最后的冷却。

5. 冷却　产品在板式热交换器中迅速冷却至 4 ~6℃，以防止 pH 值的进一步下降，并包装产品。此过程处理要柔和，在泵、管道和包装机中的机械搅动必须限制到最小程度。因空气会增加产品分层的危险性，所以应避免空气的进入。

二、乳酸菌制剂

所谓乳酸菌制剂，即将乳酸菌培养后，再用低温干燥的方法将其制成带活菌的粉剂、片剂或丸剂等。服用后能起到整肠和防治胃肠疾病的作用。

在生产乳酸菌制剂时采用的乳酸菌菌种主要有粪链球菌、嗜酸乳杆菌和双歧乳杆菌等在肠道内能够存活的菌种。此外，也可以采用其他的菌种，但因其不能在肠道内存活，只能起到降低肠道内 pH 的作用。近年来国际上已采用带芽孢的乳酸菌种，使乳酸菌制剂进入了新的发展阶段。

各种乳酸菌制剂的生产方法、原理大致相同，一般多采用的菌种为嗜酸乳杆菌。现以乳酸菌素为例，简要介绍其生产方法。

1. 工艺流程　乳酸菌制剂工艺流程如图 11 – 11 所示。

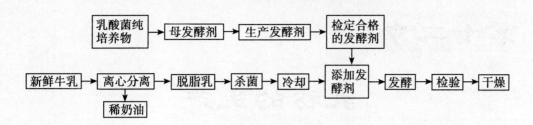

图 11 - 11　乳酸菌制剂的加工工艺流程

2. 质量控制

（1）发酵剂制备　参考前述发酵剂制备。

（2）原料乳杀菌　分离的脱脂乳经 90℃、15min 杀菌后冷却至 40℃，加入生产发酵剂进行发酵。

（3）培养　40℃左右培养至酸度达 240°T，停止发酵。

（4）干燥　45℃以下进行干燥粉碎，供制粉剂和片剂。如有条件进行冷冻升华干燥，将会进一步提高产品效力与延长保存期。

3. 质量标准　乳酸菌素暂行标准：水分≤5%，杂菌数 < 1 000cfu/g，乳酸 > 0.9%，淡黄色，味酸，不得有酸败味。

思考题

1. 简述发酵乳的概念和种类。

2. 试述酸乳的营养价值和保健功能。

3. 简述发酵剂的概念、种类和制备方法。

4. 试述发酵剂的主要作用。

5. 简述发酵乳的形成机理。

6. 酸乳加工中对原料乳有什么要求。

7. 试述凝固型酸乳和搅拌型酸乳的工艺异同点。

8. 乳酸菌饮料的概念及加工工艺。

9. 乳酸菌饮料在生产和贮藏过程中出现的沉淀问题应如何解决。

10. 简述微生态制剂的概念、种类及其作用机理。

（马俪珍）

第十二章

乳粉的生产

学习目标：掌握乳粉的分类、质量标准、乳粉一般生产工艺、贮藏过程中的品质变化以及乳粉的质量缺陷及控制；并了解速溶乳粉和配方乳粉的生产工艺和调制原则。

第一节 概 述

一、乳粉的概念

所谓乳粉是指以新鲜乳为原料，或以新鲜乳为主要原料，添加一定数量的植物或动物蛋白质、脂肪、维生素、矿物质等配料，通过冷冻或加热的方法除去乳中几乎全部的水分，干燥而成的粉末。

乳粉能一直保持乳中的营养成分，主要是由于乳粉中水分含量很低，发生了所谓的"生理干燥现象"。这种现象使微生物细胞和周围环境的渗透压差数增大。有人认为，如果产品的水分比其容水量（可以理解为乳粉在空气相对湿度100%时的平衡湿度）低30%时，那么产品中微生物就不能繁殖，而且还会死亡。但若有芽孢菌存在，当乳粉吸潮后，芽孢菌又会重新繁殖。乳中除去了几乎全部的水分，大大减轻了重量、减小了体积，为贮藏运输带来了方便。

二、乳粉的种类

目前我国生产的乳粉主要有全脂乳粉、全脂加糖乳粉、婴儿乳粉及少量保健乳粉等，其中全脂加糖乳粉产量占90%以上，其他乳粉，尤其是婴儿乳粉的产量正在逐步上升。

根据所用原料、原料处理及加工方法不同，乳粉可以分为以下几种：

（1）全脂乳粉 以鲜乳直接加工而成。

（2）脱脂乳粉 将鲜乳中的脂肪分离除去后用脱脂乳干燥而成。此部分又可以根据脂肪脱除程度分为无脂、低脂及中脂乳粉等。

（3）加糖乳粉 在乳原料中添加一定比例的蔗糖或乳糖后干燥加工而成。

（4）配制乳粉 鲜乳原料中或乳粉中配以各种人体需要的营养素加工而成。

（5）速溶乳粉 在乳粉干燥工序上调整工艺参数或用特殊干燥法加工而成。

（6）乳油粉 在鲜乳中添加一定比例的稀奶油或在稀奶油中添加部分鲜乳后加工而成。

（7）酪乳粉 利用制造奶油时的副产品酪乳制造的乳粉。

（8）乳清粉 利用制造干酪或干酪素的副产品乳清制造而成的乳粉。

（9）麦精乳粉 鲜乳中添加麦芽、可可、蛋类、饴糖、乳制品等经干燥而成。

（10）冰淇淋粉　鲜乳中配以适量香料、蔗糖、稳定剂及部分脂肪等经干燥加工而成。

随着乳品工业的发展，乳粉新品种不断出现，特殊配制乳粉成为新的主流。如嗜酸菌乳粉、高蛋白低脂乳粉、低苯丙氨酸乳粉、蛋白分解乳粉、低钠乳粉和乳糖分解乳粉等。近年来，由于人工育儿乳粉需要量的急剧增加，特殊调制的婴儿乳粉在某些国家已成为主要乳制品品种。

第二节　普通乳粉的生产工艺

普通乳粉主要有全脂乳粉和脱脂乳粉。下面分别介绍其生产工艺。

一、全脂乳粉的生产工艺

（一）全脂乳粉生产工艺流程

普通全脂乳粉的生产工艺流程如图 12 - 1 所示。

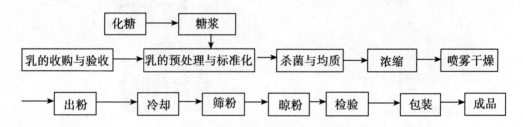

图 12 - 1　普通全脂乳粉生产工艺流程

（二）全脂乳粉生产的工艺要点

1. 原料乳的验收　（见第二章第一节）

2. 原料乳的标准化　乳脂肪的标准化一般在离心净乳时同时进行。如果净乳机没有分离乳油的功能，则要单独设置离心分离机。当原料乳中含脂率高时，可调整净乳机或离心分离机分离出一部分稀乳油，如果原料乳中含脂率低，则要加入稀奶油，使成品中含有25%～30%的脂肪。一般工厂将成品的脂肪控制在26%左右。

3. 预热、杀菌　乳中的细菌是引起乳败坏的主要原因，也是影响乳粉质量与保质期的重要因素。在浓缩前进行预热不仅有助于控制产品的微生物数量，同时也是控制乳粉功能特性的关键一步。预热是乳粉加工过程中受热温度最高的一步，在这一过程中，大多数乳清蛋白变性。可以采用各种热交换器进行预热，如片式热交换器、安装在蒸发器中的螺旋式热交换器或蒸汽喷射系统。直接热交换系统较间接热交换系统效果要好，在间接热交换系统中，嗜热菌可产生生物膜。

4. 均质　生产全脂乳粉时，一般不经过均质，但如果进行了标准化添加了稀乳油或脱脂乳，则应该进行均质。均质的目的在于破碎脂肪球，使其分散在乳中，形成均匀的乳浊液。经过均质的原料乳制成的乳粉，冲调后复原性更好。均质前，将原料乳预热到60～65℃，均质效果更佳。

5. 加糖　在生产加糖或某些配方乳粉时，需要向乳中加糖，加糖的方法有：

①净乳之前加糖；②将杀菌过滤的糖浆加入浓缩乳中；③包装前加蔗糖细粉于乳粉中；④预处理前加一部分糖，包装前再加一部分。选择何种加糖方式，取决于产品配方和设备条件。当产品中含糖在 20% 以下时，最好是在 15% 左右，采用①或②法为宜。当糖含量在 20% 以上时，应采用③或④法为宜。

6. 真空浓缩　乳粉生产常采用减压（真空）浓缩，浓缩的程度直接影响乳粉的质量，特别是溶解度。生产全脂乳粉时，原料乳一般浓缩至原体积的 1/4，乳干物质达到 45% 左右。浓缩后的乳温一般均为 47～50℃，这时浓缩乳的浓度应为 14～16°Bé。相对密度为 1.089～1.100，若生产大颗粒甜乳粉，浓缩乳的浓度至少要提高到 18～19°Bé。选择何种蒸发器，应视生产规模、产品品种、经济条件等决定。一般生产规模小的乳粉厂，可选用单效蒸发器（图 12－2、图 12－3）；生产规模大的乳粉厂，可选用双效或多效蒸发器（图 12－4）。一般在蒸发器上都安装有折射计或黏度计，以确定浓缩终点。

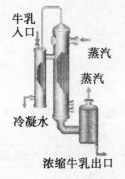

图 12－2　单效蒸发器

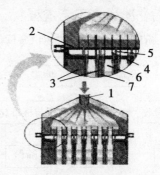

图 12－3　单效蒸发器上部
1. 喷嘴　2. 分布板　3. 加热蒸汽　4. 同轴管
5. 通道　6. 蒸汽　7. 蒸发管

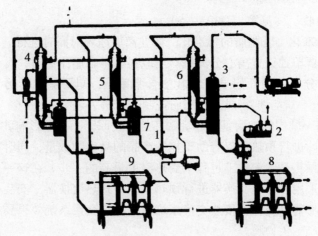

图 12－4　带机械式蒸汽压缩的三效蒸发器
1. 压缩机　2. 真空泵　3. 机械式蒸汽压缩泵　4. 第一效　5. 第二效
6. 第三效　7. 蒸汽分离器　8. 产品加热器　9. 板式冷却器

除蒸发浓缩外，也可采用膜技术进行浓缩。超滤可将乳组分分离，反渗透和纳滤只除去了乳中的水，可对乳进行预浓缩。超滤不仅使乳的受热程度减小，而且可以进行标准化，调节产品中蛋白质和乳糖的含量。

7. 干燥　乳粉干燥的方法常用滚筒干燥和喷雾干燥。除生产特殊的乳粉外（如生产巧克力用的高游离脂肪乳粉），目前滚筒干燥已极少用于乳粉的生产。

（1）**喷雾干燥的基本原理**　将浓缩的浓乳送到干燥室顶部的雾化器，使之被分散成雾状的乳滴，在干燥室中与热风接触，浓乳表面的水分在 $0.01 \sim 0.04s$ 内瞬间蒸发完毕，雾滴被干燥成粉粒落入干燥室底部。水分以蒸汽的形式被热风带走，整个过程仅需 $15 \sim 30s$。

（2）**喷雾干燥的优缺点**

①优点：a. 干燥速度快，物料受热时间短。可以减少牛乳中一些热敏性物质的损失，乳的营养成分破坏程度较小，乳粉的溶解度较高，冲调性好。b. 工艺参数可以方便地调节，产品质量容易控制，同时也可以生产有特殊要求的产品。c. 整个干燥过程都是在密封的状态下进行的，产品不易受到外来的污染，从而最大程度地保证了产品的质量。d. 操作简单，机械化、自动化程度高，劳动强度低，生产能力大。

②缺点：a. 占地面积和空间大。b. 热效率低。c. 粉尘回收装置比较复杂，设备清扫时劳动强度大。

（3）**雾化的方式**

①压力式喷雾干燥中，浓乳雾化是通过一台高压泵的压力（达 20MPa）和一个安装在干燥塔内部的喷嘴来完成的。浓乳在高压泵的作用下通过一狭小的喷嘴后，瞬间得以雾化成无数微细的小液滴（图 12 – 5）。

②离心式雾化喷雾干燥中，浓乳的雾化是通过一个在水平方向做高速旋转的圆盘来完成的。当浓乳在泵的作用下进入高速旋转的转盘中央时，由于离心力的作用而以高速被甩向四周，从而达雾化的目的（图 12 – 6）。

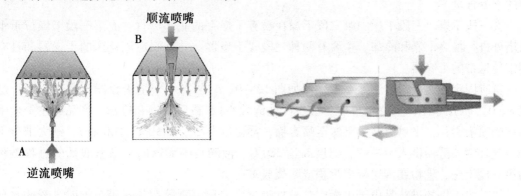

顺流喷嘴

逆流喷嘴

图 12 – 5　压力喷雾干燥室中的喷嘴图　　　　　**图 12 – 6　离心喷雾盘**

（4）**喷雾干燥的基本装置及过程**

①一段和二段干燥。最简单的生产乳粉的设备是一个具有风力传送系统的喷雾干燥器，见图 12 – 7。这一系统建立在一级干燥原理上，即从将浓缩液中的水分脱除至要求的最终湿度的过程全部在喷雾干燥塔室 1 内完成。相应风力传送系统收集乳粉和乳粉末，一起离开喷雾塔室进入到主旋风分离器 6 与废空气分离，通过最后一个分离器 7 冷却乳粉，并送入袋装漏斗。

两段干燥中第一段使用上述同样设备生产乳粉，不同的是风力运送系统被流化床所取代（图 12 -8）。三段干燥是两段干燥概念的延伸发展，可节约操作费用。

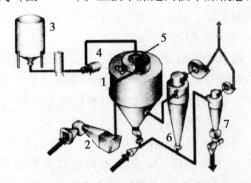 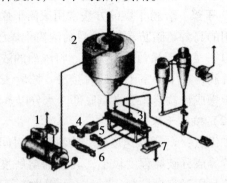

图 12 -7　传统喷雾干燥（一段干燥）　　　图 12 -8　带有流化床的喷雾干燥（二段干燥）

1. 干燥室　2. 空气加热器　3. 牛乳浓缩缸　　1. 空气加热器　2. 干燥室　3. 振动流化床
4. 高压泵　5. 雾化器　6. 主旋风分离器　　　4. 用于流化床的空气加热器
7. 旋风分离器输送系统　　　　　　　　　　　5. 用于流化床的冷却空气
　　　　　　　　　　　　　　　　　　　　　6. 用于流化床的脱湿冷却空气　7. 振动筛

一段和两段方法生产的乳粉中都含有大量的单一颗粒，这些颗粒呈尘状并很难再复原成鲜乳状态。两者之间当然也有一些轻微差别。两段干燥乳粉，由于原始颗粒比较大，表面比较粗糙，并且有一些附聚粉存在，使最终产品粉尘化的程度较轻，并能较容易地还原成鲜乳。

另外乳粉的溶解度指标和孔隙空气的含量都较低，而体积密度却较高。液滴在刚刚离开雾化器时，温度比较低，仅仅略高于干燥空气的湿球温度，乳粉颗粒的温度随水分的脱除而逐渐上升，但最终温度低于出口空气温度。究竟比出口温度低多少，这决定于奶粉颗粒的水分含量。

②三段干燥。三段干燥中第二段干燥在喷雾干燥室的底部进行，而第三段干燥位于干燥塔外进行最终干燥和冷却。主要有两种三段式干燥器：具有固定流化床的干燥器和具有固定传送带的干燥器。

具有固定传送带带过滤器型干燥器如图 12 -9，它包括一个主干燥器 3 和三个小干燥室 8、9、10 用于结晶（当需要时，如生产乳清乳粉），最后干燥和冷却。产品经主干燥室顶部的喷嘴雾化，来料由高压泵送至喷雾嘴，雾化压力高达 20MPa（200bar），绝大部分干燥空气环绕喷雾器供入干燥室，温度高达 280℃。液滴自喷嘴落向干燥室底部的过程被称为第一段干燥，乳粉在传送带上沉积或附聚成多孔层。

第二段干燥的进行是由于干燥空气被抽吸过乳粉层。刚落在传送带 7 上时乳粉的水分含量随产品不同为 12% ~20%。在传送带上的第二段干燥减少水分含量至 8% ~10%。水分含量对于乳粉的附聚程度和多孔率是非常重要的。第三段和最后一段对脱脂或全脂乳浓缩物的干燥在两个室内 8、9 进行，在两室中进口温度高达 130℃的热空气被吸过乳粉层和传送带，其方式与在主干燥室一样。乳粉最后在干燥室 10 中冷却。有一小部分乳粉细末随干燥空气和冷却空气离开干燥设备，这些细粉在旋风分离器组 12 与空气分离，或进入主干燥室，或进入产品类型需要或附聚需要的加工工艺点。离开干燥器后，乳粉附聚物经筛或磨（取决于产品类型）分散达到要求的大小。

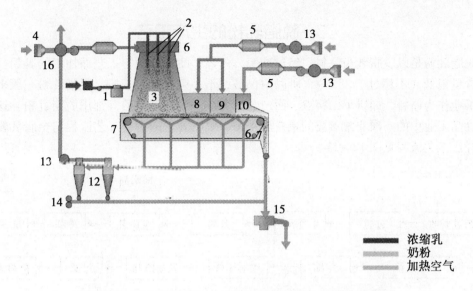

图 12 - 9　具有完整运输、过滤器（三段干燥）的喷雾干燥器

1. 高压泵　2. 喷头装置　3. 主干燥室　4. 空气过滤　5. 加热器/冷却器　6. 空气分配器
7. 传送带系统　8. 保持干燥室　9. 最终干燥室　10. 冷却干燥室　11. 乳粉排卸
12. 旋风分离器　13. 鼓风机　14. 细粉回收系统　15. 过滤系统　16. 热回收系统

③热回收和细粉回收。干燥加工造成大量的热量损失，一部分可在热交换器中回收，但是干燥空气中含有粉尘和蒸汽，因此，热交换器必须进行特殊设计。大多数情况下，使用一种有很多玻璃管的特殊热交换器（图 12 - 10），光滑的玻璃表面预防了过量沉积的形成，设备也包括了 CIP 系统。热空气从管底进入，强制通过玻璃管，新鲜空气在玻璃管外流动得到加热。使用这种热回收方法，喷雾干燥设备的效率可增加 25% ~ 30%。

当空气排出干燥室时，会带出大量较轻、较细的乳粉颗粒（一般称为细粉），可通过旋风分离器、布袋过滤器或湿的净化系统回收。回收的细粉可加回到喷雾干燥的乳粉中，采用旋风分离器回收细粉的工艺见图 12 - 10。

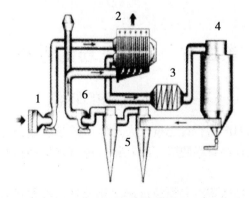

图 12 - 10　从喷雾干燥器中回收热量和细粉

1. 新鲜空气鼓风机　2. 玻璃管换热器　3. 加热器
4. 喷雾塔　5. 旋风分离器　6. 废气鼓风机

二、脱脂乳粉的生产工艺

脱脂乳粉是以脱脂乳为原料，经过杀菌、浓缩、喷雾干燥等工艺而加工的乳粉。因为脂肪含量很低（不超过1.25%），所以耐保藏，不易引起氧化变质。脱脂乳粉一般多用于食品工业作为原料，如饼干、糕点、面包、冰淇淋及脱脂鲜干酪等都用脱脂乳粉。这种乳粉是食品工业中的一项非常重要的蛋白质来源。脱脂乳粉的生产工艺流程与全脂乳粉基本上一样。工艺流程见图12－11。

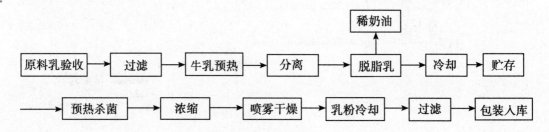

图12－11 脱脂乳粉生产工艺流程

脱脂乳粉的生产工艺流程及设备与全脂乳粉大体相同，但是，整个加工过程中如果温度的调节和控制不适当，将引起脱脂乳中的热敏性乳清蛋白质变性，从而影响乳粉的溶解度。原料乳经过验收后，通过过滤，然后加温到35～38℃即可进行分离。用牛乳分离机经过离心分离可同时获得稀奶油和脱脂乳。这时要控制脱脂乳的含脂率不超过0.1%。脱脂乳经预热杀菌浓缩、喷雾干燥、冷却过筛、称量包装等过程与全脂乳粉完全相同。脱脂乳粉可以根据其用途的不同采用不同的预热杀菌条件。例如用于食品工业的冰淇淋原料时，要求其溶解性能良好而又没有蒸煮气味，所以在预热杀菌时最好采用高温短时间或超高温瞬间杀菌法进行杀菌。如果脱脂乳粉是用于面包工业，则可以采用80～88℃，30min的杀菌条件，因为在这一条件下进行热处理所得的脱脂乳粉，添加于面包中能使面包的体积增大。用于制造脱脂鲜干酪的脱脂乳粉，则多要求速溶脱脂乳粉。

第三节 速溶乳粉的生产

一、速溶乳粉的特征

速溶乳粉是一种较新的产品，首先投入大量生产的是脱脂速溶乳粉，最近又有一些全脂速溶乳粉投入生产。此外还有半脱脂速溶乳粉、速溶稀奶油粉和速溶可可乳粉等，种类日趋繁多。

速溶乳粉要想在水中迅速溶解必须经过速溶化处理，乳粉经处理后形成颗粒更大、多孔的附聚物。乳粉要得到正确的多孔率，首先要经干燥把颗粒中的毛细管水和孔隙水用空气取代，然后颗粒需再度润湿，这样，颗粒表面迅速膨胀关闭毛细管，颗粒表面就会发黏，使颗粒黏结在一起形成附聚。在附聚过程中，可使乳粉颗粒形成直径为250～750μm多孔性的乳粉颗粒簇，其内部空气较多，乳粉容积密度较低。通过附聚提高了乳粉的可湿性、沉降性和溶解性。乳粉颗粒的附聚类型如图 12 – 12 所示。

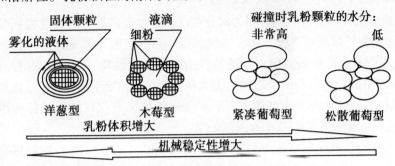

图 12 – 12　乳粉颗粒的附聚类型

二、速溶乳粉的生产方法

（一）直通法

这是一种比较有效的速溶化方法。脱脂乳粉的附聚可通过将旋风分离器分离出的细粉返回到雾化区，在此细粉可作为附聚物形成的"核"，可通过从干燥室出来的水分含量在 8% ~ 15% 乳粉颗粒在流化床进行附聚如图 12 – 13 所示。为了使形成的附聚物具有最佳的还原性，一般推荐低热或中热脱脂乳粉采用附聚技术，附聚前乳粉的颗粒应具有较大的颗粒密度，直径为 25 ~ 50μm。

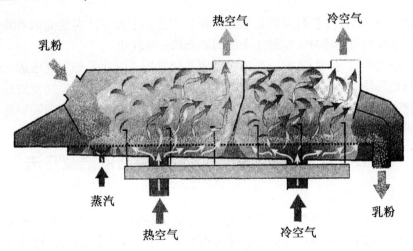

图 12 – 13　速溶乳粉再湿润后流化床干燥

（二）再润湿法

再湿润附聚是将非速溶的乳粉用湿空气或蒸汽或液态再湿润剂（乳、水）进行再湿润，在一定条件下保持一定时间使潮湿的乳粉颗粒相互作用形成附聚物，之后进一步干燥除去多余的水分，并可以过筛筛出所需大小的附聚颗粒。经过再湿润过程的乳粉附聚速溶性都较其他方法好，但生产成本也相对较高。

（三） 影响乳粉速溶的因素及改善方法

（1）乳粉应该能够被水润湿，因为水分可以通过虹吸作用被吸在乳粉颗粒之间的空隙中。乳粉的润湿性可以通过乳粉、水、空气三相体系的接触角测定出来，如果接触角小于90°，那么乳粉颗粒就能够被润湿。干燥的脱脂牛乳的接触角一般是2°左右，全脂乳粉的接触角为50°左右，全脂乳粉的接触角会更大些，润湿角可能会大于90°（特别是当一部分脂肪是固体时），这时水分不能够渗入到乳粉块的内部或者仅仅能够局部的渗入，办法是将乳粉颗粒喷涂卵磷脂，从而减小有效接触角。

（2）水分子对于乳粉的渗透率和乳粉之间的空隙大小有关，乳粉颗粒越小，孔隙就越小，渗透就越慢。如果乳粉颗粒的直径大小并不均匀，小的颗粒可以填在大的颗粒之间。也会产生小的孔隙。渗透到乳粉内部的水分可以因为毛细管作用将乳粉颗粒粘在一起，导致乳粉之间的空隙变小。毛细管的收缩作用可以将乳粉的体积减少30%～50%，蛋白质的吸水膨胀也会导致空隙的变小，特别是在蛋白粉中。

速溶乳粉的生产过程一方面改善乳粉的润湿性，另一方面是改变乳粉颗粒的大小，这可以通过附聚的办法来解决，当乳粉颗粒还没有完全干燥时，它们之间会粘在一起。利用这一特点我们可以让湿乳粉粒相互碰撞，然后发生附聚，此时乳粉间的空隙也会变大。附聚的乳粉可以很快地在水中分散后慢慢地溶解。

第四节　配制乳粉

配制乳粉是20世纪50年代发展起来的一种乳制品，主要是针对婴儿的营养需要，在乳中添加某些必要的营养成分，经加工干燥而制成的一种乳粉。

初期的配制乳粉实为加糖乳粉，后来发展成各种维生素强化乳粉，现已进入到母乳化的特殊配制乳粉阶段，即以类似母乳组成的营养素为基本目标，通过添加或提取牛乳中的某些成分，使其组成在质量和数量上接近母乳。各国都在大力发展特殊的配制乳粉，且已成为一些国家乳粉工业的主要产品，其品种和数量呈日益增长的趋势。

一、婴儿配制乳粉中主要成分的调整依据及方法

（一） 配方设计依据

人类开始研究开发婴幼儿配方乳粉是从研究母乳成分以及母乳和牛乳营养成分差异开始的，并以母乳为标准，调整牛乳成分，使之近似于母乳。婴儿乳粉的调整基于婴儿生长期对各种营养素的需要量，因此必须在了解牛乳与人乳的区别的基础上，进行合理调整。牛乳与人乳的主要营养素、维生素、微量元素、氨基酸组成的差异分别见表12-1、表12-2、表12-3和表12-4。母乳是在复杂的生物体系中经过漫长的进化过程形成的，其组分数以百计。并且由于母体个体差异、饮食习惯、机体状况等不同，想要一个精确的母乳组成的描述是一件很困难的事。

表 12 –1 母乳和牛乳中主要营养素对比

主要营养素	牛乳典型成分		母乳典型成分	
	100g 牛乳中含量	100g 牛乳粉中含量	100ml 母乳中含量	相当 100g 母乳粉中含量
脂肪(g)	3.53	28.36	3.7	29.23
碳水化合物(g)	4.77	38.32	6.9	54.51
蛋白质(g)	3.16	25.38	1.5	11.85
其中酪蛋白(g)	2.56	20.56	0.4	3.16
其中乳清蛋白(g)	0.6	4.82	1.1	8.69
灰分(g)	0.74	5.94	0.2	2.37
水分(g)	87.8	2	87.6	2
热量(kcal)	—	—	67	529

表 12 –2 牛乳与母乳中维生素的对比

维生素	牛乳典型成分		母乳典型成分	
	100g 牛乳中含量	100g 牛乳粉中含量	100ml 母乳中含量	相当 100g 母乳粉中含量
维生素 A（IU）	120	964	200	1 580
维生素 D（IU）	2	16	32	252
维生素 E（mg）	0.1	0.8	0.4	3.1
维生素 K_1（μg）	6	48	2	15.8
维生素 B_1（μg）	42	337	16	126.4
维生素 B_2（μg）	160	1 285	40	316
泛酸（μg）	350	2 811	196	1 548
烟酸（μg）	100	803	172	1 358
维生素 B_6（μg）	5	402	6	47.4
叶酸（μg）	5	40	5.2	41
维生素 B_{12}（μg）	0.5	4	0.01	0.08
胆碱（μg）	14	112	9	71.1
生物素（μg）	4	32	0.7	5.5
肌酸（mg）	15	121	—	—
维生素 C（mg）	16	129	5	395
亚油酸（mg）	—	—	346	2 733

表 12 – 3　牛乳与母乳中矿物质的对比

矿物质	牛乳典型成分		母乳典型成分	
	100g 牛乳中含量	100g 牛乳粉中含量	100ml 母乳中含量	相当 100g 母乳粉中含量
钠（mg）	55	442	15	118
钾（mg）	140	1 125	55	435
氯（mg）	105	843	43	340
磷（mg）	95	763	15	119
钙（mg）	120	964	33	261
镁（mg）	12	96	3	24
铁（mg）	0.1	0.8	0.1	0.8
碘（μg）	5	40	7	53
铜（μg）	10	80	50	395
锌（μg）	30	240	400	3 160
锰（μg）	2	16	1	7.9
钴（μg）	60	480	—	—
铅（μg）	4	32	—	—
氟（μg）	15	120	—	—

表 12 – 4　牛乳与母乳中主要氨基酸的对比

主要氨基酸	牛乳典型成分		母乳典型成分	
	100g 牛乳中含量	100g 牛乳粉中含量	100ml 母乳中含量	相当 100g 母乳粉中含量
缬氨酸（g）	0.224	1.76	0.06	0.474
亮氨酸（g）	0.32	2.52	0.114	0.901
异亮氨酸（g）	0.208	1.64	0.054	0.427
苏氨酸（g）	0.156	1.23	0.048	0.379
赖氨酸（g）	0.204	2.08	0.078	0.616
蛋氨酸（g）	0.083	0.65	0.018	0.142
苯丙氨酸（g）	0.164	1.29	0.042	0.332
色氨酸（g）	0.028	0.38	0.022	0.174
胱氨酸（g）	0.036	0.28	0.018	0.142
酪氨酸（g）	0.185	1.47	0.048	0.379

（二）调整方法

婴幼儿配方乳粉在发展初期只是根据母乳和牛乳成分差异，宏观地模拟母乳，如强化各种维生素、矿物质、调整乳清蛋白和酪蛋白比例、调整脂肪含量等。而对其一些生物活性因子考虑较少。目前，随着研究的深入，对免疫球蛋白、乳铁蛋白、乳过氧化物酶、溶菌酶和刺激因子等活性物质逐渐明了，开发研制具有与母乳等同或生理功能相似的婴幼儿配方乳粉成为热点。一般常规的母乳化调整如下：

1. 蛋白质的调整　母乳中蛋白质含量在 1.0% ~ 1.5%，其中酪蛋白为 40%，乳清蛋白为 60%；牛乳中的蛋白质含量为 3.05% ~ 3.7%，其中酪蛋白为 80%，乳清蛋白为 20%。牛乳中酪蛋白含量高，在婴幼儿胃肠中易形成较大的坚硬凝块，不易消化吸收。从蛋白质的消化性来看，供给婴儿的蛋白质必须是容易消化吸收的，乳清蛋白和大豆蛋白具有易消化吸收的特点，能够满足婴儿机体对蛋白质的需要。用乳清蛋白和植物蛋白取代部分酪蛋白，按照母乳中酪蛋白与乳清蛋白的比例为 1:1.5 来调整牛乳中蛋白质含量。

2. 脂肪的调整　牛乳中的乳脂肪含量平均在 3.3% 左右，与母乳含量大致相同，但质量上有很大差别。牛乳脂肪中的饱和脂肪酸含量相对比较多，而不饱和脂肪酸含量少。母乳中不饱和脂肪酸含量比较多，特别是属于不饱和脂肪酸的亚油酸、亚麻酸含量相当高，二者是人体必需脂肪酸。精炼植物油富含不饱和脂肪酸，易被婴儿机体吸收。婴儿配方乳粉中的脂肪主要依靠植物油来提高不饱和脂肪酸的含量，常使用的是精炼玉米油和棕榈油。其中后者除含有可利用的油酸外还含有大量婴儿不易消化的棕榈酸，会增加婴儿血小板血栓的形成，故添加量不宜过多。

不饱和脂肪酸按其双键位可分为，ω-3 系列不饱和脂肪酸和 ω-6 系列不饱和脂肪酸。ω-3 系列不饱和脂肪酸中最具代表性的是二十二碳六烯酸（DHA）、二十碳五烯酸（EPA）和 α-亚麻酸。近年来这些脂肪酸逐渐被人们所重视，在婴儿配方乳粉中出现，但因其为多不饱和脂肪酸，易被氧化而变质，故生产中应注意有效抗氧化剂的添加。

3. 碳水化合物的调整　调整配方乳中碳水化合物的比例，特别是调整 α-乳糖和 β-乳糖的比例为 4:6，甚至可添加一些功能性低聚糖调节婴儿肠道菌群。

4. 灰分的调整　由于婴儿配方乳粉中牛乳中盐的质量分数（0.7%）远高于人乳（0.2%），故所用脱盐乳清粉的脱盐率要大于 90%，其盐的质量分数在 0.8% 以下。

5. 维生素的调整　维生素在体内代谢中起着极为重要的作用，虽然需要量很少，但又不能缺少。提高产品中维生素含量，有利于促进婴儿机体细胞新陈代谢，提高对疾病的抵抗能力，同时多数维生素又是某些酶的辅酶（或辅基）的组成部分。配制乳粉中一般添加的维生素有维生素 A、维生素 B_1、维生素 B_6、维生素 B_{12}、维生素 C、维生素 D 和叶酸等。

二、婴幼儿配方乳粉的生产工艺

各国不同品种的婴儿配制乳粉，生产工艺有所不同，其基本工艺过程如图 12 - 14 所示，特别要求原料乳应符合生产特级乳粉的要求。

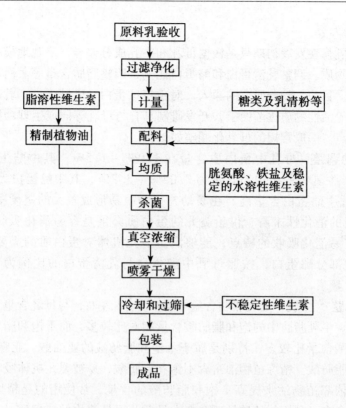

图 12 – 14　配制乳粉的生产工艺流程

三、婴幼儿配方乳粉的最新进展

（一）早产和出生低体重配方

随着医疗技术的发展，非常小的低出生体重（LBW）婴儿也能存活。LBW 婴儿配方要求有足够的营养密度，保证婴儿像在子宫内一样达到相同身体营养物质的增加。因此，LBW 婴儿配方的营养密度较正常婴儿要高。一般的能量密度为 81kcal/dl，碳水化合物采用乳糖和葡萄糖的聚合体，脂肪中 40% ~ 50% 应为中链脂肪酸，同时要强化大量的维生素和微量元素。

对于早产儿，母乳蛋白只能提供像在子宫内机体蛋白沉积速率所需量的一半左右。LBW 婴儿配方中钙的浓度要足够高，使婴儿骨骼矿物质增加要高于母乳喂养的水平。LBW 配方中钠的浓度也要高，因为低体重婴儿未成熟的肾脏对钠的重吸收速度较低。低标准的营养供给有可能会导致机体器官代谢能力的降低。如果后期的生长速度超过早期的生长速度，额外营养物质的代谢超过器官的代谢能力，会导致一些慢性病的产生。

尽管早产儿的母乳其营养密度较正常母乳高，但也达不到像婴儿在子宫内生长速度所需的营养物质。目前，世界上许多国家采用在早产儿母乳中补加营养素来喂养低体重儿，这种乳称为"人乳强化乳"（human milk fortifiers，HMFs）。HMFs 首先要提供高质量的蛋白质和钙。研究表明，HMFs 喂养的婴儿其生长速度较非强化母乳喂养的婴儿要快。

随着营养学的发展，HMFs 的组成也将会进一步完善和提高。近来，由牛乳清蛋白组成的一种新的 HMF 强化剂已问世，喂养婴儿后可达到与特殊制备的人乳蛋白相同的血浆氨基酸水平。

（二）特殊病儿用的高能量或高营养密度配方

对于一些所谓的"妊娠龄小"的婴儿或很难存活的婴儿、手术前或手术后护理的婴儿、或患有先天性心脏病以及患有囊肿性纤维化的婴儿，需选用高营养密度配方或称为高能配方，这种婴儿配方在蛋白质方面一般以乳清蛋白为主，一般能量密度达 3 766 kcal/L。

（三）低灰分配方

新生儿肾脏在结构和功能上尚不成熟，尿的浓缩功能及排除过剩无机成分的能力低，故过多摄入无机成分增加了婴儿肾脏负担，易引起高电解质血症、脱水症及水肿等疾病，所以，应尽可能使灰分含量保持在较低水平。

通过合理的选择配料，使用 D90 乳清粉或用乳清蛋白浓缩物和乳糖替代乳清粉将产品的灰分水平控制在 3% 以内甚至更低，使产品更接近母乳的灰分含量（仅为 0.2%），以适应婴儿肾脏的负担能力。

（四）低磷配方

人乳含磷为 150~175mg/L，钙：磷为 2:1。牛乳含磷 1 000mg/L。牛乳含磷高，喂养新生儿后，往往因磷摄入过多，新生儿的甲状旁腺功能未完善，不能分泌 PTH 以调节磷平衡，可引起血钙降低，生后第 1 周就可发生抽搐。肾小球滤过率 <20ml/min 的肾功能不全病人可出现高磷血症、甲状旁腺功能低下和假甲状旁腺功能低下等内分泌疾病。

婴儿配方乳粉中的磷主要来源于牛乳、乳清粉以及矿物质添加剂。过多的磷酸盐能在肠道中和钙形成不溶物，影响钙的吸收。

矿物质添加剂尽量少用磷酸盐，合理地选择配料、降低产品中灰分含量可大大降低成品中磷（特别是磷酸盐）的含量。

（五）新的功能性配料

1. α-乳白蛋白　α-乳白蛋白主要的生物作用是结合包括钙在内的金属离子。α-乳白蛋白在"母乳化"婴儿配制食品中的使用量最大（母乳不含 β-乳球蛋白，主要含 α-乳白蛋白）。在婴儿配制食品中广泛地添加 α-乳白蛋白和乳清蛋白，可使婴儿配方乳粉的成分更接近于母乳，α-乳白蛋白还可使婴儿对牛乳蛋白的过敏情况降到最低，因为在蛋白质引发的过敏症状中 β-乳球蛋白引起的占大多数情况。同时，α-乳白蛋白还具有以下的功能特性：①使婴儿配方乳粉具有更佳的氨基酸模式；②对免疫功能具有促进作用；③更好的矿物质元素吸收；④增加色氨酸含量，色氨酸为血液中复合胺的前体。

喂养试验研究表明：强化 α-乳白蛋白的婴儿配方乳粉能使婴儿正常生长，同时使婴儿的耐受性更强，使用强化 α-乳白蛋白的婴儿配方乳粉的婴儿排泄物菌群与用母乳喂养婴儿的模式相似。

目前，市场上出现的产品大多是高 α-乳白蛋白含量的乳清蛋白产品，一般蛋白质含量为 70%，其中 α-乳白蛋白占 30%。

2. 免疫球蛋白　尽管人乳中的免疫球蛋白是以 IgA 为主，但就婴儿消化系统的被动免疫及抗感染功能而言，采用经免疫处理（如以轮状病毒、病原性大肠杆菌等作为抗原对乳牛免疫）的牛乳 IgG 也可起到类似的作用。

3. 乳铁蛋白 人乳中高含量的乳铁蛋白是目前婴儿配方食品远不可比拟的。目前，世界各国的专家建议在婴儿配方食品中添加牛乳中分离出的乳铁蛋白。

思考题

1. 什么是乳粉？乳粉主要有哪些类别？不同的乳粉都有哪些工业用途？
2. 简述乳粉生产的一般工艺及乳粉速溶化工艺。
3. 简述乳粉干燥过程中的主要成分变化。
4. 奶粉生产为何经真空浓缩而不直接喷雾干燥？
5. 论述乳粉的主要功能性质及其在工业中的应用。
6. 什么是婴幼儿配方乳粉？举例说明婴幼儿配方乳粉的配方设计原则。

（孙卫青）

第十三章

干酪生产

学习目标：通过本章的学习，重点掌握干酪的概念、种类及营养价值；凝乳酶的凝乳原理；几种天然干酪的生产原理和工艺操作要点；干酪成熟过程的实质和变化过程；干酪的常见缺陷及防止方法；再制干酪的生产方法及操作要点。

第一节 概 述

一、干酪的概念及种类

研究表明，干酪起源于公元前 4000 年前伊拉克的幼发拉底河和底格里斯河流域，主要以牛、羊乳为原料。早期的游牧民族用动物皮或胃装牛、羊乳，由于天气炎热，乳糖发酵使乳变酸产生凝乳，他们将凝乳排出乳清或加盐以延长这类产品的保质期，这或许就是人类最早生产的干酪；随着文化的发展，亚洲的旅行家将干酪带到了欧洲，并以意大利为中心，在欧洲各国得到普及和发展；17 世纪 20 年代干酪由欧洲传入美洲大陆，并带动了干酪在世界范围内的兴起。

现在干酪已发展成为世界重要的乳制品之一，它不仅营养丰富，口感、风味独特，可以直接食用或加工成再制干酪，而且具有良好的可加工特性，可作为糕点、糖果、香肠等食品生产的重要原料。近年来世界干酪产量稳定在 1 500 万 t 左右，发达国家有 1/3 ~ 1/2 的鲜乳用于干酪生产。

（一）干酪的概念

联合国粮农组织和世界卫生组织（FAO/WHO）对干酪（cheese）做了如下定义：干酪是以乳、稀奶油、脱脂乳或部分脱脂乳、酪乳或这些产品的混合物为原料，经凝乳酶（Rennin）或其他凝乳剂凝乳，并排除乳清而制得的新鲜或发酵成熟的产品。实际上，这是天然干酪的概念。

国际上通常把干酪扩展为三大类，即天然干酪（natural cheese）、再制干酪（processed cheese）和干酪食品（cheese food），这三类干酪的主要规格、要求如表 13 - 1 所述。

表 13 - 1　天然干酪、再制干酪和干酪食品的主要规格

名　称	规　格
天然干酪	以乳、稀奶油、部分脱脂乳、酪乳或混合乳为原料，经凝固后，排出乳清而获得的新鲜或成熟的产品，允许添加天然香辛料以增加香味和滋味

名　称	规　　格
再制干酪	用一种或一种以上的天然干酪，添加食品卫生标准所允许的添加剂（或不加添加剂），经粉碎、混合、加热融化、乳化后而制成的产品，含乳固体40%以上。此外，还有下列两条规定： （1）允许添加稀奶油、奶油或乳脂以调整脂肪含量； （2）为了增加香味和滋味，在添加香料、调味料及其他食品时，必须控制在乳固体的1/6以内。但不得添加脱脂奶粉、全脂奶粉、乳糖、干酪素以及不是来自乳中的脂肪、蛋白质及碳水化合物
干酪食品	用一种或一种以上的天然干酪或再制干酪，添加食品卫生标准所规定的添加剂（或不加添加剂），经粉碎、混合、加热融化而成的产品，产品中干酪量须占50%以上。此外，还规定： （1）添加香料、调味料或其他食品时，须控制在产品干物质的1/6以内； （2）添加不是来自乳中的脂肪、蛋白质、碳水化合物时，不得超过产品的10%

（二）天然干酪的分类及特性

干酪的种类繁多，据不完全统计，全世界共有干酪900余种，其中较著名的品种有400余种。Burkhalter代表国际乳品联合会（IDF）规定了干酪的分类标准（表13-2），将干酪分为395个品种。目前，天然干酪的分类是基于干酪的硬度与成熟特征，见表13-3。

表13-2　干酪的分类标准

原料乳	干酪类型	特　征		组　　成
		内部	外观	
牛乳 绵羊乳 山羊乳 水牛乳	硬质干酪 半硬质干酪 软质干酪 半软质干酪 酸凝干酪 乳清干酪	大圆孔 中圆孔 小圆孔 不规则孔 无孔 青纹 白霉 加香料 加植物油	硬、干外皮 硬、油性外皮 软、油性外皮 软、白霉外皮 软、绿霉外皮 软外皮、外涂石蜡 无外皮	脂肪占干物质中含量 （FDM） 水分 水分占无脂物含量（MNFM）

表13-3　主要天然干酪的品种

干酪类型		与成熟有关的微生物	MNFM（%） （含水量%）	主要品种	原产地
天然干酪	软质干酪	不成熟	61~69 （40~60）	农家干酪（Cottage cheese） 稀奶油干酪（Cream cheese） 里科塔干酪（Ricotta cheese）	美国
		细菌成熟		比利时干酪（Limburg cheese） 手工干酪（Hand cheese）	比利时、意大利
		霉菌成熟		法国浓味干酪（Camembert cheese） 布尔干酪（Brie cheese）	法国

干酪类型		与成熟有关的微生物	MNFM（%）（含水量%）	主要品种	原产地
天然干酪	半硬质干酪	细菌成熟	54～63（38～45）	砖状干酪（Brick cheese）莫兹瑞拉干酪（Mozzarella cheese）	德国
		霉菌成熟		法国羊奶干酪（Roquefort cheese）青纹干酪（Blue cheese）	丹麦、法国
	硬质干酪	细菌成熟	49～56（30～40）	哥达干酪（Gouda cheese）荷兰硬质干酪（Edam cheese）	荷兰
		细菌成熟（丙酸菌）		埃门塔尔干酪（Emmental cheese）瑞士干酪（Swiss cheese）	瑞士、丹麦
	特硬干酪	细菌成熟	<41（30～35）	帕尔门逊干酪（Parmesan cheese）罗马诺干酪（Romano cheese）	意大利

二、干酪的组成及营养价值

（一）干酪的组成

干酪除含有丰富的蛋白质、脂肪、糖类和有机酸外，还含有大量的矿物元素（钙、磷、钠、钾、镁、铁、锌）、维生素（V_A、V_{B_1}、V_{B_2}、V_{B_6}、$V_{B_{12}}$、烟酸、泛酸、叶酸）、生物素等多种营养物质。现将几种主要干酪的组成成分列于表 13－4。

表 13－4　不同干酪的组分含量（100g）

干酪名称	类型	水分（%）	热量（kJ）	蛋白质（g）	脂肪（g）	钙（mg）	磷（mg）	维生素			
								A（IU）	B_1（mg）	B_2（mg）	B_5（mg）
契达干酪（Cheddar）	硬质（细菌发酵）	37.0	1 680	25.0	32.0	720	478	1 310	0.03	0.46	0.1
农家干酪（Cottage）	软质（新鲜不成熟）	79.0	563	17.0	0.3	250	175	10	0.03	0.28	0.1
帕尔门逊（Parmesan）	特硬质（细菌发酵）	18.4	1 880	39.4	32.7	1 200	0.81	1 150	0.03	0.44	0.43
荷兰圆形干酪（Edam）	硬质（细菌成熟）	33.8	1 634	31.7	28.4	850	640	900	0.04	0.50	—
法国浓味干酪（Camembert）	软质（霉菌成熟）	52.2	1 256	17.5	24.7	105	339	1 010	0.04	0.75	0.8

1. 水分　由于原料乳的加热条件、非脂乳固体含量、凝固剂等的不同，不同种类的干酪水分含量差别较大。如软质干酪为40%～60%，半硬质干酪为38%～45%，硬质干酪为30%～40%，特硬质干酪为30%～35%。

2. 脂肪　脂肪一般占干酪固形物的45%以上。原料乳中的脂肪率与干酪的产率、组织、质量等有关系。脂肪分解生成物是干酪风味物质的重要成分。同时，干酪中的脂肪使组织保持特有的柔韧性和湿润性，赋予干酪浓厚优雅的风味特征。

3. 酪蛋白　酪蛋白为干酪蛋白质的重要成分。原料乳中的酪蛋白被酸或凝乳酶作用而凝固成凝块，形成干酪特有的组织。酪蛋白的分解产生水溶性的含氮化合物、肽、氨基酸等，形成干酪独特的组织结构和风味。

4. 乳糖 干酪中的乳糖含量很少，而且在干酪成熟两周后几乎完全消失。原料乳中的乳糖大部分转移到了乳清中。

残留在干酪凝块中的乳糖，有以下几方面的作用：一部分乳糖用于促进乳酸发酵，从而抑制杂菌繁殖，同时由于乳酸菌的繁殖产生蛋白酶，可促进干酪成熟。而乳酸菌的活性有赖于乳糖，所以微量的乳糖也是干酪中重要的成分；一部分乳糖会变成羰基化合物，也是形成风味的原因之一。

5. 矿物质 其中含量最多的是钙和磷。无机质在干酪成熟过程中与蛋白质的可熔化现象有关。另外，原料乳中的钙可促进凝乳酶作用形成凝块。而原料乳经高温长时间处理使不溶性钙增加，会抑制凝块的形成。同时，钙又是乳酸杆菌等一些乳酸菌成长所必需的成分。

（二）干酪的营养价值

干酪含有丰富的营养成分，主要为乳蛋白质和脂肪，仅就此而言，相当于将原料乳中的蛋白质和脂肪浓缩十倍。干酪中的蛋白质经过发酵成熟后，由于凝乳酶和发酵剂微生物产生的蛋白分解酶的作用而转化成胨、肽、氨基酸等可溶性物质，极易被人体消化吸收。干酪中蛋白质的消化率为96%～98%。

此外，干酪所含的钙、磷等无机成分，除能满足人体的营养需要外，还具有重要的生理作用。干酪中的维生素类主要是维生素 A，其次是胡萝卜素、B 族维生素和尼克酸等。

第二节 干酪发酵剂及凝乳酶

一、干酪发酵剂

在生产干酪的过程中，用来使干酪发酵和成熟的特定微生物培养物称为干酪发酵剂（Cheese Starter）。干酪发酵剂可分为细菌发酵剂与霉菌发酵剂两大类。发酵剂的种类与干酪品种和风味有着密切的关系。

1. 发酵剂种类

（1）细菌发酵剂 主要以乳酸菌为主，应用的主要目的在于产酸和产生相应的风味物质。其中主要有乳酸链球菌（*Str. lactis*）、乳脂链球菌（*Str. cremoris*）、干酪乳杆菌（*L. casei*）、丁二酮链球菌（*Str. diacetylactis*）、嗜酸乳杆菌（*L. acidophilus*）、保加利亚乳杆菌（*L. bulgaricus*）以及噬柠檬酸明串珠菌（*Leu. citrovorum*）等。有时为了使干酪形成特有的组织状态，还要使用丙酸菌（*Propioni. bacterium*）。

（2）霉菌发酵剂 主要是用对脂肪分解强的卡门培尔干酪青霉（*Pen. camenberti*）、干酪青霉（*P. caseicolum*）、娄地青霉（*Pen. rogueforti*）等。某些酵母，如解脂假丝酵母（*Cand. lypolytica*）等也在一些品种的干酪中得到应用。

干酪发酵剂微生物及其用途见表 13-5 所示。

表 13 – 5　发酵剂微生物及其使用制品（100g）

发酵剂微生物		用途
一般名	菌种名	
乳酸球菌	嗜热乳链球菌（*Str. thermophilus*）	各种干酪，产酸及风味
	乳酸链球菌（*Str. lactis*）	各种干酪，产酸
	乳脂链球菌（*Str. cremoris*）	各种干酪，产酸
	粪链球菌（*Str. faecalis*）	契达干酪
乳酸杆菌	乳酸杆菌（*L. lactis*）	瑞士干酪
	干酪乳杆菌（*L. casei*）	各种干酪，产酸、风味
	嗜热乳杆菌（*L. thermophilus*）	干酪，产酸、风味
	胚芽乳杆菌（*L. plantarum*）	契达干酪
丙酸菌	薛氏丙酸菌（*Prop. shermanii*）	瑞士干酪
短密青霉菌	短密青霉菌（*Brevi. lines*）	砖状干酪、林堡干酪
酵母类	解脂假丝酵母（*Cand. lypolytica*）	青纹干酪、瑞士干酪
曲霉菌	米曲菌（*Asp. Oryzae*）	法国绵羊乳干酪
	娄地青霉（*Pen. roqueforti*）	法国卡门培尔干酪
	卡门培尔干酪青霉（*Pen. camenberti*）	

2. 干酪发酵剂的作用

（1）发酵乳糖产生乳酸　在制造干酪时，凝乳之前要加入乳酸菌发酵剂，其主要作用是产生乳酸。乳酸的作用：①为凝乳酶创造一个良好的酸性环境，使乳中可溶性钙的浓度升高，促进凝乳酶的活性，进而使其凝乳作用加强；②促进凝块的收缩，产生良好的弹性，利于乳清的渗出，赋予制品良好的组织状态；③可以防止有害微生物的生长，有的菌种还可以产生相应的抗生素，保证成品的品质。

（2）形成干酪特有的风味　乳酸菌发酵剂可以分为两种类型：一种主要是发酵乳糖产生乳酸；另一种是发酵柠檬酸产生多种化合物。前者产生的乳酸，可调节酸度，有利于菌体内、外酶分解蛋白质、脂肪等产生风味物质；后者产生的多种化合物中有许多是风味物质（如乙醛、双乙酰等）。所以乳酸菌发酵剂有利于干酪形成特有的风味。

（3）发酵剂中的某些微生物可以产生相应的分解酶分解蛋白质、脂肪等物质，从而提高乳制品的营养价值、消化吸收率。

（4）由于丙酸菌的丙酸发酵，使乳酸菌所产生的乳酸还原，产生丙酸和二氧化碳气体，使某些硬质干酪产生特殊的孔眼特征（如瑞士干酪）。

二、皱胃酶及其代用酶

凝乳酶（rennin）的主要作用是促进乳的凝结，并为乳清的排出创造条件。除了几种类型的新鲜干酪，如 Cottage 干酪、Quarg 干酪，主要是通过乳酸来凝固外，其他所有干酪的生产都是依靠凝乳酶或类似酶的反应来形成凝块。皱胃酶（rennet）是最常用的凝乳酶，由于凝乳酶的来源及成本等原因，其代用酶也被应用于实际的干酪生产中。

（一）皱胃酶

1. 皱胃酶的特点　皱胃酶是从犊牛或羔羊的第四胃（皱胃）中提取后，经分离、纯化、结晶而成粉末状的凝乳酶。其等电点为 4.45~4.65，凝乳作用的最适 pH 为 4.8 左右，温度为 40~41℃，在弱碱（pH 为 9）、强酸、热、超声波的作用下易失活。

2. 皱胃酶的活力及活力测定 皱胃酶的活力单位（Rennin Unit，RU）是指 1g（或 1ml）皱胃酶在一定温度（35℃）和一定时间（40min）内所能凝固牛乳的毫升数。

皱胃酶的活力测定的一般方法是：将 100ml 脱脂乳调整酸度为 0.18%，用水浴加温至 35℃，添加 10ml 1% 的皱胃酶食盐水溶液，迅速搅拌均匀，准确记录开始加入酶液直到乳凝固时所需的时间（s），此时间也称皱胃酶的绝对强度。活力计算公式如下：

$$活力 = \frac{供试乳数量}{皱胃酶} \times \frac{2\ 400\ （s）}{凝乳时间\ （s）}$$

式中 2 400（s）为测定皱胃酶活力时所规定的时间（40min = 2 400s），活力确定以后可根据活力计算皱胃酶的用量。

（二）代用凝乳酶

除皱胃酶外，很多蛋白质分解酶也具有凝乳作用。由于皱胃酶来源于犊牛的第四胃，其成本高以及目前肉牛生产实际情况等原因，开发、研制皱胃酶的代用酶越来越受到普遍的重视，并且很多代用凝乳酶已应用到干酪的生产中。代用酶按其来源可分为动物性凝乳酶、植物性凝乳酶、微生物凝乳酶及基因工程凝乳酶等。

1. 动物性凝乳酶 动物性凝乳酶主要是胃蛋白酶。这种酶以前就已经作为皱胃酶的代用酶而应用于干酪的生产中，其性质在很多方面如凝乳张力及非蛋白氮的生成、酪蛋白的电泳变化均与皱胃酶相似。但由于胃蛋白酶的蛋白分解力强，且以其制作的干酪成品略带苦味，如果单独使用，会使产品产生一定的缺陷。

2. 植物性凝乳酶

（1）无花果蛋白分解酶（ficin） 存在于无花果的乳汁中，可结晶分离。用无花果蛋白分解酶制作契达干酪时，凝乳与成熟效果较好，只是由于它的蛋白分解力较强，脂肪损失多，干酪产率低，略带轻微的苦味。

（2）木瓜蛋白分解酶（papain） 从木瓜中提取的木瓜蛋白分解酶，可以使牛乳凝固，其对牛乳的凝乳作用比蛋白分解力强，但制成的干酪带有一定的苦味。

3. 微生物来源的凝乳酶 生产中应用的主要是霉菌性凝乳酶，主要代表是从微小毛霉菌（*Mucorpusillus*）中分离出的凝乳酶，其分子量为 29 800，凝乳的最适温度为 56℃，蛋白分解力比皱胃酶强，但比其他的蛋白分解酶蛋白分解力弱，对牛乳凝固作用强。

微生物来源的凝乳酶生产干酪的缺陷主要是：在凝乳作用强的同时蛋白分解力比皱胃酶高，干酪的产率较皱胃酶生产的干酪低，成熟后产生苦味。另外，微生物凝乳酶的耐热性高，给乳清的利用带来不便。

4. 利用基因工程技术生产皱胃酶 美国和日本等国利用基因工程技术，将控制犊牛皱胃酶合成的 DNA 分离出来，导入微生物细胞内，利用微生物成功地合成出皱胃酶，并得到美国食品医药局（FDA）的认定和批准。美国 Pfizer 公司和 Gist-Brocades 公司生产的生物合成皱胃酶制剂在美国、瑞士、英国等国广泛推广应用。

第三节　天然干酪的生产工艺

各种天然干酪的生产工艺基本相同，只是在个别工艺环节上有所差异。现将半硬质或硬质干酪生产的基本工艺介绍如下。

一、干酪生产工艺

天然干酪的生产工艺流程如图 13 - 1。

原料乳 → 标准化 → 杀菌 → 冷却 → 添加发酵剂 → 调整酸度 → 加氯化钙 → 加色素 → 加凝乳剂 → 凝块切割 → 搅拌 → 加温 → 排出乳清 → 成型压榨 → 盐渍 → 成熟 → 上色挂蜡

图 13 - 1　天然干酪的生产工艺

干酪生产操作要点：

（一）原料的要求

1. 原料乳　用于干酪生产的原料乳主要是牛乳，也可用山羊乳、绵羊乳、水牛乳，许多世界著名的干酪是用绵羊乳来制作的（例如 Roquefort、Feta 干酪）。不同原料乳的成分之间有显著的品种差异，因此会影响制成的干酪特性。

用于干酪生产的乳要求与酸牛乳相同，其中要求牛乳酸度为 18°T、羊乳为 10 ~ 14°T，抗生素检验阴性。同时，由于许多微生物会产生不良的风味物质或酶类，且有一些微生物耐巴氏杀菌，会引起干酪的品质问题。所以原料乳中的微生物数量应尽可能低，每毫升鲜乳中不宜超过 50 万个，体细胞数也是检测鲜乳质量的重要指标。

2. 水　生产干酪所用的水应该符合饮用水要求，用前进行软化和脱氯处理。

3. 凝乳酶　凝乳酶的主要作用是促进乳的凝结，并为乳清的排出创造条件。除了几种类型的新鲜干酪，如 Cottage 干酪、Quarg 干酪等主要是通过乳酸来凝固外，其他干酪的生产都是依靠凝乳酶或类似酶的反应来形成凝块。

凝乳酶制剂有三种状态：液态、粉状和片剂，使用前需要测定酶的活力。

4. 发酵剂　最常用的发酵剂是由几株菌种混合而成的，一般商业用发酵剂由二到六种菌组成。这些发酵剂不仅生产乳酸，还可能生产香味物质或通过柠檬酸发酵菌的作用形成 CO_2。具有生产 CO_2 能力的混合菌株发酵剂对于生产圆孔组织或者粒纹组织的干酪是必须的，生成的气体一开始溶解在干酪的液相中，但当在液体中达到饱和后，气体逸出并造成孔眼。

（二）工艺流程

1. 原料乳的预处理　生产干酪的原料乳，必须先经过感官检查，酸度测定或酒精试验，并进行青霉素及其他抗生素试验。检查合格后，依据不同的目的对原料乳进行预处理。

（1）净化　某些形成芽孢的细菌在巴氏杀菌时不能杀灭，对干酪的生产和成熟造成很大危害，如丁酸梭状芽孢杆菌在干酪的成熟过程中产生大量气体，破坏干酪的组织状态，且产生不良风味。用离心净乳机进行净乳处理，可去除90％带孢子的细菌（因其密度大于不带孢子的细菌），有利于提高产品质量。离心净乳机分离出约占原料乳3％含有细菌和芽孢的浓缩物部分，可单独处理。

（2）均质　均质可导致乳中结合水上升，一般不能生产硬质和半硬质类型的干酪。而生产蓝霉（Danablu）干酪和Feta干酪的原料乳（或以15％～20％稀奶油的状态）须经均质处理，目的是减少乳清排出，促进脂肪水解并使干酪增白，水解后得到的游离脂肪酸是这两种干酪风味物质的重要组成部分。均质的压力一般为6～10MPa，均质温度57～69℃。

（3）标准化　牛乳成分受各种因素影响波动较大，因此原料乳的标准化非常重要。首先，要准确测定原料乳的乳脂率和酪蛋白的含量，然后对酪蛋白以及酪蛋白/脂肪的比例（C/F）进行标准化，一般要求C/F＝0.7。

（4）原料乳的杀菌　杀菌的目的是为了杀灭原料乳中的致病菌和有害菌，使酶类失活，使干酪质量稳定、安全卫生。由于加热杀菌使部分白蛋白凝固，留存于干酪中，可以增加干酪的产量。杀菌温度的高低，直接影响干酪的质量。因此，在实际生产中多采用63℃、30min的保温杀菌（LTLT）或71～75℃、15s的高温短时杀菌（HTST）。

2. 添加发酵剂和预酸化　原料乳经杀菌后，直接泵入干酪槽（cheese vat）（图13－2A）中，干酪槽为水平椭圆形或方形不锈钢槽，而且具有夹层（可保温、加热和冷却）及搅拌器。原料乳冷却到30～32℃，然后加入经过搅拌并用灭菌筛过滤的发酵剂（也可加入冷冻型或直投式发酵剂），充分搅拌。为使干酪在成熟期间能获得预期的效果，达到正常的成熟，加发酵剂后进行短期发酵，约30～60min，以保证充足的乳酸菌数量，此过程即预酸化。然后取样测定酸度，使最后酸度控制在0.18％～0.22％。

3. 加添加剂　为了使加工过程中凝块硬度适宜、色泽一致，防止产气菌的污染，保证成品质量一致，要加入相应的添加剂和调整酸度。

（1）添加氯化钙（$CaCl_2$）　为了改善原料乳的凝固性能，提高干酪质量，可在100kg原料乳中添加5～20g的$CaCl_2$（预先配成10％的溶液），调节盐类平衡，促进凝块的形成。

（2）添加色素　干酪的颜色取决于原料乳中脂肪的色泽，为了使全年产品的色泽一致，需在原料乳中加胡萝卜素等色素物质，现多使用胭脂树橙（Annatto，安那妥）的碳酸钠抽出液，通常每1 000kg原料乳中加30～60g。

（3）添加CO_2　添加CO_2是提高干酪用乳质量的一种方法。CO_2的添加可在生产线上与干酪槽、缸入口连接处进行。注入CO_2的比例、与乳的接触时间要在系统安装之前进行计算。

（4）硝石（$NaNO_3$或KNO_3）　如果干酪乳中含有丁酸菌或大肠菌，就会有发酵产气问题。硝石（硝酸钾或钠盐）可抑制这些细菌，但是其用量必须依照乳的组成、各种干酪的生产工艺等进行精确确定。因为过量的硝石也会抑制发酵剂生长，影响干酪的成熟，甚至使成熟过程终止。另外，硝石用量高还会引起干酪脱色、产生红色条纹和不良的滋味等现象。硝石在干酪乳中最大允许用量为30g/100kg，硝石在一些国家禁止使用。

如果牛乳经离心除菌或微滤处理，那么硝石的用量就可大大减少甚至不用。

4. 调整酸度　生产干酪时凝乳酶作用的最初酸度要求为0.18％～0.22％，但依靠乳酸菌发酵产生的酸度很难控制其稳定一致。为保证产品质量，可用1mol/ml的盐酸调整酸度，调整程度随原料乳、干酪的品种而定，一般牛乳可调整至22°T或0.21%左右。

5. 添加凝乳酶和凝乳的形成 干酪的生产中，添加凝乳酶形成凝乳是一个重要的工艺环节。通常按凝乳酶效价和原料乳的量计算凝乳酶的用量。使用时先用1%的食盐水将酶配成2%的溶液，并在28～32℃下保温30min。然后加入到乳中。加入凝乳酶后，小心搅拌乳不超过2～3min。然后在32℃条件下静置30min左右，即可使乳凝固形成凝块。

6. 凝块切割（Cutting） 当凝块达到所要求的硬度时开始切割，切割的目的在于将大凝块切割为小颗粒，从而缩短乳清从凝块中流出的时间，并增加了凝块的表面积，改善了凝块的收缩脱水特性。

确定切割时间和切割要求的方法具体如下：将一把小刀刺入凝固后的乳表面下，然后慢慢抬起，一旦出现玻璃样分裂状态就可认为凝块已适宜切割；或用刀在凝乳表面切深2cm、长5cm的切口，再用食指斜向从切口的一端插入凝块中约3cm，当手指向上挑起时，如果切面整齐平滑，指上无小片凝块残留，且渗出的乳清透明时，即可开始切割。切割时须用干酪刀（curd knife），干酪刀分为水平式和垂直式两种，钢丝间距一般为0.79～1.27cm，见图13－3。切割时先沿着干酪槽长轴用水平刀平行切，再用垂直刀沿长轴垂直切，后沿短轴垂直切，使其成0.7～1.0cm的小立方体，其大小决定于干酪的类型。切块越小，最终干酪中的水分含量越低。传统干酪的切割装置及操作如图13－3，大型机械化生产中是用兼有锐切边和钝搅拌边的切割搅拌工具进行操作的（图13－4）。

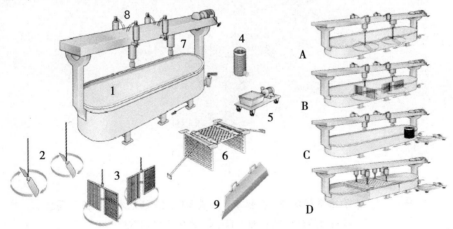

图13－2 传统的带有干酪生产用具的普通干酪槽

1. 带有横梁和驱动电机的夹层干酪槽 2. 搅拌工具 3. 干酪切割刀

4. 置于出口处过滤器干酪槽内侧的过滤器 5. 带有一个浅容器小车上的乳清泵

6. 用于圆孔干酪生产的预压板 7. 工具支撑架 8. 用于预压设备的液压筒 9. 干酪切刀

A. 槽中搅拌 B. 槽中切割 C. 乳清排放 D. 槽中压榨

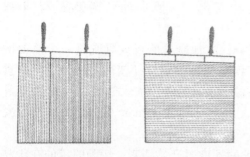

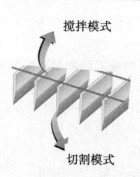

图 13－3　干酪手工切割工具

图 13－4　兼有锐切边和钝搅拌边的
切割搅拌工具的截面

搅拌模式

切割模式

　　在现代化的密封水平干酪缸中（图 13－5），切割和搅拌由焊在一个水平轴上的工具来完成。水平轴由一个带有频率转换器的装置驱动，这个具有双重用途的工具是搅拌还是切割决定于其转动方向。凝块被剃刀般锋利的辐射状不锈钢刀切割，不锈钢刀背呈圆形，给凝块轻柔而有效的搅拌。

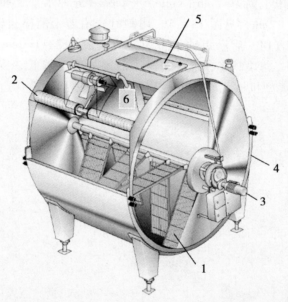

图 13－5　带有搅拌和切割工具以及升降乳清排放系统的水密闭式干酪缸
1. 切割与搅拌相结合的工具　2. 乳清排放的滤网
3. 频控驱动电机　4. 加热夹套　5. 入孔　6. CIP 喷嘴

　　7. 搅拌及二次加温（stirring and cooking）　为了促进干酪颗粒中的乳清排放，乳清酸度达到要求后，开始徐徐搅拌，搅拌必须很缓和并且足够慢，以确保颗粒能悬浮于乳清中。约 15min 后，搅拌速度可逐渐加快。同时，在干酪槽的夹层里通入温水渐渐升温。初始时每 3～5min 升高 1℃，当温度升高到 35℃ 时，每隔 3min 升高 1℃。当温度达到最终要求（高脂干酪为 46～48℃，半脂干酪为 34～38℃，脱脂干酪为 30～35℃）时，停止加热，保温一段时间，并继续搅拌。通过加热，产酸细菌的生长受到抑制，加热也能促进凝块的收缩并伴以乳清析出。

加热的时间和温度由干酪的类型决定。加热到44℃以上时，称之为热烫（scalding）。某些类型的干酪，如 Emmental、Parmesan 和 Grana，其热烫温度甚至高达 50～56℃，只有极耐热的乳酸菌可能存活下来。但要注意加温速度不宜过快，如过快时，会使干酪粒表面结成硬膜，影响乳清排出，最后使成品水分过高。通常加热温度越高，排出的水分越多，干酪越硬，这是生产特硬质干酪的一步重要工序。

8. 排除乳清　在搅拌升温的后期，乳清酸度达 0.17%～0.18% 时，凝块收缩至原来的一半（豆粒大小），用手捏干酪粒感觉有适度弹性或用手握一把干酪粒，用力压出水分后放开，如果干酪粒富有弹性，松手后仍能重新分散时，即可排除全部乳清。乳清由干酪槽底部通过金属网排出，此时应将干酪粒堆积在干酪槽的两侧。

传统的干酪槽（图 13－2C）安装有一个自动操作的乳清过滤网，乳清排放形式很简单。

9. 堆酿　乳清排除后，将干酪粒堆积在干酪槽的一端或专用的堆酿槽中，上面用带孔的不锈钢板压 5～10min，压出乳清使其成块，这一过程即为堆酿（cheddaring）。有的干酪品种，在此过程中还要保温，调整排出乳清的酸度，进一步使乳酸菌达到一定的活力，以保证成熟过程对乳酸菌的需要。

10. 成型压榨　将堆酿后的干酪块切成方砖形或小立方体，装入成型器（cheese hoop）中进行定型压榨。压榨是指对装在模中的凝乳颗粒施加一定的压力，压榨可进一步排出乳清，使凝乳颗粒成块，并形成一定的形状，在以后的长时间成熟阶段提供干酪表面一坚硬外皮。为保证干酪质量的一致性，压力、时间、温度和酸度等参数在生产每一批干酪的过程中都必须保持恒定。压榨所用的模具应该是多孔的，以便使乳清能够流出。

11. 加盐　加盐的目的在于改进干酪的风味、组织和外观，排除内部乳清或水分，增加干酪硬度，限制乳酸菌的活力，调节乳酸的生成和干酪的成熟，防止和抑制杂菌的繁殖。

除少数例外，干酪中盐含量为 0.5%～2%。而蓝霉干酪或白霉干酪的一些类型（feta、domiati 等）通常盐含量在 3%～7%。加盐引起的副酪蛋白上的钠和钙交换也给干酪的组织带来良好影响，使其变得更加光滑。

加盐方法通常有下列三种：

（1）干盐法（dry salting）　在定型压榨前，将所需的食盐撒布在干酪粒（块）中，或者将食盐涂布于生干酪表面。

（2）湿盐法（brine salting）　将压榨后的生干酪浸于盐水池中浸渍，盐水浓度第 1～2 天为 17%～18%，以后保持 20%～23% 的浓度。为了防止干酪内部产生气体，盐水温度应控制在 8℃左右，浸盐时间 4～6 天。

（3）混合法　是指在定型压榨后先涂布食盐，过一段时间后再浸入食盐水中的方法。

12. 成熟　将生鲜干酪置于一定温度和湿度条件下，经一定时期在有益微生物（发酵剂）和酶的作用下，使干酪发生一系列的微生物、生物化学和物理方面的变化的过程，称为干酪的成熟（ripening）。成熟的主要目的是改善干酪的组织状态和营养价值，增加干酪的特有风味。

干酪的成熟通常在成熟库（室）内进行，不同类型的干酪要求不同的温度和相对湿度。环境条件对成熟的速率、重量损失、硬皮形成和表面菌丛（表面黏液类型干酪，如 Tilsiter，Havarti）至关重要。成熟时低温比高温效果好，一般为 5~15℃。相对湿度：一般细菌成熟硬质和半硬质干酪为 85%~90%，而软质干酪及霉菌成熟干酪为 95%。当相对湿度一定时，硬质干酪在 7℃ 条件下需 8 个月以上的成熟，在 10℃ 时需 6 个月以上，而在 15℃ 时则需 4 个月左右。软质干酪或霉菌成熟干酪需 20~30 天。

（三）干酪的产率

通过干酪产率的计算可以测定干酪的生产效能并决定工艺参数是否经济合理。干酪的产率有多种表示方法，常根据特定的需要，应用不同的公式进行计算。干酪加工厂可通过不同的干酪产率计算方法，在保证干酪质量的前提下，尽量提高干酪的含水量，以获得更多的经济效益。

1. 干酪的实际产率

$$干酪的实际产率 = \left(\frac{干酪的重量}{干酪的重量 + 发酵剂重量 + 盐的重量} \right) \times 100$$

干酪的实际产率可用于固定乳成分的情况下同种干酪之间的比较，可以反映干酪之间水分含量和乳成分回收率的差异。

2. 水分调整后的干酪产率

$$MACY（kg/100kg）= 干酪的实际产率 \times \left(\frac{100 - 实际的干酪水分含量}{100 - 参照的干酪水分含量} \right) \times 100$$

MACY 适用于在固定乳成分的情况下，不同含水率的多种干酪之间的产率比较，消除了不同品种之间含水率对干酪产率的影响。

3. 调整脂肪、蛋白质、水分后干酪的产率

$$MACYPFAM = 调整水分后干酪产率 \times \left[\frac{100}{\left(\frac{100 \times 乳和发酵剂中实际的蛋白和脂肪的含量}{参照的乳和发酵剂中蛋白质和脂肪的含量} \right)} \right]$$

MACYPFAM 可以进行不同时间的不同乳成分，不同含水率干酪之间产率的比较，可以作为加工厂历年干酪生产效能之间的比较。

4. 干酪产率的预测　预测各种干酪产率的公式是范斯莱克（Van Slyke）公式，它是由范斯莱克于 1936 年从 Cheddar 干酪的产率中分析得来的。

$$Ya = \frac{\left[F \times (\% FR/100) - C - a \right] \times b}{1 - \left(\frac{实际的水分含量}{100} \right)}$$

式中：Ya—干酪的实际产率；F—原料乳的脂肪含量；C—原料乳的酪蛋白含量；

　　　$\% FR$—脂肪的回收率；a—酪蛋白损失系数；

　　　b—非脂非蛋白干酪固体的矫正系数（一般为 1.09）

二、干酪的质量控制

（一）我国硬质干酪的卫生标准（QB/T3776—1999 节选）

本标准适用于以牛乳为原料，经巴氏杀菌，添加发酵剂，凝乳，成型，发酵等过程而制得的产品。

1. 感官指标

（1）外观　外皮均匀，无裂缝，无损伤，无霉点、霉斑。

（2）色泽和组织状态　色泽呈白色或淡黄色，有光泽，软硬适度，质地细腻均匀，有可塑性，切面湿润。

（3）滋味、气味　具有该种干酪特有的香味，以香味浓郁者为佳。

2. 理化指标　水分≤42%；脂肪≥25%；食盐（以 NaCl 计）1.5%～3.0%；汞（10^{-6}（mg/kg），以 Hg 计）按鲜牛乳折算≤0.01。

3. 微生物指标　大肠菌群（个/100g）＜90；霉菌总数（个/g）≤50；致病菌不得检出。

（二）干酪的质量控制措施

（1）确保清洁的生产环境，防止外界因素造成污染。

（2）对原料乳要严格进行检查验收，以保证原料乳的各种成分组成、微生物指标符合生产要求。

（3）严格按生产工艺要求进行操作，加强对各工艺指标的控制和管理。保证产品的成分组成、外观和组织状态，防止产生不良的组织结构和风味。

（4）干酪生产所用设备、器具等应及时进行清洗和消毒，防止微生物和噬菌体等污染。

（5）干酪的包装和贮藏应安全、卫生、方便。贮藏条件应符合规定指标。

三、干酪的缺陷及其防止方法

干酪的缺陷是指干酪由于使用了异常原料乳、异常细菌发酵或在操作过程中操作不当等原因引起的干酪感官品质方面的缺陷。具体可分为以下几种：

（一）物理性缺陷及其防止方法

1. 质地干燥　凝乳块在较高温度下"热烫"引起干酪中水分排出过多导致制品干燥，凝乳切割过小、加温搅拌时温度过高、酸度过高、处理时间较长及原料含脂率低等都能引起制品干燥。对此，除改进生产工艺外，也可利用表面挂石蜡、塑料袋真空包装及在高温条件下进行成熟来防止。

2. 组织疏松　即干酪块中存在裂隙。酸度不足，乳清残留于凝乳块中，压榨时间短或成熟前期温度过高等均能引起此种缺陷。防止方法：进行充分压榨并在低温下成熟。

3. 组织紧密　孔眼极少或无孔眼，这是由于发酵剂中产气菌太少，或加入过多的硝酸盐于原料乳中或在发酵存储期间温度过低引起的。

4. 多脂性（geasy）　指脂肪过量存在于凝乳块表面或其中。其原因大多是由于操作温度过高，凝块处理不当（如堆积过高）而使脂肪压出。可通过调整生产工艺来防止。

5. 斑纹（gottling）　操作不当引起。特别在切割和热烫工艺中由于操作过于剧烈或过于缓慢引起。

6. 发汗　指成熟过程中干酪渗出液体。其可能的原因是干酪内部的游离液体多及内部压力过大所致，多见于酸度过高的干酪。所以除改进工艺外，控制酸度也十分必要。

7. 膨胀　这是气体产生过多的结果。主要由于大肠杆菌发酵（前期膨胀：通常出现大量相当小的孔眼）、丁酸菌发酵（后期发酵：通常出现少量非常大的孔眼）或非常强烈的丙酸菌发酵引起的。

（二）化学性缺陷及其防止方法

1. 金属性黑变 由铁、铅等金属与干酪成分生成黑色硫化物，根据干酪质地的状态不同而呈绿、灰和褐色等色调。操作时除考虑设备、模具本身外，还要注意外部污染。

2. 桃红或赤变 当使用色素（如安那妥）时，色素与干酪中的硝酸盐结合而成更浓的有色化合物。对此应认真选用色素及其添加量。

（三）微生物性缺陷及其防止方法

1. 酸度过高 主要原因是微生物发育速度过快。防止方法：降低预发酵温度，并加食盐以抑制乳酸菌繁殖；加大凝乳酶添加量；切割时切成微细凝乳粒；高温处理；迅速排除乳清以缩短制造时间。

2. 干酪液化 由于干酪中存在有液化酪蛋白的微生物而使干酪液化。此种现象多发生于干酪表面。引起液化的微生物一般在中性或微酸性条件下生长繁殖。

3. 发酵产气 通常在干酪成熟过程中会缓缓生成微量气体，但能自行在干酪中扩散，故不形成大量的气孔，而由微生物引起干酪中产生大量气体则是干酪的缺陷之一。在成熟前期产气是由于大肠杆菌污染，后期产气则是由梭状芽孢杆菌、丙酸菌及酵母菌繁殖产生的。防止的对策可将原料乳离心除菌或使用产生乳酸链球菌肽的乳酸菌作为发酵剂，也可添加硝酸盐，调整干酪水分和盐分。

4. 苦味生成 干酪的苦味是极为常见的质量缺陷。酵母或非发酵剂菌都可引起干酪苦味。极微弱的苦味可构成契达干酪的风味成分之一，这是特定的蛋白胨、肽所引起。另外，乳高温杀菌、原料乳的酸度高、凝乳酶添加量大以及成熟温度高均可能产生苦味。食盐添加量多时，可降低苦味的强度。

5. 恶臭 干酪中如存在厌气性芽孢杆菌，会分解蛋白质生成硫化氢、硫醇、亚胺等。此类物质产生恶臭味。生产过程中要防止这类菌的污染。

6. 酸败 由污染微生物分解乳糖或脂肪等生成丁酸及其衍生物所引起。污染菌主要来自于原料乳、牛粪及土壤等。

第四节　几种主要干酪的生产工艺

一、契达干酪

契达干酪（Cheddar Cheese）及其类似产品是世界上最广泛生产的品种，属细菌成熟的硬质干酪。成品含水 39% 以下，脂肪 32%，蛋白质 25%，食盐 1.4%～1.8%。香味浓郁，色泽呈白色或淡黄色，质地均匀，组织细腻，具有该干酪特有的纹理图案。契达干酪与其他传统干酪最大的不同在于排除乳清后，凝块要在入模压榨前进行翻转堆叠来赋予它特定的质构和结构，也就是所谓堆酿。

1. 原料乳的预处理 原料乳经验收、净化后，进行标准化，使含脂率达到 2.7%～3.5%。杀菌采用 75℃、15s 的方法，冷却至 30～32℃，注入事先杀菌处理过的干酪槽内。

2. 发酵剂和凝乳酶的添加 发酵剂一般由乳脂链球菌和乳酸链球菌组成。当乳温在 30~32℃时添加原料乳量 1%~2% 的发酵剂，搅拌均匀后加入原料量 0.01%~0.02% 的 $CaCl_2$。由于成熟中酸度高，抑制产气菌，故不添加硝酸盐。静置发酵 30~40min 后，酸度达到 0.18%~0.20% 时，再添加约 0.002%~0.004% 的凝乳酶，搅拌 4~5min 后，静置凝乳。

3. 切割、加温搅拌及排除乳清 凝乳酶添加后 20~40min，凝乳充分形成后，进行切割，一般大小为 0.5~0.8cm；切后乳清酸度一般应为 0.11%~0.13%。在温度 31℃下搅拌 25~30min，促进乳酸菌发酵产酸和凝块收缩渗出乳清。然后排除 1/3 量的乳清，开始以每分钟升高 1℃的速度加温搅拌。当温度最后升至 38~39℃后停止加温，继续搅拌 60~80min。当乳清酸度达到 0.20% 左右时，排除全部乳清。

4. 凝块的堆酿（cheddaring） 排除乳清后，将干酪粒经 10~15min 堆酿，以排除多余的乳清，凝结成块，厚度为 10~15cm，此时乳清酸度为 0.20%~0.22%。将呈饼状的凝块切成 15cm×25cm 大小的块，进行翻转堆酿，视酸度和凝块的状态，在干酪槽的夹层加温，一般为 38~40℃。每 10~15min 将切块翻转叠加一次，这样重复地翻转堆酿干酪块会使凝块出现"鸡胸纹"的结构，也就是契达干酪特有的纹理特征。在此期间应经常测定排出乳清的酸度。当酸度达到 0.5%~0.6%（高酸度法为 0.75%~0.85%）时堆酿结束，全过程需要 2h 左右。

5. 粉碎（milling）与加盐 堆酿结束后，将饼状干酪块用破碎机处理成 1.5~2.0cm 的碎块。破碎的目的在于加盐均匀，定型操作方便，除去堆酿过程中产生的不愉快气味。然后采取干盐撒布法加盐。当乳清酸度为 0.8%~0.9%、凝块温度为 30~31℃时，按凝块量的 2%~3%，加入食用精盐粉。一般分 2~3 次加入，并不断搅拌，以促进乳清排出和凝块的收缩，调整酸的生成。生干酪含水 40%，食盐 1.55%~1.7%。

6. 成型压榨 将凝块装入专用的成型器中在一定温度下（27~29℃）进行压榨。开始预压榨时压力要小，并逐渐加大。用规定压力 0.35~0.40MPa 压榨 20~30min，整形后再压榨 10~12h，最后正式压榨 1~2 天。

7. 成熟 成型后的生干酪放在温度 10~15℃，相对湿度 85% 条件下发酵成熟。开始时，每天擦拭翻转一次，约经一周后，进行涂布挂蜡或塑袋真空热缩包装。整个成熟期 6 个月以上。

二、农家干酪

农家干酪（Cottage cheese）属典型的非成熟软质干酪，原产于荷兰，是一种拌有稀奶油的新鲜凝块，脂肪和胆固醇含量极低，并由于在生产过程中彻底的清洗而酸度较低。农家干酪在世界各地都有生产，各地区根据本地区的实际情况和习俗演化出不同的制作方法。

农家干酪是以脱脂乳或浓缩脱脂乳为原料，并按要求进行检验。一般用脱脂乳粉进行标准化调整，使无脂固形物达到 8.8% 以上。然后对原料乳进行 63℃、30min 或 75℃、15s 的杀菌处理。冷却温度应根据菌种和工艺方法来确定，一般为 25~30℃。将杀菌后的原料乳注入干酪槽中，保持在 25~30℃，添加制备好的生产发酵剂（多由乳酸链球菌和乳脂链球菌组成）。

农家干酪生产者可以选择三种方式来生产：①长时凝乳方法；②半时凝乳方法；③短

时凝乳方法。这三种方法差别综合在表 13 - 6 中。

表 13 - 6　农家干酪不同生产形式的加工数据

加工阶段	长时	半时	短时
切割前需时间（h）	14 ~ 16	8	5
凝乳温度（℃）	22	26.5	32
发酵剂加入量（%）	0.5	3	5
凝乳酶（强度 1 : 10^4）（mg/kg）	2	2	2

无论哪种方式，凝块切割后要静置 15 ~ 35min。在凝块切割时，凝块大小有选择，即在切割时获得颗粒的细微程度。静置后要搅拌，凝块要热烫，通常是直接加热 1 ~ 3h 直至温度达到 47 ~ 56℃。

当农家干酪的所有生产过程在同一干酪槽中完成时，一定量的乳清要排放掉以留有添加等量清洗用冷却水的空间。此时，通常凝块分别用温度为 30℃、16℃和 4℃的水清洗三次。通过清洗稀释乳糖和乳酸，进一步的乳酸生成和凝块收缩随着凝块被冷却到 4 ~ 5℃停止。整个清洗时间，包括中间乳清排放约需 3h。当所有水排放后，将经过巴氏杀菌冷却到 4℃的含有少量盐的稀奶油加入凝块中并彻底搅拌。"传统"的农家干酪含有约 79% 的水分、16% 的非脂乳固体（MSNF）、4% 的脂肪和 1% 的盐。产品一般多采用塑杯包装，应在 10℃以下贮藏并尽快食用。

三、夸克干酪

夸克干酪（Qurak cheese）是一种主要在欧洲生产的发酵凝乳干酪，不经成熟，是新鲜干酪家族中非常重要的一员。夸克干酪起源于德国，是一种受人喜欢、易于消化的低脂、高钙、高蛋白的乳制品，具有温和的微弱的酸味，色泽为白色。夸克干酪通常与稀奶油混合，有时也会拌有果料和调味品，不同国家生产产品标准不同，其非脂乳固体的变化幅度在 14% ~ 24%。

夸克干酪的工业生产通常使用脱脂乳，脱脂乳在 72℃下经巴氏杀菌 15s，冷却到 25 ~ 28℃下加入 1% 的嗜温型菌种。在这个过程中也加入凝乳酶，但添加量少于 0.001%（加入量约为一般干酪生产所需量的 1/10），这样可以获得较硬的凝块。在密封的条件下进行凝乳的发酵，当 pH 达到 4.6 时，用搅拌器在较高的速率下搅拌对酸凝块进行破碎，然后搅拌器再以较低的速率搅动使酪蛋白悬浮。这个悬浮液经过滤后用泵打至碗状管口分离机中，在这里，酪蛋白被浓缩并以一种白色黏性糊状物从管口中流出，这种糊体随后被重新泵至中间罐并冷却，然后再与其他成分（如甜奶油或发酵奶油）进行混合，其生产工艺流程如图 13 - 6 所示。

四、其他干酪

（一）青纹干酪（Blue cheese）

青纹干酪（Blue cheese）是一类由不完全融化的凝块制成，内部有娄地青霉生长的霉菌成熟的半硬质干酪，有几十个品种，如法国羊奶（Roquefort，罗奎福特）干酪、斯蒂尔

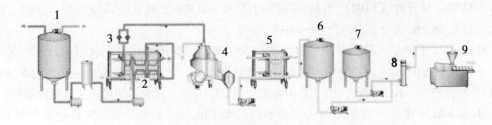

图13-6　夸克干酪机械化生产的流程图

1. 成熟罐　2. 用于初次杀菌的板式热交换器　3. 过滤系统　4. 夸克分离机
5. 板式热交换器　6. 中间罐　7. 稀奶油罐　8. 水力混合器　9. 灌装机

顿（Stilton）干酪和Mycella干酪等。制作青纹干酪常用绵羊乳和山羊乳。加工方法为：

1. 乳的处理　原料乳经标准化、巴氏杀菌后，全部或部分乳被均质以获得更白的外观，使质地更加均匀，避免切割时间过长所造成的脂肪损失，均质还能促进脂肪的水解。

2. 添加物

①发酵剂：在制造法国羊奶（Roquefort）干酪时，生乳中加入很少或者不加入嗜温性发酵剂，在巴氏杀菌乳中添加嗜温性发酵剂和嗜热性发酵剂。

②娄地青霉的孢子：有选择性的霉菌能够在很低的氧分压下生长（例如5%的氧气），耐受高浓度的CO_2气体，在5～10℃的低温下顺利生长。青纹干酪的凝乳用娄地青霉的孢子接种，将刚制作的干酪暴露于空气中，孢子先在表面开始生长，接着干酪的内部长满霉菌。

③凝乳酶：每100L的乳加30ml的凝乳酶，凝乳温度30～33℃，凝乳时间30min到几小时，后者在羊奶制作的Roquefort干酪中常见。

3. 干酪缸中凝块的处理　为了促进霉菌的分布，一般凝块被粗略的切割，并进行短时间温和的搅拌，然后热烫。

4. 成型和排乳清　干酪凝块略微冷却，就可以排出乳清。由于产酸慢（允许明串珠菌缓慢生长），乳清的排除要花很长时间，凝块不需要压制。明串珠菌产生CO_2形成的孔洞使干酪具有了开放式的质构，便于霉菌的分布。在排乳清的整个过程中应不断翻动凝块，pH降到4.6～4.8。

5. 加盐　青纹干酪一般应用盐渍或者干盐法制作。Roquefort干酪采用干盐法制作，Stilton干酪在堆酿之后凝块要经盐水盐渍。

6. 穿孔　为了促进霉菌的生长，一般青纹干酪要穿孔以利于空气的渗入。

7. 成熟　成熟温度5～10℃，相对湿度90%。在霉菌生长期间，要保持表面清洁以防止孔洞的淤积，故要再次打孔。成熟时间一般为三周到几个月，成熟干酪pH为6.0左右。成熟之后干酪用铝箔或锡箔包裹以阻止氧气的进入。

（二）帕斯特-费拉特干酪（Pasta Filata）

帕斯特-费拉特（Pasta Filata）干酪起源于意大利，与其他干酪不同的是在生产中加入了热烫和拉伸工序，赋予产品干酪特有的纤维结构、融化性和拉伸性。其中最著名的品种是Mozzarella（莫兹瑞拉）干酪，为比萨饼的专用干酪。美国是目前世界上Mozzarella干酪的生产和消费大国，对这种干酪的研究也处于国际领先地位。在美国，以水分含量和脂肪占干物质的百分数（FDM）为判定标准可将 Mozzarella 干酪分成四种类型：全脂、部分脱脂、低水分、低水分部分脱脂 Mozzarella 干酪。

Mozzarella 干酪是一种小型的干酪，重约 50～400g，其干酪块的形状呈扁球形。传统的 Mozzarella 干酪是用水牛乳或奶牛和水牛的混合乳制作的。干酪中含有 52%～56% 的水分和约 1% 的食盐，35%～40% 的乳固体（其中含蛋白质 25.1%）。其成熟期很短，且质地柔软。

Mozzarella 干酪的传统制作方法在初始阶段和 Cheddar 干酪类似，但是在生产过程中，应采用较高的温度（高达 42℃），并常常加入一些嗜热性发酵剂，通常是由嗜热链球菌和保加利亚乳杆菌或瑞士乳杆菌组成的混合物。牛乳经标准化和巴氏杀菌后，加入 1.5%～2.0% 的嗜热发酵剂，同时加入凝乳酶。蛋白凝固后，加热凝乳和堆叠处理至 pH5.2，如果 pH 大于 5.4，则干酪凝块太软，如果 pH 小于 5.1，则干酪太脆。在 58～70℃ 热水中热烫、拉伸凝乳，这对凝乳有塑性作用。传统上热烫拉伸的最好时机是通过加热的凝块能被拉成丝状为准。堆酿后凝块被切成条状，或者像在 Cheddar 干酪制造中将凝块粗略粉碎一样。这些干酪条是放在热水中被拉伸的，所以伴随着轻微的脱水收缩，影响干酪的质量。凝乳按要求的形状入模，在冰水中冷却，并在盐水中浸渍，随后将干酪贮存于 4℃ 的贮藏库中，比萨干酪的最佳质量是在制作后 4～6 周内。

Mozzarella 干酪的机械化生产线在最初阶段与 Cheddar 干酪类似，随后进行堆酿处理，将凝乳碾成薄片，并由螺旋输送机输送至一个使其塑化并带有加热器的压延机，然后加盐，并将凝乳挤入一个成型机中。模具通过硬化隧道的同时，在模子上喷洒一些冷却水，从而使凝乳从 70℃ 左右降至 50℃，然后干酪脱模，转入一个 8～10℃ 的盐水池中，因为使用了加干盐的方法，浸渍时间可从传统的 8h 降至 2h。

（三）卡门培尔干酪（Camembert）

卡门培尔干酪（Camembert）是世界上最著名的干酪之一，起源于法国诺曼底，现在大部分国家都在大规模生产这种干酪。卡门培尔干酪主要是通过表面生长白霉而成熟的干酪。成熟干酪具有柔软的塑性质构，这种质构在干酪成熟时变为半流体状，该干酪完全成熟后有诱人的蘑菇风味和氨风味。

卡门培尔干酪一般直径约为 12cm，厚约 3cm，重量 300g 左右。水分 43%～54%，脂肪 24%～28%，蛋白质 17%～21%，食盐 1.5%～3.0%。

卡门培尔干酪使用的牛乳需经标准化，以调整蛋白质和脂肪的比例。卡门培尔干酪是用未经巴氏杀菌的乳经白霉成熟制成的一种软质干酪。首先原料乳要经过温和的加热处理（32～33℃），之后加入凝乳酶（按原料乳量的 0.017%）。凝乳过程大概需要 1～1.5h，只有经过这段时间，凝乳块才有足够的强度放进打孔的模具，凝乳的 pH 为 5.2～5.5 时，排出乳清。表面撒上青霉菌，使特有的霉菌（*Penicillium camemberti*）及细菌、酵母在表面生长，由表面向干酪中心渗透的酶的作用完成后续成熟过程，再用盐干腌或放入盐水中浸渍，浸渍过程 pH 为 4.90～4.95，凝乳需浸渍 70～80min。把经加盐处理的干酪送入高湿度（93%～95%）的环境中（温度为 15℃）进行成熟（约 6 天）。再经干燥、包装，在 3～4℃ 的条件下贮存，成熟干酪的货架期为 4～6 周。成熟后的干酪有一种特征性的霉菌外壳，即表面长满白霉，且外壳上有细小的色泽鲜亮的褐色斑点，内部组织呈融化状态，具有一种清爽的香草香气，还带点蘑菇的香味。

第五节　干酪分级和干酪质量评价方法

一、干酪的分级系统

干酪分级系统的发展和使用已有多年，它对干酪技术的发展以及对干酪生产者都是非常重要的。分级是衡量加工过程可靠性和重现性的一种手段，也是对干酪最佳储存和市场策略的一种指导。

干酪的分级是一个按照一定标准来评价干酪质量的过程。而这个标准是以感官的二人方面为衡量目标的。将风味、质构和色泽等各个单项得分相加，得到一个总分，由这个分值来判断干酪的整体质量，并以此为分级依据。一般来说，各国的分级系统都会以本地的产品特征和消费习惯为准，来制定各项指标和权重，不同的产品有不同的评价方法，就是同一种干酪也有不同的分级方案。下面简述美国契达干酪的分级系统。

美国的分级系统由美国的乳品科技协会（ADSA）发展起来的，它在概念上与澳大利亚系统相似：风味满分 45 分；质构满分 30 分，表面纹理满分 15 分，色泽满分 10 分。

美国联邦系统是一个类似于 ADSA 的机构，它认可的干酪分级如下：USAA 级 ≥93 分；USA 级 92 分；USB 级 89 分。

二、干酪的质量评价方法

干酪生产商必须能有效评价自己的产品和竞争者的产品，分级的目的就是为这种分级提供依据。有关干酪品质的计量系统，不同的国家有不同的方法和分数，如有的国家以每个特征 5 分计总分 15 分，也有单项分数最大为 45 分，总分为 100 分的计分方法。

（一）通用干酪评价内容

干酪评分人员必须从以下几个方面进行评分操作。

①确定加工干酪的数量、生产厂家、生产日期。如因冷藏时（4℃）芳香味不足，质地较硬，则应在 12 ~ 13℃按体积大小进行 3 ~ 7 天的恒温储存后进行评分。

②评分者首先观察干酪外层，如加工情况、涂层等。

③用拇指外压可观察干酪的硬度，内部情况（如是否中空）。有的干酪外表是完整的，但由于霉菌生长而使质构变软。

④评分者必须应用干酪钉或其他试验工具评估干酪的内部质量。干酪钉是一种半柱形钢体物，它能从干酪中取出样品屑。由样品可评定芳香味，由插入情况可知凝乳的质地和成熟情况。

⑤从中心区域取出的样品可评定干酪的质构、色泽、颗粒间的脂肪沉淀情况、水分、有无气孔、长霉。

⑥用拇指和食指揉碎样品可知干酪样品的硬度。

⑦在手中将干酪样品揉成糊状，加热可放出更多芳香味，以便对其进行评估，同时可评估其成熟度。

风味的评估较困难，一般大家把芳香味和滋味结合起来给出风味，滋味获得则要经过品尝的方式。

（二）美国干酪评定

美国对干酪进行评定时要针对干酪的不同特性，尽可能单独评定。

1. 评定内容

通常评定内容为以下几项：①干酪的外观（形状、尺寸、商标、包装、蜡衣和外皮，其中外皮包括色泽、清洁度、厚度和强度）；②干酪的色泽；③干酪的组织状态；④干酪的硬度；⑤干酪的香味和味道。

感官评定应按以下顺序进行，前三项通过视觉评定（外皮强度的评定是通过触觉），硬度评定时通过触摸、切割、切片并放入口中咀嚼而确定。

在评定香味时，评定者应使经过咀嚼的干酪均匀分布于舌头表面，直到挥发性风味物质释放完全。项目评定应单独打分，然后归总。总分不是五个单独项目的平均分，而是对干酪的全面评价。

2. 干酪感官评分卡　以下主要介绍 ADSA（美国乳品科学协会）就干酪感官评比打分指南，具体情况视具体产品而定，表 13-7 就是契达干酪的评分卡。

表 13-7　美国契达干酪感官评定指南

项目	缺陷强度		
	轻微	确定	显著
风味评定			
苦味	9	7	4
发酵/水果味	8	6	4
淡味、缺乏风味	9	8	7
咖喱、洋葱、除草剂味	6	4	1
加热、蒸煮味	9	8	7
高酸度	9	7	5
霉腐、霉烂味	7	5	3
酸败、脂肪腐败味	6	4	1
硫磺、臭鼬味	9	7	4
不干净、肮脏味	8	6	5
乳清污染、酸乳清味	8	7	5
酵母味	6	4	1
质地和组织状态评定			
软木塞状、干燥	4	3	2
多屑的、易碎的	4	3	2
凝块的、橡皮状	4	3	2
多气的、多孔状	3	2	1
粉质的、谷物状	4	3	2
开口的、敞开的	4	3	2
糊状、黏结状	4	3	1
松酥状	4	3	2
嫩弱的、柔软的	4	3	2
浆糊状	3	2	1
脆弱状	4	3	2

第六节 再制干酪的生产

一、再制干酪

将同一种类或不同种类天然干酪经粉碎、混合、加热熔化、充分乳化后，浇灌包装而制成的产品，叫做再制干酪（processed cheese），也称熔化干酪或加工干酪。在 20 世纪初由瑞士首先生产，当时再制干酪的生产是专门为了增加质量不满意干酪的市场价格。由于再制干酪在制作时的精巧混合，能够改善凝乳物理特性上的不足，这为干酪块包装时所产生的边角料提供了出路。在一些国家（例如美国和德国）再制干酪是弥补干酪市场的一个重要部分。目前，这种干酪的消费量占全世界干酪产量的 60% ~ 70%。

与天然干酪相比，再制干酪具有如下特点：

（1）可以将各种不同组织和不同成熟程度的干酪适当配合，制成质量一致的产品；

（2）在加工过程中进行加热杀菌，再制干酪食用安全、卫生，并且具有良好的保存特性；

（3）产品采用良好的材料密封包装，贮藏过程中重量损失少；

（4）集各种干酪为一体，组织和风味独特；

（5）大小、重量、包装能随意选择，并且可以添加各种风味物质和营养强化成分，更好地满足消费者的需求和嗜好。

表 13 – 8　再制干酪典型的混合物和制作条件

原料或制作条件	涂抹型干酪	切片型干酪块	烘烤型薄片干酪
成熟度	由未成熟、中等成熟和成熟干酪混合	由未成熟、中等成熟干酪混合，主要是未成熟干酪	未成熟干酪
混合物中相对酪蛋白的含量	60% ~ 75%	75% ~ 90%	80% ~ 90%
原料干酪性质	不易拉丝和容易拉丝的	主要是易拉丝的	拉丝的
混合乳化盐	基于中链到长链的磷酸盐	多聚磷酸盐和柠檬酸盐	磷酸盐和柠檬酸盐的混合物
乳化盐占原料干酪量	2.5% ~ 3.5%	2.5% ~ 3.5%	2.5% ~ 3.5%
加水量	20% ~ 45%	10% ~ 25%	5% ~ 15%
混合温度	85 ~ 98℃	80 ~ 85℃	78 ~ 85℃
传统反应釜中的加热时间	8 ~ 15min	4 ~ 8min	4 ~ 6min
pH	5.6 ~ 6.0	5.4 ~ 5.7	5.6 ~ 5.9
搅拌作用	快	慢	慢
辅料	乳粉或乳清粉（5% ~ 12%）	无	无
均质	有益	无作用	无作用
罐装	10 ~ 30min	5 ~ 15min	尽快
冷却	30 ~ 60min，冷风或冷却隧道	10 ~ 12h，室温	很快，传送带

二、再制干酪生产的工艺流程及操作要点

(一) 再制干酪的工艺流程

再制干酪的工艺流程如图 13 - 7 所示。

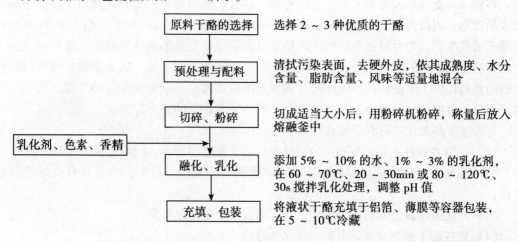

图 13 - 7　再制干酪工艺流程

(二) 再制干酪生产的工艺要求

1. 原料干酪的选择及预处理　再制干酪的风味很大程度上取决于天然干酪的风味，选择天然干酪生产再制干酪时，应根据最终产品对风味和质地等方面的要求来选择不同成熟度、不同质地的天然干酪。一般选择细菌成熟的硬质干酪如 Gouda 干酪、Cheddar 干酪和 Edam 干酪等。为满足制品的风味及组织要求，成熟 7 ~ 8 个月风味浓的干酪占 20% ~ 30%。为了保持组织润滑，成熟 2 ~ 3 个月的干酪占 20% ~ 30%，搭配中间成熟度的干酪 50%，使平均成熟度在 4 ~ 5 个月，含水分 35% ~ 38%，可溶性氮 0.6% 左右。过熟的干酪，由于有的析出氨基酸或乳酸钙结晶，不宜做原料。有霉菌污染、气体膨胀、异味等缺陷的也不能使用。

原料干酪的预处理室要与正式生产车间分开。预处理是去掉干酪的包装材料，削去表皮，清拭表面等。

2. 切碎与粉碎　用切碎机将原料干酪切成块状，用混合机混合。然后用粉碎机粉碎成 4 ~ 5cm 的面条状，最后用磨碎机处理。近年来，此项操作多在熔融釜中进行。

3. 熔融、乳化　在大型加工厂，切成片、条的干酪连续被融化，而在小型工厂被传送至不同类型的熔融釜（图 13 - 8）中。在熔融釜中加入适量的水，通常为原料干酪重的 5% ~ 10%。产品的含水量为 40% ~ 55%，但还应防止加水过多造成脂肪含量下降。按配料要求加入适量的调味料、色素等添加物，然后加入预处理粉碎后的原料干酪，开始向熔融釜的夹层中通入蒸汽进行加热。当温度达到 50℃ 左右时，加入 1% ~ 3% 的乳化剂，如磷酸钠、柠檬酸钠、偏磷酸钠和酒石酸钠等。这些乳化剂可以单独使用，也可以混用。最后将温度升至 60 ~ 70℃，保温 20 ~ 30min，使原料干酪完

全融化。加乳化剂后，如果需要调整酸度时，可以用乳酸、柠檬酸、醋酸等，也可以混合使用。产品的 pH 不得低于 5.3。乳化剂中，磷酸盐能提高干酪的保水性，可以形成光滑的组织状态；柠檬酸钠有保持颜色和风味的作用。在进行乳化操作时，应加快釜内搅拌器的转数，使乳化更完全。在此过程中应保证杀菌的温度。乳化终了时，应检测水分、pH、风味等，然后抽真空进行脱气。

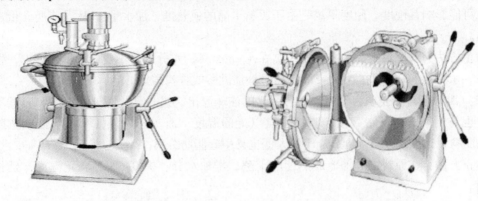

图 13-8 熔融釜的外型及内部构造

4. 均质 均质一般是在物料融化后立即进行，均质压力最高可达 20MPa。对于一些非常脆弱的干酪，可将均质压力下降至 5MPa。也有一些非常脆的干酪，例如 Emmental 干酪，即使在非常小的压力下也会变得很坚硬，因此不宜均质。

5. 充填、包装 经乳化的干酪应趁热进行充填包装。必须选择与乳化机能力相适应的包装机，包装机通常为全自动并能以不同重量和形状来包装产品。包装材料多使用玻璃纸或涂塑性蜡玻璃纸、铝箔、偏氯乙烯薄膜等。包装的量、形状和包装材料的选择，应考虑到食用、携带、运输方便。

6. 贮藏 包装后的再制干酪，应静置在冷藏库中定型和贮藏。冷藏库的温度一般维持在 10℃左右，它比原料储藏室的温度稍高。但是，储藏温度不能太低，以避免在随后的运输过程中，由于缺乏冷却设备而在内包装层上形成沉积。

三、再制干酪的质量及缺陷

1. 再制干酪的质量 再制干酪的化学组成，随原料的种类和配合的比例而变化。从表 13-9 可以看出再制干酪的一般化学组成。

表 13-9 各种再制干酪的化学组成

种 类	水分（%）	蛋白质（%）	脂肪（%）	灰分（%）	NaCl（%）	酸度（%）	pH 值	水溶性 N/总 N（%）	氨态 N/总 N（%）
A	41.07	21.23	31.63	6.07	1.04	1.16	5.85	44.67	15.04
B	42.66	24.22	28.19	4.93	0.94	0.93	6.60	42.88	12.45
C	41.04	21.65	31.60	5.71	1.74	1.63	6.10	47.01	15.47

注：pH 值为 1∶10 的稀释液测定值。

2. 再制干酪的质量缺陷及防止方法 这里主要从感官方面进行评价。质量优良的再制干酪具有温和的香味、致密的组织、滑润的舌感、适当的软硬和弹性，呈均匀一致的淡黄色，透明有光泽状。但在加工和保藏过程中有时会出现下述缺陷：

（1）过硬或过软 再制干酪过硬的主要原因是所用原料干酪成熟度低、蛋白质分解少、补加水分少和 pH 过低造成，另外，脂肪含量不足、熔融乳化不完全、乳化剂配比不当等也可能影响其硬度。硬度不足是由于原料干酪的成熟度、加水量、pH 及脂肪含量过度造成的。

防止方法为：原料干酪的成熟度控制在 4～5 个月；水分含量不要低于标准要求，控制在 40%～45%；pH 控制在 5.6～6.0，高时补加乳酸或柠檬酸等。

（2）脂肪分离 表现为干酪表面有明显的油珠渗出，这与乳化时处理温度和时间不足有关，也与干酪长时间储存在乳脂肪融点以上的温度下有关。另外，原料干酪成熟度过高、脂肪含量过多、水分不足或 pH 值太低也易引起脂肪分离。

防止方法：在原料中添加低成熟度的干酪，增加水分，提高 pH 和乳化温度，延长乳化时间。

（3）出现砂状结晶 砂状结晶中 98% 是以磷酸三钙为主的混合磷酸盐。这种缺陷产生的主要原因是添加粉末乳化剂时分布不均匀，乳化时间短、高温加热等。此外，当原料干酪的成熟度过高或蛋白质分解过度时，容易产生难溶的氨基酸结晶。

防止方法：采取乳化剂全部溶解后再使用，乳化时间要充分，乳化时搅拌要均匀，追加低成熟度的干酪，要正确使用多聚磷酸盐和柠檬酸盐等措施可以克服这种缺陷。

（4）膨胀和产生气孔 刚加工后产生气孔，是由于乳化的不足引起的；保藏中产生气孔及膨胀，是由于污染了酪酸菌、蛋白分解菌、大肠杆菌和酵母等微生物引起的。

防止方法：调配时尽量使用高质量的原料，提高乳化温度，采用可靠的杀菌手段。

（5）异常风味及其他 原因有很多，如低质量的原料干酪易带酸臭、陈腐臭、鱼臭、脂肪分解臭、霉臭，或酸味、苦味、辣味等异味；一些磷酸盐的异常风味；保藏中脂肪氧化引起的氧化臭；制品冷藏的不善；包装破损引起的腐败、异常发酵、霉菌的污染；有时与熔融乳化温度过高也有关。

防止方法：要保证不使用质量低劣的原料干酪，正确掌握工艺操作，成品在冷藏条件下保存等。

第七节　非传统干酪的生产方法

替代干酪或模拟干酪一般是指以植物来源的非乳原料完全或部分替代乳脂和乳蛋白而制成的干酪产品。根据所用加工原料和方法，产品可分为类似干酪、填充干酪和豆腐三种。目前，替代干酪主要应用于企业生产的复合或配方食品。替代干酪的应用水平很稳定，主要产品为 Mozzarella 干酪（用于比萨饼中）。

（一）类似干酪（analogue cheese）

根据脂肪和蛋白质成分来自乳还是植物，类似干酪可分为全乳类似干酪、部分乳类似干酪和非乳类似干酪三种。部分乳类似干酪的脂肪成分主要来自植物油如大豆油、棕榈油、菜籽油及它们的氢化物，蛋白质主要为乳蛋白（皱胃酪蛋白和/或酪蛋白磷酸盐）。非乳类似干酪中的脂肪主要来自植物。利用花生蛋白、大豆蛋白及它们与酪蛋白的混合物制成的模拟干酪和替代干酪中，植物蛋白降低了产品的质构特性。另外，类似干酪昂贵的造价也限制了它的人规模生产。

下面介绍类似比萨干酪的工艺：

类似比萨干酪的加工包括配料、加工和包装三步，其工艺流程如图 13 - 9。表 13 - 10 列出了类似干酪的特征性配方，尽管一些再制干酪中也会加入风味剂等物料，但它们二者的配方还是有较大区别的。主要加工方法如下：

（1）同时加入所需量的水、酪蛋白和乳化盐等物料；

（2）加入植物油，然后直接注入蒸汽加热到85℃，同时对物料进行搅拌，以达到一致的熔融状态；

（3）加入风味物质（如酶修饰干酪或发酵剂蒸馏物）和酸调节剂（如柠檬酸）并搅拌 1 ~ 2min；

（4）对热的熔融态混合物进行包装。

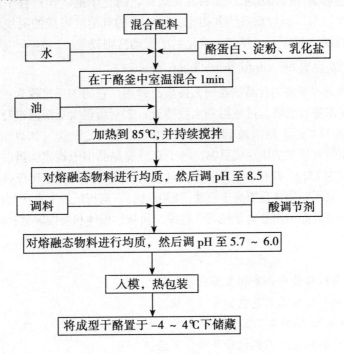

图 13 - 9　类似干酪的工艺流程

表 13 - 10   类似干酪的配方

物料	添加量 (g/100g 混合物)
酪蛋白和酪蛋白酸盐	23.00
植物油	25.0
淀粉	2.00
乳化盐	2.00
风味剂	2.00
风味增效剂	2.00
酸度调节剂	0.40
色素	0.04
保藏剂	0.10
水	38.50
聚合物	7.00

（二）填充干酪（filled cheese）

与天然干酪不同，填充干酪中的脂肪被植物油完全或部分取代。按照其基础原料主要来自天然脱脂乳还是合成脱脂乳，填充干酪被分为两种。其中合成脱脂乳指将乳清、总乳固体溶于水中制得。填充干酪制作时须先用高速搅拌器将植物油分散入天然脱脂乳或合成脱脂乳中，再对混合物进行均质，然后按照制作模拟干酪或替代干酪的加工方法制得成品。分散和均质能够确保所添加植物油的乳化效果，防止干酪制作过程中油水相分离和油脂过多现象的发生。与不经过均质的乳相比，均质后的乳溶液形成的凝块析水力较弱，成品干酪的含水量较高，而应力、硬度、融化后的流动性则较差。

（三）豆腐或豆乳酪（tofu or soybean cheese）

豆腐作为一种营养丰富的食品被亚洲人民广泛食用。它的加工过程为：①浸泡大豆一段时间后，添加过量水进行磨浆，过滤得到大豆溶液；②对所得大豆溶液进行煮制，使蛋白质变性，然后冷却至37℃；③调溶液 pH 为 4.5~5.0，加入二价盐（如乳酸盐）形成凝块；④排乳清，将凝块装入模具加压形成豆腐。每千克豆腐制品中干物质、蛋白质、脂肪和碳水化合物的含量分别为 152g、77g、42g 和 24g。对装入模具后的凝块施加较高的压力并进行腌渍便制得豆腐乳，其干物质含量要高于豆腐（530g/kg）。与传统加工方法制成牛奶干酪相比，由豆浆溶液制成的豆乳酪的水分含量较高，色泽、风味、形体和质构等感官特性则比较差。

思考题

1. 干酪的概念？其品种分类和营养价值如何？

2. 天然干酪的一般加工工艺包括哪些步骤？

3. 试述 Cheddar 干酪的加工工艺。

4. 简述再制干酪的生产工艺过程及操作要点。

5. 再制干酪可能出现的质量缺陷有哪些？如何防止？

6. 试比较几种著名干酪加工过程的异同。

（刘会平）

第十四章

乳品冷饮的生产

学习目标: 掌握冰淇淋和雪糕的种类和生产工艺及配方,了解生产中出现缺陷的原因及控制方法。

第一节 冰淇淋的生产

一、冰淇淋的定义及分类

(一) 冰淇淋的定义

冰淇淋是以牛乳或乳制品和蔗糖为主要原料,并加入蛋或蛋制品、乳化剂、稳定剂以及香料、着色剂等食品添加剂,经混合、均质、杀菌、老化、凝冻等工艺或再经成型、硬化等工艺制成的体积膨胀的冷冻食品。

(二) 冰淇淋的组成及种类

冰淇淋的组成根据各个地区和品种的不同而异。冰淇淋中含有一定量的乳脂肪和非脂乳固体,所以它具有浓郁的香味、细腻的组织和可口的滋味以及很高的营养价值。一般冰淇淋中的脂肪含量为6%~12%,甚至16%以上,蛋白质含量为3%~4%,蔗糖含量为14%~18%,而水果冰淇淋中含糖量可达27%。冰淇淋的发热值可达8.36kJ/kg。

冰淇淋品种繁多,按照脂肪的含量可以分为以下几种:

(1) **高级奶油冰淇淋** 一般其脂肪含量在14%~16%,总干物质含量在38%~42%,按其成分可分为:奶油的、香草的、巧克力的、果味的、胡桃的、葡萄的、鸡蛋的以及夹心品种。

(2) **奶油冰淇淋** 一般其脂肪含量在10%~12%,总干物质量在34%~38%,按其成分又可分为奶油、香草、草莓、胡桃、咖啡、果味、糖渍果皮、鸡蛋以及夹心的等品种。

(3) **牛乳冰淇淋** 一般其脂肪含量在5%~6%,总干物质含量在32%~34%,按其成分又可分为牛乳的、牛乳香草的、牛乳可可的、牛乳鸡蛋的以及牛乳夹心的等。

(4) **果味冰淇淋** 一般其脂肪含量3%~5%,总干物质含量在26%~30%。按其品种可分为橘子的、香蕉的、菠萝的、杨梅的等。

按照产品各种形状可将冰淇淋分为:砖状冰淇淋、杯状冰淇淋、蛋卷冰淇淋、蛋糕冰淇淋等。

按照产品组织结构可将冰淇淋分为:清型冰淇淋、混合型冰淇淋、组合型冰淇淋。

按照产品质地分为:软质冰淇淋和硬质冰淇淋。

按照冰淇淋组分不同,冰淇淋可主要分为:完全由乳制品制备的冰淇淋;含有植物油脂的冰淇淋;添加了乳脂和乳干物质的果汁制成的莎白特冰淇淋;由水、糖和浓缩果汁生产的冰果。前两种冰淇淋可占到全世界冰淇淋产量的80%～90%，以下所述也主要针对前两种。

二、冰淇淋生产的主要原料及其作用

生产冰淇淋的各种原料主要包括：①脂肪类：稀奶油、奶油、人造奶油、精炼植物油等；②非脂乳固体：原料乳、脱脂乳、炼乳、乳粉等；③糖类：蔗糖、乳糖、葡萄糖等；④乳化剂与稳定剂：鸡蛋、蛋黄粉、明胶、琼脂、海藻酸钠、梭甲基纤维素等；⑤香味料：香兰素、可可粉、果仁、果汁、水果块等。优质冰淇淋要求具有色泽鲜艳、风味独特、组织细腻、柔软润口等特点，这与原辅料的质量及配方有密切关系。

（一）脂肪

脂肪约占乳品冰淇淋混合料质量的8%～12%，高的可达16%左右，脂肪含量少，成品口感不好。冰淇淋混合料中的乳脂肪经均质处理后，乳化效果提高，在凝冻搅拌时，可以增加膨胀率。因此，乳脂肪的数量和质量同成品质量有密切关系。

脂肪可以是乳脂肪或植物油脂，在前者情况下，则可能是全脂乳、稀奶油、奶油或天然乳脂。在冰淇淋中，乳脂可部分或全部用硬化的向日葵油、椰子油、豆油和葡萄籽油等。这些植物油取代奶油导致冰淇淋与使用乳脂的冰淇淋在色泽和风味上略有差别。如果添加食用色素和香味料则这种差别几乎无法识别。在一些国家禁止在冰淇淋中使用植物油。冰淇淋中，脂肪最好采用稀奶油或奶油，亦可用部分氢化油代替。

（二）非脂乳固体

非脂乳固体中含有蛋白质、乳糖及盐类。为取得最佳效果，非脂乳固体的量应和脂肪的量成一定比例。一般成品中非脂乳固体含量以8%～10%为宜。冰淇淋中的非脂乳固体物以乳粉或脱脂炼乳的形式被加入。非脂乳固体中的蛋白质能显著影响在凝冻加工过程中空气在冰淇淋中的分布。非脂乳固体也使冰淇淋具有良好的组织结构，但含量过多时，则会影响乳脂肪的风味，而产生轻微咸味；若成品贮藏过久，会产生砂砾状结构。若含量过少时，成品的组织疏松、缺乏稳定性且易于收缩。非脂乳固体不仅具有很高的营养价值，而且具有通过结合或取代水分来提高冰淇淋组织状态的重要能力。

冰淇淋混合料中通常含有10%～18%的糖，许多因素会影响甜味效果和产品质量。它们不仅给予冰淇淋以甜味，而且能使成品的组织细致和降低其凝冻时的温度。各种糖类对冰淇淋冰点的影响不同，选用各种糖类时需加以考虑。蔗糖的用量一般在12%～16%范围，若低于12%时，会感到甜味不足；若过多时，在夏季食用，缺乏清凉爽口的感觉，并会使冰淇淋混合料的冰点降低，凝冻时膨胀率不易提高，成品容易融化。一般蔗糖含量每增加2%，其冰点相对地降低0.22℃。可供使用的糖有许多不同类型，如甜菜和蔗糖、葡萄糖、乳糖和转化糖（一种葡萄糖和果糖的混合物）。为满足一些特定病患者如糖尿病人的需要，可使用甜味剂代替糖。

蛋与蛋制品能提高冰淇淋的营养价值，改善其组织结构和风味。由于卵磷脂具有乳化剂和稳定剂的性能，使用鸡蛋或蛋黄粉能形成持久的乳化能力和稳定作用，所以适量的蛋品使成品具有细腻的"质"和优良的"体"，并有明显的牛乳蛋糕的香味。一般蛋黄粉用量为0.5%～2.5%。

（三）稳定剂和乳化剂

稳定剂有两种类型：蛋白质和碳水化合物稳定剂。蛋白质稳定剂主要有明胶、干酪素、乳白蛋白和乳球蛋白；碳水化合物稳定剂主要有海藻胶类、半纤维素和改性纤维素化合物。冰淇淋中稳定剂的用量一般为 0.3% ~ 0.9%。

乳化剂是通过减小液体产品的表面张力来协助乳化作用的物质，它们有助于稳定乳状液。用于冰淇淋生产的乳化剂有：硬脂酸酯、山梨醇酯、糖酯和一些其他的酯类。在冰淇淋混合料中的使用量通常为 0.3% ~ 0.5%。

（四）香料

香料是冰淇淋制品中必要的调香成分。适量的香料能使成品带有纯正的香味和具有该品种应有的天然风味，增进食用价值。常见香味料主要有香草、巧克力、草莓和坚果。香料通常用量在 0.075% ~ 0.1% 范围，不过需视其品质与工艺条件而定。如果直接加入天然果仁、果酱、鲜水果或果汁等进行调味，果仁用量一般为 6% ~ 10%，芳香果实用量为 0.5% ~ 2.0%，鲜水果（经糖渍）的用量在 10% ~ 15% 为宜。

三、冰淇淋的生产工艺

（一）加工工艺流程

冰淇淋加工的一般工艺流程如图 14 - 1 所示。

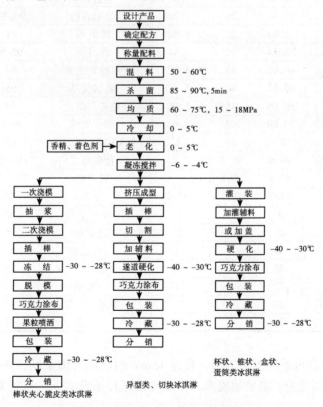

图 14 - 1　冰淇淋加工的一般工艺流程

（二）工艺要点

1. 原材料的预处理

冰淇淋生产所需原辅料种类很多，形状各异，在配料前应根据它们的物理性质进行预处理。

2. 原料的配比与计算

（1）原料配比的原则　冰淇淋原料配比的计算即为冰淇淋混合原料的标准化。在冰淇淋混合原料标准化的计算中，首先应掌握配制冰淇淋原料的成分，然后按冰淇淋质量标准进行计算。原则上要考虑脂肪与非脂乳固体物成分的比例，总干物质含量，糖的种类和数量，乳化剂、稳定剂的选择与数量等。

（2）配方的计算　根据标准要求计算其中各种原料的需用量，从而保证所制成的产品品质符合技术标准。计算前，首先必须知道各种原料的组成，作为配方计算的依据。在标准化的混合料中，必须知道各配料的组分，表14-1所示为一些常用配料的组成。

表14-1　冰淇淋常用原料的理论组成成分

原料		总固体	脂肪	非脂乳固体	原料	总固体	脂肪	非脂乳固体
新鲜全脂牛乳		11.5	3.2~3.4	8.2~8.8	炼乳	30	8	22
新鲜脱脂牛乳		9.3	0.06	9.24		33	8	25
稀奶油	（脂肪18%）	25.54	18	7.54	全脂乳粉	97	26~40	71~57
	（脂肪20%）	27.36	20	7.36	脱脂乳粉	96.73	0.88	95.85
	（脂肪25%）	31.90	25	6.90	酪乳粉	91	7	84
	（脂肪30%）	36.44	40	6.44	乳清粉	95.5	1.5	94
	（脂肪35%）	40.98	35	5.98	超滤乳清粉	95	3	92
	（脂肪40%）	45.52	40	5.52	乳替代品	95	2	93
	（脂肪45%）	50.06	45	5.06	酪蛋白酸盐	94	1.5	92.5
	（脂肪50%）	54.60	50	4.60	细白砂糖	99.9		
粗制奶油		83	82	1	麦芽糊精（10DE）	95		
冰淇淋用高脂奶油		99.8	99.8		葡萄糖浆	80~82		
脱水奶油		99.8	99.8		转化糖	70~80		
全脂炼乳		72.5	8.0	21.5	饴糖	95		
脱脂炼乳		20		20	全蛋（平均）	35	11	
		25		25	蛋黄粉	96	60	
		30		30	新鲜蛋黄	53	34	
		35		35	可可粉	95	20~22	
		72		30	可可脂	95	90~94	
40%加糖脱脂炼乳		28	0.5	27.5	加糖杏仁浆	95	60	
40%加糖炼乳		28	8	20	椿子浆	95	70	

3. 杀菌　杀菌可采用75~78℃，保温15min的巴氏杀菌条件，或超高温100~128℃，3~40s。如果使用淀粉，则必须提高杀菌温度或延长杀菌时间。若需着色，则在杀菌搅拌初期加入色素。

4. 均质　均质是冰淇淋生产的一个重要工序，适当的均质条件是使冰淇淋获得良好组织状态与理想膨胀率的重要因素。一般杀菌之后料温在 63～65℃ 时均质，均质压力为 15～18MPa。

控制混合原料的温度和均质的压力是很重要的，它们与混合原料的凝冻搅拌和制品的形体组织有密切关系。在较低温度（46～52℃）下均质，料液黏度大，则均质效果不良，需延长凝冻搅拌时间；当在最佳温度（63～65℃）下均质时，凝冻搅拌所需时间可以缩短；如若在高于80℃的温度下均质，则会促进脂肪聚集，且会使膨胀率降低。均质压力过低，脂肪乳化效果不佳，会影响制品的质地与形体；若均质压力过高，使混合料黏度过大，凝冻搅拌时空气不易混入，这样为了达到所要求的膨胀率则需延长凝冻搅拌时间。

5. 冷却与老化　混合原料经过均质处理后，应立即转入冷却设备中，迅速冷却至老化温度 2～4℃。如混合料温度较高（＞5℃），则易出现脂肪分离现象，但亦不宜低于 0℃，否则容易产生冰结晶影响质地。冷却过程可在板式热交换器或圆筒式冷却缸中进行。

老化是将混合原料在 2～4℃ 的低温下保持一定时间，进行物理成熟的过程。目的在于使蛋白质、脂肪凝结物和稳定剂等物料充分地溶胀水化，提高黏度，以利于凝冻膨胀时提高膨胀率，改善冰淇淋的组织结构状态。一般制品老化时间为 2～24h。老化时间长短与温度有关。老化持续时间与混合料的组成成分也有关，干物质越多，黏度越高，老化所需要的时间越短。现由于制造设备的改进和乳化剂、稳定剂性能的提高，老化时间可缩短。有时，老化可以分两个阶段进行，将混合原料在冷却缸中先冷却至 15～18℃，并在此温度下保持 2～3h，此时混合原料中明胶溶胀比在低温下更充分。然后混合原料冷却至 2～3℃ 保持 3～4h，这样进行混合原料的黏度可以大大提高，并能缩短老化时间，还能使明胶的耗用量减少 20%～30%。

6. 凝冻　凝冻是冰淇淋制造中的一个重要工序，它是将混合原料在强制搅拌下进行冷冻，这样可使空气呈极微小的气泡状态均匀分布于混合原料中，而使水分中有一部分（20%～40%）呈微细的冰结晶。凝冻工序对冰淇淋的质量和产率有很大影响，其作用在于冰淇淋混合原料受制冷剂的作用而降低了温度，逐渐变厚而成为半固体状态，即凝冻状态。搅拌器的搅动可防止冰淇淋混合原料因凝冻而结成冰屑，尤其是在冰淇淋凝冻机筒壁部分。在凝冻时，空气逐渐混入而使料液体积膨胀，形成体积蓬松的冰淇淋。

（1）**冰淇淋在凝冻过程中发生的变化**

①空气混入：就在混合物料进入凝冻机前，空气同时混入其中。冰淇淋一般含有50%体积的空气，由于转动的搅拌器的机械作用，空气被分散成小的空气泡，其典型的直径为50μm。空气在冰淇淋内的分布状况对成品质量最为重要，空气分布均匀就会形成光滑的质构、奶油的口感和温和的食用特性。而且，抗融性和贮藏稳定性在相当程度上取决于空气泡分布是否均匀、适当。

②搅拌：在连续式凝冻机中，凝冻过程所获得的搅拌效果显示了乳化剂添加量的多少、均质是否适当、老化是否发生以及所使用的出料温度是否适当。由于凝冻机中搅拌器的机械作用，失去了稳定的乳化效果，一些脂肪球被打破，液态脂肪释放出来。对于被打破和未被打破的脂肪球，这些液态脂肪起到了成团结块的作用，使脂肪球聚集起来。脂肪球的聚集将对冰淇淋的成品品质有很大的影响，聚集的脂肪位于冰淇淋所结合的空气和乳浆相的界面间，因而包裹并稳定了结合的空气。食用冰淇淋时，稳定的空气泡感觉像脂肪球，从而可以增加奶油感。聚集空气的稳定效果也使混入的空气分布得更好，从而产生了

更光滑的质感，提高了抗融性和贮藏稳定性。凝冻机中的出料温度越低，搅拌效果越明显，这也是温度应当尽可能低的另一个原因。

（2）冰淇淋凝冻温度 冰淇淋混合原料的凝冻温度与含糖量有关，而与其他成分关系不大。混合原料在凝冻过程中的水分冻结是逐渐形成的。在降低冰淇淋温度时，每降低1℃，其硬化所需的持续时间就可缩短10%～20%。但凝冻温度不得低于－6℃，因为温度太低会造成冰淇淋不易从凝冻机内放出。如果冰淇淋的温度较低和控制制冷剂的温度较低，则凝冻操作时间可缩短，但其缺点为所制冰淇淋的膨胀率低、空气不易混入，而且空气混合不均匀、组织不疏松、缺乏持久性。如果凝冻时的温度高、非脂乳固体物含量多、含糖量高、稳定剂含量高等均能使凝冻时间过长，其缺点是成品组织粗糙并有脂肪微粒存在，冰淇淋组织易发生收缩现象。

（3）膨胀率 冰淇淋的膨胀是指混合原料在凝冻操作时，空气被混入冰淇淋中，成为极小的气泡，而使冰淇淋的体积增加的现象，又称为增容。此外因凝冻的关系，混合原料中绝大部分水分的体积亦稍有膨胀。

冰淇淋的膨胀率可用冰淇淋体积增加的百分率表示。冰淇淋的体积膨胀，可使混合原料凝冻与硬化后得到优良的组织与形体，其品质比不膨胀或膨胀不够的冰淇淋适口，且更为柔润与松散，又因空气中的微泡均匀地分布于冰淇淋组织中，有稳定和阻止热传导的作用，可使冰淇淋成型硬化后较持久不融化。但如冰淇淋的膨胀率控制不当，则得不到优良的品质。膨胀率过高，则组织松软；过低时，则组织坚实。

冰淇淋制造时应控制一定的膨胀率，以便使其具有优良的组织和形体，奶油冰淇淋最适宜的膨胀率为90%～100%，果味冰淇淋则为60%～70%。膨胀率的计算公式如下：

$$B = \frac{(V_1 - V_m)}{V_m} \times 100\%$$

式中：B——膨胀率（%）；V_1——冰淇淋体积（L）；V_m——混合原料的体积（L）。

在制造冰淇淋时应适当地控制膨胀率，为了达到这个目的，对影响冰淇淋膨胀率的各种因素必须加以适当的控制。影响膨胀率的因素有：

①乳脂肪含量：与混合原料的乳度有关。乳度适宜则凝冻搅拌时空气容易混入。

②非脂乳固体含量：混合原料中非脂乳固体含量高，能提高膨胀率，但非脂乳固体中的乳糖结晶、乳酸的产生及部分蛋白质的凝固对混合原料膨胀有不良影响。

③糖分：混合原料中糖分含量过高，可使冰点降低、凝冻搅拌时间加长，则有碍膨胀率的提高。

④稳定剂：多采用明胶及琼脂等。用量适当，能提高膨胀率。但其用量过高，则黏度增强，空气不易混入，而影响膨胀率。

⑤乳化剂：适量的鸡蛋蛋白可使膨胀率增加。

⑥混合原料的处理：混合原料采用高压均质及老化等处理，能增加黏度，有助于提高膨胀率。

⑦混合原料的凝冻：凝冻操作是否得当与冰淇淋膨胀率有密切关系。其他如凝冻搅拌器的结构及其转速，混合原料凝冻程度等与膨胀率同样有密切关系。要得到适宜的膨胀率，除控制上述因素外，还需有丰富的操作经验或采用自动化控制。

7. 成型与硬化 凝冻后的冰淇淋为了便于贮藏、运输以及销售，需进行分装成型。为了保证冰淇淋的质量以及便于销售与贮藏运输，已凝冻的冰淇淋在分装和包装后，必须进行一定时间的低温冷冻的过程，以固定冰淇淋的组织状态，使其组织保持一定的松软度，这称为冰淇淋的硬化。经凝冻的冰淇淋必须及时进行快速分装，并送至冰淇淋硬化室或连续硬化装置中进行硬化。冰淇淋凝冻后如不及时进行分装和硬化，则表面部分易受热而融化，如再经低温冷冻，则形成粗大的冰结晶，降低产品品质。如果用硬化室（速冻室）进行硬化，一般温度保持在 $-25 \sim -23℃$，需 $12 \sim 24h$。

（三）　冰淇淋的常见缺陷及预防措施

1. 风味缺陷及预防措施

（1）酸败味　一般是由于使用酸度较高的奶油、鲜乳、炼乳，混合料采用不适当的杀菌方法，搅拌凝冻前混合原料搁置过久或老化温度回升，细菌繁殖，混合原料产生酸败味所致。

（2）蒸煮味　在冰淇淋中，加入经高温处理的含有较高非脂乳固体量的乳制品，或者混合原料经过长时间的热处理，均会产生蒸煮味。

（3）咸味　冰淇淋含有过多的非脂乳固体或者被中和过度，能产生咸味。在冰淇淋混合原料中采用含盐分较高的乳清粉或奶油，以及冻结硬化时漏入盐水，均会产生咸味或苦味。

2. 组织缺陷

（1）组织粗糙　在制造冰淇淋时，由于冰淇淋组织的总干物质量不足，砂糖与非脂乳固体量配合不当，所用稳定剂的品质较差或用量不足，混合原料所用乳制品溶解度差，不适当的均质力，凝冻时混合原料进入凝冻机温度过高，机内刮刀的刀刃太钝，空气循环不良，硬化时间过长，冷藏温度不正常，使冰淇淋融化后再冻结等因素，均能造成冰淇淋组织产生较大的冻结晶体而使组织粗糙。应该调整配方，提高总干物质含量，同时使用质量好的稳定剂，掌握好均质压力与温度，并经常抽样检查均质效果。

（2）组织松软　这与冰淇淋含有大量的空气泡有关。这种现象是在使用干物质量不足的混合原料，或者使用未经均质的混合原料以及膨胀率控制不良时所产生的。应在配料中选择合适的总固形物含量，或者控制冰淇淋的膨胀率（一般为 $80\% \sim 100\%$）。

（3）组织坚实　含总干物质量过高及膨胀率较低的混合原料，所制成的冰淇淋会具有这种组织状态。应适当降低总干物质的含量，降低料液黏性，提高膨胀率。

（4）冰砾现象　冰淇淋在贮藏过程中，常常会产生冰砾。冰砾通过显微镜的观察为一种小结晶物质，这种物质实际上是乳糖结晶体，因为乳糖在冰淇淋中较其他糖类难于溶解。如冰淇淋长期贮藏在冷库中，若混合原料中存在晶核、黏度适宜以及乳糖浓度与结晶温度适当时，乳糖便在冰淇淋中形成晶体。冰淇淋储藏温度不稳定，容易产生冰砾现象。当冰淇淋的温度上升时，一部分冰淇淋融化，增加了不凝冻液体的量和减低了物体的黏度。在这种条件下，适宜于分子的渗透，而水分聚集后再冻结使组织粗糙。

3. 冰淇淋的收缩　冰淇淋的收缩现象是冰淇淋生产中重要的工艺问题之一。冰淇淋收缩的主要原因是由于冰淇淋硬化或贮藏温度变异，黏度降低和组织内部分子移动，从而引起空气泡的破坏，空气从冰淇淋组织内溢出，使冰淇淋发生收缩。

冰淇淋体积的膨胀扩大，主要是冰淇淋混合原料在冰淇淋凝冻机中，由于搅拌器高速度的搅拌，将空气在一定的压力下，被搅成很细小的空气气泡，并且均匀地分布混合在冰淇淋组织中所致。在冰淇淋组织中，由于空气的存在，因而扩大了冰淇淋的体积。但是存留在冰淇淋组织内的空气的压力一般较外界的高。温度的变异，对冰淇淋组织有很大影响，因为当温度上升或下降时，空气的压力亦相应的随着温度的变化而发生变化，在硬化室和冷藏库中，其温度的变化是很难避免的。因此，当冰淇淋组织内的空气压力较外界低时，冰淇淋组织陷落而形成收缩。

冰淇淋在硬化室中被冷冻至很低的温度，硬化后转贮于冷藏库中。由于硬化室与冷藏库的温度不等，冰淇淋的温度将会逐渐上升。同时，在转贮至冷藏库的过程中，很可能受到一些撞击。在这种情况下，当冰淇淋温度升高时，则冰淇淋组织中空气泡的压力也相应增加。同样情况下，由于温度上升，冰淇淋表面开始受热而逐渐变软，甚至产生部分融化现象。同时，黏度也相应降低，接近冰淇淋表面的空气气泡由于压力的增加而破裂逸出，变软或甚至融化的冰淇淋即陷落而代替逸出的空气。因此，冰淇淋发生这种体积缩小现象，即所谓冰淇淋的收缩。

冰淇淋在较低温度处被转至较高温度处时，必然会增加冰淇淋组织内部的压力，而给予空气逸出的能力。

影响冰淇淋收缩的几个主要因素：

(1) 膨胀率过高 冰淇淋膨胀率过高，则相对减少了固体的数量及流体的成分，因此，在适宜的条件下，容易发生收缩。

(2) 蛋白质及其稳定性 乳及乳制品是冰淇淋的主要组成成分，富含蛋白质。但如果蛋白质不稳定，容易造成冰淇淋的收缩。因此，不稳定的蛋白质，其所构成的组织一般缺乏弹性，容易泄出水分。在水分泄出之后，其组织因收缩而变硬。蛋白质不稳定的因素，主要是乳固体的脱水采用了高温处理，或是由于牛乳及乳脂的酸度过高等。故这种原料在使用前，应先检验并加以适当的控制。如采用新鲜、质量好的牛乳和乳脂，以及混合原料在低温时老化，能增加蛋白质的水解量，则冰淇淋的质量能有一定的提高。

(3) 糖类及其品种 冰淇淋中糖分含量过高，相对地降低了混合料的凝固点。在冰淇淋中，砂糖含量每增加2%，则凝固点一般相对的降低约0.22℃。如果使用淀粉糖浆或蜂蜜等，则将延长混合原料在冰淇淋凝冻机中搅拌凝冻的时间，主要是因为相对分子质量低的糖类，其凝固点较相对分子质量高者要低。

(4) 细小的冰结晶体 在冰淇淋中，由于存在极细小的冰结晶体，因而产生细腻的组织，这对冰淇淋的形体和组织来讲，是很适宜的。然而，针状冰结晶体能使冰淇淋组织凝冻得较为坚硬，它可抑制空气气泡的溢出。

(5) 空气气泡 在冰淇淋中，由于空气气泡的压力与气泡本身的直径成反比，其压力反而大，同时，空气气泡周围的阻力则较小。故在冰淇淋中更容易从冰淇淋组织中溢出。

针对上述冰淇淋的一些收缩原因，如在工艺操作上采用下列一些措施，严格地加以控制，可以得到一定的改善。首先，采用品质较好、酸度低的鲜乳或乳制品为原料，在配制冰淇淋时用低温老化，这样可以防止蛋白质含量的不稳定。第二，在冰淇淋混合原料中，糖分含量不宜过高，并不宜采用淀粉糖浆，以防凝冻点降低。第三，严格控制冰淇淋凝冻搅拌操作，防止膨胀率过高。第四，严格控制硬化室和冷藏库内的温度，防止温度升降，尤其当冰淇淋膨胀率较高时更需注意，以免使冰淇淋受热变软或融化等。

第二节　雪糕的生产

一、概述

雪糕是以饮用水、乳品、食糖、食用油脂等为主要原料，添加适量增稠剂、香料，经混合、灭菌、均质或轻度凝冻、浇模、冻结等工艺制成的产品。

根据产品的组织状态，雪糕分为清型雪糕、混合型雪糕和组合型雪糕。

清型雪糕：不含颗粒或块状辅料的制品，如橘味雪糕。

混合型雪糕：含有颗粒或块状辅料的制品，如葡萄干雪糕、菠萝雪糕等。

组合型雪糕：与其他冷冻饮品或巧克力等组合而成的制品，如白巧克力雪糕、果汁冰雪糕等。

二、雪糕的生产

（一）雪糕生产的工艺流程

雪糕的生产工艺流程如图 14 – 2 所示。

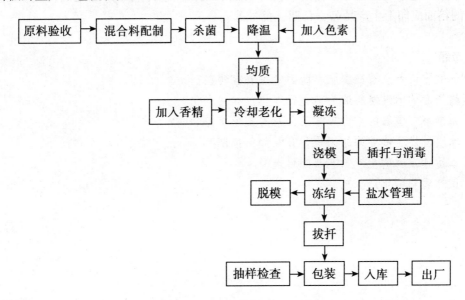

图14 – 2　雪糕的生产工艺流程

（二）雪糕的加工工艺要点

生产雪糕时，原料配制、杀菌、冷却、均质、老化等操作技术与冰淇淋基本相同。普通雪糕不需要经过凝冻工序，直接经浇模、冻结、脱模、包装而成，膨化雪糕则需要凝冻工序。

1. 凝冻　首先对凝冻机进行清洗和消毒，而后加入料液。料液的加入量与冰淇淋生产有所不同，第一次的加入量约占机体容量的1/3，第二次则为1/2 ~ 2/3。加入的雪糕料液通过凝冻搅拌、外界空气混入，使料液体积膨胀，因而浓稠的雪糕料液逐渐变成体积膨大而又浓厚的固态。制作膨化雪糕的料液不能过于浓厚，因过于浓厚的固态会影响浇模质量。控制料液的温度为 $-3 \sim -1℃$，膨胀率为 30% ~ 50%。

2. 浇模 从凝冻机内放出的料液可直接放进雪糕模盘内，放料时过多、过少都会影响浇模的效率与卫生质量。浇模之前要将模盘、模盖、扦子进行消毒。此消毒工作是生产雪糕（棒冰）过程中一个非常重要的工作，如消毒不彻底，会使物料遭受污染，使产品成批不合格。

3. 冻结 雪糕的冻结有直接冻结法和间接冻结法。直接冻结法即直接将模盘浸入盐水内进行冻结，间接冻结法则通过速冻库速冻。冻结速度越快，产生的冰结晶就越小，质地越细。相反，则产生的冰结晶大、质地粗。

4. 插扦 一般要求插得整齐端正，不得有歪斜、漏插及未插牢现象。当发现模盖上有断扦时，要用钩子或钳子将其拔出。当模盖上的扦子插好后，最后要用敲扦板轻轻用力将插得高低不一的扦子一一敲平。敲时不得用力过度，否则将影响拔扦工作与产品质量。

5. 脱模 脱模时，在汤盘槽内注入加热用的盐水至规定高度后，开启蒸汽阀将蒸汽通入蛇形管控制汤盘槽温度在 50 ~ 60℃。将模盘置于汤盘槽中，轻轻晃动使其受热均匀，浸数秒钟后（以雪糕表面稍融为度），立即脱模。

6. 包装 包装要求紧密、整齐，不得有破裂现象。包好后的雪糕送到传送带上装箱。装好后的箱面应印上生产品名、日期、批号等。

思考题

1. 影响冰淇淋、雪糕膨胀率的因素主要有哪些？
2. 均质后的冰淇淋料液为何进行老化？如何老化？
3. 冰淇淋、雪糕的生产工艺条件对其质量有何影响？
4. 冰淇淋发生收缩的原因是什么？如何控制？
5. 试述冰淇淋的生产工艺及配料选择。
6. 试述雪糕的生产工艺。

（孙卫青）

第十五章

其他乳制品的加工

学习目标：掌握奶油的定义、品质和奶油的加工工艺；掌握炼乳的定义和分类，甜炼乳的生产工艺，甜炼乳和淡炼乳在生产工艺上的区别；了解干酪素的定义和种类，乳清及乳糖的分类。

第一节 奶 油

一、概述

乳经离心分离后所得的稀奶油，经成熟、搅拌、压炼而制成的乳制品称作奶油，又名黄油、白脱。

奶油应该是稠厚而味鲜，颜色均匀一致，水分应分散成细滴，从而使奶油外观干燥，组织应均匀光滑，这样奶油就易于涂布，并且能在口中即时熔化。

历史记载中，由牛乳静置后撇出的上层物质叫作"酥"，再由"酥"加工提炼出比较纯粹的脂肪叫作"醍醐"，人们用此法生产奶油。后来随着乳脂分离机和连续式奶油生产机的发明，奶油生产得到了极大的推进。目前，奶油的生产已进入高度机械化、自动化的水平。

二、奶油的种类

由于分类方法的不同，奶油的种类很多，大致有以下几种：

按加工原料分类：鲜制奶油，主要是用未经发酵的奶油即甜性稀奶油制成；酸性奶油（发酵奶油），主要是用经发酵的稀奶油制成。

按加盐量分类：加盐奶油、无盐奶油和特殊加盐奶油。

按制造方法分类：甜性奶油、酸性奶油、重制奶油、脱水奶油，连续式机制奶油。它们的特性见表15－1。

表 15 –1 奶油的种类及特性

种类	所用原料	加工特点	特征	脂肪含量	分类
甜性奶油	杀菌的甜性稀奶油		含有特有的乳香味	80% ~85%	加盐和不加盐两种
酸性奶油	杀菌的稀奶油	经乳酸菌发酵后制成	较浓的香味和微酸味	80% ~85%	加盐和不加盐两种
重制奶油	稀奶油和甜性、酸性奶油		具有特有的脂香味	98%以上	

种类	所用原料	加工特点	特征	脂肪含量	分类
脱水奶油	杀菌的稀奶油	制成奶油粒后熔化，用分离机脱水和脱除蛋白，再经过真空浓缩制成		99.9%以上	
连续式机制奶油	用杀菌的甜性或酸性稀奶油	在连续式操作制造机内加工制成	乳香味浓		

此外，还有各种花色奶油，如巧克力奶油、草莓奶油、含糖含蜜奶油、果汁奶油等。还有乳脂肪含量在30% ~50%的稠状稀奶油，如：发泡奶油、掼奶油等；以及具有我国少数民族地区特殊风味的"奶皮子"、"乳扇子"等独特品种。

三、奶油的品质

（一）奶油的组成

奶油的主要成分为脂肪、蛋白质、食盐和水分。此外还有微量的乳酸、乳糖、维生素、磷脂、酶等。一般的成分如表15-2所示。

表15-2 奶油的成分组成

成分	无盐奶油	加盐奶油	重制奶油
水分（不多于）（%）	16	16	1
脂肪（不少于）（%）	82.5	80	98
盐（%）	—	2.5	
酸度（不多于）（%）	20°T	20°T	—

（二）奶油的硬度及组织状态

奶油的硬度取决于乳脂的凝固点和熔点，二者又取决于构成乳脂的油酸含量。油酸含量多则奶油软，油酸含量少则奶油硬。荷兰牛、爱尔夏牛油酸含量高，因此制成的奶油比较软。娟珊牛的乳脂由于油酸含量比较低，因此制成的奶油比较硬。在泌乳初期，挥发性脂肪酸多，而油酸比较少；随着泌乳时间的延长，这种性质变得相反。季节同样也有影响，春夏季青饲料多，则油酸含量高，所制的奶油比较软。为了得到较硬的奶油，在稀奶油成熟、搅拌、水洗及压炼过程中，应尽可能降低温度。

（三）奶油的色泽

奶油的颜色从白色到淡黄色，深浅各有不同。一般是冬季色浅，夏季色黄。这主要是由于含有胡萝卜素的关系。为了使奶油的颜色全年一致，秋冬之间往往加入色素以增加其颜色。常用的一种色素叫安那妥（Annatto），它是天然的植物色素。3%的安那妥溶液（溶于食用植物油中）叫做奶油黄。奶油的颜色长期暴晒于日光下时，则自行褪色。

（四）奶油的风味

奶油有一种特殊的芳香味，这种芳香味主要由于丁二酮、甘油及游离脂肪酸等综合而成。其中丁二酮主要来自发酵时细菌的作用。因此，酸性奶油比新鲜奶油芳香味更浓。

（五）奶油的物理结构

奶油的物理结构为水在油中的分散系（固体系）。即在游离脂肪中分散有脂肪球（脂肪球膜未被破坏的一部分脂肪球）与细微水滴，此外，还存有气泡。水滴中溶有乳中除脂肪以外的其他物质及食盐，因此也称为乳浆小滴。

（六）奶油的营养价值

质量优良的奶油为高级食品，消化吸收率极高。另外含有丰富的脂溶性维生素，特别是维生素 A，且含有相当量的维生素 D。

四、奶油的加工

（一）加工工艺

奶油加工工艺过程为：原料乳的分离→稀奶油的中和→灭菌→物理成熟或发酵→机械搅拌→加盐与压炼→包装成型。

发酵奶油的批量和连续化生产的步骤见图 15 – 1。

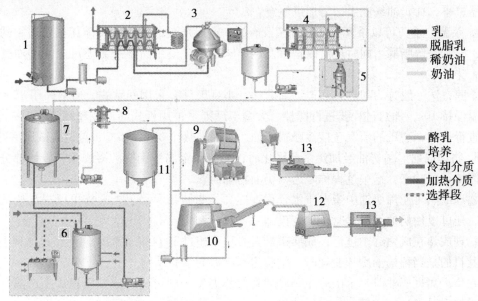

图 15 – 1　发酵奶油的批量和连续化生产的一般生产步骤

1. 乳的验收　2. 脱脂乳的热处理和巴氏消毒　3. 脂肪分离　4. 稀奶油的巴氏杀菌
5. 真空分离器　6. 发酵剂制备　7. 稀奶油的成熟和酸化（如果使用）　8. 温度处理
9. 搅拌/操作，间歇式　10. 搅拌/操作，连续式　11. 酪乳回收
12. 带有螺杆输送器的奶油仓　13. 包装机

（二）操作要点

1. 原料乳的分离　生产奶油时必须先将乳中的稀奶油分离出来，然后进行加工。稀奶油分离方法一般有"重力法"和"离心法"两种。"重力法"亦称"静置法"。此法分离所需的时间长，且乳脂肪分离不彻底，所以不能用于工业化生产。"离心法"是采用牛乳

分离机将稀奶油与脱脂乳迅速而较彻底地分开，它是现代工业生产普遍采用的方法。

2. 奶油的标准化 稀奶油的含脂率直接影响奶油的质量及产量，在加工前必须将稀奶油进行标准化。用间歇方法生产新鲜奶油及酸性奶油时，稀奶油的含脂率以 30% ~ 35% 为宜；以连续法生产时，规定稀奶油的含脂率为 40% ~ 45%。根据标准当获得的稀奶油含脂率过高或过低时，可以利用皮尔逊法来进行调节。

3. 稀奶油的中和 酸度高的稀奶油杀菌时，其中的酪蛋白凝固而结成凝块，使一些脂肪被包裹在凝块中，搅拌时流失在酪乳里，造成脂肪的损失。中和可防止脂肪在热处理时的损失，又可延长奶油保存期，改善风味。

新鲜稀奶油的酸度应为 12 ~ 16°T。如果稀奶油的酸度不高于 22°T，就不用中和。但对稀奶油酸度高于 22°T 的，必须进行中和。当稀奶油酸度在 55°T 以下时，可直接中和到 16°T；若高于 55°T，则以中和到 25 ~ 28°T 为限，否则易产生肥皂味，也易使稀奶油变成浓厚状态。

一般使用的中和剂为石灰或碳酸钠。石灰价格低廉，并可提高奶油营养价值。但石灰难溶于水，必须调成 20% 的乳剂徐徐加入，均匀搅拌，不然很难达到中和目的。碳酸钠易溶于水，中和速度快，不易使酪蛋白凝固，可直接加入，但中和时很快产生二氧化碳，如果容器过小，稀奶油易溢出，需加以注意。

4. 杀菌 杀菌可以杀死一切致病菌及有害于产品质量的微生物和破坏稀奶油中的各种酶类，尤其是解脂酶。同时还可以把挥发性异味除掉，使用高温杀菌还可以使奶油具有胡桃的香味。

杀菌方法一般分为间歇式和连续式两种。小型工厂多采用间歇式，通常采用 85 ~ 90℃ 的高温保持 10s，加热过程要进行搅拌。大型工厂则多采用板式高温或超高温瞬时杀菌器，连续进行杀菌，高压的蒸汽直接接触稀奶油，瞬间加热至 88 ~ 116℃，再进入减压室冷却。

5. 物理成熟 稀奶油经加热杀菌融化后，要冷却至奶油脂肪的凝固点，以使部分脂肪变为固体结晶状态，这一过程称之为稀奶油物理成熟。

物理成熟可使稀奶油中蛋白质水合程度提高，脂肪结晶稳妥，这样可以提高奶油的成品率，还可以使奶油组织紧密，稠度提高。

物理成熟在成熟罐中进行，成熟罐最大容积不超过 30 000L，稀奶油要经过序列温度程序，其目的是当稀奶油冷却变硬时，脂肪达到所需的结晶结构。

在生产甜性奶油时，杀菌后立刻冷却到成熟温度，即可进入成熟阶段；生产酸性奶油时，发酵后马上进行成熟。

6. 发酵 要做酸性奶油，就得利用纯种乳酸菌发酵稀奶油，不仅可产生特有的芳香，同时也使奶油搅拌更容易进行。

所用的纯发酵剂是产生乳酸和产生芳香风味的菌种。主要有乳酸链球菌、乳脂链球菌、噬柠檬酸链球菌、副噬柠檬酸链球菌、丁二酮乳链球菌。

经过杀菌、冷却的稀奶油输送到成熟罐内，温度调整到 18 ~ 20℃ 后添加相当于稀奶油 1% ~ 5% 的工作发酵剂，添加时要进行搅拌，温度保持在 18 ~ 20℃ 进行发酵。

7. 机械搅拌 搅拌就是把稀奶油从成熟罐泵入搅拌机中，利用机械的冲击力，破坏脂肪球膜，从而形成奶油团粒的过程。搅拌时分离出的液体称为酪乳。

习惯上，奶油是在圆柱形的、锥形的、方的或长方形的带可调节转动速度的搅拌器中生产，在搅拌器中有轴带和挡板，挡板的形状、安装位置和尺寸与搅拌器速度有关，挡板对最终产品有重要影响（图15－2）。现代的搅拌器具可以根据奶油制造参数来选择速度。稀奶油在送到搅拌器之前，将温度调整到适合搅拌的温度，随后进行搅拌，稀奶油一般在搅拌器中占40%～50%的空间，以留出搅打起泡的空间。操作时，将搅拌器和阀门关好，开始旋转、搅拌，约过35min打开排气孔放气1次，如此反复2～3次。

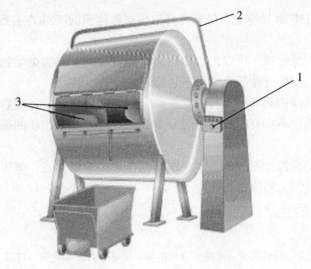

图15－2 间歇式生产中的奶油搅拌
1. 控制面板 2. 紧急停止 3. 角状挡板

8. 加盐 主要为了增加奶油的风味，抑制微生物的繁殖，也可增加保存期。

加盐的方法分为干盐法和湿盐法。通常的做法是在间歇生产的情况下用干盐法将盐撒在它的表面，在连续式奶油制造机中盐以盐水的形式加在奶油中。

9. 压炼 由稀奶油搅拌产生的奶油粒，通过压制而凝结成特定结构的团块，该过程称为奶油的压炼。

通过压炼可以达到以下目的：可以把分散的奶油粒揉合成组织致密的奶油团，使奶油组织状态软硬一致；可以使奶油粒间隙中的水分均匀分布于奶油层的中间，有利于延长奶油的保存期，同时可使食盐均匀分布于奶油中。成品奶油应是干燥的，即水相必须非常细微的分散，肉眼应当看不到水滴。

第二节 炼 乳

鲜乳经真空浓缩除去大部分水分而制成的产品称炼乳。

炼乳最初是以一种耐贮藏的乳制品的形式出现的，后来炼乳的使用范围逐渐广泛起来，它常作为鲜奶的替代品来冲饮红茶或咖啡，人们在食用罐头水果和甜点时也常将它作为一种浇蘸用的辅料。现在炼乳一般作为焙烤制品、糕点和冷饮等食品加工的原料以及供直接饮用等，具有良好的营养价值。

炼乳的主要特点在于保存性佳、使用方便，且体积因浓缩而缩小，运输和贮藏费用大大减小。

炼乳主要分为甜炼乳（加糖炼乳）和淡炼乳两种。

一、甜炼乳的加工

（一）概述

甜炼乳是在牛乳中加16%左右的砂糖并浓缩至原体积的40%左右而成。成品中砂糖含量40%～45%。

甜炼乳因含有大量的糖，所以渗透压很高，这就抑制了有害微生物的生长，并赋予成品以很好的保存性，即使开罐后在常温下也能贮藏较长的时间。

甜炼乳应具有纯净的甜味和固有的乳香味，色泽均匀一致，开罐后成品炼乳具有流动性，不应呈膏状，表面不得有明显的脂肪分离层和霉斑以及纽扣状的凝块，罐底也不得有砂状或粉状糖的结晶。

由于甜炼乳中的蔗糖含量过多，不宜作为主食来喂养婴幼儿，但可供冲调饮用、涂抹糕点及作为其他食品加工的原料。

（二）甜炼乳的生产工艺（图15－3）

工艺流程如下：

原料乳验收→标准化→预热杀菌→浓缩→冷却结晶→装罐和封罐→包装→成品
　　　　　　　　　　　　↑　　　　　　　　　　　　↑
　　　　　　　蔗糖→糖液→杀菌　　　　　　空罐灭菌

1. 原料的收纳及检查　用于甜炼乳生产的原料乳除要符合乳制品生产的一般质量要求外，还要注意两点：①控制芽孢杆菌和耐热细菌的数量。因为炼乳在生产时真空浓缩过程受热温度为65～70℃，而65℃是芽孢杆菌和耐热细菌较适合的生长条件，所以要严格控制原料乳中微生物特别是芽孢杆菌和耐热细菌的数量，以防止腐败。②乳蛋白稳定性要好，能耐受强热处理。这就要求乳的酸度不能高于18°T，70%酒精试验呈阴性，盐离子要平衡。

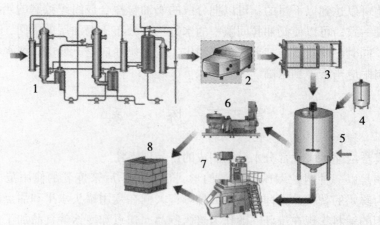

图 15－3　甜炼乳的加工生产线

1. 蒸发　2. 均质　3. 冷却　4. 乳糖浆的添加　5. 结晶罐　6. 灌装　7. 纸包装选择　8. 贮存

2. 标准化 标准化就是通过调整原料乳中的脂肪含量来使成品中的脂肪含量与无脂干物质含量之间保持一定的比例关系。这一比例关系在我国国家炼乳质量标准规定中是 8 : 20。在实际生产中均以无脂干物质为计算基准，调整脂肪含量。当脂肪不足时添加稀奶油，脂肪过高时要添加脱脂乳或用分离机除去一部分稀奶油。在实际操作中要严格控制，因为一旦标准化时有少许差别，在蒸发浓缩后就会差好几倍。

3. 预热杀菌 生产炼乳时，原料乳标准化后，在浓缩前需进行加热，这一步骤称为预热杀菌。

（1）预热杀菌的目的

①杀死从原料乳中带来的病原菌，钝化酶的活性，使其合乎食品卫生的要求。

②控制适宜的温度，使蛋白质适度变性，防止产品发生变稠现象。

③满足真空浓缩过程的要求。原料乳吸入真空浓缩锅前必须超过浓缩锅中的温度，才能使沸腾不中断，确保蒸发的最大速度，使热利用经济。

④如采用预先加糖方式，可使蔗糖容易溶解，以免在真空锅内产生焦化。

（2）预热杀菌的温度 预热的温度对产品的质量有很大的影响。但预热的温度，由于乳的质量、季节、工厂设备等不一样，故不能固定不变，通常自 63℃、30min 开始至 120℃ 甚至 148℃ 瞬间为止，范围很广。一般采用 HTST 法时，其工艺条件为 80~85℃ 保持 3~5min；采用 UHT 法，温度为 120℃ 左右，时间保持 2~4s。

4. 加糖

（1）加糖的目的 加糖除赋予甜炼乳以甜味外，主要是为了抑制炼乳中细菌的繁殖和增加制品的保存性。

（2）糖的种类 所用糖以优质结晶蔗糖或甜菜糖为最佳。应干燥洁白有光泽，无任何异味，纯糖应不少于 99.6%，还原糖应不多于 0.1%。

（3）加糖量 加糖量一般用蔗糖比来表示。蔗糖比是决定甜炼乳应含蔗糖的浓度，以蔗糖含量与其溶液的比例来表示。一般以 62.5%~64.5% 为最佳。

（4）加糖的方法 生产加糖炼乳时蔗糖的加入方法有下列三种：

①将蔗糖直接加于原料乳中，经预热后吸入浓缩罐中。

②将原料乳与蔗糖的浓厚溶液分别进行预热，然后混合。

③先将牛乳单独预热并真空浓缩，在浓缩将近结束，将预先杀菌的蔗糖溶液吸入真空浓液罐中，再进行短时间的浓缩。

加糖方法不同，乳的黏度变化和成品的增稠趋势不同。一般来讲，糖与乳接触时间越长，变稠趋势就越显著。由此可见，第三种方法最好，它既可保证糖浆的充分杀菌和过滤除去杂质污染，又可使成品保持良好的流动性，减缓变稠倾向。其次为第二种方法。但一般为了减少蒸发的水分，节省浓缩时间和燃料，也有用第一种方法的。

5. 浓缩 浓缩就是利用加热使牛乳中的一部分水汽化，并不断地除去，从而使牛乳中的干物质含量提高的一种加工方法。为了减少牛乳中营养成分的损失，浓缩一般都在减压下进行蒸发，即所谓"真空浓缩"。

（1）真空浓缩条件 浓缩控制条件为温度 45~60℃，真空度 82.6~96.0kPa，加热蒸汽压力为 49~196kPa。

（2）真空设备 最普通的设备是间歇式单效盘管浓缩锅，现代化的乳品厂广泛采用各种连续式的多效蒸发器，结构的形式大多是降膜式或片式。它们的主要特点是：牛乳连续单程地通过加热面蒸发，不循环滞留；蒸发器内牛乳量大大减少；牛乳平均加热时间只需几分钟，出料温度即可降到很低。多效蒸发器对于提高劳动效率、保证质量和节约能源都极为有利。

（3）浓缩终点的确定　连续式蒸发器在稳定的操作条件下，可以正常连续出料，其浓度可以通过检测加以控制。间歇式浓缩锅需要逐锅测定浓缩终点。一般采用测定其相对密度、黏度或折射率来确定。

6. 冷却及乳糖结晶

（1）冷却的目的　加糖炼乳在浓缩终了时料温达到50℃左右，如不及时冷却会加剧成品在贮藏期内变稠和棕色化的倾向，严重的会逐渐成为块状的凝块，所以应迅速冷却至常温或更低的温度，同时通过冷却可使处于过饱和状态的乳糖形成细微的结晶，保证产品具有细腻的感官特性。

（2）乳糖结晶

①乳糖结晶温度的选择：若以乳糖溶液的浓度为横坐标，乳糖温度为纵坐标，可以绘出乳糖的溶解度曲线，或称乳糖结晶曲线（图15－4）。

图中四条曲线将乳糖结晶曲线图分为三个区：最终溶解度曲线左侧为溶解区，过饱和溶解度曲线右侧为不稳定区，它们之间是亚稳定区。

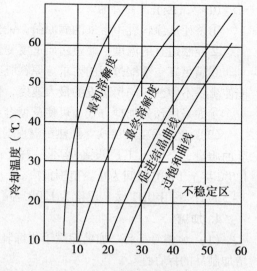

图15－4　乳糖结晶曲线图

在不稳定区内，乳糖将自然结晶，得到的晶体少而大，不适合甜炼乳生产的要求。在亚稳定区内，乳糖在水溶液中处于过饱和状态将要结晶而未结晶。在此状态下，只要创造必要的条件，加入晶种，就能促使它迅速形成大小均匀的微细结晶，即乳糖的强制结晶。试验表明，强制结晶的最适温度可以通过促进结晶曲线来找出。

②晶种的添加及冷却：添加晶种起的是诱导结晶的作用，这样得到的晶体量多、细小并且分布均匀。

生产中添加的晶种为 α-乳糖，粒径应在 5μm 以下。晶种添加量为炼乳质量的0.02%～0.03%。晶种也可以用成品炼乳代替，添加量为炼乳量的1%。

冷却结晶方法一般可分为间歇式及连续式两大类。

二、淡炼乳

淡炼乳是将牛乳浓缩至原体积的40%，装罐后密封并经灭菌而成的制品。

淡炼乳色淡，具有奶油状外观和良好的消化性。这种产品有很大的市场，例如在热带国家、海上、军队及一些鲜乳缺乏的地方，人们就常常饮用淡炼乳。淡炼乳在添加 Vc 的情况下，还可作为母乳的代用品。除可直接冲饮外，淡炼乳也用作菜肴的烹饪。

淡炼乳的加工方法与甜炼乳比较，主要有三点区别：第一不加糖；第二进行装罐后灭菌和添加稳定剂；第三生产淡炼乳时，原料乳的要求比甜炼乳严格。

第三节　干酪素、乳清与乳糖

一、干酪素

（一）概念

干酪素是利用脱脂乳为原料，在皱胃酶或酸的作用下生成酪蛋白凝固物，经洗涤、脱水、粉碎、干燥生产出的物料。酪蛋白是干酪素的主要成分。

干酪素为白色或黄色、无臭味的粉状或颗粒状物料，在水中几乎不溶，亦不溶于酒精、乙醚或其他有机溶剂，而易溶于碱性溶液、碳酸盐水溶液和10%的四硼酸钠溶液。干酪素为非吸湿性物质，相对密度为 1.25 ~ 1.31。

（二）种类

干酪素通常分为以下几种类型：

酶凝干酪素：通过凝乳酶使酪蛋白形成凝块沉淀而提纯制成的干酪素。

酸法干酪素：通过酸化脱脂乳至等电点（pH 4.6 ~ 4.7）而得。酸法生产的干酪素又可分为加酸法和乳酸发酵法。加酸法生产干酪素，又可分为盐酸干酪素、硫酸干酪素和醋酸干酪素。利用酸乳清沉淀酪蛋白时，所得的也叫乳酸干酪素。

除了以上两种主要类型，还有一些其他比较重要的商业化干酪素品种：

共沉淀物干酪素：在加酸（pH 4.6 ~ 5.3）或不加酸的情况下，添加0.03% ~ 0.2%的钙，加热至90℃以上，使酪蛋白和乳清蛋白沉淀而得到的产品。通常使用氯化钙作为沉淀剂，这一复合沉淀物中含有乳清蛋白和钙。

酪蛋白酸盐：酪蛋白和氢氧化钠等碱液作用，可获得相应的酪蛋白酸盐，以酪蛋白酸钠为代表。

（三）用途

在工业上，干酪素主要用于纸面涂布、塑胶、黏着剂和酪蛋白纤维。干酪素与碱反应为强力黏接剂，与福尔马林反应制成塑料，具有象牙的光泽，可自由染色，做装饰品或文具。在乳胶工业中，乳胶管、乳胶手套、气象气球的制作均用干酪素。在造纸工业中，干酪素常作为纸张涂料的胶着剂，广泛应用于高级涂布纸的制造。另外在皮革工业、医药工业中干酪素的用途也很广。

干酪素主要在以下食品中应用：肉制品、冰淇淋、冷冻甜食、咖啡伴侣、植脂末、糖果、发酵乳制品、浓汤、焙烤食品、高脂肪含量粉、起酥油和涂抹油、速食早餐和饮料、婴儿食品、面食制品等。

相信随着各种分离技术的提高，还会出现各种新性能、新品种的干酪素。

二、乳清

（一）概述

乳清是生产干酪或干酪素的副产品。是用酸、热或凝乳酶对牛乳进行凝乳处理时分离出的水质部分，是一种总固体含量在 6.0% ~ 6.5% 的不透明的浅黄色液体。

乳清中含有大量的乳糖、乳清蛋白和其他微量成分，乳清总固体占原料乳总干物质的一半，乳清蛋白占总乳蛋白的20%，牛乳中维生素和矿物质也都存在于乳清中。

从生产硬质干酪、半硬质干酪、软干酪和凝乳酶干酪素获得的副产品乳清称为甜乳清，其 pH 值为 5.9 ~ 6.6；盐酸法沉淀制造干酪素而得到的乳清其 pH 值为 4.3 ~ 4.6，为酸乳清。

（二）乳清的营养价值

乳清具有很高的营养价值。乳清蛋白是营养最全面的天然蛋白质之一，富含支链氨基酸（亮氨酸、异亮氨酸和缬氨酸），这些支链氨基酸非常适用于运动员饮料和食品。乳清中所含的微量成分对婴儿营养具有特殊的效果，常常添加于婴儿食品中。

（三）乳清制品的种类

1. 乳清粉 乳清粉属全乳清产品，它以乳清为原料，采用真空浓缩和喷雾干燥工艺制成。

乳清粉应具有新鲜乳清固有的滋味和气味，不得有酸味等不良气味和滋味；颜色呈均匀的淡黄色，无结块，为粒度均匀的粉状物质，以70℃水冲调不产生絮片及沉淀。

乳清粉根据来源不同分为甜乳清粉和酸乳清粉。由于来源不同，甜乳清粉和酸乳清粉的组分各不相同，其组成成分如表15 – 3 所示。

表15 – 3 乳清粉的组成（%）

名称	总固体	水分	脂肪	蛋白质	乳糖	灰分	乳酸
甜乳清粉	96.5	3.5	0.8	13.1	75.0	7.3	0.2
酸乳清粉	96.0	4.0	0.6	12.5	67.4	11.8	4.2

乳清粉根据脱盐与否分为含盐乳清粉和脱盐乳清粉。含盐乳清粉保留了牛乳中绝大多数无机盐，灰分较高，制品有涩味。脱盐乳清粉克服了上述缺点，拓宽了乳清粉的应用。它采用离子交换树脂法和离子交换膜法的电渗析法来达到脱盐的目的。脱盐乳清粉味道良好，蛋白质的质量、组织、稳定性、营养价值等都很高，用于制造婴儿食品或母乳化奶粉，更适合婴儿营养需求和生长要求。

2. 乳清蛋白制品

（1）乳清浓缩蛋白制品（WPC）系列 乳清浓缩蛋白制品（WPC）系列包括 WPC-34、50、60、75、80（数字代表制品的蛋白质的最低含量。就 WPC-34 而言，它的理化指标已经十分接近脱脂乳粉的要求。生产上述制品的原则就是将乳清中的非蛋白成分充分地、选择性地除去，依据去除程度可得到不同蛋白质含量的制品。

（2）乳清分离蛋白（WPI） 乳清分离蛋白特指蛋白质含量不低于90%的乳清蛋白制品。要求在 WPC 的基础上去除非蛋白组分更充分。通常以离子交换技术与超滤技术相结合或超滤与微滤相结合制得。

三、乳糖

（一）概述

乳糖是在浓缩过程中从乳清中分离出来而制得的产品。它是一种白色或浅乳黄色的结晶物，带有温和的甜味，乳糖可以是无水、带有一个分子结晶水或两者的混合物。乳糖的典型组成见表15－4。

表 15 – 4　乳糖的组分　　　　　　　　　　　　　　　　　　（%）

项目	1 级	2 级	3 级
乳糖含量（%）不低于	99.7	99.5	99.0
水分含量（%）不高于	0.2	0.3	0.5
灰分含量（%）不高于	0.1	0.2	0.5

目前国内乳糖的生产量极少，应用大部分依靠进口，这可能是由于国内干酪、酪蛋白生产量低，其副产物乳清量很少，生产乳糖的原料来源受到限制的缘故。但随着我国食品、医药工业的发展，其应用会愈来愈广泛。

（二）乳糖的种类

依据生产方式不同，乳糖可分为粗制乳糖和精制乳糖，除此以外，还有乳糖水解制品，它是通过化学法或酶法水解乳糖而得到的一种产品。水解后的乳糖适合乳糖不耐症患者，甜度比乳糖高，功能特性也得到改变。

（三）乳糖的功能特性

由乳清提取制成的乳糖在食品工业、医药工业中用途很广。由于乳糖特殊的营养效果，产品主要用于调配婴儿的配方食品，在婴儿食品中占有特殊的地位。

此外，在食品工业中，乳糖保持食品的风味和色泽的能力优于蔗糖，在加热时它能与蛋白质作用产生褐变现象，所以乳糖在焙烤食品中应用广泛。

在医药工业中，精制乳糖主要用于药品作甜味剂，还可以作为药物的载体，以及药片、药丸、胶囊的赋形剂，此外，供细菌培养基之用，尤其是用于大肠杆菌检验的培养基成分。粗制乳糖是应用于发酵工业的培养基。

思考题

1. 试述奶油、炼乳的概念和种类。
2. 试述奶油的品质。
3. 试述稀奶油中和的目的及方法。
4. 试述奶油加工工艺及要点。
5. 试述甜炼乳的工艺流程。
6. 试述甜炼乳和淡炼乳的区别。
7. 甜炼乳中冷却结晶的目的和原理是什么？

（朱迎春）

第十六章

乳品厂设备、器具的清洗和消毒

学习目标：本章主要介绍乳品厂生产前后对设备、器具的清洗和消毒。通过本章的学习要求掌握乳品设备的清洗消毒的概念、要求及程序，重点掌握清洗剂的分类、CIP方法及消毒的方法及影响因素。

第一节 清洗概述

一、清洗的定义和要求

清洗就是通过物理和化学的方法去除被清洗物表面可见的和不可见的杂质的过程。

在检验清洗效果时，常常用下列的术语来表示清洁程度：

物理清洁度——从被清洁表面除去了所有可见的污物。

化学清洁度——不仅除去被清洁表面全部可见污物，而且还除去了肉眼不可见的，但通过味觉或嗅觉能探测出的残留物。

微生物清洁度——被清洁表面通过消毒，杀灭了绝大部分附着的细菌和病原菌。

无菌清洁度——被清洁表面通过消毒，杀灭了所有的微生物。

乳制品工厂清洗的目的是满足食品卫生安全的需要，减少微生物的污染以获得高质量的产品，维护设备的正常运转，避免出现故障。微生物清洁度是乳制品工厂生产设备清洁所要达到的标准，达到微生物清洁度的前提是物理清洁度和化学清洁度。

必须指出的是，设备不需经过物理或化学清洗就能达到微生物清洁度。然而，需要清洗的表面如果首先经过最起码的物理化学清洗后，就更容易达到微生物清洁度。因此，设备表面应首先用化学洗涤剂进行彻底清洗，然后再进行消毒。

二、清洁剂应具备的性能及分类

（一）乳品设备器具在使用后出现的情况

1. 受热表面 牛乳在加热到60℃以上时，开始形成"乳石"。乳石就是蛋白质、磷酸盐、碳酸盐、脂肪等的沉积物。经过较长时间的生产运行之后，在加热段和热回收第一部分的板式热交换器的板片上，很容易形成沉淀物紧紧地附着在设备表面上，运行时间超过8h，沉淀物的颜色会从稍带白色变成褐色。在受热表面上，能看到的沉淀物如图16-1所示。

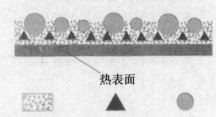

热表面

| 蛋白质 | 磷酸盐 碳酸盐 | 脂肪 |

图16-1 受热表面上的沉积物

2. 冷表面 一层牛乳膜会粘附在管、泵、缸等的壁面上形成冷表面。当系统排空时，要尽快地进行清洗，否则，这层牛乳膜将会干涸而难以除去。

（二）清洁剂的性能要求

针对上述情况，要将冷热表面均除去，就需要使用高性能的清洁剂。乳品加工厂对清洁剂的性能要求如下：

（1）能溶解沉积在容器表面上的钙盐，使沉积物不残留在洗涤过的表面上。

（2）能将污垢分解成小的微粒，并使其保持悬浮，防止其再度沉积。

（3）能保证被清洗设备的消毒效果和安全，并要防止对环境的污染。

（三）清洁剂的分类

乳品加工企业对清洗剂的选择，过去考虑的是清洁程度和经济效益，现在则必须考虑是否存在环境污染的问题。关于清洁剂，过去我国大部分乳品企业多使用苛性钠（NaOH）、硝酸（HNO_3）等单纯清洗剂，近年来随着科学技术的不断发展，人们根据被清洗物污垢的性质、加工设备的材料、水的硬度以及清洁剂是否具有杀菌特性等诸多因素，开发出了清洗效果更好的合成清洁剂，使清洁性能有了显著的提高。

用于配制清洁剂的原料主要有以下几种。

1. 无机碱类 该类产品常用的有氢氧化钠（苛性钠）、正硅酸钠、硅酸钠、磷酸三钠、碳酸钠（苏打）、碳酸氢钠（小苏打）。氢氧化钠可分解和溶解蛋白质分子，长时间持续高温具有良好的乳化脂肪的性能，并能使硬水中的钙、镁等离子生成不溶于水的絮状物沉淀而析出。该类产品价格便宜，是大部分清洗剂的基础原料。正硅酸钠、硅酸钠和磷酸三钠对清洗顽垢很有效，而且还具有缓冲和冲洗的特性。碳酸钠和碳酸氢钠碱性相对较低，可作为与皮肤接触的清洗剂。这些原料按最后的配方要求可配成需要的浓度、缓冲性和冲洗能力。

2. 酸类 有些乳品设备只用碱性清洗剂是不能达到最佳清洗效果的，尤其是经过热处理的设备，因此用酸洗是非常必要的，如"乳石"的除去就必须用酸。常用的酸包括无机酸（硝酸、磷酸等）和有机酸（醋酸、葡糖酸、柠檬酸等）。酸对金属有一定的腐蚀性，一般需添加抗腐剂。酸类还会烧伤皮肤，所以对设备进行酸处理时要特别小心。

3. 螯合剂 使用螯合剂的主要目的是防止钙、镁等离子沉淀在清洗剂中形成不溶性的化合物，而影响清洗的效果和产品的质量。螯合剂能承受高温，能与四价氨基化合物共轭。清洗用的螯合剂包括多聚磷酸盐、EDTA（乙二胺四乙酸）及其盐类和葡萄糖酸及其盐类。

4. 表面活性剂 表面活性剂有阴离子型、阳离子型和非离子型三种胶体类型。阴离子表面活性剂通常为烷基磺酸钠，阳离子表面活性剂主要是四价氨基物。阴离子和非离子型表面活性剂最适合用作洗涤剂，而阳离子型通常作为消毒剂使用。

三、清洗程序

为了达到要求的清洁度，清洗操作一定要严格按照制定的清洗程序进行。乳品厂中的清洗循环程序包括以下几个步骤：①通过刮落、排出等方法来回收残留的产品；②用水预冲清洗；③洗涤剂清洗；④清水漂洗。

（一）残留产品的回收

清洗之前，要先用水将生产线中的残乳冲出，如果有条件，也可将管道中的乳用压缩空气吹入或用水冲入收集罐中。它的重要性有三方面：第一可以减少产品损失；第二有利于清洗；第三可以显著地节约废水处理费用。所以必须留有时间使残留产品从罐壁和管道中排出。

（二）用水预冲洗

操作结束后，要立即用水进行预冲洗，否则牛乳残留物会变干粘附在设备表面上，更难清洗。如用温水进行预冲洗，乳脂肪残留物很容易被冲走，但其温度不能超过55℃，以免蛋白变性。

预冲洗要连续进行，直到从设备中排出的水干净为止。因为在该系统中任何分散的污物都将增加洗涤剂的消耗量，并在使用氯水作消毒剂时降低其活力。如果设备表面存在有干的乳品残留物，可先采用浸泡的方法使之松软，从而使清洗更加有效。

有效的预冲洗可以除去90%以上的悬浮残留物，一般为总残留的99%。

（三）清洗剂清洗

受热表面上的污物通常用碱性和酸性清洗剂进行清洗，按照这个顺序或反过来都是可以的，但都要用中间介质水进行漂洗。冷表面通常用碱来清洗，只是偶尔用酸液清洗。

为了保证使用洗涤剂溶液能取得满意的效果，必须从以下几个方面加以注意。

1. 洗涤剂的浓度　清洗开始之前，溶液中洗涤剂的量必须调整到合适的浓度，在清洗过程中，要注意浓度的变化，如浓度下降，要用浓洗涤剂来补充，否则会严重影响清洗效果。需要注意的是，增加洗涤剂的浓度并不一定会提高清洗效果，有时还会因起泡等现象而起到相反的效果。因此，洗涤剂的使用浓度要恰当。

2. 洗涤剂的温度　一般而言，洗涤剂的清洗效力随着温度的升高而增加。由于乳品工厂中的清洗主要是针对加工过程中产生在设备表面上的污垢，因此清洗温度一般不低于60℃。在清洗过程中，需要监控洗涤温度，以得到最佳的洗涤效果。

3. 机械清洗作用　在手工清洗中，使用硬毛刷来产生所要求的机械刷洗效果。在机械清洗管道系统、罐和其他加工设备中，则需依靠洗涤剂的流速来提供机械作用。洗涤剂供液泵的能力比产品泵的能力高，从而使液流在管道内产生1.5~3.0m/s的流速，在这个速度下，液流呈湍流，可以在设备的表面产生良好的洗刷效果。

4. 清洗的持续时间　在清洗阶段，洗涤剂的持续时间必须进行仔细的计算才能获得最佳的清洗效果。只有当洗涤液在管道中循环足够长的时间时，才能溶解污物。循环所需时间的长短需根据沉淀物的厚度和洗涤液的温度来确定。凝结了蛋白质的热交换器的板片的清洗需经硝酸溶液循环20min，而用碱液溶解乳罐壁上的薄膜仅需10min。

（四）用清水漂洗

经洗涤剂清洗后，设备表面还需用水冲洗足够长的时间，以除去所有洗涤剂的微量残留。因为清洗后，任何残留的洗涤剂都可能再次污染牛乳，所以冲洗后，设备中各个部分均须彻底清洁。

漂洗常用软化水来进行，以免形成钙垢而在表面沉淀。因此，钙盐含量高的水必须在离子交换器中进行软化后才可使用。

　　经强碱或强酸溶液在高温下处理后，设备和管道系统可达到无菌状态。为防止在该系统中停留过夜的残留冲洗水中细菌的生长，还要用酸化漂洗水（添加磷酸或柠檬酸，pH ＜5）来加以处理。

第二节　就地清洗系统（CIP）

一、概念及适用范围

　　就地清洗（cleaning in place，CIP）是指设备（热交换器、罐体、管道、泵、阀门等）及整个生产线在无需人工拆开或打开的情况下，在闭合的回路中进行清洗，而清洗过程是在增加了湍动性和流速的条件下，对设备表面的喷淋或在管路中循环的一项技术。

　　CIP 具有如下优点：

　　（1）清洗成本低，水、清洗液、杀菌剂及蒸汽的消耗量少。

　　（2）安全可靠，设备无需拆卸，不必进入大型乳罐。

　　（3）清洗效果好，按设定程序进行，减少和避免了人为失误。

　　CIP 适用于管道、热交换器、泵、阀、分离机等设备。而清洗大罐时，是在罐的顶部安装一个清洗喷射装置，洗涤剂溶液由上沿罐壁靠其重力流下。机械刷洗效果可以通过设计特殊的喷嘴（图 16 – 2）取得一定程度的提高，但需大量的洗涤液进行循环才可达到良好的效果。喷头由装在同一管子上的两个旋转喷嘴组成，一个在水平方向旋转，另一个在垂直方向上旋转，旋转是由向后弯曲的喷嘴在喷射作用下产生的。

图 16 – 2　罐清洗的喷头

二、CIP 循环的要求

哪些类型的设备能在同一清洗回路清洗要根据以下因素决定：

　　（1）产品残留物必须是同一类型，以便使用同样的洗涤剂和消毒剂。

　　（2）清洗设备的表面必须是同种材料或者适用于同样的洗涤剂和消毒剂的材料。

　　（3）回路中的所有组件，要能同时进行清洗消毒。

　　（4）为了有效地进行就地清洗，设备的设计必须适合清洗线路，并且易于清洗。

（5）洗涤剂溶液要到达设备的所有表面，系统中不能存在洗涤剂不能到达或流入的死角，如图 16-3，安装机器和管道要使洗涤剂能充分地排出，任何积聚在囊状或弯曲部分的残留水都会给细菌的生长繁殖提供场所，会给产品再污染带来危险。

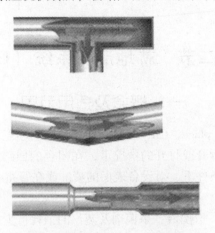

图 16-3　管路系统中难清洗的部位

三、清洗的程序

为了达到清洗的目的，作为一个整体的乳品设备，可划分成几条线路，这样能使乳品设备在不同的时间内进行清洗。

（一）冷管路及其设备的清洗程序

乳品生产中的冷管路主要包括收乳管线、原料乳储存罐等设备。牛乳在这类设备和连接管路中由于没有受到热处理，所以相对结垢较少。

清洗程序：①水冲洗 3～5min；②用 75～80℃ 热碱性洗涤剂循环 10～15min（若选择氢氧化钠，溶液浓度 0.8%～1.2% 为宜）；③水冲洗 3～5min；④建议每周用 65～70℃ 的酸循环一次（如浓度为 0.8%～1.0% 的硝酸溶液）；⑤用 90～95℃ 热水消毒 5min；⑥逐步冷却 10min（储奶罐一般不需要冷却）。

（二）热管路及其设备的清洗程序

乳品生产中，由于各段热管路生产工艺目的的不同，牛乳在相应的设备和连接管路中的受热程度也就有所不同，所以要根据具体结垢情况，选择有效的清洗程序。

1. 受热设备的清洗　受热设备是指混料罐、发酵罐以及受热管道等。

清洗程序：①用水预冲洗 5～8min；②用 75～80℃ 热碱性洗涤剂循环 15～20min；③用水冲洗 5～8min；④用 65～70℃ 酸性洗涤剂循环 15～20min（如浓度为 0.8%～1.0% 的硝酸或 2.0% 的磷酸）；⑤用水冲洗 5min；⑥生产前一般用 90℃ 热水循环 15～20min，以便对管路进行杀菌。

2. 巴氏杀菌系统的清洗程序　对巴氏杀菌设备及其管路一般建议采用以下的清洗程序：①用水预冲洗 5～8min；②用 75～80℃ 热碱性洗涤剂循环 15～20min（如浓度为 1.2%～1.5% 的氢氧化钠溶液）；③用水冲洗 5min；④用 65～70℃ 酸性洗涤剂循环 15～20min（如浓度为 0.8%～1.0% 的硝酸溶液或 2.0% 的磷酸溶液）；⑤用水冲洗 5min。

3. UHT 系统的常规清洗程序

（1）板式 UHT 系统的清洗程序

①用清水冲洗 15min；②用生产温度下的热碱性洗涤剂循环 10～15min（如 137℃，浓度为 2.0%～2.5% 的氢氧化钠溶液）；③用清水冲洗至中性，pH 值为 7；④用 80℃的酸性洗涤剂循环 10～15min（如浓度为 1%～1.5% 的硝酸溶液）；⑤用清水冲洗至中性；⑥用 85℃的碱性洗涤剂循环 10～15min（如浓度为 2.0%～2.5% 的氢氧化钠溶液）；⑦用清水冲洗至中性，pH 为 7。

（2）管式 UHT 系统的清洗程序

①用清水冲洗 10min；②用生产温度下的热碱性洗涤剂循环 45～55min（如 137℃，浓度为 2%～2.5% 的氢氧化钠溶液）；③用清水冲洗至中性，pH 为 7；④用 105℃的酸性洗涤剂循环 30～35min（如浓度为 1%～1.55% 的硝酸溶液）；⑤用清水冲洗至中性。

4. UHT 系统的中间清洗　UHT 生产过程中除了以上的正常清洗程序外，还经常使用中间清洗（aseptic Intermediate cleaning，AIC）。AIC 是指生产过程中在没有失去无菌状态的情况下，对热交换器进行清洗，而后续的灌装可在无菌罐供乳的情况下正常进行的过程。采用这种清洗是为了去除受热面上沉积的脂肪、蛋白质等垢层，降低系统内压力，有效延长运转时间。AIC 清洗程序如下：①用水顶出管道中的产品。②用碱性清洗液（如浓度为 2% 的氢氧化钠溶液）按"正常清洗"状态在管道内循环，但循环时要保持正常的加工流速和温度，以便维持热交换器及其管道内的无菌状态。循环时间以热交换器中的压力下降到设备典型的清洁状况（即水循环时的正常压力）为标准，一般为 10min。③当压力降到正常水平时，即认为热交换器已清洗干净。此时用清洁的水替代清洗液，随后转回产品生产。当加工系统重新建立后，调整至正常的加工温度，热交换器可接回加工的顺流工序而继续正常生产。

第三节　消　毒

一、概述

消毒是指使用消毒介质杀灭微生物，从而达到微生物清洁或无菌清洁的标准。乳品加工厂常用的消毒方法有物理和化学两种方法，在实际操作中应根据不同的杀灭对象选择合适的消毒方法。

（一）物理法消毒

物理法消毒是指通过加热、辐射等物理处理手段使微生物致死的过程。常用的方法有蒸汽杀菌、热水杀菌及紫外灯照射。

1. 蒸汽杀菌　此方法主要用于对罐体及管道的消毒，杀菌要求在冷出口温度 76.6℃时喷射 15min 以上或冷出口温度 93.3℃时喷射 5min 以上。

2. 热水杀菌　要求热水温度大于 82.2℃，保温时间 15min 以上。

3. 紫外灯照射　此法主要用于设备表面及生产环境空气的消毒，杀菌时间应在 30min 以上。紫外灯的高度应在有效范围之内，灯管也要定期更换。

（二）化学法消毒

化学法消毒是指利用化学杀菌剂通过与被杀菌物接触或熏蒸的方法来杀灭微生物，此种方法效果好、效率高、经济、简便。常用的化学杀菌剂有下列类型：

1. 次氯酸盐 次氯酸盐是乳品工厂常用的杀菌剂，它的工作原理是次氯酸盐在水中生成次氯酸，不稳定的次氯酸立即释放出原子氧，而原子氧具有杀菌的作用。此杀菌剂的优点是杀菌速度快、杀菌范围广、配制容易、无泡沫、定性定量简便、使用经济；缺点是易受光、热、有机物的影响，有效杀菌浓度散失快，需及时补充。

2. 含碘杀菌剂 含碘杀菌剂具有对微生物作用范围广泛、迅速，使用过程中渗透性好、易于配制和控制、有效期长的特点，含碘杀菌剂加入酸时还有助于防止矿物质膜的形成。但含碘杀菌剂只在酸性条件下起作用，因此受杀菌环境的 pH 值影响较大。含碘杀菌剂稀释时基本无毒，可广泛应用，其有效使用浓度为 25mg/L。

3. 季铵盐化合物 季铵盐化合物属于离子型表面活性剂，它的工作原理是当它存在于水溶液中时，会以离子形式与微生物菌体表面结合，引起菌外膜的损伤和菌体蛋白质的变性而起到对微生物的杀灭作用。季铵盐的优点是 pH 作用范围广、货架期长、渗透性好、易于配制和控制，对大部分金属无腐蚀性；缺点是对芽孢杆菌仅有抑制作用而无杀灭作用，在 CIP 清洗过程中会产生泡沫，在发酵乳生产中如有残留会导致发酵失败。推荐使用量为：设备杀菌，200mg/L；地面和地漏，400～800mg/L；墙壁和天花板，2 000～5 000 mg/L。

4. 过氧化物 使用最广泛的过氧化物是过氧化氢（双氧水）和过氧乙酸。过氧化氢对细菌和真菌都有杀菌效果，但作用缓慢，需与被杀菌表面进行长时间的接触，主要用于包装材料的消毒。例如，超高温灭菌奶灌装前的包装材料都采用过氧化氢消毒。过氧乙酸杀菌作用迅速，对细菌、酵母、霉菌和病毒都有杀灭作用，可用于玻璃瓶、塑料、橡胶等材料的消毒。

过氧化氢和过氧乙酸不产生泡沫，可用于喷雾和管道循环，但由于它们具有较强的腐蚀性和辛辣味，因此不适宜手工清洗程序。

过氧乙酸有效杀菌浓度一般控制在 50～750mg/L。用于包装杀菌的过氧化氢浓度一般控制在 35% 左右，用于设备杀菌的过氧化氢浓度一般控制在 1.0%～2.5%。

5. 乙醇 乙醇的杀菌作用主要是由于它所引起的脱水作用，乙醇分子进入蛋白质的肽键空间，使菌体蛋白质变性或沉淀。此外，乙醇还能溶解类脂。纯的乙醇一般不具有杀菌性，然而当加入水之后，混合液就表现出显著的杀菌能力。最佳消毒浓度是 70%，低于或高于此浓度，效果都会降低。

6. 环氧乙烷、冰醋酸、甲醛 主要用于其他方法不易消毒到的地方及生产空间的消毒，主要运用熏蒸的方法进行消毒。

二、影响消毒效果的因素

消毒作用也是一种化学反应，消毒效果与被消毒物的清洗情况、消毒剂的浓度、pH、作用时间、温度等几个方面均有关系。

（一）被消毒物的清洗情况

在清洗和消毒过程中，清洗是首要的，否则残留的有机物对微生物起了很好的保护作用，有效的清洗是取得良好消毒效果的根本保证。清洗后的器具、设备、管道不用时应保持干燥状态，以抑制微生物的生长繁殖，从而降低被消毒物的污染程度。

（二）消毒剂的浓度

在通常情况下，消毒剂浓度提高，杀菌效果增加，但浓度不能无限制的提高，否则会有消毒剂残留，污染产品。例如，次氯酸盐的有效消毒浓度是 150mg/L，当浓度超过 400mg/L 时会危害操作人员，腐蚀不锈钢等金属设备，损坏管道和橡胶垫圈，影响产品味道。

（三）pH

pH 是影响杀菌效果的主要因素之一，每种消毒剂都有一个适宜的 pH 值范围。含碘杀菌剂的最佳 pH 是 4.0～4.5，季铵盐化合物最佳 pH 是 7.0～9.0。超过适宜的 pH 值范围，消毒效果都将减弱。例如当次氯酸盐的 pH 小于 5.0 时，会生成氯气，造成对人员的危害和设备的腐蚀，但 pH 大于 10.0 时杀菌效果将降低。

（四）作用时间

随着消毒剂作用时间的增加，杀菌效果也增强。正常情况下，消毒剂与被杀菌表面接触 30s，即可杀灭 99.999% 的大肠杆菌和金黄色葡萄球菌，为充分保证杀菌效果，建议接触时间不低于 2min 为宜。

（五）温度

一般来说，杀菌效果随着温度的升高而增加。但含氯和含碘的消毒剂例外，它们具有挥发性，随着温度的升高挥发程度增大且腐蚀性增强，所以应在常温下使用。含氯消毒剂的最适温度为 27℃，最高温度不超过 48.8℃，含碘消毒剂最高温度不应超过 43.3℃。

思考题

1. 试述清洗的概念和清洁度表示的方法。
2. 试述清洗剂的种类。
3. 试述清洗程序。
4. 试述杀菌的方法。
5. 试述杀菌的影响因素。
6. 试述 CIP 的概念及常规程序。

（朱迎春）

第三篇　蛋制品加工

第十七章

禽蛋的物理结构及化学成分

学习目标：通过本章的学习，掌握畜禽蛋的物理结构，各个部分的化学组成成分。以本章内容为基础展开蛋制品部分的学习。

第一节　蛋的结构

一、全蛋的物理结构

蛋主要由蛋壳、蛋白和蛋黄三个部分所组成。各组成部分在蛋中所占的比重与家禽的品种、年龄、产蛋季节、蛋的大小和饲养条件有关。

（一）蛋的结构

禽蛋有一定形状，较大一头称为蛋的钝端，另一头较小称之为锐端，其平面上的投影为椭圆形，其结构如图 17 - 1 所示。

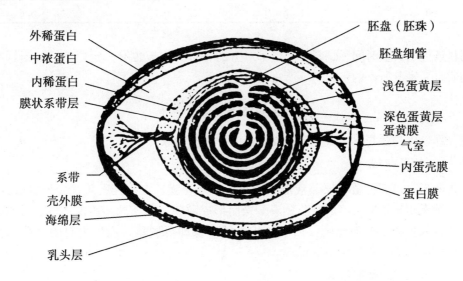

图 17 - 1　禽蛋的结构

（二）蛋各组成部分的重量比例

不同种类的禽蛋，三部分组成的含量不同，见表 17 - 1。

表 17 – 1　不同种类禽蛋的各组成部分物质含量

蛋的种类	蛋壳（％）	蛋白（％）	蛋黄（％）
鸡蛋	10 ~ 12	45 ~ 60	26 ~ 33
鸭蛋	11 ~ 13	45 ~ 58	28 ~ 35
鹅蛋	11 ~ 13	45 ~ 58	32 ~ 35

同一种类的禽蛋，由于蛋重的不同，其各组成比例也有差异，见表 17 – 2。

表 17 – 2　不同蛋重各组成部分的物质含量

蛋重（g）	蛋壳（％）	蛋白（％）	蛋黄（％）
20	19. 7	76. 5	3. 8
23 ~ 30	16. 6	68. 2	15. 2
30 ~ 40	12. 6	56. 7	30. 7
41 ~ 45	10. 6	58. 2	31. 2
46 ~ 50	10. 8	57. 8	31. 4
51 ~ 55	11. 2	57. 7	31. 1
56 ~ 60	11. 3	58. 8	29. 9
61 ~ 65	11. 0	59. 5	29. 5
66	11. 5	62. 7	25. 8

饲料条件、产蛋时间、饲料及环境都对蛋的各部分组成也有一定影响，如当饲料中缺少矿物质时，家禽所产的蛋壳薄，所占比例小。

二、蛋壳的结构

蛋壳部分由外蛋壳膜、石灰质蛋壳和蛋壳下膜所构成。

（一）外蛋壳膜

鲜蛋的蛋壳表面覆盖一层黏液形成的膜，称外壳膜，也称壳上膜、壳外膜或角质层。它是由一种无定形透明可溶的胶质黏液干燥而形成薄膜。完整的薄膜能透气、透水，可防止微生物侵入蛋内。然而此膜仅用水洗或机械摩擦即可脱落，而失去封闭气孔的保护作用。该膜厚度不等，平均为 10μm。

（二）蛋壳的物理结构

蛋壳又称石灰质硬壳，是包裹在鲜蛋内容物外面的一层硬壳，它使蛋具有固定形状并具有保护蛋白、蛋黄的作用，但质脆不耐碰撞或挤压。

蛋壳的厚度一般为 270 ~ 370μm。由于禽类的品种、气候条件和饲料等因素的影响，蛋壳的厚度均有差异，另外蛋壳表面常带有不同色泽，从白色至蓝绿色都有，一般地说色泽深的，蛋壳较厚。

蛋壳是由两部分组成：①相互交织的蛋白纤维和颗粒组成基质，位于蛋壳的内侧；②有间隙的方解石晶，形成外层的海绵状层。其结构模式如图 17 – 2 所示。

蛋壳外表面的晶体结构　　　　蛋壳内表面的纤维状结构

图 17 - 2　蛋壳的结构

蛋壳上存在着大量的气孔，为 1 000 ~ 12 000 个，孔径为 4 ~ 40μm，气孔在蛋壳表面的分布是不均匀的，蛋的大头最多，为 300 ~ 370 个/cm²，小头最少，为 150 ~ 180 个/cm²。

气孔的存在具有实践意义，因为禽蛋实际上是一个细胞体，它为了使生命延续下去，作为生命点的胚胎必须进行正常的新陈代谢。因此，必须吸取外界的新鲜空气，而排出胚胎的代谢产物二氧化碳，这一过程在孵化时，胚胎是靠气孔完成的。新鲜蛋在存放过程中，蛋内的水分通过气孔蒸发，造成失重。微生物在外蛋壳膜脱落时，可以通过气孔侵入蛋内，加速蛋的腐败。加工再制蛋时，料液由气孔浸入。所以对于气孔要根据需要人为地利用它或破坏它。

（三）壳下膜的物理结构

壳下膜是由两层紧紧相贴的膜组成的。其外层为内蛋壳膜，紧贴蛋壳；内层为蛋白膜，紧贴蛋白。

1. 壳下膜的物理结构　蛋白膜及内蛋壳膜都是由很细的纤维交错呈网状结构，内蛋壳膜的纤维粗、网状结构空隙大，细菌可直接通过进入蛋内，该膜较厚，其厚度为 41.1 ~ 60.0μm。而蛋白壳厚约 12.9 ~ 17.3μm，其纤维纹理较紧密细致。有些细菌不能直接通过进入蛋内，只有其分泌的蛋白酶将蛋白膜破坏之后，微生物才能进入蛋内。所有的霉菌的孢子均不能透过这两层膜进入蛋内，但其菌丝体可以透过，并能引起蛋内发霉。所以说，壳下膜具有阻止微生物侵入蛋内的作用。

2. 气室　刚生下的蛋，内蛋壳膜和蛋白膜紧贴在一起，故有壳下膜之称。蛋离体后，由于突然低温，蛋内容物收缩，并在蛋的钝头两层膜分开，而形成一个双凸透镜似的空间，称气室。随着水分蒸发，气室也不断增大，因此，气室的大小反映蛋的新鲜度。

三、蛋白的物理结构

蛋白膜之内就是蛋白，亦即蛋清，它是一种胶体物质。占蛋总重量的 45% ~ 60%，其颜色为微黄色。下面介绍一下蛋白的物理结构：

1. 蛋白结构及分类　刚产下的鲜蛋中分为四层蛋白，由外向内其结构是：第一层外层稀薄蛋白，贴附在蛋白膜上，占蛋白总体积的 23.3%；第二层中层浓厚蛋白，占蛋白总体积的 57.3%；第三层内层稀薄蛋白，占蛋白总体积的 16.8%；第四层为系带膜状层，占蛋

259

白总体积的2.7%，该层也称浓厚蛋白。可见，蛋白按其形态分为两种，即稀薄蛋白和浓厚蛋白，位置相互交替，见图17-1。

2. 蛋白内的膜状层 系带膜状层分为膜状部和索状部，膜状部包在蛋黄膜上形成系带膜状层，一般很难与蛋黄膜区分开。索状部是系带膜状层沿蛋中轴向两端延伸，为白色不透明胶体。呈螺旋状结构，在蛋的锐端螺旋方向为向右旋；在蛋的钝端螺旋方向为向左旋。系带膜状层使蛋黄固定在蛋的中央，在浓厚蛋白稀薄化时，就会失去这种作用。系带索状部在加工蛋制品时，要将其除去。

四、蛋黄的结构

蛋黄位于蛋的中央，呈球状，外包蛋黄膜。

1. 蛋黄膜的物理结构 蛋黄膜是包围在蛋黄内容物外面的透明薄膜，厚度为16μm，占蛋黄重的2%~3%。蛋黄膜含水量为88%，其干物质中主要成分是蛋白质。干物质中蛋白质含量为87%，脂质3%，糖10%。蛋黄膜中的氨基酸多为疏水性的，这是蛋黄膜不溶性的原因。在氨基酸中不含有组成结缔组织蛋白质的羟脯氨酸。因此，蛋黄膜中不存在胶原蛋白。

蛋黄膜中脂质分为中性脂质和复合脂质，其中，中性脂质由三甘油脂、醇、醇脂以及游离脂肪酸组成，而复合脂质主要成分为神经鞘磷脂。

蛋黄膜介于蛋白和蛋黄内容物之间，是一种半透膜，可以防止蛋白和蛋黄中的大分子透过，但水分等小分子及离子可以透过，因此该膜可以一定程度地防止蛋白与蛋黄相混。蛋黄膜具有弹性，但随着蛋变陈旧其强度逐渐减弱。

2. 蛋黄内容物的结构 蛋黄膜内即为蛋黄内容物。蛋黄是浓稠不透明的黄色乳状物，中央为白色蛋黄，形状似细颈烧瓶状，瓶底位于蛋黄中心，瓶颈向外延伸，直达蛋黄膜下托住胚盘，胚盘就是在蛋黄表面，即蛋黄中心通入蛋黄外部的细颈上部有一个色淡、细小的圆状物，如果它是一个受精卵称胚胎，直径为3~5mm；而没受精的卵则称此盘状物为胚珠，直径为2.5mm。受精蛋的胚胎在适宜的外界温度下，便会很快发育，这样会降低蛋的耐贮性和质量。

白色蛋黄的外围，被深黄色和浅黄色蛋黄由里向外分层排列，形成深浅相间的层次包围着，但浅黄色蛋黄仅占全蛋黄的5.0%。我们可以把蛋黄看成在一种蛋白质（卵黄球蛋白）溶液中含有多种悬浮颗粒的复杂体系，这些颗粒主要类别是：

（1）卵黄球 也称油脂球，直径为25~150μm，该球体在黄色蛋黄中多，而且直径大。

（2）游离微粒 直径0.3~1.6μm，它是卵黄高磷蛋白与卵黄磷质蛋白复合体的聚集体，并附有高、低密度脂蛋白。

（3）低密度脂蛋白和髓质颗粒 蛋黄不仅结构复杂，其化学成分也较复杂，蛋黄干物质含量约50%，其中大部分是蛋白质和脂肪，二者之比为1:2，脂肪是以脂蛋白的形式存在，此外还含有糖类、矿物质、维生素、色素等。禽蛋蛋黄的化学成分见表17-3。

由表内数据可知，深色蛋黄层和浅色蛋黄层之间的化学成分存在很大差异，营养物质主要集中在深色蛋黄层；而浅色蛋黄层含水较多，见表17-3。

表 17 - 3　蛋黄的化学成分　　　　　　　　　　　　（%）

类别	成　　分				
	水分	蛋白质	脂肪	磷脂	灰分
浅色蛋黄	89.7	4.6	2.39	1.13	0.62
深色蛋黄	45.5	15.04	25.20	11.15	0.44

第二节　蛋的化学成分

一、蛋的一般化学成分

蛋的结构复杂，其化学成分也很丰富，含有胚胎发育所必需的一切营养物质。蛋中除含有水分、蛋白质、脂肪、矿物质外，还含有维生素、碳水化合物、色素、酶等。

从表 17-4 中可以看到，鸡蛋中水分含量高于水禽蛋的水分含量，而鸡蛋中的脂肪含量则低于水禽蛋中的脂肪含量。鸭蛋中的脂肪含量最高，平均为 15.0%，鹅蛋碳水化合物最高，固形物最高的是鹌鹑蛋，其中蛋白质含量居首，高达 16.64%。

禽蛋的化学成分组成依赖于禽的品种、年龄、饲养条件、蛋的大小和产蛋率。至于禽蛋的灰分，是十分复杂的，以鸡蛋为例，除去蛋壳后做分析试验，鸡蛋的灰分中的磷酸盐最高，其次为氧化钠、氧化钙等。鸡蛋主要化学成分的组成如表 17 - 4 和图 17 - 3 所示。

表 17 - 4　不同禽蛋的化学组成（可食用部分）　　　　　　（%）

蛋别	成　　分					
	水分	固形物	蛋白质	脂肪	灰分	碳水化合物
鸡蛋	72.5	27.5	13.3	11.6	1.1	1.5
鸭蛋	70.8	29.2	12.8	15.0	1.1	0.3
鹅蛋	69.5	30.5	13.8	14.4	0.7	1.6
鸽蛋	76.8	23.2	13.4	8.7	1.1	—
火鸡蛋	73.7	25.7	13.4	11.4	0.9	—
鹌鹑蛋	69.5	32.3	16.6	14.4	1.2	—

注：—表示未有相关数据。

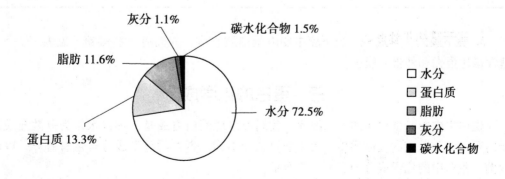

图 17 - 3　鸡蛋的化学组成饼状图

二、蛋壳的化学成分

1. 外蛋壳膜的化学成分 外蛋壳膜的化学组成主要是糖蛋白。该膜还含有少量的脂肪、灰分和微量的色素。外蛋壳膜中蛋白质及糖类含量如表 17-5 所示。

表 17-5 鸡蛋的蛋壳部分的有机物质的化学成分

各部分\\成分	占有机物中的百分率（%）		
	蛋壳	壳下膜	外蛋壳膜
全氮（包括蛋白质）	15.01	15.54	15.94
己糖胺态氮	0.46	0.11	0.24
其他的氮	14.55	15.43	15.70
己糖氨	5.83	1.45	3.06
中性糖	3.57	1.97	2.87

外蛋壳膜有封闭气孔的作用，可以阻止蛋内水分蒸发、CO_2 逸散及外部微生物侵入，但它不耐摩擦，易受潮脱落。因此，该膜对蛋的质量仅能起短时间保护作用。

2. 蛋壳的化学成分 蛋壳主要是由无机物构成的，无机物约占整个蛋壳的 94%~97%，有机物约占蛋壳的 3%~6%，蛋壳的化学组成见表 17-6。无机物中主要是碳酸钙（约占93%），其次有少量的碳酸镁，及磷酸钙、磷酸镁。有机物中主要为蛋白质，属胶原蛋白。另外还有一定量的水及少量的脂质。

禽蛋的种类不同，蛋壳的化学组成也有一定差异，见表 17-6。

表 17-6 蛋壳的化学组成 （%）

种类	成分			
	有机成分	碳酸钙	碳酸镁	磷酸钙及磷酸镁
鸡	3.2	93.0	1.0	2.8
鸭	4.3	94.4	0.5	0.8
鹅	3.5	95.3	0.7	0.5

3. 壳下膜的化学成分 壳下膜主要由蛋白质组成，并附有一些多糖，见表 17-5。其糖含量比蛋壳和外蛋壳膜少。

三、蛋白的化学成分

蛋白中主要是蛋白质和水，因此，我们可以把蛋白看成是一种以水作为分散介质，以蛋白质作为分散相的胶体物质。由于蛋白结构不同，蛋白的化学成分含量有差异，以鸡蛋为例，蛋白中的化学成分如表 17-7 所示。

表 17 - 7 蛋白的化学成分

成 分	含 量	成 分	含 量
水分	85% ~ 88%	脂肪	微量
蛋白质	11% ~ 12%	灰分	0.6% ~ 0.8%
碳水化合物	0.7% ~ 0.8%		

1. 水分 水分是蛋白中的主要成分，其分布如表 17 - 8 所示。

表 17 - 8 蛋白的水分分布

蛋白位置	水分含量	蛋白位置	水分含量
外稀薄蛋白	89.0%	内稀薄蛋白	86%
浓厚蛋白	84.0%	系带膜状蛋白	82%

其中少部分水与蛋白质结合，以结合水形式存在；大部分水以溶剂形式存在，与蛋白中的蛋白质构成胶体状态，其他物质溶于其中。

2. 蛋白质 蛋白质占蛋白总量的 11% ~ 13%，现已发现蛋白中含有近 40 种不同的蛋白质，蛋白中存在量较多的蛋白质是卵白蛋白、卵伴白蛋白（卵转铁蛋白）、卵类黏蛋白、卵黏蛋白、溶菌酶和卵球蛋白等。

3. 蛋白中的碳水化合物 蛋白中的碳水化合物分两种状态存在。一种与蛋白质结合，为结合状态的碳水化合物，在蛋白中含 0.5%；另一种呈游离状态存在，在蛋白中含 0.4%。游离的糖中 98% 是葡萄糖，余下的为果糖、甘露糖、阿拉伯糖、木糖和核糖等。这些糖类虽然很少，但对蛋白片、蛋白粉等蛋制品的色泽有密切关系。

4. 蛋白中的脂质 新鲜蛋白中含极少量脂质，约为 0.02%，其中中性脂质和复合脂质的组成比是 7 : 1 ~ 6 : 1，中性脂中蜡、游离脂肪酸和醇是主要成分，复合脂质中神经鞘磷脂和脑磷脂类是主要成分。

5. 蛋白中无机成分 蛋白中总灰分为 0.6% ~ 0.8%，无机成分种类很多，主要有 K、Na、Ca、Mg、Cl 等，其中 K、Na、Cl 等离子含量较多，而 P、Ca 含量少于蛋黄。

6. 蛋白中的酶 蛋白中除含有主要的酶是溶菌酶外，还发现有三丁酸甘油酶、胜肽酶、磷酸酶、过氧化氢酶。

7. 蛋白中的维生素及色素 蛋白中维生素含量较少，其中维生素 B 族较多，每 100g 蛋白中含维生素 B 240 ~ 600μg、烟酸 5.2μg、维生素 C 为 0 ~ 2.1μg 及少量泛酸。

蛋白中色素含量很少，主要是核黄素，所以蛋白呈淡黄色。

四、蛋黄的化学成分

1. 蛋黄中的蛋白质 蛋黄中的蛋白质大部分是脂质蛋白质，包括低密度脂蛋白、卵黄球蛋白、卵黄高磷蛋白和高密度脂蛋白。其组成如表 17 - 9 所示。

表 17 – 9　蛋黄中的蛋白质组成

蛋白种类	占蛋黄中蛋白质的比例（%）	蛋白种类	占蛋黄中蛋白质的比例（%）
低密度脂蛋白	65.0	卵黄高磷蛋白	4.0
高密度脂质白	16.0	卵黄球蛋白	10.0

2. 蛋黄中的脂肪　鸡蛋黄中的脂肪含量为 30% ~ 33%，鸭蛋黄为 36.2% 左右，鹅蛋黄为 32.9% 左右。它们的含量虽有些差别，但其化学成分基本相同，鸡蛋黄中甘油三酯含量最多，约为蛋黄总重量的 20%（占蛋黄中脂肪的 62.3%）；其次是磷脂类，约占 10%（占蛋黄中脂肪的 32.8%），以及少量的固醇（4.9%）等，在脂质中，软脂酸和硬脂酸之和占总脂肪酸的 30% ~ 38%，总饱和脂肪酸含量为 37%。各种脂肪酸在脂质中的组成见表 17 – 10 所示。

（1）甘油三酯　它是由各种脂肪酸和甘油所组成的三甘油酯，其脂肪酸种类主要为油酸、软脂酸、棕榈油酸、硬脂酸、亚油酸，另外含有少量的肉豆蔻酸、花生四烯酸。

表 17 – 10　蛋黄脂质的脂肪酸组成　（%）

脂肪酸种类	粗脂质	甘油三酯	卵磷脂	脑磷脂
软脂酸	23.5	22.5	37.0	21.6
棕榈油酸	3.8	7.3	0.6	痕量
硬脂酸	14.0	7.5	12.4	32.5
油酸	38.4	44.7	31.4	17.3
亚油酸	16.4	15.4	12.0	7.0
亚麻酸	1.4	1.3	1.0	2.0
花生四烯酸	1.3	0.5	2.7	10.2

蛋黄内的脂肪在室温下是橘黄色的半流动液体，其理化常数如表 17 – 11 所示。

表 17 – 11　蛋黄脂肪的理化性质

理化项目	数值	理化项目	数值
比重	0.918	碘价	69.3 ~ 70.3
熔点	16 ~ 18℃	水溶挥发性脂肪酸	0.62
凝固点	−5 ~ 7℃	非水溶挥发性脂肪酸	0.28
皂化价	190.2	折射率	1.4660
酸价	4.47		

蛋黄中三甘油脂的脂肪酸组成易受喂饲家禽的饲料影响。当家禽饲料中含有亚麻油之类的物质时，其禽蛋蛋黄中含有亚油酸和亚麻酸的比例增多。

（2）磷脂　磷脂由甘油、脂肪酸、磷酸、胆碱（或乙醇胺）组成。蛋黄约含 10% 磷脂，磷脂种类很多，主要是磷脂酰胆碱（卵磷脂）和磷脂酰乙醇胺（脑磷脂）。

禽蛋蛋黄中的磷脂主要是卵磷脂和脑磷脂，这两种磷脂占总磷脂含量的 89%。各种禽蛋蛋黄中卵磷脂和脑磷脂含量有差异，但所含磷脂的总量很相似，占蛋黄质量的 10% ~ 11%。其中卵磷脂在鸭蛋黄中含量最多，脑磷脂在鸽蛋黄中较多。并且每种禽蛋蛋黄中卵磷脂的含量要比脑磷脂多。

软脂酸与硬脂酸之和在磷脂中相对含量较高，如在卵磷脂中为 49%，脑磷脂中约为 54%。油酸和亚油酸的含量也很多。

蛋黄中的磷脂不仅本身具有强的乳化作用，也使蛋黄显示出较强的乳化能力，但由于含有不饱和脂肪酸多，易于氧化且很不稳定。对于蛋品的保藏性质有负面影响。

（3）类甾醇　蛋黄中含有丰富的类甾醇，含量为 1.5% 左右，几乎都是胆甾醇（胆固醇）。

3. 蛋黄中的碳水化合物　蛋黄中碳水化合物约占蛋黄重的 0.2% ~ 1.0%，以葡萄糖为主，也有少量乳糖存在。碳水化合物主要以与蛋白质结合存在。如葡萄糖与卵黄磷蛋白、卵黄球蛋白等结合存在，而半乳糖与磷脂结合存在。

4. 蛋黄中的色素　蛋黄含有较多色素，所以蛋黄呈黄色或橙黄色。蛋黄中的色素大部分是脂溶性色素，如胡萝卜素、叶黄素、水溶性色素主要是玉米黄色素。在每 100g 蛋黄中含有叶黄素 0.3mg、玉米黄素 0.031mg 和胡萝卜素 0.03mg。

5. 蛋黄中的维生素　鲜蛋中维生素主要存在于蛋黄中，蛋黄中维生素不仅种类多，而且含量丰富，其中以维生素 A、E、B_2、B_6 及泛酸为多。

6. 蛋黄中的酶　蛋黄中含有多种酶，至今已确定存在于蛋黄中的酶有淀粉酶、甘油三丁酸酶、胆碱脂酶、蛋白酶、肽酶、磷酸酶、过氧化氢酶等。各种酶类活性都有一定 pH 值范围和温度范围，一般最适温度在 25℃ 以上，温度过高就会失去活性。蛋黄中淀粉酶有 α 和 β 两种，其中 α-淀粉酶具有一定的抗热性，在 65.5℃ 经 1.5min 或 64.4℃ 经 2.5min 才被破坏失活，而蛋的冻结、解冻、均质化、喷雾干燥和冷冻干燥对其活性没有影响。因此，在检验巴氏消毒水冰蛋的低温杀菌效果时，常用测定 α-淀粉酶的活性加以判别。

在禽蛋贮藏过程中会伴随各种物理、化学和生物学变化，这些变化便是由于禽蛋的各种酶所参与而引起的作用所致。如禽蛋在较高的温度下，容易腐败变质，这与其中酶的活性增强有密切关系。所以，我们把这一原理应用到禽蛋的低温贮存具有一定现实意义。

7. 灰分　蛋黄中约含有 1.0% ~ 1.5% 的矿物质，其中以磷最为丰富，占无机成分总量的 60% 以上；钙次之，占 13% 左右。此外，还含有 Fe^{2+}、S^{2-}、K^+、Na^+、Mg^{2+} 等。蛋黄中 Fe^{2+} 易被吸收，而且也是人体必要的无机成分，因此，蛋黄常做为哺乳婴儿早期补充食品。

第三节　蛋的性质

一、蛋的理化性质

1. 蛋的重量　由于禽的种类、品种、年龄、饲养条件、季节等因素不同而蛋的重量也有差异。通常每个鸡蛋在 40 ~ 75g 之间，鸭蛋在 60 ~ 100g，鹅蛋在 160 ~ 245g，东北地区饲养较多的宾白鸡，所产的蛋重量约为 58g。

就同一个品种家禽所产的蛋看，初产者蛋小，而体重大的禽产的蛋也大，蛋在存放过程中重量会逐步减轻。

2. 蛋壳的颜色　蛋壳的色泽由禽的种类及品种决定，鸡蛋有白色和褐色；鸭蛋有白色和青色；鹅蛋为暗白色和浅蓝色。

3. 蛋壳的厚度　壳质坚实的蛋，一般不易破碎并能较久地保持其内部品质，一般鸡蛋壳厚度不低于0.33mm，深色蛋壳厚度高于白色的，鸭蛋壳平均厚0.4mm。

4. 蛋的比重　蛋的比重与蛋新鲜程度有关，新鲜鸡蛋的比重在1.080～1.090之间，新鲜的火鸡蛋，鸭蛋和鹅蛋的比重约在1.085。蛋的各个构成部分比重也不相同，蛋白在1.046～1.052，蛋黄的比重较轻在1.029～1.030，因此，当蛋内系带消失后，蛋黄便会向上浮贴在蛋壳上。蛋壳的比重为1.740～2.130。

5. 蛋的透光性　蛋壳的结构不是致密的，其上有气孔，因此，蛋具有透光性。其透光性大小可用折光指数表示。蛋的折光指数与蛋白、蛋黄全固形物浓度显示出大约是个直线关系，新鲜蛋白全固形物占12%时，折光指数为1.355～1.356，新鲜蛋黄全固形物占48%时，折光指数约为1.411。蛋白各部分的折光指数稍有不同。因此，用灯光透照蛋时，可以观察蛋内容物特征。

6. 蛋的形状及耐压性　一般常见的蛋多为标准的椭圆形，外表光滑，其形状用蛋型指数表示。蛋形指数是指蛋的纵轴与横轴之比，不同种类的蛋蛋型指数不同，鸡蛋为1.30～1.35，鸭蛋为1.20～1.40，鹅蛋为1.25～1.54。高于上限的为细长型，小于下限的为球型。

蛋的耐压性又称蛋的抗压性，即蛋能最大程度承受的压力，单位为Pa或MPa（MPa = 10^6Pa）。蛋的耐压性与蛋的形状、大小、蛋壳厚度以及蛋壳的致密度有关。一般圆形蛋比长形蛋的耐压性大，蛋壳厚的耐压性相对也大，不同种类禽蛋耐压性是不同的，如表17 – 12所示。

表 17 – 12　不同禽蛋的耐压性

蛋别	蛋重（g）	耐压度（MPa）
鸡蛋	60	0.4
鸭蛋	85	0.6
鹅蛋	200	1.1
天鹅蛋	285	1.2
鸵鸟蛋	1 400	5.5

7. 蛋内容物 pH 值　新鲜蛋白的pH值为7.6～7.9，蛋在贮存过程中，由于蛋白内部的二氧化碳向外逸出，pH值逐渐升高，最高可达到9.0～9.7。新鲜蛋黄的pH值约为6.0左右，贮存期间变化缓慢，最高可上升到6.4～6.9，当脂肪酸败后，pH值则呈下降趋势。

8. 蛋的扩散和渗透性　蛋内容物并不是均匀一致的，蛋白分几层结构，蛋黄也同样有不同结构，在这些结构中化学组成有差异。因此蛋在放置过程中，高浓度物质向低浓度部分运动，即扩散，逐渐使蛋内各结构中所含物质均匀一致，如蛋白在贮存时蛋白层消失。

蛋还具有渗透性，我们知道在蛋黄与蛋白之间，隔着一层具有渗透性的蛋黄膜，两者之间所含的化学成分不同，特别是由于蛋黄中含有的钾、钠、氯等离子的盐类含量比蛋白相对高，因此蛋黄则为一个高浓度的盐液，这样蛋黄与蛋白之间形成了一定的压差，在贮存期间，蛋黄中的盐类便不断地渗透到蛋白中来，而蛋白中的水分不断地渗透到蛋黄去，蛋的这种渗透性，与蛋的质量有着密切关系，如散黄蛋就是由于蛋白与蛋黄间渗透作用而引起的。这种渗透作用与蛋的存放时间、存放温度成正比。

另外，蛋的渗透作用还表现在蛋内容物与外界环境之间，它们中间隔有蛋壳部分，其中蛋壳有气孔，壳下膜是一种半透膜，这一特点决定，蛋内水分可以向外蒸发，二氧化碳可以逸出。同样，蛋放置在高浓度物质中，物质也会向蛋内渗透，再制蛋加工就是利用了蛋的扩散性和渗透性原理。

9. 蛋液的黏度 蛋白的黏度取决于蛋龄、混合处理（蛋白为非均一物质）、温度、pH值和切变速度。蛋白液是一种假塑性液体，蛋黄也是一种假塑性非牛顿流体，其切应力与切变速度之间呈非线性关系，而由于蛋黄中浆液基本上是牛顿流体，故蛋黄的假塑性是由其颗粒成分决定的。

一般认为鲜鸡蛋蛋白黏度为 $3.5 \times 10 \sim 10.5 \times 10 Pa \cdot s$（$20℃$），蛋黄黏度为 $0.1 \sim 0.25 Pa \cdot s$，蛋黄中混入蛋白，其黏度将降低，蛋在存放过程中，由于蛋白质分解及溶剂化减弱，而使蛋白、蛋黄黏度下降。

10. 蛋液的表面张力 表面张力是分子间吸引力的一种量度。在蛋液中存在大量蛋白质和磷脂，由于蛋白质和磷脂可以降低表面张力和界面张力，因此，蛋白和蛋黄的表面张力低于水的表面张力（$7.2 \times 10^2 N/m$，$25℃$）。鲜鸡蛋的表面张力：蛋白为 $5.5 \times 10^2 \sim 6.5 \times 10^2 N/m$，蛋黄为 $4.5 \times 10^2 \sim 5.5 \times 10^2 N/m$，两者混合后的表面张力为 $5.0 \times 10^2 \sim 5.5 \times 10^2 N/m$。

蛋液表面张力受温度、pH值、干物质含量及存放时间影响。温度高、干物质含量低、蛋存放时间长而蛋白分解，则蛋液表面张力下降，反之亦然。

11. 蛋的冰点 蛋的冰点就是蛋液开始冻结时的温度，它也同样受蛋白质种类，盐的种类及含有量影响，一般鲜蛋蛋白冰点为 $-0.48 \sim -0.41℃$，蛋黄为 $-0.617 \sim -0.545℃$，蛋的贮存时间也影响蛋的冰点。随着贮藏时间延长，蛋白冰点降低，蛋黄冰点则提高，这与蛋白内水分向蛋黄渗透，蛋黄内盐类向蛋白渗透有关。蛋的冰点对蛋在冷藏时有特别重要意义，应控制适宜的低温，以防冻裂蛋壳。

二、蛋的主要功能特性

1. 蛋的凝固特性和凝胶化性 凝固性是蛋白质的重要特性。当卵蛋白受热、盐、酸或碱及机械作用则会发生凝固。蛋的凝固是一种卵蛋白质分子结构变化，这一变化使蛋液变稠，由流体（溶胶）变成固体或半流体（凝胶）状态。

（1）蛋的热凝固 蛋中的伴白蛋白热稳定性最低，其凝固温度是 $57.3℃$，卵球蛋白和卵白蛋白凝固温度是 $72℃$ 和 $71.5℃$，卵黏蛋白和卵类黏蛋白热稳定性最高，不发生凝固，而溶菌酶凝固后强度最高。这些蛋白相互结合，彼此影响凝固特性，使得蛋清（pH 9.4）在 $57℃$ 长时间加热开始凝固，$58℃$ 即呈现变浊，$60℃$ 以上即可由肉眼看出凝固，$70℃$ 以上则由柔软的凝固状态变成坚硬的凝固状态。

热凝固蛋白的可溶部分主要含有单体，当凝胶或凝块没形成时，热处理蛋清的蛋白质可溶部分含有高分子量可溶性凝集物。蛋黄则在 $65℃$ 开始凝固，$70℃$ 失去流动性，并随温度升高而变得坚硬。

蛋的稀释使蛋白质浓度降低，引起热凝固点升高，甚至不发生凝固，并且凝固物的剪切力减少。在蛋中添加盐类可以促进蛋的凝固，这是由于盐类能减低蛋白质分子间的排斥力。因此，壳蛋在盐水中加热蛋凝固完全，且易去壳。而蛋液中加糖可使凝固温度升高，凝固物变软。

蛋的很多加工方法都利用了蛋的热凝固性。如煮蛋、炒蛋，但在蛋液加工中如巴氏杀菌过程要防止热凝固。人们常在蛋液中加糖、表面活性剂修饰蛋白，增加了蛋白的热稳定性。也有人用蛋白分解酶处理蛋，则蛋加热后不形成坚硬凝固物。

（2）蛋的酸碱凝胶化　蛋在一定 pH 条件下会发生凝固，有人曾研究了蛋白在碱、酸作用下的凝胶化现象。发现蛋白在 pH 值 2.3 以下或 pH12.0 以上会形成凝胶化。蛋白用碱处理时，其蛋白质的分子结构型受碱作用而展开，然后再相互凝集成立体的网状构造，并将水吸收其中而形成透明凝胶，这种凝胶可发生自行液化，而酸性凝固的凝胶呈乳浊色，不会自行液化。

蛋白碱性凝胶形成时间及液化时间受 pH、温度及碱浓度影响。例如碱浓度过高，松花蛋腌制时很容易烂头，甚至液化，这时如热处理则蛋白发生凝固而制成热凝固皮蛋。

（3）蛋黄的冷冻胶化　蛋黄在冷冻时黏度剧增，形成弹性胶体，解冻后也不能完全恢复蛋黄原有状态，这使冰蛋黄在食品中的应用限制很大，这种现象发生在蛋黄于 -6℃ 以下冷冻或贮藏时，这是由于蛋黄由冰点 -0.58℃ 降至 -6℃ 时，水形成冰晶，其未冻结层的盐浓度剧增，促进蛋白质盐析或变性。为了抑制蛋黄的冷冻凝胶化，可在冷冻前添加 2% 食盐或 8% 蔗糖、糖浆、甘油及磷酸盐类，而用蛋白分解酶、脂肪酶处理蛋黄可抑制蛋黄冷冻凝胶化。机械处理如均质、胶体磨研磨可降低蛋黄黏度。

2. 蛋的起泡性　将蛋清搅打时，空气进入蛋液中形成泡沫。在起泡过程中，气泡逐渐变小而数目增多，最后失去流动性，通过加热使之固定，蛋清的这种特性在食品中如在糕点制作中得到充分应用。作用过程中球蛋白、伴白蛋白是起发泡作用的，而卵黏蛋白、溶菌酶则起稳定作用。

蛋清的发泡能力受许多加工因素影响，当蛋清搅拌到比重为 0.15 ~ 0.17 时，泡沫既稳定又可使蛋糕体积最大，加工时均质会延长搅打时间，降低蛋糕体积。蛋白经加热（>58℃）杀菌后会不可逆地使卵黏蛋白与溶菌酶形成的复合体变性，延长起泡所需时间，降低发泡力。为此，人们在加热前用柠檬三乙酯或磷酸三乙酯补偿热影响，另外调整 pH 至 7.0 并添加金属盐可以提高蛋白的热稳定性。蛋白的发泡性受酸碱影响很大，在等电点 pH 或强酸强碱性 pH 时，由于蛋白质变性并凝集而起泡力最大。

蛋的起泡性也受到其他一些因素的影响，如脂类存在会降低蛋清发泡力，脂酶对于恢复蛋黄污染蛋清的发泡力很有效；将二甲基戊二酸酐加到蛋白中可以保护蛋清不受损害；琥珀酰化蛋清可以改进其热稳定性和发泡力；添加盐类于蛋清中（中性或碱性 pH 值下）可增加其起泡力；而在酸性条件下，则盐类对蛋白质发泡力反而有不良效果。

3. 蛋的乳化性　蛋的乳化性表现在蛋黄中，蛋黄具有优异的乳化性，它本身既是分散于水中的液体，又可作为高效乳化剂用于许多食品如蛋黄酱、油蛋糕、面糊等的加工。

蛋黄的乳化性受加工方法的影响，蛋黄如经稀释其黏度降低，将减少乳浊液的稳定性；如向蛋黄中添加少量食盐、糖可以提高乳化力。

酸能降低蛋黄乳化力，但各种酸对其影响程度不同，强酸（如盐酸）对它的影响较大，在 pH5.6 时就会使其稳定性急剧下降，而弱酸（如醋酸）则在 pH4 以下才会对其乳化状态有显著的影响。

蛋黄经干燥处理其溶解度降低，这是由于干燥过程中随着水分的减少其质脂由脂蛋白中分离出来而存在于干燥蛋黄表面，因此严重损害其乳化性。干燥前加糖类，则糖分子中的-OH 替代脂蛋白的水，而保护脂蛋白。干燥后加水时，水可再将糖置换，而恢复原来脂蛋白质的水合状态。另外，贮藏蛋的乳化力下降，向蛋中添加磷脂并不能提高其乳化性，过量添加则会使乳化力下降。

思考题

1. 蛋是由哪几部分构成的，这几部分的主要化学成分与它们所处的结构是否有必然联系？

2. 比较蛋白和蛋黄化学成分的组成和含量上的差异，通过对比从营养角度上了解二者的区别。

3. 蛋的功能性与蛋加工应用的关系是什么？

（于海龙）

第十八章

禽蛋的贮藏、保鲜

学习目标： 掌握禽蛋的质量标准、品质鉴别和禽蛋的贮藏保鲜方法，重点掌握禽蛋的冷藏和涂膜保鲜方法及操作要求。

第一节　禽蛋的品质鉴定

为了准确区别和鉴别正常标准蛋和不正常的蛋，很有必要先了解新鲜蛋的品质标准。这在商业经营和蛋品加工中有着重要的意义。

衡量鲜蛋品质的主要标准是其新鲜程度和完好性。为了准确掌握、判断这一标准，需全面观察分析蛋壳、气室、蛋白、系带、蛋黄、胚胎等情况来确定鲜蛋的质量标准。

一、禽蛋的质量指标

蛋的质量指标是各级生产企业和经营者，对鲜蛋进行质量鉴定和评定等级的主要依据。衡量蛋的质量有以下一些指标。

1. 蛋壳状况　是影响禽蛋商品价值的一个主要质量指标，主要从蛋壳的清洁程度、完整状况和色泽三个方面来鉴定。质量正常的鲜蛋，蛋壳表面应清洁，无禽粪、未粘有杂草及其他污物；蛋壳完好无损、无硌窝、无裂纹及流清等；蛋壳的色泽应当是各种禽蛋所固有的色泽，表面无油光发亮等现象。

2. 蛋的形状　蛋的形状常用蛋形指数（蛋长径与短径之比）来表示。标准禽蛋的形状应为椭圆形，蛋形指数在 1.30 ~ 1.35 之间。蛋形指数大于 1.35 者为细长型，小于 1.30 者为近似球形，这后两种形状的蛋在贮运过程中极易破伤，所以在包装分级时，要根据情况区别对待。

3. 蛋的重量　蛋的重量除与蛋禽的品种有关外，还与蛋的贮存时间有较大关系。由于贮存时蛋内水分不断向外蒸发，贮存时间越长，蛋越轻。所以，蛋的重量也是评定蛋新鲜程度的一个重要指标。不同重量的蛋，其蛋壳、蛋白和蛋黄的组成比例也不同，随着蛋重的增大，蛋壳和蛋白比例相应增大，而蛋黄比例则基本稳定，在蛋制品工业中选择原料时要充分重视这一点。

4. 蛋的比重　蛋的比重与重量大小无关，而与蛋类存放时间长短、蛋禽的饲料及产蛋季节有关。鲜蛋比重一般在 1.060 ~ 1.080 之间。若低于 1.025，则表明蛋已陈腐。

5. 蛋白状况　根据蛋白状况能准确判断蛋的结构是否正常，也是评定蛋的质量优劣的重要指标。可用灯光透视和直接打开两种方法来判明。质量正常的蛋，其蛋白状况应当是浓厚蛋白含量多，约占全部蛋白的 50% ~ 60%，无色、透明，有时略带淡黄绿色。灯光透视时，若见不到蛋黄的暗影，蛋内透光均衡一致，表明浓厚蛋白较多，蛋的质量优良。打开蛋时，可以用过滤的方法，分别称量浓厚蛋白和稀薄蛋白的含量，以测定蛋白指数，反映出蛋白的状况。所谓蛋白指数是指浓厚蛋白重量与稀薄蛋白重量之比。质量正常的蛋，其蛋白浓厚或稍稀薄。在对外贸易和商业经营中，均把蛋白状况作为评定蛋的级别的标志。

6. 蛋黄状况　蛋黄状况也是表明蛋的质量的重要指标之一。可以通过灯光透视或打开的方法来鉴定。灯光透视时，以看不到蛋黄的暗影为好，若暗影明显且靠近蛋壳，表明蛋的质量较差。蛋打开后，常测量蛋黄指数（蛋黄高度与蛋黄直径之比）来判定蛋的新鲜程度，新鲜蛋的蛋黄几乎是半球形，蛋黄指数在 0.40 ~ 0.44 之间；存放很久的蛋，其蛋黄是扁平的。蛋黄指数小于 0.25 时，蛋黄膜则极易破裂，出现散黄。合格蛋的蛋黄指数为 0.30 以上。

7. 蛋内容物的气味和滋味　这是衡量蛋的结构和内容物成分有无变化或变化程度大小的质量标准。质量正常的蛋，打开后只有轻微的腥味（这与蛋禽的饲料有关），而不应有其他异味。煮熟后，气室处无异味，蛋白色白无味，蛋黄味淡而有香气。若打开后能闻到臭气味，则是轻微的腐败蛋。严重腐败的蛋可以在蛋壳外面闻到内容物成分分解的氨及硫化氢的臭气味，这种蛋称为"臭蛋"或"臭包"。质量新鲜的蛋，煮熟后，气室处无异味，蛋白白色无味，蛋黄应有淡淡的香味。

8. 系带状况　质量正常的蛋，其系带粗白而有弹性，位居蛋黄两侧，明显可见。如变细并与蛋黄脱离，甚至消失时，表明蛋的质量降低，易出现不同程度的粘壳蛋。

9. 胚胎状况　鲜蛋的胚胎应无受热或发育现象。未受精蛋的胚胎在受热后发生膨大现象，受精蛋的胚胎受热后发育，最初产生血环，最后出现树枝状的血管，形成血环蛋或血筋蛋。

10. 气室状况　气室状况是评定蛋质量的重要指标，也是灯光透视时观察的首要指标。鲜蛋的气室很小，深度在 5mm 以内，陈蛋的气室变大，深度在 5mm 以上。随气室高度（或深度）的增大，蛋的质量也相应地降低。测定时，将蛋的大头放在照蛋器上照视，用铅笔在气室的左右两边划一记号，然后放到气室高度测定规尺的半圆形切口内，读出两边刻度线上的刻度数，进行计算。计算公式为：

$$气室高度(mm) = （气室左边高度 + 气室右边高度）÷ 2$$

11. 哈夫单位（Haugh unit）　哈夫单位是根据蛋重和蛋内浓厚蛋白高度，按公式计算出其指标的一种先进方法，可以衡量蛋的品质和蛋的新鲜程度。它是国际上对蛋品质评定的重要指标和常用方法。其测定方法是先将蛋称重，再将蛋打开放在玻璃平面上，用蛋白高度测定仪测量蛋黄边缘与浓厚蛋白边缘的中点，避开系带，测定三个等距离中点的平均值。因此，哈夫单位是浓厚蛋白高度对蛋重比例的指数关系。计算公式为：

$$哈夫单位(Hu) = 100 \lg(H - 1.7W^{0.37} + 7.57)$$

式中　H——浓厚蛋白高度（mm）；W——蛋重（g）。

实际上，这种计算很麻烦，可直接利用蛋重和浓厚蛋白高度，查哈夫单位计算表得出结果。据测定，新鲜蛋的哈夫单位在 72 以上，100 最优，中等鲜度在 60 ~ 72 之间，60 以下质量低劣，30 时最劣。

12. 微生物指标　微生物学指标是评定蛋的新鲜程度和卫生状况的重要指标。质量优良的蛋应当无霉菌和细菌的生长现象。

在进行禽蛋质量评定和分级时，要对上述各项指标进行综合分析后，才能作出正确的判断和结论。

二、禽蛋的品质鉴定

品质鉴定是禽蛋生产、经营、加工中的重要环节之一，直接影响到商品等级、市场竞争力和经济效益等。目前广泛采用的鉴定方法有感官鉴定法和光照鉴定法，必要时，还可进行理化和微生物学检验。

1. 感官鉴定　主要是凭检验人员的技术经验，靠感官，即眼看、耳听、手摸、鼻嗅等方法，以外观来鉴别蛋的质量，是基层业务人员普遍使用的方法。

"看"，就是用肉眼观察蛋壳色泽、形状、壳上膜、蛋壳清洁度和完整情况。新鲜蛋蛋壳比较粗糙，色泽鲜明，表面干净，附有一层霜状胶质薄膜；如表皮胶质脱落，不清洁，壳色油亮或发乌发灰，甚至有霉点，则为陈蛋。

"听"，是从敲击蛋壳发出的声音来区别有无裂损、变质和蛋壳厚薄程度。通常有两种方法，一是敲击法，即从敲击蛋壳发出的声音来判定蛋的新鲜程度、有无裂纹、变质及蛋壳的厚薄程度。新鲜蛋颠到手里沉甸甸的，敲击时声坚实，清脆似碰击石头；裂纹蛋发声沙哑，有啪啪声；大头有空洞声的是空头蛋，钢壳蛋发声尖细，有"叮叮"响声。二是振摇法，即将禽蛋拿在手中振摇，有内容物晃动响声的则为散黄蛋。

"摸"，主要靠手感。新鲜蛋拿在手中有"沉"的压手感觉。孵化过的蛋，外壳发滑，分量轻。霉蛋和贴皮蛋外壳发涩。

"嗅"，是用鼻子嗅蛋的气味是否正常。新鲜鸡蛋、鹌鹑蛋无异味，新鲜鸭蛋有轻微腥味；有些蛋虽然有异味，但属外源污染，其蛋白和蛋黄正常。

感官鉴定是以蛋的结构特点和性质为基础的，有一定的科学道理，也有一定的经验性。但仅凭这种方法鉴定，对蛋的鲜陈好坏只能作个大概的鉴定。

2. 光照透视鉴定　是利用禽蛋蛋壳的透光性，在灯光透视下，观察蛋壳结构的致密度、气室大小，蛋白、蛋黄、系带和胚胎等的特征，对禽蛋进行综合品质评价的一种方法。该方法准确、快速、简便，是我国和世界各国鲜蛋经营和蛋品加工时普遍采用的一种方法。

灯光透视法一般分为手工照蛋和机械照蛋两种。按工作程序可分为上蛋、整理、照蛋、装箱四个部分。

在灯光透视时，常见有以下几种情况：

（1）鲜蛋　蛋壳表面无任何斑点或斑块；蛋内容物透亮，呈淡橘红色；气室较小，不超过5mm，固定在蛋的大头，不移动；蛋黄不见或略见阴影，位居中心或稍偏；系带粗浓，呈淡色条带状，看不见胚胎，无发育现象。

（2）破损蛋　指在收购、包装、贮运过程中受到机械损伤的蛋。包括裂纹蛋、硌窝蛋、流清蛋等。这些蛋容易受到微生物的感染和破坏，不适合贮藏，应及时处理，可以加工成冰蛋品等。

（3）陈次蛋　陈次蛋包括陈蛋、靠黄蛋、红贴皮蛋、热伤蛋等。

存放时间过久的蛋叫陈蛋，透视时，气室较大，蛋黄阴影较明显，不在蛋的中央，蛋黄膜松弛，蛋白稀薄；蛋黄已离开中心，靠近蛋壳的称为靠黄蛋；靠黄蛋进一步发展透视时，气室更大，蛋黄有少部分贴在蛋壳的内表面上，且在贴皮处呈红色故称红贴皮蛋；禽蛋因受热较久，导致胚胎虽未发育，但已膨胀者叫做热伤蛋，透视时，可见胚胎增大但无血管出现，蛋白稀薄，蛋黄发暗增大。以上四种陈次蛋，均可供食用，但都不宜长期贮藏，宜尽快消费或加工成冰蛋品。

（4）劣质蛋　常见的主要有黑贴皮蛋、散黄蛋、霉蛋和黑腐蛋四种。

红贴皮蛋进一步发展而形成黑贴皮蛋。灯光透视时，可见蛋黄大部分贴在蛋壳某处，呈现较明显的黑色影子，故称黑贴皮蛋。其气室较大，蛋白极稀薄，蛋内透光度大大降低，蛋内甚至出现霉菌的斑点或小斑块，内容物常有异味。这种蛋已不能食用。

蛋黄膜破裂，蛋黄内容物和蛋白相混的蛋统称为散黄蛋。轻度散黄蛋在透视时，气室高度、蛋白状况和蛋内透光度等均不定，有时可见蛋内呈云雾状；重度散黄蛋在透视时，气室大且流动，蛋内透光度差，呈均匀的暗红色，手摇时有水声。

在运输过程中受到剧烈振动，使蛋黄膜破裂而造成的散黄蛋，以及由于长期存放，蛋白质中的水分渗入卵黄，使卵黄膜破裂而造成的散黄蛋，打开时一般无异味，均可及时食用或加工成冰蛋品。由于细菌侵入，细菌分泌的蛋白分解酶分解蛋黄膜使之破裂，这样形成的散黄蛋有浓臭味，不可食用。

透视时蛋壳内有不透明的灰黑色霉点或霉块，有霉菌滋生的蛋统称为霉蛋。打开时，如蛋液内有较多霉斑，有较严重发霉气味者，则不可食用。

3. 理化鉴定　主要包括相对密度鉴定法和荧光鉴定法。

（1）相对密度鉴定法　是将蛋置于一定相对密度的食盐水中，观察其浮沉横竖情况来鉴别蛋新鲜程度的一种方法。蛋的分量重，则比重大，说明蛋的贮藏时间短，水分损失少，这样的蛋判断为新鲜蛋。贮藏时间长的蛋，蛋内水分蒸发多，气室扩大，分量减轻，比重较小。要测定鸡蛋的相对密度，须先配制各种浓度的食盐水，以鸡蛋放入后不漂浮的食盐水的相对密度来作为该蛋的相对密度。质量正常的新鲜蛋的相对密度在 1.08~1.09 之间，若低于 1.05，表明蛋已陈腐。

采用相对密度法鉴别蛋的品质，其效率比手工验蛋要高。但盐水溶液容易使鲜蛋的外蛋壳膜脱落，反而易使鲜蛋变质，不便贮存。如果结合采用涂膜保鲜技术，可以减轻或避免这一不良影响。

（2）荧光鉴定法　是用紫外光照射，观察蛋壳光谱的变化来鉴别蛋新鲜程度的一种方法。质量新鲜的蛋，荧光强度弱，而愈陈旧的蛋，荧光强度愈强，即使有轻微的腐败，也会引起发光光谱的变化。据测定，最新鲜的蛋，荧光反应是深红色，渐次由深红色变为红色、淡红色、青、淡紫色、紫色等。根据这些光谱变化来判定蛋质量的好坏。此外，还有电子扫描等多种方法，亦在研究中，试图高效、准确地用来鉴别蛋的新鲜度。

4. 微生物学检查法　发现有严重问题，需深入研究、查找原因时，可进一步进行微生物学检查，主要鉴定蛋内有无霉菌和细菌污染现象，特别是沙门氏菌污染状况、蛋内菌数是否超标等。

第二节　禽蛋的贮藏、保鲜

禽蛋是一种高营养的食品，但贮藏不当，往往容易发生腐败变质。另外，家禽产蛋具有季节性，旺季市场供应有余，价格下跌；淡季市场供应不足，价格上涨。为了缓解这种矛盾，采取适当的保藏措施是很有必要的。近些年来，不少经营者学习并掌握了一套禽蛋的贮藏保鲜技术，在禽蛋生产旺季收购贮存鲜蛋，在生产淡季开始投放市场。这对调节市场余缺、缓解供求之间矛盾起到了重要的作用，同时经营者也能获得良好的经济效益。因此，从这一方面来说，学会运用贮藏保鲜技术就不失为一种致富的好方法。

一、禽蛋在贮藏过程中的变化

1. 物理变化

（1）蛋重　鲜蛋在贮藏期间重量会逐渐减轻，贮存时间越长，减重越多，其变化量与保存条件有关。保存温度越高，蛋减重越多；保存湿度越大，蛋减重越少；蛋壳厚，致密，气孔少，则蛋的失重就少，反之就多；不同的保存方法（如涂膜法、谷物贮存法等）其失重也各有不同。

（2）气室　气室是衡量蛋新鲜程度的一个重要标志。在贮藏过程中，气室的大小随贮存时间的延长而增大。气室的增大是由于水分蒸发，蛋内容物干缩所造成。所以，气室增大和蛋重减小是相对应的，也受贮存温度、湿度、蛋壳状况和贮存方法等的影响。另外，孵化过的蛋比一般贮藏蛋的气室要大。

（3）水分　随着贮存时间延长，蛋白中的水分由于不断通过气孔向外蒸发，同时通过蛋黄膜向蛋黄渗透，其含量不断下降，可降至71%以下。而蛋黄中的水分则逐渐增加。

（4）pH　新鲜蛋黄的pH为6.0~6.4，在贮存过程中会逐渐上升而接近或达到中性。刚形成鸡蛋时，蛋白的pH为7.5~7.6；鸡蛋产出后，蛋白的pH迅速上升达8.7；贮存一段时间（10天左右）后，蛋白pH不断上升，可达9以上。但当蛋开始接近变质时，则蛋白pH有下降的趋势，当蛋白pH降至7.0左右时尚可食用，若继续下降则不宜食用。采用合适的贮藏方法可减缓pH的下降速度。

2. 化学变化　鲜蛋在贮存过程中，各蛋白质比例将发生变化，其中卵类黏蛋白和卵球蛋白的含量相对增加，而卵伴白蛋白和溶菌酶减少；蛋黄中卵黄球蛋白和磷脂蛋白的含量减少，而低磷脂蛋白的含量增加；由于微生物对蛋白质的分解作用，会使蛋内含氮量增加，贮存时间越长，蛋液中含氮量越高，甚至会产生对人体有害的一些挥发性盐基氮类物质。

刚产的蛋，其脂肪中游离脂肪酸含量很低，随贮藏时间延长，接触空气后，脂肪酸化速度加快，使其游离脂肪酸含量迅速增加。在冰蛋贮藏时，尤其要注意这一点。

蛋在储藏期间溶菌酶逐渐减少，其他酶明显增多，少量的碳水化合物也逐渐减少。

3. 生理学变化　禽蛋在保存期间，较高温度（25℃）会使其胚胎发生生理学变化，使受精卵的胚胎周围产生网状血丝、血圈、甚至血筋，称为胚胎发育蛋；使未受精卵的胚胎有膨大现象，称为热伤蛋。

蛋的生理学变化，常常引起蛋的质量降低，耐贮性也随之降低，甚至引起蛋的腐败变质。控制保藏温度是防止蛋生理学变化的重要措施。

4. 微生物学变化　通常新产下的鲜蛋里是没有微生物的，新蛋壳表面又有一层黏液胶质层，具有防止水分蒸发，阻止外界微生物侵入的作用。其次，在蛋壳膜和蛋白中，存在一定的溶菌酶，也可以杀灭侵入壳内的微生物，故正常情况下鲜蛋可保存较长的时间而不发生变质。然而鲜蛋也会受到微生物的污染，当母禽不健康时，机体防御机能减弱，外界的细菌可侵入到输卵管，甚至卵巢。而蛋产下后，蛋壳立即受到禽类、空气等环境中微生物的污染，如果胶质层被破坏，污染的微生物就会透过气孔进入蛋内，当保存的温度和湿度过高时，侵入的微生物就会大量生长繁殖，结果造成蛋的腐败。

鲜蛋中常见的微生物有：大肠菌群、无色杆菌属、假单孢菌属、产碱杆菌属、变形杆菌属、青霉属、枝孢属、毛霉属、枝霉属等。另外，蛋中也可能存在病原菌，如沙门氏菌、金黄色葡萄球菌。

二、禽蛋的贮藏保鲜方法

家禽产蛋有强烈的季节性，旺季生产有余，淡季供应不足，为了调节供求之间的矛盾，需要采取适当的贮藏方法，保证鲜蛋的质量，延长禽蛋可供食用的时间。通常所要达到的目的有：保持蛋壳和壳外膜的完整性；防止微生物的接触与侵入；抑制微生物的繁殖；保持蛋的新鲜状态；抑制胚胎发育。目前，常用的鲜蛋贮藏方法有冷藏法、液浸法、表面涂膜法、CO_2贮藏法等。

（一）冷藏法

禽蛋冷藏法的原理是利用冷藏库中的低温抑制微生物的生长繁殖及其对蛋内容物的分解作用，并抑制蛋内酶的活性，使鲜蛋在较长时间内能较好地保持原有的品质。冷藏法是我国大中城市的鲜蛋经营部门广泛采用的一种方法。其操作简单、管理方便、贮藏效果好，贮藏期长达半年以上，适宜于大批量贮藏。但冷藏法需一定的设备，成本较高。冷藏法贮蛋必须使用得当，管理合理，才能真正达到冷藏的效果。否则，易使鲜蛋变质，造成经济损失。

1. 冷藏前的准备

（1）冷库消毒　鲜蛋入库前，冷藏库首先要进行打扫、消毒和通风。消毒方法可采用漂白粉溶液喷雾消毒或乳酸熏蒸消毒。放蛋的冷藏间严禁放置带有异味的物品，以免影响蛋的品质。

（2）严格选蛋　冷藏的鲜蛋必须经过外观和灯光透视检验，剔除破碎、裂纹、雨淋、孵化、异形等劣蛋和破损蛋，并把新鲜蛋、陈蛋按程度分成类别。选择符合质量要求的鲜蛋入库。蛋愈新鲜，蛋壳愈清洁，耐藏性愈高。

（3）合理包装　入库蛋的包装要清洁、干燥、完整、结实、没有异味，防止鲜蛋污染发霉、轻装轻卸。

（4）鲜蛋预冷　为防止蛋内容物受骤然降低的气温影响而发生收缩，因为这时空气中的微生物易进入蛋内，影响蛋的耐藏性。此外，选好的鲜蛋若直接送入冷藏间，会使库温升高，增加制冷系统的负荷，并影响库内正在贮存的鲜蛋。鲜蛋的预冷可在专用的冷却间进行，或利用冷库外的过道、穿堂进行。冷却间的温度一般控制在 $-2 \sim 0^\circ\text{C}$，相对湿度 75% ~ 85%，大约经过 24h，使蛋温逐渐下降，再入库贮藏。

2. 入库后的技术管理

（1）鲜蛋在库内的堆垛　顺冷空气循流方向堆码，整齐排列，垛与垛、垛与墙、垛与风道应留有一定的间隔，以维持必要的空气流通，地面上要有垫木。在冷风入口处的蛋面上覆盖一层干净的纸，以防蛋被冻裂。

（2）温、湿度的控制　冷藏的适宜温度为 -1℃，温度过低，蛋的内容物会发生冻结而造成蛋壳破裂。库内温度要防止忽高忽低，要求在 24h 内温度变化不超过 0.5℃。库内的相对湿度以 85% ~88% 为宜，湿度过高，霉菌易于繁殖；湿度过低，会增加蛋的水分蒸发，增加蛋的自然损耗。因此，必须每天上午和下午各检查 1 次库内温、湿度，并做好记录。为了防止库内不良气体影响蛋的品质，要定时换入新鲜空气，换气量一般为每昼夜 2 ~4 个库室的容积，换气量过大会增加蛋的干耗量。

（3）定期翻箱和检查鲜蛋质量　翻箱是为了防止产生泻黄、靠黄等次蛋。在 -1.5 ~0℃ 条件下，每月翻箱一次；在 -2.5 ~ -2.0℃ 条件下，每隔 2 ~3 个月翻箱一次。每隔 20 天用蛋器抽检一定数量的鲜蛋，以鉴定其质量，确定以后贮存的时间。

3. 出库时的升温　当外界气温与库温相差较大时，经冷藏的鲜蛋出库时首先应进行升温工作，将蛋放在比库温高而比外界气温低的房间内，使蛋温逐渐升高，防止在蛋壳外面凝结水珠，以延长出库鲜蛋的存放时间。

（二）液浸法

液浸法就是选用适宜的溶液，将蛋浸在其中，使蛋同空气隔绝，阻止蛋中的水分向外蒸发，避免细菌污染，抑制蛋内 CO_2 溢出，达到鲜蛋保鲜保质的方法。用于此法的溶液有石灰水、泡花碱、萘酚盐苯甲酸合剂等，还有的采用混合液浸泡法。常用的主要是前两种。

1. 石灰水贮藏法

（1）石灰水贮藏法的保藏原理　将石灰溶于水中，冷却后用澄清的饱和石灰水溶液贮存蛋。贮藏时利用蛋内呼出的 CO_2 同石灰水中的 $Ca(OH)_2$ 作用生成不溶性的 $CaCO_3$ 微粒，沉积在蛋壳表面，堵塞气孔，这样，蛋的呼吸作用减慢，由蛋内逸散的 CO_2 很少而使 CO_2 留在蛋内，从而使蛋内 pH 有所下降，不仅对微生物的生长不利，同时 CO_2 可以抑制浓厚蛋白的变稀作用。此外，石灰水吸收表面空气中 CO_2，在水溶液表面形成玻璃一样的薄膜，对外界微生物侵入和防止石灰水污染有一定作用。

$$作用原理：CaO + H_2O \rightarrow Ca(OH)_2 + 热$$
$$Ca(OH)_2 + CO_2 \rightarrow CaCO_3 \downarrow + H_2O$$

（2）操作方法　需先配制石灰水溶液，取洁净、大而轻的优质生石灰块 3kg，投入装有 100kg 清水的缸内，用木棒搅拌，使其充分溶解，静置，使其澄清、冷却，然后取出澄清液，盛于另一个清洁的缸内，备用。将经过检验合格的鲜蛋轻轻地放入盛有石灰水的缸中，使其慢慢下沉，以免破碎。每缸装蛋高度应低于液面约 10cm，经 2 ~3 天，液面上将形成硬质薄膜，不要触动，以免薄膜破裂而影响贮蛋质量。

石灰水贮藏法一定要选择质量优良的鲜蛋；贮藏期间还应尽量降低库温及石灰水温，夏季库温不可超过 23℃，水温不高于 20℃，冬季不可结冰；贮藏期间应每日早、中、晚 3 次检查库温和水质。

石灰水溶液浸泡贮蛋法操作简便，贮藏费用低，保鲜效果好，实用性强，易推广，但吃时稍微有石灰味。煮蛋时，应用针在蛋壳大头处刺一个小孔，否则加热时蛋内容物膨胀而使蛋壳破裂。本法贮藏的蛋，其壳较脆，在包装和运输时要轻拿轻放。

2. 水玻璃贮藏法　水玻璃贮藏法的原理是水玻璃遇水后生成偏硅酸或多聚硅酸胶体物

质，能附在蛋壳表面，闭塞气孔，减弱蛋内呼吸作用和生化变化，并阻止微生物侵入，达到保存鲜蛋的目的。水玻璃又叫泡花碱，其化学名称为硅酸钠（Na_2SiO_3），通常为白色、黏稠、透明溶液，易溶于水，呈碱性反应。一般采用3.5~4.0波美度的水玻璃溶液贮藏鲜蛋。

水玻璃溶液贮蛋的技术管理应注意以下几点：

（1）水玻璃贮蛋半个月左右，溶液中会出现白色絮状物质贴在蛋的外表，水呈白灰色，略有混浊，这属正常现象。若溶液呈粉红色，形成一层浓厚浆糊同水分开，这是不正常现象，是温度偏高所致。此时应将蛋捞出洗净，剔除坏蛋，重新配制溶液再贮存。

（2）贮蛋的水玻璃溶液温度，只要不结冰，温度越低越好。

（3）经水玻璃贮藏的鲜蛋，取出销售加工前，应用15~20℃温水将蛋壳表面的水玻璃洗净晾干，否则，蛋壳粘结、易破裂。

（4）此法贮藏的蛋色泽较差、气孔闭塞，煮时也应穿孔。

3. 混合液体保鲜技术 混合液体贮藏保鲜法是比较经济可行的保鲜方法之一。目前已在一些城乡推广应用，效果较好，贮存保鲜8~10个月，其品质仍不变。混合液体的主要组成是石灰、石膏、白矾（即"二石一白"）为原料，因此，有人称为"三合一"保鲜剂。

（1）操作方法 首先配制三合一混合溶液。方法是每50kg清水加生石灰1.5kg、石膏0.2kg、白矾0.15kg便为混合液体。配制成的50kg左右混合液体可贮存鲜蛋50kg。配制时，先将白矾、石膏碾成粉末，过筛后称量，混合均匀备用，将石灰打碎去渣后溶入10~15kg水中，经12h左右溶解后，再用35~40kg水将已乳化的石灰水隔筛冲滤到缸内，除去杂质，边搅拌边加入白矾石膏混合粉，直到粉末全部溶化时为止（见水中旋涡冒去泡沫即止）。一刻钟后，水溶液自然澄清，即可放蛋，放蛋不可太满，应低于水面10~15cm左右，并在缸（池）上加盖，防止灰尘杂质进入，保持缸（池）内清洁。

（2）注意事项 ①严格选蛋。用于贮存的鲜蛋必须确实质好，对蛋源不明的蛋，尤其是市场上采购的鲜蛋，要通过照验后方可贮存。②蛋浸入后要捞出水面上的全部杂质及剔除上浮的蛋。③蛋入浸后1~2天，液面上慢慢形成一层薄膜，具有密封作用，隔绝外界空气的微生物侵入。若未结成薄冰状膜，要检查原因，重新配制混合液。若液面薄冰膜凝结不牢或有小洞不凝结，并闻到石灰气味，说明溶液有变质可能。处理措施是按每50kg液体补加2.5kg左右的石膏和白矾溶液放进容器内。如仍不能改变上述情况，应及时把蛋捞出，重新配制混合溶液。④贮满蛋的容器应放置在空气流通而凉爽的房子里，避免阳光照射。⑤经常注意室内温度。⑥贮藏期间，一个月左右将蛋翻动一次，防止蛋贴壳。翻蛋时手要干净，轻拿轻放。⑦蛋出缸（池等容器）时，应将蛋散开晾干。在容器底部带有沉淀石灰的蛋，可利用缸或池内混合液体清洗干净后，再取出晾干。晾干后的蛋表面洁净光亮，即使暂不出售或加工，再放置一个月左右仍不会变质。

（三）涂膜贮藏法

涂膜贮藏法的原理是在鲜蛋表面均匀地涂上一层涂膜剂，堵塞蛋壳气孔，阻止微生物的侵入，减少蛋内水分和 CO_2 的挥发，延缓鲜蛋内的生化反应速度，达到较长时间保持鲜蛋品质和营养价值的方法。

一般涂膜剂有水溶性涂料、乳化剂涂料和油质性涂料等几种，一般多采用油质性涂膜剂，如液体石蜡、植物油、矿物油、凡士林等，此外还有聚乙烯醇、聚苯乙烯、聚乙酰甘油一酯、白油、虫胶、聚乙烯、气溶胶、硅脂膏等。

鲜蛋涂膜的方法有浸渍法、喷雾法和刷膜法 3 种。但无论哪种方法，涂膜前必须对鲜蛋进行消毒，消除蛋壳上已存在的微生物。此外要注意鲜蛋的质量。涂膜贮存的效果同鲜蛋的质量有密切的关系。蛋越新鲜，涂膜效果越好。使用常温涂膜保鲜，不需要大型设备，投资小、适应性广、见效快，具有较高的经济价值，及时保持了禽蛋的新鲜度，减少了蛋在收购运输过程中的损耗变质。同时由于涂膜后增加了蛋壳的坚实度，可以降低运输过程中的破损率，具有较高的实用价值和经济效益。

以石蜡涂膜法为例，介绍具体涂膜保鲜技术：

1. 选蛋　必须选用新鲜的蛋，并经光照检验，剔去次劣蛋。夏季最好用产后 1 周以内的蛋，春秋季最好用产后 10 天内的蛋。

2. 涂膜　先将少量液体石蜡油放入碗或盆中，用右手蘸取少许于左手心中，双手相搓，粘满双手，然后把蛋在手心中两手相搓，快速旋转，使液蜡均匀微量涂满蛋壳。涂抹时，不必涂得太多，也不可涂得太少。

3. 入库管理　将涂膜后的蛋放入蛋箱或蛋篓内贮存。放蛋时，要放平放稳，以防贮存时移位破损。保持库房内通风良好，库温控制在 25℃以下，相对湿度 70% ～80%。入库管理时注意温湿度，定期观察，不要轻易翻动蛋箱。一般 20 天左右检查 1 次。

4. 注意事项　涂膜保存鲜蛋除严格按以上环节操作外，还应注意以下几个问题：一是放置的吸潮剂，若发现有结块、潮湿现象，应搅拌碾碎后，烘干再用；或者更换吸潮剂。二是温度在 25℃以下；炎热的夏季气温在 32℃以上时，要密切注意蛋的变化，防止变质。三是鲜蛋涂膜前要进行杀菌消毒。四是注意及时出库，保证涂膜的效果。

（四）气体贮藏法

气体贮藏法是用二氧化碳、氮气等气体的作用，来抑制微生物的活动，减缓蛋内容物的各种变化，从而保持了蛋的新鲜状态。最为常见的是 CO_2 气调法，CO_2 气调法就是把鲜蛋贮存在一定浓度的 CO_2 气体中，使蛋内自身所含的 CO_2 不易散发，环境中的 CO_2 也可渗入蛋内，使蛋内 CO_2 含量增加，从而减缓鲜蛋内酶的活性，减弱代谢速度，抑制微生物生长，保持蛋的新鲜度。贮藏过程中适宜的 CO_2 浓度是 20% ～30%。

先用聚乙烯塑料薄膜做成有一定体积的塑料帐，将挑选消毒过的鲜蛋预冷 2 天，使蛋温和库温基本一致，再将吸潮剂硅胶屑、漂白粉分装在布袋或化纤布袋内，均匀放在垛顶箱上，以便防潮、消毒。然后套上塑料帐，用烫塑器把塑料帐与底面薄膜烫牢，形成一个密封环境，不得漏气。再抽成真空，使塑料帐紧贴蛋箱。最后充入 CO_2 气体，使浓度达到要求。此后，每隔 2～6 天测一次浓度，不足时便补充。待浓度稳定后，每星期测定一次，不足便补，直到出库，始终保持在 20% ～30% 的浓度。采用此法在 0℃冷库内贮存半年的蛋新鲜度好、蛋白清晰、浓稀蛋白分明、蛋黄指数高、气室小、无异味。该法贮藏的蛋比冷藏法贮藏的蛋干耗平均降低 2% ～7%，且温湿度要求不严、费用低。

思考题

1. 禽蛋的品质有哪些鉴定方法？我国目前采用的是哪两种方法？

2. 禽蛋的贮藏保鲜有哪些方法？分析一下它们的优劣，我国目前采用最多的是哪几种方法？

3. 为什么气调法要采用 CO_2 或者 N_2？

（张慧芸）

第十九章

传统蛋制品加工

学习目标：通过本章的学习，掌握松花蛋、咸蛋、糟蛋的加工原理和工艺操作要点。能够通过理论学习和实验的操作，具有独立完成产品加工的能力。

传统蛋制品加工主要为再制蛋的加工。再制蛋又称制过蛋，即加工后的成品仍然保持或基本保持原有形状的蛋制品，如松花蛋、咸蛋、糟蛋及其他多味蛋等。再制蛋是我国的特产，产品加工成本相对低，风味特殊，富含营养而且便于携带，吃法方便深受欢迎。

第一节　松花蛋的加工

松花蛋因成品蛋清上有似松花样的花纹，故得此名。又因成品的蛋清似皮冻，有弹性故称皮蛋，松花蛋切开后可见蛋黄呈不同的多色状，故又称彩蛋。因地理位置不同，还有泥蛋、碱蛋、便蛋以及变蛋等称谓。由于加工方法不同，成品蛋黄组织状态差异可分为溏心松花蛋和硬心松花蛋。

优质松花蛋应蛋壳完整，无裂纹。壳面有少量或无黑斑。不贴壳，去壳后蛋清完整而呈棕褐色或茶色，有较大的弹性，有松花似花纹。蛋黄呈多色样。蛋黄外层呈黑绿色或蓝黑色，中层呈灰绿色，土黄色，中心呈橙黄色而有汤心或硬心。优质松花蛋切开后气味清香、浓郁。口尝有轻微的辛辣味和微碱味。食后有回味并有清凉感。松花蛋加工方法很多，所采用的原料基本相同。

一、原料的选择

（一）原料蛋的选择

松花蛋加工用原料为鸭蛋或鸡蛋，要求禽蛋新鲜，蛋壳完整，大小均匀，壳色一致。

（二）配料的选择

1. 生石灰　生石灰即氧化钙（CaO），又名广灰、块灰、角灰、管灰。要求体轻，块大，无杂质，加水后能产生强烈气泡和热量，并迅速由大块变小块，最后呈白色粉末为好，石灰中的有效钙是游离氧化钙。要求有效氧化钙含量不低于75%。

2. 纯碱　纯碱即无水碳酸钠（Na_2CO_3），俗称大苏打、食碱、面碱。要求色白，粉细，含 Na_2CO_3 在96%以上，久存的 Na_2CO_3，吸收空气中碳酸气而生成 $NaHCO_3$（小苏打）使用时效力低，因此，使用前必须测定 Na_2CO_3 含量。

3. 烧碱　即氢氧化钠（NaOH），又名苛性钠、火碱，固体烧碱一般纯度为95%以上，液体烧碱纯度为30%～42%。

4. 食盐　优质食盐含 NaCl 在80%～90%以上，如果含 $MgCl_2$ 等杂质多时则易吸潮。

5. 茶叶　茶叶的化学成分经现代生物化学和医学的研究，充分证明茶叶既有营养价值，又有药理作用。

茶叶中的茶多酚可使松花蛋上色；茶叶中的氨基酸均具有一定的香味和鲜味，这给松花蛋的滋、气味添美；茶叶中主要的生物碱如咖啡碱、茶叶碱可促使蛋白质凝固；茶叶中的芳香物可以赋予松花蛋丰富的气味；茶叶中的色素帮助松花蛋制成品形成特有的色彩；茶叶中的碳水化合物、有机酸、无机盐等也与松花蛋的产品质地、风味有密切关系。

6. 氧化铅　氧化铅即 PbO，又称黄丹粉，是一种淡黄色细粉。是传统法加工松花蛋的添加剂。

7. 草木灰　因含有碳酸钠，因此可起纯碱的作用，如果用柏枝等柴灰还有特殊气味和芳蚝味，可提高松花蛋的风味，增进色泽。草木灰应清洁、干燥，为无杂质的细粉状。

8. 黄土　黄土应选择地下深层的，不含腐植质的优质干黄土。

二、松花蛋加工原理

松花蛋加工方法很多，常用的如料液浸泡法（溏心皮蛋加工法）、直接包泥法（硬心皮蛋加工）、滚灰法及烧碱溶液浸泡法等。虽然方法不同，但成熟过程中的变化机理是相同的。

（一）加工过程中蛋内容物的变化

鲜蛋加工而成松花蛋起主要作用的是氢氧化钠。可以说，松花蛋即是鲜蛋在一定浓度的氢氧化钠中，在一定的温度、湿度条件下，经适当的成熟时间，氢氧化钠使蛋内容物发生一系列复杂变化的结果而制成的成品。

传统的加工方法采用了生石灰和纯碱，二者作用则产生氢氧化钠。松花蛋加工成熟的过程，即是 NaOH 向蛋内渗透的过程，也是蛋内容物在 NaOH 作用下发生变化的过程。这变化过程是肉眼可看到但不能明显分开的三个阶段。

1. 液化期　首先是浓蛋白在碱作用下呈现液化，称为"作清期"（液化期）。初期在碱性条件下，料中的 Na^+、Cl^- 以及 OH^- 离子，通过气孔和壳下膜而进入，蛋内的 pH 值迅速上升，蛋白质表面的亲水基团则带上了越来越多的负电。这样，由于静电斥力的关系，使蛋白质分子越来越疏松，破坏了蛋白质的三、四级结构，使原来在分子内部的非极性基团最大程度地暴露出来。原来的结合水，有一部分变自由水，蛋白的黏度也下降，甚至达到最低值，蛋白呈现水样，这就是变化的最初阶段，即"作清期"。蛋内的 NaOH 含量约为 $0.3\% \sim 0.6\%$。

2. 凝固期　接着出现蛋白胶陈状，称"凝固期"。随着 NaOH 渗入，当 NaOH 含量达 0.7% 左右时，蛋白质二级结构的氢键也受破坏，主链也开始带上了少量的负电，由于负电斥力的关系，把 α-螺旋结构或 β-拆叠结构拉直，增加了亲水部位，蛋白质吸附水的能力增大，结果使原来的自由水大量被吸附而成结合水，原来变得松散的蛋白质分子，通过与水的作用而形成氢键连接在一起，形成蛋白质凝胶状，这就是肉眼看到的凝固期。

3. 成色期　随着出现蛋黄多色状，产品具有了特殊的滋、气味和松花花纹，此期称"成色期"或"成熟期"。蛋白质凝固后，蛋内 OH^-、CO_3^{2-}、PbO^-、Na^+、Cl^- 等离子的浓度相对增大，这些离子一部分又回到料液中去，一部分进入蛋黄，使蛋黄发生变化。如蛋黄由于蛋白中有大量 NaOH 而损伤膜的致密度，蛋白中水分及其他离子进入蛋黄中的速度加快，至使蛋黄中蛋白质变性和呈现变色，脂肪也发生皂化。

（二）加工对蛋制品的影响

1. 颜色上的变化及原因　松花蛋的呈色原因较为复杂，鲜蛋蛋白呈透明的微黄色，蛋白中的糖，除大部分与蛋白质结合外，还有一部分呈游离状、蛋在料液中浸泡，游离态糖的醛基与蛋白质氨基在碱性条件下发生变色反应，呈茶色、棕褐色、玳瑁色、茶红色。

蛋黄在碱的作用下，含硫氨基酸分解产生硫化氢。硫化氢与蛋黄中的色素结合而呈墨绿色，与铁（茶叶中和蛋黄中均含有）结合成硫化铁为黑绿色，与铅结合成硫化铅为青黑色。茶叶中的色素，给蛋黄带来了古铜色、茶色。

2. 风味变化　鲜蛋在碱性条件下蛋白质经酶分解而成氨基酸，故松花蛋有鲜味。蛋白质的分解产物为氨和硫化氢，因此具有轻微的 NH_3、H_2S 的气味为产品的特征。氨基酸分解产生酮酸而有微苦味。加食盐而成品有咸味。

3. 加工对蛋营养物质的影响　蛋白中的酶在碱性条件下，将蛋白质分解成氨基酸，氨基酸与盐类生成混合结晶体，形成松花花纹样物质。

传统方法加工溏心松花蛋，经常在料液中加入卫生许可范围内的氧化铅。加氧化铅，一方面有呈色作用（如生成硫化铅），另一方面氧化铅在松花蛋成熟的后期，有减缓氢氧化钠向蛋内渗入的速度，便于掌握出缸时间，防止产生碱伤蛋，可生产出质地优良的松花蛋。

由于铅是有毒的物质，目前市面上多采用无铅松花蛋的生产工艺。一般不放铅或者采用相应的替代物如铝、锌、锡等。

三、松花蛋的加工方法

松花蛋的加工方法各地不同，但大同小异。现按不同类型，介绍几例。

（一）浸泡法（溏心皮蛋加工法）

此法即将选好的鲜蛋用配制好的料液进行浸泡而制成的松花蛋，此法优点是便于大量生产；浸泡期间易于发现问题；残余料液经调整浓度后可重复使用，是当前加工松花蛋广泛使用的方法。工艺流程如下：

1. 原料蛋的准备　原料蛋经感官检查，光照鉴定必须是形状正常、颜色相同、蛋壳完整、大小一致的新鲜蛋才能使用。然后洗净、晾干，再次用竹片敲打法或两蛋相碰法挑出裂纹蛋，将合格蛋一一入缸。

2. 配制料液

（1）原材料的需要量　根据加工蛋量确定料液需要量，然后根据料液量和原材料质量以及要求料液中氢氧化钠浓度而计算原材料的需要量。石灰和纯碱需要量的计算：

石灰和纯碱是主要的原材料，使用前应进行质量分析，求知石灰中所含有效氧化钙的量和纯碱中所含碳酸钠的量。然后根据石灰和纯碱作用的反应式求出石灰（用 Y 代）和纯碱（用 X 代）需要量。

$$Y = \frac{56.08 \times A}{80 \times b} \times W \times 1.5 \qquad\qquad X = \frac{106 \times A}{80 \times a} \times W$$

式中：A——料液中氢氧化钠应有的浓度（%）；W——料液需要量（kg）；a——纯碱中碳酸钠的含量（%）；b——石灰中有效氧化钙的含量（%）；1.5——经验系数。

红茶和食盐用量为料液的 3.5%。如果用其他茶叶，用量适当增大，氧化铅用量为 0.2% ~ 0.3%。

如果石灰和纯碱质量很好，可采用碱:石灰为 1:1 或 1:2 的新配方制备料液。这两个配方所制成的料液，其氢氧化钠含量均为 5% 左右，可得到较好的产品。

（2）料液的配制 将茶叶投入耐碱性容器或缸内，加入沸水。然后放入石灰（分多次放入）和纯碱，搅均溶解。取少量料液于研钵内，放入氧化铅，研磨使溶解。而后倒入料液中，再加入食盐。充分搅匀后捞出杂质及不溶物（清除的石灰渣应用石灰补足量），凉后使用。

3. 料液的检定 取少量上清液进行氢氧化钠浓度检查。

4. 灌料及管理 将冷后的料液搅均，灌入蛋缸中，使蛋全部淹没为止。盖上缸盖，注明日期，待其成熟。

浸泡成熟期间，蛋缸不许任意移动。室内温度以 20 ~ 25℃ 为佳。成熟期约 35 ~ 40 天。后期应定时抽样检查，以便确定具体出缸时间。

5. 出缸 成熟好的松花蛋用特制蛋捞子捞出，然后用残余上清液洗去壳面污物，沥干并经质量检查即可出售。如需存放或运输必须进行包泥或涂膜包装。

6. 包泥 用废料液拌黄土使呈糊状进行包制。也可用聚乙烯醇或火棉胶等成膜剂涂膜后包装出售。

（二）硬心皮蛋加工法

硬心皮蛋因起源于湖南，故又称湖南彩蛋加工法。

1. 原料要求 原料蛋及原材料质量要求同浸泡法。硬心皮蛋加工时常采用植物灰为主要辅助材料，因此植物灰应达质量要求。一般不加氧化铅。

2. 加工方法 加工工艺流程如下：

（1）灰料泥制备 料泥配方为：草木灰 30kg，水 30 ~ 48kg，纯碱 2.4 ~ 3.2kg，生石灰 12kg，红茶叶 1 ~ 3kg，食盐 3 ~ 3.5kg。

制料方法：将茶叶投入锅中加水煮透，加生石灰，待全溶后加碱加盐。经充分搅拌后捞出不溶物（不溶的石灰石必须用生石灰补足量）。然后向此碱液中加草木灰，再经搅均翻匀。待泥料开始发硬时，用铁铲将料取于地上使其冷却。为了防止散热过慢影响质量，地上泥块以小块为佳。次日，取泥块于打料机内进行锤打，直至泥料发黏似浆糊状为止，此时称熟料。将熟料取出放于缸内保存待用。使用时上下翻动使含碱量均匀。

（2）验料 简易验料法即取灰料的小块于碟内抹平，将蛋白少量滴于泥料上，10min 后进行观察。碱度正常的泥料，用手摸有蛋白质凝固呈粒状或片状有黏性感；无以上感觉为碱性过大；如果摸而有粉末感，为碱性不足。碱性过大或不足均应调整后使用。

（3）包灰泥料、装缸 每个蛋用料泥 30 ~ 32g。泥应包的均匀而牢固，因此应用两手搓捆蛋。包好后放入稻壳内滚动，使泥面粘着稻壳均匀，防止蛋与蛋粘连在一起。蛋放入缸内应放平放稳，并以横放为佳。装至距缸口 6 ~ 10cm 时，停止装缸，进行封口。

（4）封缸、成熟 封缸可用塑料薄膜盖缸口，再用细麻绳捆扎好，上面再盖上缸盖，也可用软皮纸封口，再用猪血料涂布密封。装好的缸不可移动，以防泥料脱落，特别在初期。成熟室温度以 15～25℃ 为适。防止日光晒和室内风速过大。春季 60～70 天，秋季 70～80 天即可出缸销售。

（5）贮存　成品用以敲为主、摇为辅的方法检出次蛋，如烂头蛋、水响蛋、泥料干燥蛋、脱料蛋、破蛋等。优质蛋即可装箱或装筐出售或贮存。成品贮存室应干燥阴凉、无异味、有通风设备，库温15～25℃，这样可保存半年之久。

四、松花蛋的品质鉴定

（一）感官评定

1. 组织状态　优质松花蛋外包泥应均匀、完整、湿润、无霉变，蛋白呈凝固半透明状，有弹性。硬心松花蛋的蛋黄应凝固而中心处可有少量溏心；溏心松花蛋，蛋黄呈半黏胶状，中心处为凝固硬心。

2. 色泽　蛋白呈棕褐色、玳瑁色或棕黄色半透明状，有松花花纹；蛋黄呈深、浅不同的墨绿色、茶色、土黄色和褐色。

3. 滋、气味　具有松花蛋应有的滋味，无其他气味。如应有轻度的 H_2S 及 NH_3 味和不易尝出的苦辣味。

（二）理化指标

如表 19－1 所示。

表 19－1　松花蛋理化指标

指标	硬心松花蛋	溏心松花蛋
碱度	15°	10°
水分	68%～70%	68%～70%
蛋白质	12%	12%
含油量	≥12%	≥12%
食盐	1.5%～2%	0.5%～2%
游离脂肪酸	≤5.6%	≤5.6%
灰分	2%	2%
铅	≤3mg/kg	≤3mg/kg

第二节　咸蛋腌制

咸蛋又称腌蛋、盐蛋，是一种风味特殊、食用方便的再制品。咸蛋的生产极为普遍，全国各地均有生产，其中尤以江苏的高邮咸鸭蛋最为著名，个头大且具有鲜、细、嫩、松、沙、油六大特点，用双黄蛋加工的咸蛋，色彩更美，风味别具一格，颇为消费者喜爱。

一、咸蛋的腌制原理和在腌制过程中的变化

咸蛋主要用食盐腌制而成。蛋经盐水浸泡后，不仅增加其保藏性，而且滋味可口，因

此咸蛋便由贮蛋方法变成了加工再制蛋的方法。食盐有一定的防腐能力，可以抑制微生物的繁殖，使蛋内容物的分解和变化速度延缓，所以咸蛋的保存期比较长。

（一）咸蛋的腌制原理

1. 腌制过程中食盐的扩散过程　食盐溶解在水中，可以发生扩散作用。食盐所以具有防腐能力，主要就是产生渗透压的缘故。咸蛋的腌制过程，就是食盐通过蛋壳及蛋壳膜向蛋内进行扩散和蛋内水分向外渗透的过程。

蛋腌制时，含有食盐的泥料或食盐水溶液包围在蛋的外面，这时蛋内和蛋外含有两种不同程度的食盐浓度而产生渗透压，蛋外的食盐溶液的浓度大，而蛋内的食盐浓度低，蛋外食盐溶液的渗透压也大于蛋的内部，从而泥料里的食盐成分或食盐水溶液里的食盐成分通过蛋壳、蛋壳膜和蛋黄膜渗入蛋内，而蛋中的水分通过渗透，也不断地被脱出而向外渗出，移入泥料或食盐水溶液中。蛋腌制成熟时，蛋液里所含的食盐成分浓度，与泥料或食盐水溶液中的食盐浓度基本相近时，渗透和扩散作用也将停止。

2. 食盐在蛋腌制过程中的主要作用

（1）食盐溶液产生很强的渗透压，把细菌胞体的水分渗出，使细菌细胞的原生质起分离作用，导致细菌不能再进行生命活动，甚至死亡。

（2）由于腌制时食盐渗入蛋内，使蛋内水分脱出，降低了蛋内水分含量，而使食盐浓度提高，从而也抑制了细菌的生命活动。

（3）食盐可以降低蛋内蛋白酶的活动和降低细菌产生蛋白酶的能力，从而延缓了蛋的腐败变质速度。

（4）蛋在腌制过程中，由于食盐渗透到蛋内，使食盐含量适合于人们的口味，改变了蛋原来的性状和风味。

（二）蛋在腌制过程中的变化

1. 水分含量变化　随着腌制时间的延长而下降。因为食盐溶液的浓度大于蛋内，所以，蛋内水分的渗出，是从蛋黄通过蛋白逐渐转移到盐水中。腌制时间愈长，咸蛋内的水分含量愈会降低。

2. 食盐的含量变化　随着腌制时间的延长而增加，主要表现为蛋白中食盐含量的增加，在蛋黄中因脂肪含量高，会阻碍食盐的渗透性和扩散性，所以，蛋黄中食盐含量增加不多。

3. 黏度和组织状态　在腌制期间，随着食盐的渗入，蛋白的黏度变稀，呈水一样的物质，而蛋黄的黏度增加变稠，呈凝固状态。

4. pH 值　咸蛋的 pH 值与鲜蛋的 pH 值显著不同，随着腌制时间的延长，蛋白 pH 值逐渐下降，由碱性向中性发展，这可能是由于食盐的渗入破坏了蛋白中的溶菌酶等碱性蛋白质的结果，与蛋内碳酸气的排出也有关系。蛋黄的 pH 值变化不明显，由开始的 6.10 至 30 天时下降至 5.77，变化缓慢，蛋黄的 pH 值下降，同脂肪的增加有关。

5. 蛋黄含油量　咸蛋在腌制过程中，蛋黄内含油量上升较快，腌制 10 天时更明显，以后则缓慢上升。蛋黄含油量的增加，对咸蛋风味的形成有一定意义。

6. 重量变化　咸蛋在腌制期间，其重量略有下降，主要是水分的损失引起的。

二、原料蛋和辅料的选择

加工咸蛋主要用鲜鸭蛋。为使咸蛋质量符合要求，加工前必须对准备加工的鲜鸭蛋进行感官鉴定，灯光透视、敲蛋和分级等工序。要选择蛋壳完整、蛋白浓厚、蛋黄位居中心的鲜鸭蛋作为原料蛋。要严格剔出破、次、劣蛋。通常为使出口咸蛋达到出口的质量要求，对已经选好的鲜鸭蛋，还须认真、准确地分级。分级标准同皮蛋加工。

腌制咸蛋所用的辅料主要为食盐、黄泥、草灰和水等。

1. 食盐 用于腌制咸蛋的食盐，其感官指标要求是：白色、咸味，无杂物，无苦味、涩味，无臭味。理化指标要求是：氯化钠的含量在96%以上。

2. 黄泥和草灰 选用深层的黄泥或红泥须无异味，无杂土。草灰要求纯净，均匀。

3. 水 加工咸蛋用的水，大多数用干净的清水。如有条件，最好用冷开水，以保证产品的质量，避免杂质、微生物对腌制过程的影响。

三、咸蛋加工方法

咸蛋的加工方法很多，主要有草灰法、盐泥涂布法和盐水浸渍法等。

（一）草灰法

草灰法又分提浆裹灰法和灰料包蛋法两种。

1. 提浆裹灰法

（1）配料 各地生产的咸蛋，其配料标准均不一样，要根据内外销的区别、加工季节和南北方口味不同，其配料标准也有所变动，现将不同地区的配料标准列于表19-2。

表19-2 咸蛋配料参考表（每千枚鸭蛋）

配料	地区					
	北京	江苏	江西	湖北	浙江	四川
稻草灰（kg）	15	20	15~20	15~18	17~20	22~25
食盐（kg）	4~5	6	5~6	4~5	6~7.5	7.5~8
清水（kg）	12.5	18	10~13	12.5	14~18	12~13

（2）加工方法 用提浆裹灰法加工咸蛋主要有打浆、提浆和裹灰等程序。

①打浆：打浆时先将食盐溶于水中，再将草灰分批加入，在打浆机内搅拌均匀，使灰浆搅成不稀不稠，将手伸入灰浆内，取出后皮肤呈灰黑色、发亮、灰浆不流，不起水、不成块、不成团下坠；灰浆放入盘内不起泡。灰浆过夜后即可使用。

②提浆、裹灰：提浆时将已排好的原料蛋放在经过静置搅熟的灰浆内翻转一下，使蛋壳表面均匀地粘上约2mm灰浆，再经过裹灰或滚灰。裹灰须注意干草灰不可敷得过厚或过薄，一般以2mm厚为宜。如过厚会降低蛋壳外面灰料中的水分，影响咸蛋腌制成熟时间。过薄则使蛋外面灰料发湿，易造成蛋与蛋之间相互粘连。

③捏灰：裹灰后还要捏灰，即用手将灰料紧压在蛋上。捏灰要松紧适宜，滚搓光滑，厚度均匀一致无凹凸不平或厚薄不均匀现象。

经过裹灰，捏灰后的蛋即可点数入缸或篓。如使用竹篓时，在装蛋前要在篓底及四周垫铺包装纸，一般装蛋 300 枚左右，再盖上一层纸，而后将木盖盖于竹篓上。出口咸蛋一般都使用尼龙袋，纸箱包装，每箱装蛋 160 枚。用此法腌制咸蛋夏季约 20~30 天，春、秋季 40~50 天即可。

2. 灰料包蛋法

（1）配料

鲜鸭蛋　1 000 枚　　　　食盐　3.5~4kg

稻草灰　50kg　　　　　　清水适量

（2）加工方法　稻草灰和食盐混在容器内，再加入适量的水，充分搅拌混匀，使灰料成团块。将选好的蛋洗净晾干后，即可把灰料包于蛋外，厚薄须均匀，包好后，逐个放入缸中。夏季约 15 天，春秋季约 30 天，冬季约 30~40 天就可腌成咸蛋。

（二）盐泥涂布法

盐泥涂布法，主要是用食盐加黄泥调成泥浆来腌制咸蛋。

1. 配料

鲜鸭蛋　1 000 枚　　　　食盐　6~7.5kg

干黄土　6.5kg　　　　　　清水　4~4.5kg

2. 加工方法　将食盐放在容器内，加水使其溶解，再加入搅碎的干黄土。待黄土充分吸水后调成浆糊状的泥料，泥料的浓稠程度可用鸭蛋试验，将蛋放入泥浆中，若蛋的一半浮在泥浆上面，则表明泥浆的浓稠程度最为合适。然后将经过检验的新鲜鸭蛋放在调好的泥浆中，使蛋壳上全部粘满盐泥后，点数入缸或箱内，装满后将剩余的泥料倒在容器中咸蛋的上面，加盖。夏季 25~30 天，春、秋 30~40 天，就可腌制成咸蛋。为了使泥浆咸蛋不粘连，外形美观，可在泥浆外面滚上一层草木灰，即成为泥浆滚灰咸蛋。

（三）盐水浸泡法

盐水腌蛋，方法简单，盐水渗入蛋内较快，用过一次的盐水，追加部分食盐后可重复使用。其腌制方法是：把食盐放入容器中，倒入开水使食盐溶解，盐水的浓度为 20%，待冷却至 20℃左右时，即可将蛋放入浸泡，蛋上压上竹篓，再加上适当重物，以防上浮，然后加盖。夏季 20~25 天，冬季 30~40 天即成。

盐水腌蛋一个月后，蛋壳上会出现黑斑，因此这种咸蛋不宜久存。

四、咸蛋的化学成分和质量要求

（一）咸蛋的化学成分和营养价值

咸蛋的化学成分随着原料蛋的变化而变化，同时，也受配料标准、加工方法和贮藏条件的影响。鲜鸭蛋加工成咸蛋后，其化学成分亦发生了变化。

由于食盐的渗透作用，咸蛋的含水量降低；碳水化合物、矿物质和微量元素有所增加，能量也有所上升；维生素 E 含量有所提高，其余维生素略有损失；蛋白质和脂肪没有多大变化。咸蛋与新鲜鸭蛋相比，其营养价值极为接近。咸蛋具有特殊的风味，受人们喜爱，常用于拼盘作凉菜食用，也可供小吃用。

（二）咸蛋的质量要求和次劣咸蛋产生的原因

1. 咸蛋的质量要求　咸蛋的质量要求包括：蛋壳状况、气室大小、蛋白状况（色泽、有否斑点、细嫩程度）、蛋黄状况（色泽、是否起油）和滋味等。

蛋壳：咸蛋蛋壳应完整、无裂纹、无破损、表面清洁。

气室：应该小。

蛋白：蛋白纯白、无斑点、细嫩。

蛋黄：色泽红黄，蛋黄变圆且黏度增加，煮熟后黄中起油或有油析出。

滋味：咸味适中，无异味。

2. 咸蛋验收标准及方法

（1）抽样方法　对于出口咸蛋，采取抽样方法进行验收。1～5月、9～12月按每100件抽查5%～7%，6～8月按100件抽查10%，每件取装数的5%。抽检人员可根据到货的品质、包装、加工、贮存等情况，酌情增减抽检数量。

（2）质量验收　抽验时，不得存在红贴壳蛋、黑贴壳蛋、散黄蛋、臭蛋、泡花蛋（水泡蛋）、混黄蛋、黑黄蛋。

（3）重量验收　自抽检样品中每级任取10枚鉴定大小是否均匀，先称总重量，计算其是否符合分级标准。再挑出小蛋分别称重，检查其是否符合规定。平均每个样品蛋的重量不得低于该等级规定的重量。但允许有不超过10%的邻级蛋。

3. 次劣咸蛋产生的原因　咸蛋在加工、贮存和运输过程中，间有次劣蛋产生。有些虽质量降低，但尚可食用，也有些因变质而失去食用价值。次劣咸蛋在灯光透视下，各有不同的特征。

（1）泡花蛋　透视时可看到内容物有水泡花，泡花随蛋转动，煮熟后内容物呈"蜂窝状"，这种蛋称为泡花蛋，不影响食用。产生原因主要是鲜蛋检验时，没有剔出水泡蛋；其次是贮存过久，盐分渗入蛋内过多。防止方法是不使鲜蛋受水湿、雨淋，检验时注意剔出水泡蛋，加工后不要贮存过久，成熟后就上市供应。

（2）混黄蛋　透视时内容物模糊不清，颜色发暗，打开后蛋白呈白色与淡黄色相混的粥状物。蛋黄的外部边缘呈淡白色，并发出腥臭味，这种蛋称为混黄蛋，初期可食用，后期不能食用。产生原因是由于原料蛋不新鲜，盐分含量不够，加工后存放过久所致。

（3）黑黄蛋　透视时蛋黄发黑，蛋白呈混浊的白色，这种蛋称为"清水黑黄蛋"。产生原因是加工咸蛋时，鲜蛋检验不严，水湿蛋、热伤蛋没有剔出；在腌制过程中温度过高、存放时温度高、时间过久而造成。防止的方法是：严格剔出鲜蛋中的次劣蛋，腌制时防止高温，成熟后不要久贮。

此外，还有红贴皮咸蛋、黑贴皮咸蛋、散黄蛋、臭蛋等。这些都是由于加工原料蛋不新鲜所造成的。

第三节　糟蛋加工

糟蛋即用糯米饭作培养基，用酒曲作菌种而酿制成的物质称糟，用糟来加工鲜鸭蛋而制成的蛋制品，其中以浙江省的平湖糟蛋和四川的叙府糟蛋，闻名国内外，运销日本、东南亚各国及我国港澳地区。

糟蛋根据成品外形可分为软壳糟蛋和硬壳糟蛋。软壳糟蛋可用生蛋直接加工，也可将蛋加热处理后加工，制成品的石灰质蛋壳已脱落或消失，仅有壳下膜包住，似软壳蛋。硬壳糟蛋，常用生蛋直接糟制，成品仍有蛋壳包住，平湖糟蛋和叙府糟蛋是用生蛋为原料糟制而成的软壳糟蛋。成品蛋白呈乳白色，胶冻状，蛋黄呈橘红色，半凝固状，有酒香味，是一种冷食佳品。

一、原材料的选择

（一）原料蛋

糟蛋加工所用原料蛋应经感观鉴定和光照检查而挑出的蛋形正常、大小均匀、蛋壳完整的新鲜鸭蛋。

（二）糯米

糯米是加工糟蛋的主要材料。加工 100 个蛋需糯米 8 ~ 10kg。要求糯米应米粒大小均匀、洁白、含淀粉多，含脂肪及蛋白质少，无异味。

（三）酒药

又名酒曲，是酿酒用的菌种。它是多种菌种培养在特殊培养基（用辣蓼草粉、芦黍草粉、一丈红粉等制作成的培养基）上而制成的一种物质。它是酿酒用的发酵剂和糖化剂。这种菌种是经多年纯化培养而成的。主要菌种有毛霉、根霉、酵母及其他菌种。根霉、毛霉属霉菌中含有丰富的淀粉酶，对葡萄糖、果糖、麦芽糖均有很好的发酵作用，有强的糖化能力。菌种还能产生水果香气，具有分解蛋白质的能力。常用的酒药有三种：

1. 绍药 绍酒药是酿制著名绍兴酒所用的菌种。是用糯米粉配合辣蓼粉及芦黍粉混合，再用辣蓼汁调制而成一种的发酵剂，用此酒药酿制成的酒糟，香味较浓，但酒性过强生产糟蛋单一使用可缩短成熟时间，但产品辣味浓、滋气味差。

2. 甜药 系面粉或米粉、一丈红粉等混合制成的发酵剂。此物制成的糟，酒性弱，含醇量低，单独使用成熟时间长，但味甜，所以不能单独使用。

3. 糠药 系芦黍粉、辣蓼草粉、一丈红粉混合制成，糠药制成的糟味略甜，酒性温和，性能处于绍药和甜药之间。

目前加工糟蛋多采用绍药和甜药混合使用，其用量应预先进行小型试验，酒药采用的种类及用量是否适当，应看制出的糟是否有适当的发酵力和糖化力，是否能使蛋白质很好的凝固；糟应能防止蛋在糟制过程中杂菌的繁殖；糟应有一定的醇香味，又必须有一定的甜味。一般每 100kg 糯米用绍药 165 ~ 215g，甜药 60 ~ 100g，但酒药用量除与质量有关外，还与发酵时的温度有关。

所以，温度高，酒药用量相对地少，但在任何温度条件下，甜药应少于绍药，否则糖化力强，甜味大，制出的糟易酸败。

（四）食盐

应采用符合卫生标准的洁白、纯净海盐。

（五）水

应使用无色、无味、透明的洁净水，pH 近于中性，未检出硝酸盐、氨氮及大肠杆菌等。有机物含量每升不多于 5mg，固形物每升不超过 100mg。

二、糟蛋加工的基本原理

糯米在酿制过程中，由于糖化菌的作用，将糯米中的淀粉分解成糖类，糖再经酒精发酵而产生醇类（主要是乙醇），优质糯米含淀粉多，产生醇的量则大，一部分醇氧化成乙酸。酸、醇能使蛋白和蛋黄变性、凝固，从而使蛋白变为乳白色的胶冻状，蛋黄呈半凝固的橘红色，糟中的醇与酸作用产生酯，所以，产品有芳香味。

糟中醇和糖由壳下膜渗入蛋内，故成品有酒香味及微甜味；蛋在糟制过程中受乙酸作用，使蛋壳中的碳酸钙溶解，蛋壳变软，故成品糟蛋似软壳蛋；鲜蛋由于长时间的糟渍，糟中有机物渗入蛋内，因而成品变得膨大而饱满，重量增加；食盐渗入蛋内，可使蛋内容物脱水和促使蛋白质凝固，也有调味作用；糟中乙醇含量虽然不多，仅达15%，但蛋在糟中糟制时间长，所以蛋中微生物，特别是致病菌均被杀死。因此，糟蛋可生食。

三、糟蛋的加工

糟蛋的加工一般可分四个工段，即制糟、选蛋击壳、糟制，品质鉴定及分装。

以平湖糟蛋为例介绍加工工艺流程如下：

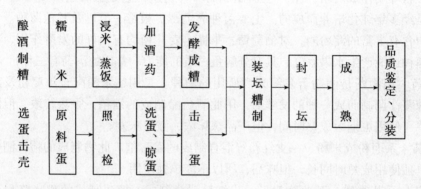

1. 酿酒制糟 即将糯米加工酿制成糟。

（1）糯米浸泡 将合乎要求的糯米洗净，用附合卫生标准的清洁水浸泡，使米中淀粉吸水膨胀，便于蒸制成饭。因此，浸泡时间可因米质和气温不同而有异，一般温度可浸泡20~24h。

（2）蒸米成饭 将米蒸成熟饭其目使米中淀粉糊化，有利于发酵。要求饭应为熟透而不烂、无白心、熟而不黏的粒状饭，这样既利于糖化，发酵好，又不烂糟。

蒸饭时，将泡好的米洗净，放入装好假底和蒸饭垫的木桶内，米面铺平，开始加热蒸煮。当蒸汽透过糯米面时，盖上木盖继续蒸10min。然后打开木盖，并用洗帚向米饭表面均匀地洒上热水，使上层米水分均匀，米粒充分膨胀，再盖上盖蒸10min左右。然后打开盖用木棒搅拌米饭后再蒸5min左右，以达米饭完全、均匀地熟透为止。

（3）加酒药 为了使饭温迅速降至菌种需要的发酵温度，蒸好的饭用凉开水冲数分钟，冲淋次数和时间决定于气温，气温高可多淋凉开水。至使米饭温达30℃左右，即可拌酒药。

绍酒药和甜药按需要量称好，研成粉状，将米饭倒入缸内，均匀地拌入混合酒药粉。然后铺平拍紧，并使中心部形成一圆窝，再于饭表面撒上一薄层酒药粉即可。

（4）发酵成糟 将装有拌药饭的缸盖上盖（清洁、干燥的草盖），缸外有6cm厚的保温层，以便促使淀粉糖化和酒精发酵。

随着糖化和发酵的进行，饭温逐渐升高，经22~30h，可达35℃。此时便有酒露出现，并流集于缸中央的凹形圆窝内。当酒露达到3~4cm深时，为了防止饭温过高、成糟发红而有苦味，必须将盖稍打开使降温，为了防止醋酸菌浸入影响糟的质量，可定时用凹窝内的酒露浇洒糟面及四周缸内壁，使酒糟充分酿制成熟，以供糟蛋使用。

优质酒糟应色白，味略甜，香气浓，有酒香味，酒精含量在15%左右。如果糟呈红色，有酸味或辣味或苦味均为坏糟，不能使用。

2. 选蛋、击壳

（1）选蛋 经感观鉴定和照蛋，除去陈、次、小及畸形蛋，然后按重量分等级。其规格如表19-3所示。

表19-3 平湖糟蛋的选蛋分级

级别	特级	一级	二级
每千枚重（kg）	75	67.5~75	63~67.5

（2）洗蛋 糟制前的蛋逐个清洗，除去污物，再次漂净，于通风处阴干或洁净毛巾擦干。

（3）击蛋破壳 击蛋破壳是平湖糟蛋的特殊工艺。目的在于使蛋在糟制过程中，糟中醇、酸、糖等物质迅速渗入蛋内，缩短成熟时间，又便于蛋壳软化和脱壳。

击蛋方法，左手心内放一枚蛋，右手拿竹片，对准蛋的长轴（纵侧），轻轻一击，使蛋壳产生一条纵向裂纹。然后将蛋转半周，并以同样方法击一下，使二条纵向裂纹延伸相连成一线，击蛋用力要适当。要求破壳不破壳下膜，否则不能做原料蛋。

3. 装坛糟制

（1）蒸坛消毒 将检查无破裂现象的坛子用清水洗净，然后进行蒸汽消毒，消毒时，先在坛底外部涂上石灰水，然后置于带孔的木锅盖上，加热使锅内水沸腾进行蒸汽消毒，直至坛底石灰水干为止。坛底漏气者不能使用。

消毒好的坛，口向上使蒸汽外溢，再一一口向上堆放。坛与坛之间用三丁纸两张衬垫，最上层的坛口盖上三丁纸后并用瓷石砖压住，备用。

（2）装坛糟制 于消毒后的坛内，铺上一层糟，量约4kg。将击破壳的蛋，大头向上，一一插入糟内，其密度以蛋间有糟，蛋在糟中能旋转自如为合适。当第一层蛋放妥后，再铺糟4kg，如上法再放蛋一层。这样层糟，层蛋，直至满坛为止。最上一层铺上9kg糟，并在糟上洒一层盐，但要防止盐下沉直接与蛋接触。平湖糟蛋每坛装120个，用糟14.5~17kg，用盐1.7~1.85kg。如果糟制蛋少，用盐量也应相应减少。

（3）封坛、成熟 坛口用纸刷上猪血，将坛口密封，外面再用竹壳包住牛皮纸，最后用草绳扎紧。

封闭好的坛，每四个为一叠，坛间垫上两张三丁纸以取吸潮作用。这样即可入仓进行成熟。成熟过程中严禁任意搬动而使食盐下沉。最上一层坛口用方砖压实。

糟蛋成熟时间为4.5~5个月。每月定期抽样检查，根据糟蛋的变化情况，判别糟蛋品质、成熟过程中的变化。成熟完的糟蛋，打开坛口进行品质鉴定和分级。

4. 品质鉴定、分装

（1）优质糟蛋　蛋壳与壳下膜完全分离，蛋壳全部或大部分脱落。个大而丰满，色泽乳白光亮，洁净。蛋白似乳白胶冻状，蛋黄呈半凝固状的橘红色，蛋黄与蛋白界限分明。具有浓郁的酒香和脂香味，略有甜味及咸味，无异味。不带酸辣味。

（2）废品蛋　常见的废品蛋有矾蛋、水浸蛋、嫩蛋。

矾蛋：矾蛋即蛋壳变厚似燃烧后的矾一样，故得此名称。这类蛋的产生是由于蛋壳变质，坛内同一层蛋膨胀挤成一团，蛋不成形，糟成糊状，形成"凝坛"，不能取出蛋。

矾蛋的产生，一般是自上而下。所以，即早发现，下层还有好糟蛋，可取出另换坛换糟，减少损失。

矾蛋产生的原因，上层糟面过薄，盐粒未溶而落，至使蛋壳变质。坛有漏裂处，使糟液减少，蛋与蛋相互接触，挤压，这时醋酸与蛋壳发生作用，而使蛋与糟粘结成块，形成凝坛。另外，坛消毒不彻底或糟质不良以及原料蛋不新鲜也是矾蛋产生的原因。

水浸蛋：水浸蛋的产生原因，主要是糟质量差，含醇量过少，使蛋白凝固不良或仍呈液体状，色砖红，蛋黄硬实而有异味，不能作食用。

嫩蛋：嫩蛋即蛋黄已凝固，蛋白仍为液体。这种蛋产生的原因是，加工时间过晚，蛋还未糟制成熟，气温已下降之故，补救方法，可用沸水泡蛋或煮一会，使蛋白凝固，可食用，但失去了糟蛋固有的香味。

平湖糟蛋以 120 个蛋的大坛进行糟制，但出售时，分装为 4 个成品一小坛，装坛仍在蛋四周装满糟，严密封闭以防变质。

第四节　其他蛋制品加工

一、蛋肠的加工

蛋肠是一种以鸡蛋为主要原料，适当添加其他配料，仿照灌肠工艺，经灌制、漂洗蒸煮、冷却等工序加工而成的一种蛋制品，具有营养丰富、味美辛香、食用方便，易于贮存等特点。

（一）工艺流程

蛋肠的工艺流程如下：

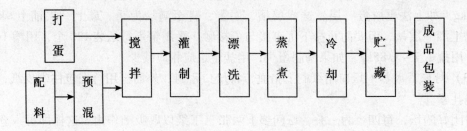

（二）加工方法

1. 配料

鲜鸡蛋	50kg	湿蛋白粉	10kg
葱汁	500g	食盐	1.8kg
胡椒粉	60g	温水（40℃左右）	2.5kg

将以上配料中除鸡蛋以外的全部用料，预混后备用。

2. 打蛋　将洗净的鸡蛋逐枚打开，倒入打蛋机的打蛋缸中，以 60～80r/min 的转速，打蛋 15～20min。没有打蛋机时可用打蛋帚，手工打蛋 30～35min，将上述顶混料掺入，继续打 2～3min，制成蛋混料，待用。

3. 灌制　用灌肠机将蛋混料灌入肠衣内。没有灌肠机时，也可用搅肉机取下筛板和搅刀，安上漏斗代替灌肠机，肠衣下端以细麻绳扎紧，注料后上端也以细麻绳扎紧，并预留一绳扣，以便悬挂，每根蛋肠长度为 30cm。

4. 漂洗　灌制的湿肠，放在温水中漂洗，以除去附着的污物，并逐根悬挂在特制的多用木杆上，以便蒸煮。

5. 蒸煮　将蒸煮槽内盛上半槽清水，加热至 85～90℃时将挂满蛋肠的木杆逐根排放入槽内继续加热，并使水温恒定在 78～85℃状态下，闷煮 25～30min，使蛋肠的中心温度达到 72℃以上，即可出锅。

6. 冷却　将煮制成的蛋肠连杆从蒸煮槽中取出，并排放在预先清洗消毒的杆架上，推置熟食品冷却间，使蛋肠的中心温度冷却至 17℃以下，蛋肠表面呈干燥状态，即为成品。

7. 包装　对本地区销售产品不包装，以悬挂式保藏；对外地销售产品则用带有食用塑料袋内囊的食品纸箱进行包装。

8. 贮藏　悬挂式保藏的蛋肠，在温度低于 8℃，相对湿度 75%～78% 状况下可保存 5～6 天；包装外运的产品置于 -13℃的冷库内可贮存 6 个月。

二、五香茶鸡蛋

鸡蛋用茶叶、香料煮熟后，蛋壳呈虎皮色，油光放亮，鲜香可口，香味浓厚。为民间传统风味的小吃蛋品，由于携带方便，也是旅游或野炊的美味食品。

1. 原料配方

鸡蛋	1kg	茶叶	25g
花椒	2g	大料	5g
桂皮	5g	小茴香	3g
精盐	10g	酱油	50g
葱	10g	姜	5g

2. 制作方法

（1）鸡蛋放入铝锅中，放入清水，用中火逐渐煮熟。把开水倒掉，用清水急冲，轻敲蛋壳，使有裂缝。

（2）铝锅中放入半锅清水，用旺火烧开后改用中火，放入鸡蛋、精盐、酱油、葱段、姜片。把茶叶、花椒、大料、桂皮、小茴香用纱布口袋装好，放入锅中，煮约 1h，起锅离火，自然晾凉。

（3）待凉后，取出纱布口袋，挑出葱、姜，将鸡蛋连同汤汁一起倒入一只干净的大瓶中，随吃随取。

三、卤制蛋

卤制蛋，是用各种调料或肉汁加工成的熟制蛋。如用五香卤料加工的蛋，叫五香卤蛋；用桂花卤料加工的蛋，叫桂花卤蛋。用鸡肉汁加工的蛋，叫鸡肉卤蛋；用猪肉汁加工的蛋，叫猪肉卤蛋；用卤蛋再进行熏烤出的蛋，叫熏卤蛋。卤制蛋是熟食店经营禽蛋品中的一个大众化食品，普遍受到人们的欢迎。

1. 原料配方

鸡蛋	100 枚	白糖	400g
八角	400g	桂皮	400g
丁香	100g	白酒	100g
甘草	200g	酱油	125g

2. 制作方法

（1）将各种配料放入卤料锅内，用水量以能将 100 枚鸡蛋浸入为准。

（2）先将鲜鸡蛋洗净，用水煮熟，剥去蛋壳，放进配制好的卤料锅内，加热卤制。卤制时，火力不宜大，应用文火卤制使卤汁慢慢地渗入蛋内，1h 左右方可卤好。

3. 食用方法　卤制蛋的食用，可以热食，也可以冷食。通常以热食香味浓厚，冷食多为出外旅游随身携带时食用。存放卤制蛋的容器或塑料袋，要清洁卫生，防止细菌和污物沾染，引起腹泻或食物中毒。当天加工的卤制蛋，要当天出售，未售完的卤蛋，第二天仍要放在卤汁中再行加热后，取出销售，以保证卤蛋的品质和卫生。

4. 产品特点　色泽浓郁，卤味厚重，营养丰富，食用方便。

四、调味香蛋

有些人喜欢咸蛋的蛋黄部分，但都喜欢卤蛋的香味，于是调味咸蛋应运而生，其兼具两者的风味。

1. 原料配方

蛋	10kg	盐	7kg
五香	100～200g	丁香	100～200g
花椒	100～200g	水、盐酸适量	

2. 制作方法

（1）将盐酸与水按 1∶4 比例混合（即盐酸 1kg、水 4kg），将新鲜蛋浸入 5min，再拿出来冲洗，使蛋壳变薄。

（2）调盐水：水 20kg、盐 7kg。

（3）调香：将五香、丁香、花椒等香料，先研磨成细粉，加进盐水，煮沸 10min 后冷却，即成浸渍液。

（4）浸蛋：将薄壳蛋放入浸渍液，浸渍成调味蛋。

3. 食用和贮藏　煮熟后要在 1 周内吃完，若直接存放冰箱，可保存 3 周，浸渍液可重复使用 3 次，使用前先煮沸 30min。

五、酒辣咸鸭蛋

1. 原料配方　鲜鸭蛋 100 只，辣椒糊、细盐、曲酒适量。

2. 制作方法

（1）先将鸭蛋用水洗净、晾干，待用。

（2）把辣椒糊加热烧开，放在锅内，待冷却后加入优质曲酒搅匀。

（3）在另一个碗内放入细盐。

（4）然后将鸭蛋逐个先在辣椒糊里滚动一下，再放在盐碗里薄薄地粘上一层盐，放入坛里。盐要粘匀，不宜过多，以防过咸。

（5）蛋放完后，密封，放置在阴凉通风处腌 45 天左右，即成。

3. 产品特点　黄红油多，味咸带辣，微溢酒香。

六、蛋松

蛋松是选用新鲜的蛋液经油炸后炒制成的一种疏松而脱水的熟制蛋品，其营养丰富，容易消化，保存时间长，为年老体弱者和婴幼儿童的最佳食品，亦是旅游和野外工作者随身携带的方便食品。

1. 原料配方

鲜蛋	100kg	植物油或猪油	15kg
精盐	2.75kg	食糖	7.5kg
黄酒	5.0kg	味精	0.1kg

2. 制作方法

（1）选用新鲜的鸡蛋或鸭蛋，将蛋液打在容器内，搅拌均匀。

（2）用纱布或米筛过滤蛋液。

（3）在滤出的蛋液中加入精盐和黄酒，并搅拌均匀。

（4）把油倒入锅内烧开，然后用滤蛋器或筛子，将调匀的蛋液通过滤蛋器或筛子，使其成为丝条状，流入油锅中被油煎，即成蛋丝。

（5）将炸成的蛋丝立即捞出油锅，进行滤油。

（6）滤油后的蛋丝，倒入另一只炒锅内，再将糖和味精放入，调拌均匀后，再行炒制，炒制时，宜采用文火，一般约需 3～5min，就能炒干，成为疏松的蛋松。

3. 食用方法

一般都将蛋松作为营养品食用。在南方地区常见的食法，是作为喝米粥的菜肴，也有的作冷菜盘里的配料，以增加美色。更多的是作为外出旅游的方便食品。

4. 产品特点

色泽金黄油亮，丝松质软，味香鲜嫩。

七、虎皮蛋

虎皮蛋，是将鲜蛋放在水中煮熟，剥壳、油炸后的一种蛋品。虎皮蛋的蛋白，经过油炸以后，呈现出深黄色，皮层起皱，看去形似虎皮，故名虎皮蛋。炸制后的蛋白皮层食之油酥，增进了蛋的风味。

1. 制作方法

（1）先将蛋煮熟冷却，剥壳，再投入热植物油锅内炸制。当炸至蛋白起皱发黄，即捞出冷却，再装入瓶或罐里，并加入适量的调味汤汁，加盖密封。

（2）而后经过高温杀菌消毒，排出瓶或罐中的空气，使蛋中原有的微生物被杀死。由于瓶盖密封，外界的微生物无法进入。同时，由于瓶内的空气已经被排出，形成真空状态，瓶内的虎皮蛋就不会发生质量变化，能保藏较久的时间而不腐坏。

2. 食用方法　虎皮蛋可以冷食或热食。

热食的方法：一是放在小碗里隔水蒸后食之；二是锅中放少量油，再进行一次过油后食之；三是将虎皮蛋整枚与肉类食品同锅烧食；四是将蛋切成 4～6 片与其他菜、肉同锅炒食。

冷食的方法：一般是切成三角形片或圆片，摆成冷盘上桌，或外出旅游食之。

3. 产品特点　蛋形美观，色泽艳黄，风味别致，携带方便，贮存期较长，实为春、秋季节外出旅游携带的方便食品。

思考题

1. 蛋制品加工的目的和原理是什么？

2. 熟悉并掌握松花蛋和咸蛋的加工原理和制作过程，思考松花蛋和咸蛋的加工对其营养的影响。

3. 将常见的传统蛋制品加工进行分类并讲出你的分类依据是什么？

（于海龙，张慧芸）

第二十章

蛋品精深加工

学习目标： 通过本章的学习，掌握液蛋制品、干燥蛋制品、发酵蛋品饮料、卵磷脂相关的概念以及工艺操作要点和基本要求，认识到蛋品深加工对于当前蛋品加工的重要性。

第一节　液蛋制品和干燥蛋制品

一、液蛋制品

液蛋（liquid egg）是一种主要的去壳蛋品，是鲜蛋经蛋壳处理、打蛋而得到的蛋液。由于它在使用时省去了打蛋及处理蛋壳的操作，因此在发达国家的食品工业及家庭中得到广泛应用。

1. 分类　根据加工时是否分离蛋白、蛋黄，将液蛋分为液全蛋、液蛋白和液蛋黄三类。

液蛋的水分含量高容易腐败，因此仅能在低温短时间贮藏。为使液蛋方便运输或使其在常温增加贮藏时间，近年来出现所谓的浓缩液蛋（concentrated liquid egg）。浓缩液蛋主要分为以下两种：

第一种，全蛋加糖或盐后浓缩使其含水量减少及水分活性降低，因而可在室温或较低温度下运输贮藏。加糖或盐的浓缩液蛋。

第二种，不加糖或盐而予浓缩，将蛋白水分除去一部分，以减少其包装、贮藏、运输费用的浓缩液蛋。

湿蛋制品是我国早期生产出口的蛋制品之一。湿蛋制品即以蛋黄为原料，加入不同的防腐剂而制成的蛋制品。湿蛋制品根据所用的防腐剂不同分为新粉盐黄、老粉盐黄和密黄三种。新粉盐黄即用苯甲酸钠为防腐剂而制成的蛋制品。老粉盐黄防腐剂为硼酸。密黄湿蛋制品的防腐剂为甘油。

2. 工艺流程　原料蛋选择→蛋壳的清洗、消毒→打蛋、去壳→过滤→预冷→杀菌→冷却→包装

3. 工艺要点

（1）原料蛋　原料蛋必须新鲜，内部品质高，须通过感观检查和照蛋器检查来挑选，发现有异常的蛋应除去。

（2）蛋壳的清洗、消毒　蛋壳上有大量微生物，是造成打蛋厂微生物污染的主要原因。为防止蛋壳上微生物进入蛋液内，通常在打蛋前将蛋壳洗净并杀菌。

洗蛋通常在洗蛋室中进行。槽内水温应较蛋温高7℃以上，以避免洗蛋水被吸入蛋内；蛋温升高，在打蛋时蛋白与蛋黄容易分离，可减少蛋壳内蛋白残留量，提高蛋液的出品

297

率。洗蛋用水中多加入洗洁剂或含有效氯的杀菌剂。在洗蛋过程中水须不断溢流，且在洗蛋当日结束时须将水全部更新。

洗涤过的蛋壳上还有很多细菌，因此须进行消毒。常见的蛋壳消毒方法有三种：

①漂白粉液消毒：用于蛋壳消毒的漂白粉溶液有效氯含量为 800 ~ 1 000mg/kg。使用时将该溶液加热至 32℃ 左右，至少要高于蛋温 20℃，然后将洗涤后的蛋在该溶液中浸泡 5min，或采用喷淋方式进行消毒。消毒可使蛋壳上的细菌减少 99% 以上，其中肠道致病菌可完全被杀灭。经漂白粉溶液消毒的蛋再用清水洗涤，除去蛋壳表面的余氯。

②氢氧化钠消毒法：通常用 0.4% 的氢氧化钠溶液浸泡洗涤后的蛋 5min 来消毒。

③热水消毒法：热水消毒法是将清洗后的蛋在 78 ~ 80℃ 热水中浸泡 6 ~ 8min，杀菌效果良好。但此法水温和杀菌时间稍有不当，则易发生蛋白凝固。

经消毒后的蛋用温水清洗，然后迅速晾干。常用电风扇吹干和烘干道烘干两种方法。

（3）打蛋　打蛋方法可分为机械打蛋和人工打蛋。打分蛋时，将蛋打破后，剥开蛋壳使蛋液流入分蛋器或分蛋杯内将蛋白和蛋黄分开。

（4）液蛋的混合与过滤　目前蛋液的过滤多使用压送式过滤机，由于蛋液在混合、过滤前后均须冷却，而冷却会使蛋白与蛋黄因比重差呈不均匀分布，故须通过均质机或胶体磨，或添加食用乳化剂使其能混合均匀。

（5）蛋液的预冷　经搅拌过滤的蛋液应及时进行预冷，以防止蛋液中微生物生长繁殖。预冷在预冷罐中进行。预冷罐内装有蛇形管，管内有冷媒（ -8℃ 的氯化钙水溶液），蛋液在罐内冷却至 4℃ 左右即可。如不进行巴氏杀菌时，可直接包装为成品。

（6）杀菌　原料蛋在洗蛋、打蛋去壳以及蛋液混合、过滤等处理过程中，均可能受微生物的污染，而且蛋经打蛋去壳后即失去了部分防御体系。因此，生液蛋须经杀菌。

蛋液中蛋白极易受热变性，并发生凝固，要选择比较适宜的蛋液巴氏杀菌条件。全蛋液、蛋白液、蛋黄液和添加糖、盐的蛋液之间的化学组成不同，干物质含量不一样，对热的抵抗力也有差异。因此，采用的巴氏杀菌条件各异。

①全蛋的巴氏杀菌：巴氏杀菌的全蛋液有经搅拌均匀的和不经搅拌的普通全蛋液，也有加糖、盐等添加剂的特殊用途的全蛋液，其巴氏杀菌条件各不相同。我国一般采用全蛋液杀菌温度为 64.5℃、保持 3min 的低温巴氏杀菌法。

②蛋黄的巴氏杀菌：蛋液中主要的病源菌是沙门氏菌，该菌在蛋黄中的热抗性比在蛋清、全蛋液中高。因此，蛋黄液的巴氏杀菌温度要比蛋白液稍高。例如美国蛋白液杀菌温度 56.7℃、时间 1.75min，而蛋黄液杀菌温度 60℃、时间 3.1min。

③蛋清的巴氏杀菌：蛋清中的蛋白质更容易受热变性。添加乳酸和硫酸铝（pH = 7）可以大大提高蛋清的热稳定性，从而可以对蛋清采用与全蛋液一致的巴氏杀菌条件（60 ~ 61.7℃，3.5 ~ 4.0min），提高巴氏杀菌效果。

加工时首先制备乳酸 - 硫酸铝溶液。将 14g 硫酸铝溶解在 16kg 的 25% 的乳酸中，巴氏杀菌前，在 1 000kg 蛋清液中约 6.54g 该溶液。添加时要缓慢但需迅速搅拌，以避免局部高浓度酸或铝离子使蛋白质沉淀。添加后蛋清 pH 应在 6.0 ~ 7.0，然后进入巴氏杀菌器杀菌。

在加热前对蛋清进行真空处理，可以除去蛋清中的空气，增加蛋液内微生物对热处理的敏感性，使之在低温下加热可以得到同样的杀菌效果。一般真空度为 5.1 ~ 6.0kPa，然后加热蛋清至 56.7℃，保持 3.5min。

（7）液蛋的冷却　杀菌之后的蛋液必须迅速冷却。如果本厂使用，可冷却至 15℃ 左右；若以冷却液蛋或冷冻液蛋出售，则须迅速冷却至 2℃ 左右，然后再充填至适当容器中。根据 FAO/WHO 的建议，液蛋在杀菌后急速冷却至 5℃ 时，可以贮藏 24h；若迅速冷却至 7℃ 则仅能贮藏 8h。

如生产加盐或加糖液蛋，则在充填前先将液蛋移入搅拌器中，再加入一定量食盐（一般 10% 左右）或砂糖（10%～50%）。液蛋容易起泡，加入食盐或砂糖后搅拌，使用真空搅拌器为宜。欧美各国有在液蛋中加甘油或丙二醇以维持其乳化力，并加入安息香酸、苯甲酸等防腐剂的做法。加盐或糖尽可能在杀菌前，以避免制品再次污染，但加盐、糖会使液蛋黏度升高，使杀菌操作困难。

（8）液蛋的充填、包装及输送　液蛋包装通常用 12.5～20.0kg 装的方形或圆形马口铁罐，其内壁镀锌或衬聚乙烯袋。空罐在充填前必须水洗、干燥。如衬聚乙烯袋则充入液蛋后应封口后再加罐盖。为了方便零用，目前出现了塑料袋包装或纸板包装，一般为 2～4kg。欧美的液蛋工厂多使用液蛋车或大型货柜运送液蛋。液蛋车备有冷却或保温槽，其内可以隔成小槽，以便能同时运送液蛋白、液蛋黄及全液蛋。液蛋车槽可以保护液蛋最低温度为 0～2℃，一般运送液蛋温度应在 12.2℃ 以下，长途运送则应在 4℃ 以下。使用的液蛋冷却或保温槽每日均需清洗、杀菌 1 次，以防止微生物污染繁殖。

二、干蛋制品

1. 概述　干燥蛋制品也称干蛋制品，是蛋液除去水分或剩下水分很低的蛋制品。

很早以前，人们就已经利用脱水贮藏食物，减少水分后能阻止微生物生长和减缓化学反应速度。鸡蛋中含有大量的水分，如蛋黄约含近 50%，全蛋约含 75%，而蛋白约含 88% 的水分。将含水分如此高的全蛋、蛋黄或蛋白冷藏或输送，既不经济，而且易变质。干燥是贮藏蛋的很好方法，早在 20 世纪初我国即有了干燥蛋（dried egg），当时由我国输往美国的干蛋白片，其起泡性很好并且耐贮藏，使各国为之惊奇而佩服。

干燥蛋制品有以下优点：

（1）由于除去水分而体积减少，从而比带壳蛋或液蛋贮藏的空间小，成本低；

（2）运输的成本比冰蛋或液蛋低；

（3）管理卫生；

（4）在贮藏过程中细菌不容易侵入、繁殖；

（5）在食物配方中数量能准确控制；

（6）干燥蛋制品成分均一；

（7）可用于开发很多新的方便食品。

由于科学研究解决了干燥蛋制品的化学性，功能特性和微生物特性问题，近几年来干燥蛋制品工业有了很大发展，成为蛋品加工的重要组成部分。

蛋粉即以蛋液为原料，经干燥加工除去水分而制得的粉末。

蛋粉可以长期贮存，贮运使用方便，可供食品企业加工蛋制品和含蛋食品使用，也可用于家庭代替鲜蛋食用。

蛋粉种类很多，但基本的加工方法相似，其加工工艺流程如图 20-1 所示。

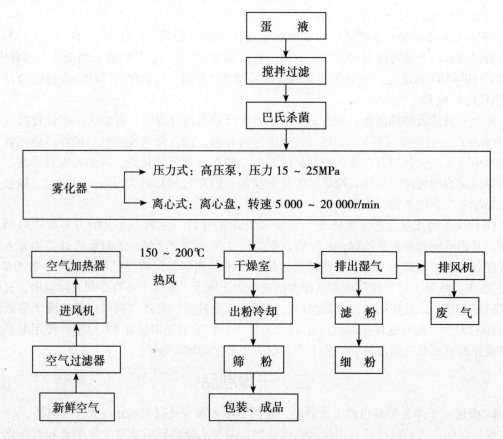

图 20 – 1　蛋粉加工工艺流程图

2. 蛋粉的加工工艺及技术要点

（1）搅拌、过滤　蛋液经搅拌、过滤以达除去碎蛋壳、系带、蛋黄膜、蛋壳膜等物，使蛋液组织状态均匀的目的，否则易于堵塞喷雾器的喷孔和沟槽，有碍喷雾工作的正常进行，而且会造成产品水分含量不均。

为了更有效地滤除杂质，除用机械过滤外，喷雾前再用细筛过滤，使工艺顺利进行和提高成品质量。

（2）脱糖　蛋中含有游离葡萄糖，如蛋黄中约有 0.2%，蛋白中约有 0.4%，全蛋中约有 0.3%。如果直接把蛋液加以干燥，在干燥后贮藏期间，葡萄糖的羰基与蛋白质的氨基发生美拉德反应，另外还会和蛋黄内磷质（主要是卵磷脂）反应，使得干燥后的产品出现褐变，溶解度下降，变味及质量降低，因此，蛋液（尤其是蛋白液）在干燥前必须除去葡萄糖，俗称脱糖。脱糖方法有以下几种：

①自然发酵（spontaneous microbial fermentation）：这个方法只适用于蛋白的脱糖，该方法就是依靠蛋白液所存有的发酵细菌（主要是乳酸菌），在适宜的温度下进行繁殖，使蛋白液中的葡萄糖分解而生成乳酸等，从而达到脱糖的目的。

在自然发酵过程中生成的乳酸，能降低蛋白的 pH；能把像卵黏蛋白那样容易凝固的蛋白质析出并上浮或下沉，同时还可以把系带和其他不纯物一起澄清出来。

发酵生成的二氧化碳，其小部分在蛋白中溶解，使 pH 下降，而大部分则以气体形式上浮，促进析出蛋白及固形物一起上浮，而使蛋白澄清化。

蛋白液用自然发酵，由于原料蛋白液中初菌数不同，发酵很难保持稳定状态，而且污染的菌中，可能含有沙门氏菌等病原菌，另外，近年打蛋去壳过程相当卫生，原料蛋白的初菌数少，不易发酵，因此现在世界各国都改用其他方法。

②细菌发酵（control bacterial fermentation）：细菌发酵方法一般只适用于蛋白发酵。它是指用纯培养的细菌在蛋白中进行增殖而达到脱糖的一种方法。所使用的细菌有：产气杆菌（*Aerobacter aerogenes*）、乳链球菌（*Streptococcus lactis*）、粪链球菌（*Streptococcus faecalis*）、费氏埃希氏菌（*Escherichia freundu*）、阴沟气杆菌（*Aerobacter colacae*）。

细菌发酵所用的细菌是先在试管中培养后再添加。一般使用培养瓶装入无菌蛋白 500g 左右，接种菌培养，然后逐次添加蛋白由 5kg、50kg 至 1 吨，添加量为蛋白的 1/10 ~ 1/20 发酵除糖。随着发酵进行，蛋液 pH 逐渐降低，而当 pH 达 5.6 ~ 6.0 时，或葡萄糖含量经测定在 0.05 以下，则认为发酵完毕，发酵完的蛋液取中间澄清部分，或用过滤法过滤，再添加原料蛋白。细菌发酵法在 27℃ 时，大约 3.5 日即可完成除糖。

细菌发酵的速度使初期 pH 下降稍缓慢，然后变快至分解葡萄糖，这是因为初期细菌数少，蛋白液的 pH 高，蛋白液内存在溶菌酶类的抗菌性物质抑制了细菌的繁殖。

③酵母发酵（yeast fermentation）：酵母发酵用于蛋白，也可用于全蛋液或蛋黄液发酵。常用的酵母有：面包酵母（*Saccharomyces cerevisiae*），圆酵母（*Torullopsi monosa*）。

蛋黄液或全蛋液进行酵母发酵时，酵母可直接使用或蛋白液稍加水稀释，降低黏度后才加入酵母。蛋白液发酵时，则先用 10% 的有机酸，把蛋白液 pH 调到 7.5 左右，再用少量水把占蛋白液量 0.15% ~ 0.20% 的面包酵母制成悬浊液，加入到蛋白液中，在 30℃ 左右条件下，保持数小时即可发酵完毕。

④酶法脱糖（enzyme fermentation）：该法完全适用于蛋白液、全蛋液和蛋黄液的发酵，是一种利用葡萄糖氧化酶把蛋液中葡萄糖氧化成葡萄糖酸而脱糖的方法。

酶法脱糖应先用 10% 的有机酸调蛋白液（蛋黄液或全蛋液可不必加酸）pH 值 7.0 左右，然后加 0.01% ~ 0.04% 葡萄糖氧化酶，用搅拌机进行缓慢的搅拌，同时加入占蛋白液量 0.35% 的 7% 过氧化氢，以后每小时加入同等量的过氧化氢。发酵采用 30℃ 左右或 10 ~ 15℃ 两种，通常蛋白酶发酵法除糖约需 5 ~ 6h 即可完成。

此法除糖是将葡萄糖氧化成葡萄糖酸，其制品产率理论上应超过 100%，但是过氧化氢在搅拌时会生成泡沫，所以实际制品产率约 98%，比前三种方法产率高，但酶法成本高。

（3）蛋液的杀菌　经除糖的蛋液，须经过 40 目的过滤器，再移入杀菌装置中低温杀菌，或经过滤后不杀菌而干燥后再予以干热杀菌。

①低温杀菌（low-temperature sterilize）：蛋液在除糖后即进行杀菌。蛋白在自然发酵、细菌发酵或酵母发酵除糖时，蛋液微生物数量很多，低温杀菌效果不理想；使用葡萄糖氧化酶除糖法的蛋液中菌数少，故可使用低温杀菌即可，若以干热杀菌，易使其脂肪氧化。

在低温杀菌时，液蛋中的革兰氏阴性杆菌或酵母等较容易杀死，然而有芽孢杆菌或球菌类在一般条件下难被杀死。发酵除糖后的蛋液杀菌条件同液蛋杀菌条件。

②干热处理（dried-heat treatment）：所谓干热处理是将干燥后的制品放于密封室保持 50 ~ 70℃，经过一定时间而杀菌的方法。由于干燥蛋在较高温度下加热也不凝固，而且其

中的细菌须在较高温度及较长时间方可被杀灭，故干燥蛋的杀菌多采用干热处理。干热处理在欧美广泛被使用，其实施方法是 44℃，保持 3 个月；55℃，保持 14 日；57℃，保持 7 日及 63℃ 保持 3 日等。另外，也有将干燥蛋白在 54℃，保持 60 日的试验，其结果对干燥蛋白的特性没有损伤。蛋白使用自然发酵、细菌发酵或酵母发酵除糖时，蛋液细菌较多，所以多采用干燥后的干热处理杀菌。干燥全蛋与蛋黄在干热处理时，其脂肪易氧化而生成不良风味，而其在干燥前的液体状态杀菌也相当有效，故不实施干热杀菌。

（4）喷雾干燥（spray drying） 蛋液在除糖、杀菌后即进行干燥。目前大部分的全蛋、蛋白及蛋黄均使用喷雾干燥，少部分蛋品使用冷冻干燥、浅盘式干燥、滚筒干燥等。

①压力喷雾干燥法：蛋液经搅拌过滤、巴氏杀菌后，打入贮蛋液罐，再用高压泵将蛋液在 15～25MPa 的压力下，经喷嘴喷出呈雾化状。雾滴与经空气过滤器过滤和加热器加热的热风进入干燥室，热空气和雾滴在干燥塔内进行热交换，蛋液即干燥呈粉末。干燥后的粉末大部分落入干燥室底部，另一部分随热风进入捕粉器，粉末落入贮斗，蒸发出来的水分，经排风机排出。蛋粉经出粉器送出干燥箱。

②离心喷雾干燥法：蛋液在离心盘的强大离心力的作用下，呈雾状喷出形成雾滴。另外，吸入的空气经过滤加热成热风送入干燥室，这样蛋液雾滴与热空气进行交换，干燥成粉末落到塔底部，由蛋粉输送器送出。混入废气中的细粉，经捕粉器收集废气由鼓风机排出室外。

（5）二次干燥（secondary drying） 某些喷雾式干燥装置进行二次干燥，以使水分降至最低限度。其方法为将制品堆积在热空气中，使水分再次蒸发。1940 年以来美国农业部曾规定全蛋的水分须在 2% 以下，而当时一般的喷雾干燥装置，尚不能达到标准。

（6）蛋粉造粒化（agglomeration） 为了使干燥后的蛋粉速溶，需要将干燥的蛋粉富集。即先加水后再予以干燥，为了使蛋白粉造粒化，可加入蔗糖或乳糖。蛋白粉造粒化后在水中即能迅速分散。

（7）筛粉、包装（sift, packaging） 干燥中卸出的粉必须晾凉、过筛，使产品均匀，然后进行包装。蛋粉是采用净装 50kg 蛋粉的马口铁箱包装，装好过秤严封，再放入木箱中包装。注明品名、净重及出产日期。

铁箱使用前必须擦净，并经 85℃ 的干热消毒或用 85% 酒精消毒后才能使用。

包装室使用前必须用乳酸熏蒸或紫外线灯照射消毒。

3. 蛋黄粉的加工

（1）鸡蛋的预处理

选蛋：选用鲜蛋、好蛋；剔除次蛋、劣蛋、破损蛋。

洗蛋：目的在于洗去蛋表感染的菌类和污物，一般先刷洗，后用清水冲净并晾干。

消毒：将晾干后的鲜蛋放入氢氧化钠水溶液中浸渍，消毒后取出再晾干。

打蛋：制蛋黄粉者打分蛋，即将蛋黄、蛋白分别打入二个容器，只用蛋黄不用蛋白；制全蛋粉者打全蛋，即打后装一个容器。打蛋时须注意，蛋液中不得混入蛋壳屑和其他杂质，更不得混入不新鲜的变质蛋液。

过滤消毒：将蛋黄液和全蛋液分别充分搅拌，后用 20 目筛布过滤，滤后除去蛋膜，系带及其他杂质，再用巴氏消毒器，分别以低温消毒法消毒。

（2）蛋黄粉的制备 蛋黄粉的原料配比（质量份）：蛋黄液 100、麦芽糖 5、果胶 7、洁净水 100。

操作：按配比量，将麦芽糖和果胶添加于水中，搅拌溶混均匀后，倒入已处理好的蛋黄液，再经充分搅拌溶混均匀，经喷嘴雾化进入干燥室，用热风干燥机干燥后即为成品蛋黄粉。

（3）使用方法　使用时先用少量水将蛋黄粉或全蛋粉调成糊状，再按蛋黄粉或全蛋粉：水 = 1：3（质量比）之比例，在不断搅拌下慢慢加入水后，继续搅拌片刻即可使用。除供炒、蒸等食用外，用来制作面点、蛋糕、饼干、冰淇淋等，可完全保持鲜蛋和鲜蛋黄原有的风味及营养。

第二节　发酵蛋制品与蛋品饮料

禽蛋蛋白是一种容易消化而且氨基酸比例平衡的蛋白质胶体溶液，此外尚含有抗菌成分，所以蛋白是生产饮料和医药的一种很好原料。

一、蛋白发酵饮料

禽蛋蛋白加热后容易变性凝固，加之溶菌酶的杀菌抑菌作用，给生产乳酸饮料带来很大困难；用作医药原料其抗生素含量又较低，提取也很困难，因此蛋白利用受到很大限制。近些年来，人们已充分认识到乳酸菌及其制品在促进人体健康方面的重要作用，乳酸发酵食品日益受到人们的重视。

1. 蛋白发酵饮料的特性　蛋白发酵饮料是指把鸡蛋、牛奶（或奶粉）混合后加入乳酸菌进行发酵制得的产品，具有鸡蛋和牛奶营养丰富的优点，又可减少食用者对鸡蛋胆固醇的摄入，适宜人体吸收，较易吸引广大消费者。

2. 制作方法　在鸡蛋蛋白中加入 0.5% ~ 10% 的蛋黄，或用皂土吸附法和其他抽提法除去蛋白中的溶菌酶，可以防止蛋白在杀菌过程中的热变性凝固，还可抑制溶菌酶的作用。蛋黄用量不低于 0.5%，否则处理效果不好；蛋黄用量大于 10% 时，不仅使蛋白的特性失去，还会冲淡蛋白的作用。经上述处理的蛋白，可直接使用或加糖（蔗糖、葡萄糖或乳糖等）使用，加糖量不得超过 10%。然后蛋白液于 50 ~ 60℃ 加热 20 ~ 30min。为了彻底杀菌，可采用间隔杀菌方法。蛋白灭菌后，用盐酸或有机酸调节 pH 为 6.8 ~ 7.0，接种乳酸菌进行乳酸发酵。在最适温度下发酵 18 ~ 20h，即得芳香的酸味柔和的发酵蛋白液饮料。

二、蛋乳发酵饮料

在蛋液中加入 50% 以下的牛乳，经灭菌，再用乳酸菌进行发酵，就可制成无损于营养平衡又没有其他异味的蛋乳发酵饮料。加乳量不应超过 50%，否则会失去蛋的特性。蛋液中最好再加糖 5% ~ 15%，如蔗糖、葡萄糖或乳糖等，还可以加琼脂、色素、香料和稳定剂等。

1. 全蛋乳发酵饮料　将鸡蛋全蛋液搅拌均匀后，加适量乳，放入 500ml 的无菌瓶内，加棉塞并灭菌后冷却，用盐酸调 pH 到 6.5 ~ 7.0，接种 3% 的嗜酸乳杆菌种子液，发酵后取20 份加糖 15 份、稳定剂 0.4 份、水 65 份、香料适量，混合均匀后再加热灭菌，制成低浓度蛋乳饮料。

2. 蛋黄乳发酵饮料 取蛋黄 200g 加适量乳，加水 200ml、蔗糖 4g，搅拌均匀后放在无菌瓶中，塞好棉塞，灭菌后，接种用脱脂乳培养的粪链球菌种子液 3%，在 37~40℃ 下进行发酵。取此发酵蛋液 25 份，加蔗糖 20 份、稳定剂 0.4 份、水 54.6 份、适量红色色素和香精，搅拌混合后加热灭菌，制成低浓度发酵蛋黄乳饮料。如此类饮料不经水稀释，则制品称为蛋酸乳酪。

第三节 卵磷脂

一、卵磷脂的功效

1. 卵磷脂是构成生物膜的重要组成成分 具有修复受损的细胞膜的功能。另外，卵磷脂是血管细胞壁细胞的重要组分，其数量减少会使血管壁细胞容易硬化。因而卵磷脂对预防心血管疾病有重要作用。

2. 卵磷脂是神经递质乙酰胆碱的主要来源 大脑约有 150 亿个神经细胞，神经细胞之间的信息传递依靠乙酰胆碱进行，因此卵磷脂能改善脑、神经功能。

3. 卵磷脂是天然两性离子表面活性剂，具有良好的乳化功能 它不仅能阻止胆固醇在血管内壁上的沉积，降低血清中的胆固醇水平，而且还能改善脂肪的吸收和利用，防止出现脂肪肝。还可以降低血液黏度，促进血液循环，改善血液供养循环，延长红细胞生存时间并增强造血功能。

二、卵磷脂提取工艺

卵磷脂可用有机溶剂提取，也可用超临界流体萃取，还可用色谱法分离。色谱法提取选择 Al_2O_3、离子纤维素、硅胶等为固定相和二氯甲烷、甲醇、氯仿、水等为流动相的色谱法，提取卵磷脂产品纯度高，但因成本高，使其应用于工业化生产受到限制。超临界萃取以高压喷雾干燥的卵黄粉为原料，采取乙醇提取–低温去脂法提取低含量的卵黄卵磷脂，同时采用超临界二氧化碳萃取–乙醇提取法提取高含量、高品质的卵黄卵磷脂产品，加工后的副产物仍可加工利用，可大大降低卵黄卵磷脂的原料成本。超临界 CO_2 从蛋黄中提取蛋黄卵磷脂方法简便，省去大量试剂。

有机溶剂法提取是目前应用最广泛的方法，以二乙醚、丙酮、乙醇、氯仿等溶剂对卵磷脂的溶解性为提取基础，对不同原料，溶剂的选择稍有不同，将极性溶剂和非极性溶剂混合来提取卵磷脂比单一溶剂要好。

1. 有机溶剂法提取卵磷脂工艺流程 蛋黄→加有机溶剂搅拌→浸提→吸取浸液→蒸馏浓缩→安装蒸馏装置→加入浸液→水浴蒸馏→收回有机溶剂→浑厚油状物→沉淀净化→加丙酮→搅拌、冷却→收集沉淀物→用丙酮洗沉淀物→倾去丙酮液→湿状卵磷脂→干燥→干燥卵磷脂→称量、检测→包装。

2. 操作要点

（1）原料蛋处理 原料蛋去壳，蛋内容物搅拌、过滤，于 50~55℃ 的烘房内烘干，磨成粉末即为原料粉。

（2）原料粉浸泡 用乙醇和甲醇 1：1 的混合液浸泡，混合液的用量为原料粉的 2 倍，浸泡时醇液以高出粉面30～35cm为原则。

先将混合醇液倒入缸内，然后边搅拌边加入原料粉。原料粉全部加完后，再搅拌4～5h，醇浸液即成金黄色，用倾泻法或虹吸法吸取金黄色醇浸液，沉淀物装入细布袋中，压出余下的浸泡液，移至前浸液中。

（3）蒸馏浓缩 甲醇的沸点为66.78℃，乙醇的沸点为78.4℃，故将醇浸液加热至78～80℃时醇变成气体，由分馏柱进入冷凝管；再变成液体而积存于接受瓶中。当蒸馏出2/3的醇液时，便可升高蒸馏温度达80～85℃，继续蒸馏至烧瓶中残液已呈浊厚油状物，而冷凝管中已不再滴下回收醇液时，即可停止蒸馏，准备进行沉淀净化。

沉淀净化是用丙酮进行的。要求丙酮纯度高、含水量低，否则产品难脱水。方法是将平底（或圆底）大烧杯中残余的油状液倾入搪瓷桶里，加入油状物2倍量的丙酮，以便净化沉淀。加丙酮时应用玻璃棒搅拌，静置，待其沉淀分层。

将上层混浊的丙酮洗液倾出，再加同量的丙酮洗净，这样重复二三次。沉淀物放在绢丝布袋里，轻缓地用戴橡皮手套的双手挤压，将残余丙酮压净。袋中沉淀物即是软蜡状的卵磷脂。

（4）干燥 将绢丝布袋里的软蜡状卵磷脂用刮刀刮下，平铺于瓷盘上，厚度不超过16cm，进行真空干燥，箱内温度应保持在25～30℃，经过24～48h即能干燥好。干燥时间的长短决定于卵磷脂的干湿程度，但一般不超过48h。

（5）成品包装 干燥的成品自真空箱内取出，在避光下迅速切成小颗粒，按50g、100g、250g、500g等分量装入棕色瓶中，加盖，并用石蜡密封，再放入铺有氯化钙的干燥箱内密闭，在干燥阴凉处贮存，以待出售。

第四节 溶菌酶

一、溶菌酶的作用

溶菌酶既是药品，又是保健品，还是生化药物中理想的药用酶，在医药、食品防腐和生物工程中应用非常广泛。

（一）食品工业中的应用

1. 作为防腐剂 溶菌酶是一种无毒、无副作用的蛋白质，又具有一定的溶菌作用，因此人们利用它来代替有害健康的化学防腐剂，应用于食品工业中作为防腐剂。

2. 作为功能性配方食品的良好添加剂 溶菌酶在人乳中含量较高，初乳中含量为40mg/100ml，常乳中含量为10mg/ml，是牛乳的3 000倍，添加于牛乳，可使牛乳人乳化。

（二）在医疗中的应用

溶菌酶有抗菌消炎、抗病毒、止血、消肿、镇痛、加快组织修复等功能，它可与血液中的病毒结合，阻止流感、腺病毒等的繁殖；能分解黏多糖，有利于脓汁、痰液的排出；能清除坏死组织、增进抗生素的药效以及促进肠道有益细菌如乳酸菌的繁殖等作用；另外，它与抗生素联合应用还可治疗支气管炎、肺炎、白喉、小儿急性肾炎等多种疾病。

（三）在生物工程中的应用

溶菌酶具有破坏细菌细胞壁结构的功能，以此酶处理革兰氏阳性细菌得到原生质体，因此溶菌酶是基因工程、细胞工程、发酵工程中必不可少的工具酶。

二、提取工艺

（一）工艺流程

鲜鸡蛋→打蛋取蛋清→过滤→树脂吸附→低温静置→上柱洗脱→超滤→浓缩→结晶或冷冻干燥→成品。

（二）工艺要点

1. 蛋清的制备及前处理 将新鲜鸡蛋洗净后于 0.1% 的新洁尔灭中浸泡 20min 消毒，再用酒精棉擦拭，在紫外灯下照射并晾干。手工打蛋后分离蛋清、蛋黄，注意不要将蛋黄弄破，蛋黄破裂的鸡蛋要舍弃或作它用。将蛋壳置于与蛋清同体积的灭菌水中浸泡洗涤，使粘附在蛋壳膜上的蛋清溶于水中。另外，连在蛋黄膜上的系带也尽可能除下加入蛋清中。将蛋清与洗涤蛋壳用水合并，均质，备用。

2. 吸附 将处理过的鸡蛋清室温慢速搅拌下加入活化处理后的树脂 DC，蛋清树脂比10:1，使树脂全部悬浮在蛋清中，吸附时间 1~1.5h，然后过滤将树脂与蛋清液分开，用少量水洗涤树脂，并将洗涤液与处理后蛋清合并，调节蛋清溶液 pH 值为 7~8。

3. 洗脱 将分离后的树脂，加入两倍树脂体积的去离子水中搅拌洗涤，漂去上层泡沫，滤去水，反复洗涤三次。将水洗后的树脂装柱，层析柱直径 1.0cm，床体积 14ml。用0.2mol/L 的 NaCl 溶液（pH6.8）洗脱，除杂蛋白至 20% 三氯醋酸检查洗出液不显混浊。然后用 1mol/L 的 NaCl 溶液（pH9.5）洗脱，收集滤液。

4. 超滤浓缩和脱盐 采用截留量为 10 000 的超滤膜，控制氮气压力为 0.15MPa，进行超滤脱盐及浓缩，浓缩到原始体积的 1/8~1/7。

5. 结晶或冷冻干燥

（1）结晶 将洗脱液浓缩至原体积的 1/8 后，加入少量 NaCl 使之浓度达到 5%，然后加入溶菌酶晶种（2~5mg/100ml 浓缩液）置于 4℃ 冰箱中静置结晶。然后过滤分离，用蒸馏水洗涤，干燥。

（2）冷冻干燥 经过前处理的溶菌酶液，需要进行冻结后再升华干燥。冻结温度必须低于酶液的相点温度。需要速冻，冻结越快，酶制品中结晶越小，对其结构破坏小。冷冻温度低，干酶制品较疏松且白度好。

冻结后的酶制品必须迅速进行真空升华干燥。要求真空度很快达到升华压力，保持升华压力低于三相点。在升华过程中，由于酶制品中的热不断被升华热带走，如果不能及时供给升华热时，酶制品的温度就不断降低。为此，在整个升华过程中，要供给升华热能，来维持升华温度不变。当溶菌酶液速冻的厚度为 8~10mm 时，真空干燥时间约为 8h。

第五节　蛋壳的利用

一、蛋壳膜

1. 蛋壳膜提取溶菌酶

（1）蛋壳中溶菌酶的提取工艺流程

蛋壳→1％氯化钠抽提→滤液加热去除杂蛋白→加聚丙烯酸凝聚→溶解凝聚物→加氯化钙沉淀→上清液结晶→粗制品。

（2）操作要点

①蛋壳膜处理：蛋壳膜进行水洗、剪碎，加入 1.5 倍浓度为 0.5％ 氯化钠溶液，用 2mol/L 的盐酸调至 pH3.0，在 40℃ 下搅拌提取 1h 后用细布过滤。滤渣再如上法提取 2～3 次，合并滤液。

②去卵蛋白：将滤液用 2mol/L 盐酸调至 pH3.0，置于沸水锅中水浴，迅速升温至 80℃，随即搅拌冷却，再用醋酸调至 pH4.6，促使卵蛋白在等电点沉淀（溶菌酶的等电点为 10.7）。

③凝聚：清液用氢氧化钠溶液调至 pH6，加入清液体积为一半量的 5％ 的聚丙烯酸，搅拌均匀后静置 30min，倾去上层混浊液，获得粘附在瓶底的溶菌酶，亦即为聚丙酸凝聚物。

④解离：凝聚物悬于水中加入氢氧化钠溶液调至 pH9.5，使凝聚物溶解，再加入聚丙烯酸，加入 5％ 氯化钙溶液，使溶菌酶解离，用 2mol/L 盐酸调至 pH6.0，离心分离上清液。沉淀可用硫酸处理后除去硫酸钙沉淀，再回收聚丙烯酸。

⑤结晶：离心得到的上清液静置使溶菌酶形成晶体，干燥而成成品。

2. 蛋壳膜粉　利用蛋壳膜，主要是利用其有机成分，可用于高效药品中，如制成特效火伤外用药，还可用于高级化妆品中。据有关材料介绍，制成化妆品质量比珍珠粉好，而成本降低很多。蛋壳膜粉加工方法如下：

蛋壳加入醋酸浸泡 2h，除去碳酸钙，取出膜用水清洗至中性，然后在 60℃ 的条件下进行烘干。再将干膜切碎，用硫酸溶解，再用石灰水中和，过滤去掉不溶性硫酸钙及杂质。滤液进行喷雾干燥，产品为水溶性粉状物，每千克蛋壳可得约 85g 蛋壳膜粉。

3. 蛋壳膜提取角蛋白　蛋壳膜是一种以角蛋白为主体，与黏多糖类相结合的复杂蛋白质，是主要的天然角蛋白来源之一，经水解后，可获得乙酰氨基葡萄糖醛酸、透明质酸、硫酸软骨素、氨基酸等可溶性高分子化合物，这些成分在人体各器官中发挥着重要的生理作用。因此可广泛用于制药及化妆品工业。据报道，角蛋白性质与人体的皮肤性质相近，容易被皮肤吸收，对皮肤有良好的保护作用。另外，角蛋白还具有润肺、止咳、止喘、开音功效，可作为治疗慢性气管炎、咽痛、失音、消化道溃疡的药品。

由蛋壳膜提取角蛋白的方法主要有碱法、酸法和酶法，以酶法为例其制备方法为：称取蛋壳膜粉 30g，加入适量的蒸馏水，搅拌下调节体系的 pH 值为 9～10，加热煮沸，冷却至反应温度，加入蛋膜量 2％ 的酶，加热至 60～65℃，提取反应 60min。反应完成后，将温度升至 85～90℃，进行 5～10min 的酶灭活，或加入酶抑制剂使酶钝化。趁热减压抽滤。

滤液中和至 pH7.0，真空浓缩、冷冻干燥、粉碎为成品。

4. 蛋壳膜提取硫酸软骨素 硫酸软骨素是一类重要的酸性黏多糖即糖胺聚糖，呈白色或微黄色粉末，无臭无味，吸水性较强，易溶于水而成黏度大的溶液。研究发现该物质具有良好的抗衰老功能，可以制成各种美容产品和保健食品，还可将其提纯为药品。

蛋壳膜提取硫酸软骨素的工艺流程：

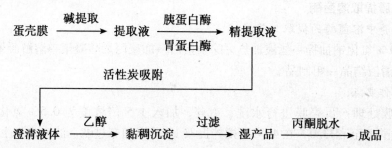

5. 蛋壳膜的其他应用 蛋壳膜薄，强度大，有弹性，适合覆盖皮肤表面，而且蛋膜的多孔结构能使水分和气体自由通过，促进受损组织的生理恢复。在蛋膜黏附的蛋清高蛋白和内膜的刺激作用下，血管进一步扩张，为修复创面创造有利条件。蛋膜的这些理化特性都使得蛋膜成为较好的预防和治疗皮肤病的医学生物制剂，而且蛋膜价格便宜，无副作用，疗效快，效果好，且无需通过特殊加工技术，容易得到，便于临床应用。

二、蛋壳粉

蛋壳中含有丰富的无机盐类和少量的有机物质，可把它制成蛋壳粉进行综合利用。蛋壳粉的成分：碳酸钙94.5%，蛋白质1.1%，碳酸镁及磷酸钙3.2%，其他还有铁、磷、硫等。

（一）蛋壳粉的制备工艺流程

蛋壳→清洗、消毒→壳膜分离→壳烘干→除杂→制粉→过筛→包装→成品。

（二）操作要点

1. 蛋壳收集 将蛋厂加工蛋制品或糕点厂使用鲜蛋所废弃的蛋壳收集起来，放于专门堆放蛋壳的库房里。

2. 蛋壳烘干 蛋壳烘干可用两种方法，一为加热烘干法，二为自然晒干法。

（1）加热烘干法 蛋壳烘干是在烘干房里进行的。烘干房为一密闭室，内设加热设备，房顶设有出气孔一二个。蛋壳放在烘干房里的木架上，将室内加温到一定的温度（80~100℃），蛋壳水分被热所蒸发，而使蛋壳烘干。烘干房温度上升达100℃左右，持续2h以上，蛋壳水分蒸发，蛋壳便成干燥状态。

（2）自然晒干法 如果没有烘干房，也可采用日光晒干法。即将蛋壳平铺在稍有倾斜度的水泥地面上，借太阳热蒸发蛋壳水分。为使蛋壳水分容易蒸发，蛋壳不宜铺得太厚，约3.3cm厚即可。在摊开后，不宜翻动，使蛋壳里的水分自然流出，其表面的水分借阳光热蒸发后，再进行翻堆，这样蛋壳水分容易蒸发。

3. 去杂质 蛋壳干燥后便送至拣杂质室拣除杂质。蛋壳因堆存不当，往往有夹杂物存在，如竹片、木片、小铁片、铁钉和铁丝等，在蛋壳加工成粉末之前，必须拣出。

4. 制粉　干燥的蛋壳，拣去夹杂物后即可进行制粉。

（1）电动磨粉法　主要是使用电动磨粉器把干燥的蛋壳磨碎。进行操作时，将干燥蛋壳不断地由上层磨孔送入钢磨内，启动电机，钢磨转动，转速400～800r/min，蛋壳经过磨碎，便成细粉末状。磨出的蛋壳由输粮带送入贮粉室。

（2）蛋壳击碎法　主要使用蛋壳击碎器，将干燥的蛋壳击碎成粉末状。操作时将干燥的蛋壳放入臼内，启动电机带击槌上下击动，蛋壳借槌的击动力量被击碎成为粉末状。

（3）超微细粉碎　超细粉体制备主要有化学法及机械粉碎法两种。化学法能够得到微米级、亚微米级甚至纳米级的粉体，但产量低、加工成本高、应用范围窄；机械粉碎法成本低，产量大，是制备超微粉体的主要手段。目前国内在超细粉碎方面所使用的方法，主要是机械粉碎法。采用的设备主要还是球磨机、振动磨以及为数不多的气流粉碎机等。

若采用球磨机进行超微细粉碎，其工作原理是在一转盘上装有四个球磨罐，当转盘转动时，球磨罐在绕转盘轴公转的同时又绕自身轴反向作行星式自转运动，罐中磨球和材料在高速运动中相互碰撞、摩擦，达到粉碎、研磨、混合与分散物料的目的。

若采用气流粉碎机，其工作原理是利用转子高速旋转所产生的湍流，将物料在气流中形成高频振荡，使物料的运动反向和速度在瞬间发生剧烈变化，物料颗粒间发生急速撞击、摩擦，经过无数次的反复碰撞而裂解成微细粉，同时加以冷冻、冷风、热风、除湿、灭菌、微波脱毒、分级等过程，使物料达到加工要求。

在加工过程中，适当添加具有助粉碎作用的物质，改变超细粉粒的表面活性，以阻止颗粒的团聚，提高粉碎效率。

5. 过筛　磨碎或击碎成粉状的蛋壳粉粗细不均匀，因此必须过筛。一般用筛粉器进行过筛。蛋壳粉经过筛后，筛下的便是粗细均匀的蛋壳粉，留在筛上较粗的蛋壳粉可再送至磨粉器或击碎器里加工。

6. 包装　制成的蛋壳粉应进行包装。包装材料可用双层牛皮纸袋或塑料包装袋，每袋可分为10kg、5kg等几种规格。装足斤两的成品密封袋口、加印商标，贮存于干燥的仓库里，待运出厂。

（三）蛋壳粉的应用

蛋壳粉可直接用作畜禽饲料，是优良的钙质饲料添加剂。还可以用壳粉、碱粉为5∶1制成去污粉，可以与石膏、尿素、明矾等混合制成肥料，可制成熔块瓷瓷料，使制品具有较高的半透明度。国外用蛋壳粉合成了淡紫红色的色料和天然型不含任何有毒成分的防霉剂。还可精制成药用碳酸钙。随着现代工程技术的发展，超微粉碎技术的应用，将蛋壳粉制备成蛋壳超细粉体。因此经超细化到微米级时易被人体或皮肤吸收，大大增加了功效。食用蛋壳粉可以被认为是人类的营养补充了一个杰出的钙源。

使用蛋壳粉可以改良食品品质。如在面类食品中加入0.5%～1%的蛋壳粉，面的强度得到强化，并且面团筋道，机械适应性提高；在香肠中加入0.1%～1%蛋壳粉后提高黏着性及弹性；在膨化食品中添加1%～10%蛋壳粉，可以使膨化食品孔眼均匀，口感松软；在油炸用油中添加0.3%～1%的蛋壳粉，有抑制油氧化的作用。

思考题

1. 蛋制品精深加工的意义是什么？

2. 为什么我国蛋制品精深加工占蛋制品加工比例小，处于起步阶段？

3. 新技术的发展和蛋制品精深加工的关系是怎样的？

（马春丽）

参考文献

［1］Gerri Smit，Dairy Processing Improving Quality. Woodhead Publishing Ltd，2003

［2］Gerritt Smit，任发政等主译. 现代乳品加工与质量控制. 北京，中国农业大学出版社，2006

［3］Gösta Bylund, M. Sc. Dairy processing handbook, Tetra Pak Processing Systems AB, 1995

［4］Wastra, T. J. Geurs, A. Noomen, A. Jellema, M. A. J. S. van Boekel, Dairy Technology, Principles of Milk Properties and Processes, Marcel Dekker, Inc. 1999

［5］［美］皮埃松（Pearson, A. S.），［美］吉利（Gillett, T. A.）著，张才林等译. 肉制品加工技术（第三版）. 北京：中国轻工业出版社，2004

［6］Dennis R. Heldman Richard W. Hartel 著. 食品加工原理. 夏文水等译. 北京：中国轻工业出版社，2001

［7］Patrick F. Fox, Timothy P. Guinee, Timothy M. Cogan, Paul L. McSweeney, Fundamentals of Cheese Science, Aspen Publishers, Inc. Gaithersburg, Maryland, 2000

［8］陈明造. 肉品加工理论与应用. 台湾：艺轩图书出版社，1983

［9］段静芸，徐幸莲，周光宏. 气调包装在鲜肉保鲜中的作用. 食品科技，2002，（1）：62～63

［10］高真. 蛋及蛋制品生产技术. 哈尔滨：黑龙江科学技术出版社，1984

［11］葛长荣，马美湖. 肉与肉制品工艺学. 北京：中国轻工业出版社，2002

［12］郭本恒. 干酪. 北京：化学工业出版社，2004

［13］郭本恒. 乳粉. 北京：化学工业出版社，2003

［14］郭本恒. 乳制品. 北京：化学工业出版社，2001

［15］郭成宇. 现代乳品工程技术. 北京：化学工业出版社，2004

［16］韩剑众. 肉品品质及其控制. 北京：中国农业科学技术出版社，2005

［17］蒋爱民. 肉制品工艺学. 西安：陕西科学技术出版社，1996

［18］蒋爱民. 乳制品工艺及进展. 西安：陕西科学技术出版社，1996

［19］孔保华，马俪珍. 肉品科学与技术. 北京：中国轻工业出版社，2004

［20］孔保华. 畜产品加工储藏新技术. 北京：科学出版社，2007

［21］孔保华. 乳品科学与技术. 北京：科学出版社，2004

［22］孔保华. 畜产品加工贮藏新技术. 北京：科学出版社，2007

［23］李晓东. 蛋品科学与技术. 北京：化学工业出版社，2005

［24］骆承庠. 乳与乳制品工艺学. 北京：中国农业出版社，2003

［25］骆承庠. 畜产品加工学. 北京：中国农业出版社，1988

［26］马美湖. 现代畜产品加工学. 长沙：湖南科学技术出版社，2001

［27］南庆贤. 肉类工业手册. 北京：中国轻工出版社，2003

［28］农业部工人技术培训教材编审委员会. 乳品生产技术Ⅱ. 北京：中国农业出版社，1997

［29］肉片卫生检验编写组. 肉片卫生检验. 北京：中国商业出版社，1989

［30］阮征. 乳制品安全生产与品质控制. 北京：化学工业出版社，2005

［31］食品工业年鉴编委会. 2005 食品工业年鉴. 北京：食品工业年鉴编辑部，2006

［32］王桂朝. 优劣蛋与蛋制品鉴别方法. 中国家禽. 2004，26（18）：46～48

［33］王树林．鲜肉保鲜技术的应用及研究现状．肉类工业，2002，260（12）：18～22

［34］王卫．现代肉制品加工实用技术手册．北京：科学技术文献出版社，2002

［35］魏刚才，马汉年，钟华等．中国蛋品质量存在问题及对策．安徽农业科学，2006，34（2）：250～251

［36］吴晓彤，马兆瑞．畜产品加工技术．北京：科学出版社，2006

［37］武建新．乳品生产技术．北京：科学出版社，2004

［38］夏文水．肉制品加工原理与技术．北京：化学工业出版社，2003

［39］谢继志．液态乳制品科学与技术．北京：中国轻工业出版社，1999

［40］辛怡．湿蛋制品的加工工艺和操作要点介绍．中国禽业导刊．2006，23（18）：38～39

［41］曾寿瀛．现代乳与乳制品．北京：中国农业出版社，2003

［42］张和平，张列兵．现代乳品工业手册．北京：中国轻工业出版社，2005

［43］张和平．乳制品工艺学．北京：中国轻工业出版社，2007

［44］张坤生．肉制品加工原理与技术．北京：中国轻工业出版社，2005

［45］张兰威．蛋与蛋制品工艺学．哈尔滨：黑龙江科学技术出版社，1996

［46］张兰威．乳与乳制品工艺学．北京：中国农业出版社，2006

［47］张振华，戴瑞彤，张应禄等．未来5～10年我国畜产品加工科技优先领域与发展重点．食品与发酵工业，2004，30（3）：78～84

［48］张子平．冷却肉的加工技术及质量控制．食品科学，2001，22（1）：83～89

［49］章建浩．食品包装学．北京：中国农业出版社，2002

［50］中国肉类食品综合研究中心编译．肉类科学辞典．北京：中国商业出版社，1988

［51］中华人民共和国国家统计局．2007中国统计年鉴．北京：中国统计出版社，2007

［52］钟昔阳，姜绍通．我国畜产品加工现状及发展趋势．中国禽业导刊．2003，20（19）：14～17

［53］周光宏．畜产品加工学．北京：中国农业出版社，2002

［54］周光宏．畜产食品加工学．北京：中国农业大学出版社，2002

［55］周永昌．蛋与蛋制品工艺学．北京：中国农业出版社，1995

［56］朱晨．蛋类及蛋制品的鉴别．中国家禽．2007，29（5）：39～41

［57］朱娟，杨伟民，胡定寰．我国乳业的发展现状及存在问题．中国畜牧杂志，2007，43（12）：43～46

［58］邹剑敏，张晶鑫，李慧芳等．高邮鸭蛋壳超微结构观察．中国家禽．2006，28（24）：16～19